Dieter E. Zimmer · *Experimente des Lebens*

DIETER E. ZIMMER

# *Experimente des Lebens*

*Wilde Kinder, Zwillinge, Kibbuzniks und andere aufschlußreiche Wesen*

HAFFMANS VERLAG

Umschlagzeichnung
von Nikolaus Heidelbach

1.–6. Tausend, Frühjahr 1989


ISBN 3 251 00139 6

*Inhalt*

Einleitung
7

TARZANS ARME VETTERN
*Über Wilde Kinder und Wolfskinder*
19

DER MENSCH UND SEIN DOUBLE
*Über Zwillinge und Zwillingsforschung*
49

EIN PARADIES WIRD GESCHLOSSEN
*Über Liebe in Samoa, Margaret Mead, Derek Freeman und die unerreichbare Leichtigkeit des Seins*
109

IMMER GRÖSSER, IMMER SCHNELLER GROSS
*Über den Jahrhunderttrend*
131

WAS UNS ANGST MACHT
*Über die Monster der Leinwand*
153

DIE FARM DES NEUEN MENSCHEN
*Über den Kibbuz als Verhaltenslaboratorium*
171

KAIN UND KONSORTEN
*Über die Wurzeln der Aggression*
215

GRAMMATIK AUS DEM NICHTS
*Über taubstumme Kinder und Kreolsprachen*
257

ZEIT SCHIMP SPRECHEN
*Über Sprachversuche mit Menschenaffen*
281

BESICHTIGUNG DER ALTEN GRÄBEN
*Statt eines Nachworts*
307

ANHANG

*Bibliographie*
325

*Register*
345

# EINLEITUNG

Auf den ersten Blick liegen Welten zwischen den Themen dieses Buches. Was wäre der gemeinsame Nenner, auf den sich Wolfskinder und Wilde Kinder, Zwillinge, das Leben im Kibbuz und das Größerwerden der Generationen bringen ließen, Samoaner und Semai und Buschleute, Taubstumme, die sich eine Zeichensprache erfinden, und Menschenaffen, die so etwas wie eine Menschensprache erlernen? Alle seine Kapitel wurden geschrieben, weil mir der Fall selber interessant schien und nicht in erster Linie, um daran irgend etwas zu demonstrieren oder zu beweisen. Wer das eine oder andere ebenfalls von vornherein interessant findet, sollte sich den Rest dieser Einleitung schenken und gleich an die betreffende Stelle weiterblättern.

Auf den zweiten Blick aber haben die zehn Kapitel dann doch eine Menge miteinander zu tun.

Zum einen geht es in allen von ihnen um Experimente, und zwar um Experimente, die wohl der Wissenschaft sehr zupaß kommen, die indessen keine Wissenschaft unternehmen kann und unternehmen dürfte. Nur das Leben selbst kann sie veranstalten, die Natur oder die Gesellschaft, absichtslos oder jedenfalls ohne die Absicht, damit der Wissenschaft bei der Klärung irgendeiner Frage unter die Arme zu greifen. Es geht um Experimente, die das Leben machte.

Zum zweiten eint die scheinbar so disparaten Stücke die Fragestellung. Auf die kürzeste Formel gebracht, lautet sie: Inwieweit verdankt sich das menschliche Wesen der Kultur, inwieweit der Natur?

Zum dritten schließlich ist die Perspektive immer die gleiche: eine biologische.

Eine biologische? Pfui, höre ich schaudernd sagen: ein Biologist also! Denn daß der Hitler-Staat allerlei biologische und pseudobiologische Dummheiten in den Wust seiner irrwitzigen und verbrecherischen Ideologie hineinmischte, hat die Biologie in den Augen der meisten Sozial- und Verhaltenswissenschaftler und der ihnen folgenden Öffentlichkeit tief suspekt und anrüchig gemacht, vor allem in Deutschland.

Unverständlich ist es gar nicht, aber gleichwohl kurzsichtig. Die Biologie selber ist schließlich keine wie auch immer geartete Ideologie, sondern eine offene empirische Wissenschaft, mit den Formen und Prozessen alles Lebenden zum Gegenstand. Und da die Menschen den anderen Lebensformen bis in ihre tiefsten Tiefen rückverbunden sind und bis heute unauflöslich in den Zusammenhang der Natur eingebunden, hat die Biologie eine Menge auch über den Menschen zu sagen. Wie gern oder ungern man es hört, berührt dessen Richtigkeit nicht.

Es ist dies ja eine der elementaren Erkenntnisse unserer zweiten Jahrhunderthälfte: Der Mensch ist nicht nur in seiner Körperlichkeit und in jenen Funktionen, auf die er immer als seine »niederen«, »animalischen« herabzusehen geruhte, mit dem Rest der Natur verbunden – auch seine psychischen, intellektuellen und sozialen Eigenschaften sind evolviert, haben ihre Stammesgeschichte, ihre Naturgeschichte. In verschiedenem Grade sind sie mit entsprechenden Eigenschaften der uns nahestehenden Tiere verwandt, und verwandt ist die ihnen zugrundeliegende neurale Maschinerie. Erst auf dem Hintergrund dieser Verwandtschaft läßt sich dann auch ausmachen, worin die Einzigartigkeit des Menschen besteht.

Das ist alles andere als eine leere Vermutung. Dafür sprechen die vielen Analogien zum Verhalten der näheren tierischen Verwandtschaft, die die Ethologie sichtbar gemacht hat (und die zum Teil Homologien sein mögen). Dafür spricht auch die beträchtliche Erblichkeit so gut wie aller unserer geistigen Attribute, denn sie besagt, daß sie in unserem genetischen Bauplan angelegt sind; dorthin aber konnten sie nur durch die biologische Evolution unserer Gattung gelangen. Dafür sprechen aber vor allem die systematischen Übereinstimmungen in dem materiellen Substrat unserer Psyche: dem Aufbau und der Organisation unserer Nervensysteme. Wir lassen sie uns gern gefallen, wenn psychotrope Medikamente an Tieren ausprobiert werden. Vor der vollen Konsequenz daraus, daß es diese »pharmakologische Brücke« zur animalischen Welt gibt und daß sie willig begangen wird, scheuen wir lieber zurück.

Biologisch ist die Perspektive dieses Buchs zunächst in einem sehr unmittelbaren Sinn. Immer wieder versucht es, »Erbe« und

»Umwelt«, »Natur« und »Kultur« auseinanderzudividieren, am direktesten – und zwar quantitativ – in dem Kapitel über getrennt aufgewachsene Zwillinge, die dazu ein hervorragendes Experiment des Lebens darstellen, der Natur, die sie genetisch gleich machte, der Gesellschaft, die sie in verschiedene Milieus versetzte.

Biologisch ist sie aber auch in einem weiteren Sinn. Das Buch plädiert immer wieder dafür, alle äußeren Verhaltens- und inneren Wesenszüge auf mehreren Ebenen zu untersuchen: hinabzusteigen in die ihnen zugrundeliegenden neurophysiologischen Prozesse (ein Weg, der letztlich bis hinunter zur Molekularbiologie führt), also Fragen zu stellen, die alle mit »wie« beginnen; und hinaufzusteigen auf jene Ebene, auf der sich Fragen nach dem Warum und Wozu stellen lassen, also nach dem Anpassungswert, nach der Funktion eines bestimmten Merkmals. Das eben ist dann auch das Vertrauenerweckende an biologischen Erklärungen: daß sich die Befunde verschiedener Ebenen gegenseitig bestätigen müssen und tatsächlich immer wieder bestätigen – daß so vieles so schön zueinander paßt. Über alle punktuellen Erklärungen hinaus, die mehr oder weniger gut oder vollständig sein können, gibt es das sichere Gefühl, insgesamt auf dem richtigen Weg zu sein.

Der schlechte Ruf, den jeglicher »Biologismus« unter Gesellschaftswissenschaftlern genießt, beruht zum Teil auf der Vorstellung, die Biologie versuche den Menschen als eine Marionette seiner Gene hinzustellen und ihm zu predigen, er müsse sich in das Unabänderliche schicken. Sie ist seit langem überholt. Der Standpunkt der heutigen Biologie ist ein ganz anderer, und da jedes Ding einen Namen haben muß, sei ihm der seinige zugeteilt, so unschön er sich auch ausnimmt: Interaktionismus. Der Interaktionismus setzt voraus, und er hat Gründe dafür, daß jede Erbausstattung auf bestimmte Umwelterfahrungen angewiesen ist und jede Umwelterfahrung immer auf eine bestimmte Erbausstattung trifft, daß beides also immer zusammenwirken muß, damit irgendein Merkmal zustande kommt. Er versucht auseinanderzupusseln, wie sie in einem bestimmten Fall zusammenwirken (oder sich ins Gehege kommen). Er meint erkannt zu haben, daß wir in der Tat nur mit rudimentären Verhaltensprogrammen auf die Welt kommen und alles andere lernen müssen; daß wir aber nicht alles gleich gut oder schnell lernen und sehr vieles nie, weil wir nämlich mit biologischen *Lern*programmen ausgerüstet sind. Er hält uns also sozusagen – und nur scheinbar paradoxerweise – von Natur aus für ein Kulturwesen. Es geht ihm also auch um einen genaueren Einblick in die Spielräume, die uns gewährt sind.

Wer aber immer nur die eine Seite der Medaille sieht, wer meint, der Mensch komme als ein unbeschriebenes Blatt zur Welt, auf das sich die Gesellschaft, die Verhältnisse, die Lebenserfahrungen eintragen, wer ihn also für ein reines Produkt seiner Umwelt hält, von der Kultur bis ins letzte determiniert, der verpaßt nicht nur etwas (das er gerne jenen überläßt, die mehr Geschmack daran finden und den Ruch nicht scheuen). Die Erklärungen, die er selber zu bieten hat, müssen von vornherein unvollständig bleiben, und unvollständige Erklärungen sind zumindest unrealistisch.

Einen Hausbau versteht niemand, der zwar die Finanzierung restlos durchschaut und im übrigen dann wohlwollend das Kommen und Gehen der Maurer und Zimmerleute und Dachdecker und Installateure beobachtet, aber von den Eigenschaften der Baumaterialien nichts wissen will, die Baupläne der Architekten im Hintergrund ignoriert und von der Baugeschichte keine Notiz nimmt. Es wird ihm zwar eine Menge Interessantes auffallen; nur ergibt das Ganze keinen Sinn.

*

Die zehn Stücke dieses Buches sind ursprünglich in der ›Zeit‹ und im ›Zeit-Magazin‹ erschienen. Sie wurden für dieses Buch erweitert, aktualisiert, teils auch neu geschrieben. Den jetzigen Fassungen kommen auch die Rückfragen und Einwände vieler sachverständiger Leser zugute, die mich dazu brachten, mißverständliche Passagen zu präzisieren, faktische Irrtümer zu berichtigen und mein Urteil in diesem oder jenem Punkt zu überdenken. Das Kapitel »Grammatik aus dem Nichts« ist die Ausnahme: Es ist die überarbeitete Fassung des Kapitels »Die Grammatik-Erfinder« aus meinem Buch »So kommt der Mensch zur Sprache«, aufgenommen, weil es zwei Fälle beschreibt, die »Experimente des Lebens« par excellence darstellen, und weil es die Kapitel über die Wilden Kinder und die Zeichensprache benutzenden Menschenaffen so gut ergänzt, Kapitel, die ebenfalls die Frage nach den angeborenen

Grundlagen der Sprache diskutieren. Für das Kapitel über die Kinomonster und jenes über die Sprachversuche mit Menschenaffen muß man den Begriff »Experiment des Lebens« ein wenig dehnen. Bei näherer Betrachtung aber handelt es sich doch um solche. Im Falle der Monster testet die Filmindustrie unser Nervenkostüm, und es zeigt sich, daß es nur auf die angestammte Weise ansprechbar ist. Bei den Sprachversuchen handelt es sich um solche der Wissenschaft und nicht des Lebens; aber die verborgenen Sprachfähigkeiten der Schimpansen und Gorillas und Orang-Utans sind selber ein Test auf die Kontinuität der Natur und haben uns beiläufig ein wesentlich genaueres Bild von den Voraussetzungen unserer eigenen Sprachkompetenz verschafft.

Das ›Zeit-Magazin‹ nennt Stücke dieser Art »Wissenschaftsreport«, und ich bin dieses Etikett zufrieden. Da es sich dabei um eine im deutschen Sprachgebiet nicht eben selbstverständliche Form des Wissenschaftsjournalismus handelt, möchte ich kurz erklären, »was ich mir dabei eigentlich gedacht habe«.

Der normale Wissenschaftsjournalismus kann gar nicht anders, als sich den punktuellen Nachrichten zu widmen: »Jenes Institut hat herausgefunden, daß... Diesem Labor ist es gelungen...« Wenn er einmal etwas weiter ausholen will, muß er versuchen, die Wissenschaft schmackhaft zu machen – und das heißt leider oft, daß er sie, im Doppelsinn, verkaufen muß, bis nicht viel mehr als die Verpackung übrig ist (»Dies hier mußt du lesen, denn es ist schlechterdings sensationell und wird dein höchsteigenes Leben verändern!«) und die eigentlichen wissenschaftlichen Fragestellungen bis zur Unkenntlichkeit verwischt sind. Hin und wieder erheischt ein akutes aktuelles Problem – meist irgendeine Umweltpest – plötzlich eine eingehendere wissenschaftliche Durchleuchtung. Dann soll möglichst kurz und bündig dargestellt sein: Welches ist die Situation? Was ist die Ursache? Was ist zu tun? Und es gibt lange Gesichter, weil die Situation bei genauerer Betrachtung meist gar nicht so eindeutig ist, wie es zunächst schien, weil es bei den systemischen Zusammenhängen der Natur kaum je die eine Ursache gibt, sondern ein ganzes Geflecht von Faktoren, die ihr Scherflein beigetragen haben, und weil die Wissenschaft selber meist gar nichts tun kann, als die Sache noch genauer – und das heißt meist auch: noch verwirrender – unter die Lupe zu nehmen. Angesichts all der

Wenns und Abers heißt es dann enttäuscht: »Die gebündelte Ratlosigkeit der Fachwelt...«, »Auch die Experten haben keine Ahnung...« – obwohl sie meist eine ganze Menge Ahnung haben, nur mit den verlangten einfachen und anschaulichen Ursachenerklärungen und den so dringend gewünschten Patentrezepten nicht aufwarten können.

Auf dem Feld, das Psychologie, Neurophysiologie, Anthropologie, Ethologie, Psycholinguistik und all die anderen Disziplinen beackern, die heute auf die eine oder andere Weise zu den regen *brain sciences* beitragen, spielen sich im Leben keine Katastrophen ab, jedenfalls nicht die lauten, die Schlagzeilen machen. So sieht kaum jemand hin. Ganze Disziplinen werkeln jahrzehntelang vor sich hin, ohne daß ihnen irgendein Nicht-Fachmann je Beachtung schenkt oder auch nur etwas von ihrer Existenz ahnt. (Wer weiß, daß es eine Kreolistik gibt?) *The proper study of mankind is man* – wer das unterschreibt, wird nicht lange überredet werden müssen, um zuzustimmen, daß dort in den letzten Jahrzehnten gleichwohl nicht wenige aufregende Einsichten gewonnen wurden, Einsichten, von denen sich der Untersuchungsgegenstand Mensch bis dahin nichts träumen ließ.

Der Fall der Psychologie ist noch ein besonderer. Die Öffentlichkeit hält sie weithin für ein Fach, dessen Bestimmung darin besteht, bekümmerten Zeitgenossen Lebensberatung und Trost zu spenden, nicht für das Fach, das sie sein sollte und im wesentlichen auch ist – eines, das für naturwissenschaftliche Grundlagenforschung am Geist- und Seelenorgan des Menschen zuständig ist. Auf der einen Seite führt dieses Mißverständnis zur maßlosen Überschätzung der Psychologie – es wird ihr zugetraut, was sie als Fach nie hatte und nie haben kann und was bei dessen Vertretern vermutlich auch nicht verbreiteter ist als bei anderen nachdenklichen Menschen: eine praktische Lebensklugheit, eine tiefe Vertrautheit mit den Fährnissen der Existenz und den Auswegen daraus. Andererseits wird sie unterschätzt, ja verachtet, nämlich von jenen, die meinen, selber auf keinen Rat angewiesen zu sein. Für sie ist alles eins, was mit »Psy-« beginnt – Psychologie, Psychiatrie, Psychosomatik, Psychoanalyse, Psychoplasmatik, Psychostuß –, eine Sache für labile und lebensuntüchtige Geister, die sie nichts angeht.

Als ich mich selber auf diesen Gebieten umzusehen begann,

wurde mir schnell klar, daß die beliebten lebenspraktischen Ratgeberartikel am Wesen dieser Wissenschaften vorbeigingen oder vielmehr kaum je in seine Nähe gelangten; und daß das Reportieren neuester Nachrichten aus der Forschung hier mehr oder weniger sinnlos war, denn kaum je läßt sich eine einzelne Nachricht, auf sich selber gestellt, auch nur verstehen. Zu beurteilen und darzustellen war nur, was im Zusammenhang der Forschung gesehen wurde, dem es entstammte.

So begann ich, mich nach und nach durch ganze Fachgebiete hindurchzuarbeiten. Immer begann es mit einer Frage, und meist war sie mitten aus dem Leben gegriffen: Warum sind meine Kinder größer als ich, warum bin ich größer als meine Eltern? Kann man Intelligenz wirklich lernen? Machen Horror-Videos aggressiv? Wie wirksam ist Psychotherapie? Wie kommen Kinder zu ihrer Sprache? Sind Wolfskinder mehr als eine Legende? Verwahrt das Gedächtnis einen vollständigen Film des eigenen Lebens? Manchmal bezogen sich die Fragen auf Nachrichten oder bloße Gerüchte aus der Wissenschaft: Wie ist eigentlich die Aggressionsdebatte von damals weiter- und ausgegangen? Hat der israelische Kibbuz wirklich einen ganz anderen Menschenschlag hervorgebracht? Stimmt es, daß sich Menschen mit Schimpansen unterhalten können? Ist unsere rechte Hirnhälfte tatsächlich irgendwie weiser und tiefer als unsere linke, nur leider unterdrückt? Gehen Neurosen auf frühkindliche Traumen zurück? Ist der geträumte Regenschirm ein Phallussymbol? Fragen mit einem »eigentlich« oder »tatsächlich« allesamt, oft in der naiven Zuversicht gestellt, daß man nur den richtigen Ort finden müßte, um eine klare Antwort zu erhalten – und unversehens ertappte ich mich dabei, daß ich mich wieder einmal durchs Dickicht eines neuen Sachgebiets schlug.

Im Laufe der Jahre habe ich einige recht bestimmte Vorstellungen davon gewonnen, wie diese Arbeit anzulegen ist.

1. Um irgendeine punktuelle Nachricht oder Frage sinnvoll diskutieren zu können, gehört sie in den ihr zukommenden Kontext.

2. Fachgrenzen sind keinesfalls zu respektieren – man muß alle Fächer absuchen, die relevante Auskünfte zu einer Frage zu geben versprechen, auch wenn sie voneinander wenig Notiz nehmen.

3. Nie darf man sich auf populäre Darstellungen verlassen. Bei

Nebenfragen genügt es, auf vertrauenerweckende Sammelreferate zurückzugehen; bei allen zentralen Fragen muß man auf die Forschungsberichte selber zurückgreifen – denn auch in der Wissenschaft gibt es den »Stille Post«-Effekt: Je ferner die originale Studie, um so stärker könnten sich ihre Ergebnisse verändert haben.

4. Es kommt alles darauf an, nicht in Einzelheiten zu ertrinken, sondern die Hauptfragen zu erkennen und den Stoff von ihnen her zu organisieren.

5. Man muß der Sache zutrauen, daß sie als solche die Leser genügend interessiert und es nicht nötig hat, durch großtönende Versprechungen und sprachliche Kunststücke aufgemöbelt zu werden. Ein Absatz, dem es gelingt, einen schwierigen Tatbestand klar und richtig auf den Punkt zu bringen, ist jedem stilistischen Brillanten vorzuziehen.

6. Man soll nicht renommieren mit dem wissenschaftlichen Brimborium, also auch die Fachterminologie nur dort verwenden, wo sie unerläßlich ist, und nur in einer Art, die sie auch dem Nicht-Fachmann (und das ist auch der Kollege vom Institutskorridor nebenan) zugänglich macht. Aber man darf sich auch nicht an den eigentlichen wissenschaftlichen Fragen vorbeimogeln, sie möglichst unauffindbar verstecken, in der Meinung, sie würden den Leser doch nur verschrecken. Sie scheinbar publikumswirksam zu verschweigen oder rücksichtsvoll zu drapieren, beraubt das Thema in Wahrheit oft jedes Interesses.

Oder kürzer gesagt: Die Leser sind gar nicht so blöde, und die es doch sind, wirst du sowieso nicht einfangen.

In den Naturwissenschaften gehört es zum guten Ton, die Vorläufigkeit jedes Befundes herauszustreichen und zu beteuern, die Sache sei natürlich noch längst nicht abschließend geklärt – »*future research will be needed to elucidate*...« Sie beehren sich oft, sich jedes Urteils zu enthalten. Das ist löblich, denn in der Tat gibt es in den Erfahrungswissenschaften selten einen endgültigen, harten, unwiderleglichen Beweis für irgend etwas. »Es scheint sich so zu verhalten, daß...« ist ihr Nonplusultra an Erkenntnissicherheit, aber dahinter steckt dann meist sehr viel mehr, als solch eine bescheidene Aussage auf den ersten Blick erkennen läßt, nämlich keine beliebige weitere Vermutung, sondern dies: Nachdem wir in Jahren mühseliger Kleinarbeit eine rivalisierende Hypothese nach der anderen ausgeschlossen haben, ist die beste Erklärung, die wir zu offerieren haben, die folgende – bitte zieht von nun an in Betracht, daß es sich wirklich so verhalten könnte, es sei denn, ihr habt verdammt gute Gegengründe.

Dieser Abstinenz muß ich mich nicht anschließen. Meine »Wissenschaftsreports« sind urteilsfreudiger als die Primärliteratur. Ich will es an einem Fall illustrieren. Kaum ein Autor, der einen Beitrag zum Thema »säkulare Akzeleration« (also Größenzunahme und Reifebeschleunigung) leistet, versäumt zu versichern, daß die Ursachen dieses Phänomens bisher völlig ungeklärt seien. Dies ist in gewisser Weise richtig. Letztlich bewiesen ist nichts, und alle bisherigen Vermutungen könnten sich noch als falsch herausstellen. Trotzdem würde es dem Gebiet in keiner Weise gerecht, wenn man der Allgemeinheit mitteilte: »Die Menschen werden wirklich immer größer, aber die Wissenschaft weiß einfach nicht, warum, und tappt bis zur Stunde völlig im dunkeln.« Sie weiß nämlich allerlei. Eine ganze Reihe von Hypothesen hat sie entkräftet, und auch das ist bereits ein nicht unbeträchtlicher Erkenntnisgewinn. Die verbleibenden Hypothesen andererseits sind bei näherer Betrachtung durchaus nicht alle gleich gut oder gleich schlecht. Es gibt welche, die haben sichtbare Schwächen, und andere, die gewisse Vorzüge haben. In solchen Fällen scheint es mir nicht nur erlaubt, sondern geboten, sich über das Gebot der rituellen Ignoranzversicherung hinwegzusetzen. Es versteht sich, daß ich irgendeinen gewichtigen Umstand übersehen haben könnte; es versteht sich, daß ich die falschen Schlüsse gezogen haben könnte; es versteht sich, daß das letzte Wort nicht gesprochen ist und vielleicht ganz anders lauten wird – aber an der betreffenden Stelle steht bei mir dann zu lesen: »Wahrscheinlich ist die Erklärung die folgende...«

Es ist einfach nicht wahr, daß die Versuche, Menschenaffen menschliche Sprache beizubringen, gescheitert seien. Einige Wissenschaftler vertreten zwar diese Auffassung. Andere vertreten eine andere. Die Konsequenz ist aber nicht, daß die Frage dann eben als ungeklärt zu betrachten wäre und wir nur sagen könnten: »Wir wissen es nicht, vielleicht auf später.« Man kann auch das Material gründlich sichten, sich ein Bild von den Versuchen, der dahinterstehenden Logik und der Güte der Versuchsanordnungen machen und Argumente und Gegenargumente abwägen. Es wäre ein Wunder, wenn dann nur ein unwissendes und neutrales Achselzucken übrigbliebe. In diesem Fall kann das Urteil sogar recht sicher ausfallen.

Oder die Wolfskinder: Ihr Los hat sich in keinem wissenschaftlichen Laboratorium zugetragen. Sie sind nicht unter kontrollierten Bedingungen untersucht worden. Was es mit ihnen auf sich hatte, ist in vielen Fällen auch nur höchst unzuverlässig bezeugt. Ein Wissenschaftler läßt sich auf so zweifelhaftes Material lieber gar nicht erst ein: Aus Gerüchten und Anekdoten ist keine harte Erkenntnis zu gewinnen, er könnte sich vor der Fachwelt unsterblich blamieren. Trotzdem scheint es mir völlig falsch, das Material beiseitezuwischen. Nicht nur, weil es den einen oder anderen Fall gibt, der gar nicht so schlecht bezeugt ist; sondern vor allem darum, weil alle Fälle, die gut und die schlecht bezeugten, ganz klar ein bestimmtes und widerspruchsfreies Muster bilden, welches sogar jenen zu einer gewissen Glaubwürdigkeit verhilft, die man sonst abtun müßte. In diesem Fall kommt das Urteil aus den Übereinstimmungen, die der Vergleich sichtbar macht; wer nur den Einzelfall sieht und nach allen Regeln der Kunst bezweifelt, wird sich seiner natürlich lieber enthalten.

Die biologische Betrachtungsweise ist bekannt – um nicht zu sagen berüchtigt – dafür, daß sie die Verschiedenheit der Menschen betont: die Ungleichheit, mit der sie schon geboren werden. Tatsächlich, die Ungleichheit zwischen den Individuen einer Art als Folge der sexuellen Reproduktion ist eine der großen, grundlegenden Erfindungen der Natur, der Stoff, an dem die Selektion ansetzen kann. Ohne sie gäbe es nur Stämme von Clones, die darauf warteten, daß irgendwann einmal eine zufällige Mutation vorkommt und sich bewährt und dem Stamm hinfort eine etwas andere Richtung gibt. Gleichheit wäre fast Stillstand, und die Biosphäre wäre noch ziemlich leer.

Aber man darf auch etwas anderes nicht übersehen: Unser Genom sorgt nicht nur für Unterschiede, es sorgt für eine tiefe Gleichheit bei allen Unterschieden. Wenn wir wären, was ein radikaler Kulturdeterminismus aus uns machen will, wenn wir unsere Art des Wahrnehmens, des Fühlens, des Denkens ganz und gar aus der Gesellschaft bezögen – dann hätten wir nicht nur zuviel zu lernen, um jemals zum Leben zu kommen, wir würden uns auch zunehmend immer fremder, und das sehr schnell, mit der Geschwindigkeit der kulturellen Evolution. Kein Mensch würde den in anderen Kulturtraditionen aufgewachsenen Mitmenschen mehr verstehen. Eine Kultur wäre für die andere wie eine Population von einem anderen Stern. Was uns bei allen Unterschieden zusammenhält, ist allein unser biologisches Erbe. Es erlaubt mir, auch noch in dem fernsten Menschen meinesgleichen zu sehen.

Es gibt ein Wort von David Hume, das ein konsequenter Kulturdeterminist nie gelten lassen könnte, dessen Wahrheit mir indessen offensichtlich scheint: »Sollte ein Reisender aus einem fernen Land zurückkehren und uns Bericht erstatten von Menschen, die völlig verschieden sind von allen denen, die wir je gekannt haben; Menschen, die des Geizes, des Ehrgeizes oder der Rachsucht ermangeln; die kein Vergnügen kennen als das der Freundschaft, Großmut und des Gemeinsinns; so würden wir aus diesen Umständen sofort die Falschheit ersehen und ihn mit der gleichen Gewißheit der Lüge überführen, als hätte er seine Erzählung mit Geschichten von Zentauren und Drachen, Wundern und Mirakeln ausgestattet.«

# TARZANS ARME VETTERN

*Über Wilde Kinder und Wolfskinder*

Anfang November 1970 erschien auf einem Sozialamt in Los Angeles eine nahezu blinde Frau, um eine Unterstützung zu beantragen. Bei sich hatte sie ihre Tochter. Es war ein blasses, ausgemergeltes, nervöses und ängstliches Kind mit schütterem Haar und dunkel verfärbten Zähnen, das nur unsicher stand, vornübergebeugt ging wie eine alte Frau, einen Fäulnisgeruch ausströmte und kein Wort sprach, sondern nur unverständliche Murmellaute von sich gab. Die Sozialarbeiterin stutzte und rief ihre Vorgesetzte. Die warf einen Blick auf das Kind und alarmierte die Polizei.

Das war die Entdeckung von Susan W., die unter dem Namen »Genie« in die Literatur eingehen sollte. Genie – so nannten die Wissenschaftler, die in den folgenden Jahren mit ihm zu tun hatten, das Mädchen –, Genie sah aus wie eine Achtjährige, war aber dreizehneinhalb Jahre alt und hatte etwas hinter sich, für das »schrecklich« ein zu billiges Wort ist, eine Deprivation sondergleichen.

Die Mutter war eine nicht nur wegen ihrer schlechten Augen völlig hilflose Frau, der Vater ein tyrannischer und von Wahnideen heimgesuchter Mann. Er hatte etwas gegen Kinder, vor allem ihr Geschrei konnte er nicht ertragen. Als Genie zwanzig Monate alt war, nähte er mit eigener Hand eine Art Harnisch, mit dem er sie in einem kleinen und fast leeren Schlafzimmer nackt auf einen Toilettenstuhl fesselte. Und an diesem Ort, in dieser Lage verbrachte sie die folgenden zwölf Jahre. Wenn man sie nicht einfach vergaß, wurde sie abends in eine Zwangsjacke gesteckt und in ein Kinderbett gelegt. Nie verließ sie dieses lachsrote Zimmer mit den verhängten Fenstern, von dem aus nur ein Stück Himmel zu sehen war und in das kaum je ein Laut drang.

Gefüttert wurde sie mit Milch und Kinderbrei. Sie sah nur die Mitglieder ihrer Familie. Sprechen durfte niemand mit ihr, und sie selber durfte keinerlei Laut von sich geben oder Geräusch machen. War der Vater wütend auf sie, schlug er sie mit einem Holzknüppel; oder er – und später auch Genies älterer Bruder – knurrte, fletschte die Zähne und bellte sie an wie ein Hund. Die

Mutter war so verängstigt, daß sie ihrer Tochter nicht beistand. Aber als sie 1970 mit ihrem inzwischen siebzigjährigen Mann Streit bekam, raffte sie sich auf und telefonierte mit ihrer Mutter. Die bewegte sie dazu, das Haus ihres Mannes zu verlassen und Genie mitzunehmen. So kam es, daß sich Genie schließlich auf der Sozialbehörde einfand. Die Eltern wurden wenig später wegen Kindesmißhandlung vor Gericht gestellt; die Mutter wurde freigesprochen, der Vater erschoß sich am Tag der Verhandlung, einen Zettel hinterlassend mit den Worten so manches Irren: »Ihr werdet nie verstehen.«

Zwölf Jahre lang gefesselt und eingeschlossen und ohne menschlichen Umgang: bei ihrer Befreiung konnte Genie kaum Arme und Beine strecken, ging zunächst nur steif und schwankend, selbst das Stehen fiel ihr schwer. Für ihr Alter war sie mit 1 Meter 37 viel zu klein, und sie wog nur knapp 25 Kilo. Sie beherrschte ihren Stuhlgang nicht, urinierte bei jeder Erregung, speichelte unausgesetzt (daher ihr fauler Geruch), war unempfindlich gegen Hitze und Kälte. Speisen kaute sie nicht; sie stopfte sie in die Backentaschen und wartete, bis der Speichel sie zerkleinert hatte – wenn sie die Geduld verlor, spuckte sie sie aus.

In den folgenden Monaten und Jahren, die sie in Krankenhäusern, Sonderschulen und bei einer Pflegefamilie verbrachte, lernte sie nur mit größter Mühe, was wir menschliches Sozialverhalten nennen. Sie ging beim Essen umher, nahm anderen die Bissen vom Teller, die ihr verlockend erschienen, spuckte, schneuzte ihre Nase auf alles, stellte sich dicht vor Fremde und starrte sie an, griff nach allem, was ihr gefiel, gab jahrelang selber niemals etwas ab und masturbierte in aller Öffentlichkeit ständig und überall, an Tischkanten, Autogriffen, Türklinken[20].

Ihre Reife entsprach bei der Befreiung der eines einjährigen Kindes. Trotzdem beschrieb die Psycholinguistin Susan Curtiss, die jahrelang mit ihr arbeitete, mehrere Artikel[2] und 1977 auch ein Buch[3] über sie schrieb, sie als hübsch, gewinnend, aufmerksam und neugierig. Und sie lernte, machte Fortschritte, wurde langsam immer menschenähnlicher.

Anfangs war ein leises Winseln ihre einzige Lautäußerung gewesen. Außerdem schien sie den Tonfall der Warnung und der Verneinung und ein paar Wörter und Wendungen (»Klapper«,

»Mutter«, »Schluß damit!«) zu verstehen. Selber sprach sie gar nicht. Nach einigen Monaten Sprachunterricht aber begann sie die Dinge ihrer Umgebung zu benennen. Alle Kinder gehen mit etwa zwanzig Monaten durch das Stadium der Zweiwortsätze. Es dauert nur wenige Wochen, und im Anschluß entwickelt sich die Sprache explosionsartig. (»Implosionsartig« wäre das richtigere Wort – es ist, als saugten die Kinder außerordentlich schnell, aber in durchaus geordneter Folge die Sprache in sich hinein, die um sie her gesprochen wird.) Auch Genie machte die normalen Stadien durch: Einwortsätze, Zweiwortsätze, längere Sätze. Aber alles dauerte sehr viel länger bei ihr, und die normale Sprachexplosion fand niemals statt. Ihre Äußerungen blieben äußerst kurz, gelangten über Ketten von drei Wörtern kaum hinaus und waren nach normalen Maßstäben ungrammatikalisch (»zwei Hand«, »will Milch«, »klein zwei Tasse«). Vier Jahre brauchte sie, die richtigen Verneinungen eines Satzes zu lernen. Sogenannte Ergänzungsfragen (wer? was? wo? wann?) lernte sie offenbar nie. Ihre Stimme war anfangs viel zu hoch; so etwas wie Satzmelodie bildete sich erst spät und unvollkommen aus.

1978 bekam die Mutter das Sorgerecht zurück. Sie nahm Genie aus ihrer Pflegefamilie, und seitdem gibt es keinen Bericht, keine Nachricht mehr über sie. Irgendwo im Süden Kaliforniens soll sie abgeschirmt in einem Pflegeheim leben. Die Mutter – jemand muß sie überzeugt haben, daß noch Geld aus der Tragödie zu schlagen sei – verklagte das Kinderkrankenhaus und Susan Curtiss wegen »Ausbeutung um persönlicher und materieller Vorteile willen« auf eine halbe Million Dollar Schadenersatz. Die Gerichte haben noch nicht endgültig entschieden.

Ganz einzigartig ist Genies Fall nicht. 1938 wurden in Amerika zwei sechsjährige Mädchen gefunden, die seit ihrer frühesten Kindheit eingeschlossen gelebt hatten.

Anna war sechs Jahre lang in einem alten Hemd an einen zurückgekippten Stuhl im schmutzigen Schlafzimmer eines Farmhauses in Pennsylvania gebunden gewesen. Ihr Vater war unbekannt, die Mutter wohnte bei ihrem Vater, der die uneheliche Enkelin nicht zu Gesicht zu bekommen wünschte. Als man Anna fand, war sie nahezu verhungert, ausdruckslos, bewegungs- und aufmerksamkeitsunfähig und völlig apathisch. Im Laufe des ersten Jahres lernte sie Dinge zu halten und ein paar Schritte zu laufen. Nach über einem Jahr verstand sie vage den Sinn mancher Aufforderungen, erkannte Menschen wieder und hielt sich einigermaßen sauber. Nach über zwei Jahren begann sie zu babbeln wie ein Baby. Nach dreieinhalb Jahren zog sie sich allein an und aus, rief Leute beim Namen, spielte mit anderen Kindern und drückte ihre Wünsche mit ein paar einfachen Sätzen aus. Ihre Reife – sie war mittlerweile neun – entsprach der einer Zweijährigen. 1942 starb sie.

Auch Isabelle in Ohio war weggeschlossen worden, weil sie ein uneheliches Kind war. Nach ihrer Befreiung aber holte sie im Unterschied zu Anna alle die normalen Reifungsschritte eines Kindes nach, nur viel schneller. Schon nach einer Woche bildete sie Laute, nach zwei Monaten erste Sätze, nach neun Monaten las sie und erzählte Geschichten, nach zehn Monaten hatte sie einen Wortschatz von etwa zweitausend Wörtern und stellte komplizierte Fragen, nach zwei Jahren hatte sie den Rückstand ganz und gar aufgeholt und schien ein normales Kind, »klug, fröhlich, unternehmungslustig«.

Der Anthropologe Kingsley Davis, der beide Fälle untersucht und beschrieben hat[4,5], erklärte sich den Unterschied zwischen Anna und Isabelle damit, daß Anna schwachsinnig gewesen sein müsse. Er führte aber auch einen erheblichen Unterschied in ihrer Gefangenschaft an, allerdings ohne ihm selber irgendein Gewicht beizumessen: Im Unterschied zu Anna war Isabelle nicht ganz ohne Sozialkontakt aufgewachsen. Sie war nämlich nicht allein eingesperrt gewesen, sondern zusammen mit ihrer taubstummen Mutter. Von ihr wird sie sehr wohl Zuwendung und einige geistige Stimulierung erhalten haben; Mutter und Tochter hatten sich in einer selbstgemachten Zeichensprache verständigt, so daß Isabelle zwar ohne Lautsprache, aber nicht ohne Sprache an sich aufgewachsen war. Vermutlich war das der Grund, warum ihr weiteres Leben einen so viel normaleren Verlauf nahm als das von Anna.

Genie, Anna und Isabelle sind Wilde Kinder. Wilde Kinder – so nennt man jene Kinder, die außerhalb aller menschlichen Gesellschaft groß werden müssen: ganz auf sich selber gestellt in irgendeiner Wildnis, in der Gemeinschaft mit Tieren oder aber, wie Genie und die beiden anderen amerikanischen Mädchen, von aller Welt weggeschlossen in irgendeinem Verlies. Seit Menschengedenken haben Wilde Kinder die Phantasie gereizt und das Nachdenken über die Natur des Menschen provoziert. Die Begründer Roms, Romulus und Remus, an den Zitzen einer Wölfin – das Bild hat sich tief eingeprägt.

Wilde Kinder – da meldet sich wohl zumeist ein illusionäres Bild. Wir sehen einen Jungen vor uns, frei, draufgängerisch, ungezähmt, dem zum Menschsein nichts fehlt, was sich nicht durch einige Erfahrung und Übung rasch nachholen ließe, eigentlich nicht viel mehr als ein bißchen zivilisatorischer Schliff; der sich dafür jedoch in der Natur mit einer Sicherheit und Geschicklichkeit bewegt, um die ihn ein zivilisierter Mensch nur beneiden kann. Wir denken an Rousseaus romantisches (und grundfalsches) Bild des Edlen Wilden, der einsam, selbstgenügsam und darum auch unbeirrt friedfertig durch die Wälder und Auen streift und den Sündenfall noch vor sich hat: die Korrumpierung durch Besitz und Zivilisation. Kiplings Wolfsjunge Mowgli kommt uns in den Sinn, der mit den Tieren des indischen Dschungels auf du und du steht[15], oder – als aktuelleres Phantasieprodukt – Hugh Hudsons schöner Tarzan-Film von 1984 über den Lord Greystoke, der im tropischen Regenwald Afrikas so zu Hause ist wie auf seinem schottischen Familienschloß und sich zwischen den beiden so verschiedenen Welten nur leider ungut hin und her gerissen fühlt. Richtige, ja besonders prachtvolle Menschen sind sie zweifellos allesamt, aber um ungeahnte Tiererfahrungen bereichert. Allein jedoch Genies und Annas Beispiel schon könnte uns warnen: daß die Entbehrung menschlichen Umgangs kein besonders ungebundenes und autonomes Wesen hervorbringt, sondern ein in vieler Hinsicht tief und dauerhaft behindertes und verstörtes.

Für die Wissenschaft ist das seit langem eine spannende Frage: Was wird aus einem Menschen, wenn ihn keinerlei Erziehung zurechtstutzt und zurechtschleift? Erblickt man dann den Menschen im Naturzustand, so, wie er wäre, hielte ihn keine Zivilisation im Zaum? Den »natürlichen Menschen in seiner ganzen Wildheit und Unbändigkeit« (wie Hegel einst »den Neger« charakterisierte[16])?

Es war eines der ältesten überlieferten Experimente überhaupt, als der ägyptische König Psammetich I. ein paar neugeborene Kinder in die Wildnis bringen und unter Ziegen heranwachsen ließ, um zu ermitteln, ob sie spontan, von sich aus eine Sprache entwickelten und welche das wäre[11]. Aus dem »bek, bek«, das sie von sich gaben, als sie ein paar Jahre später zurückgeholt wurden, schloß er, sie hätten auf phrygisch um Brot gebettelt, und folglich sei die »Ursprache« der Menschen das Phrygische.

Brutale Isolationsexperimente dieses Stils verbieten sich heute der Wissenschaft natürlich. Manchmal aber passiert von allein, was keiner inszenieren kann; und manchmal sind Wissenschaftler zur Stelle, die Folgen zu beobachten.

Für weitreichende und detaillierte Aufschlüsse allerdings kommen solche Fälle viel zu selten vor – kaum mehr als fünfzig sind in den letzten dreihundert Jahren verzeichnet worden. Die meisten sind darüber hinaus äußerst dürftig dokumentiert, etliche waren kaum mehr als Gerüchte.

Da das Publikum »Wolfskinder« will, kristallisieren solche Gerüchte leicht. Wie leicht, zeigte sich im März 1988 an einem deutschen Fall. In einer Mietwohnung der rheinischen Stadt Mettmann fand die Polizei einen verwahrlosten vierjährigen Jungen mit Namen Horst-Werner und bei ihm die Schäferhündin der Familie. Prompt machten ihn die Schlagzeilen der ›Bild‹-Zeitung zum »Wolfsjungen Horst« und behaupteten: »Hündin zog Kind groß«. Tatsächlich war der Junge von seinen Eltern, die oft Streit hatten und tranken, vernachlässigt und viel allein gelassen worden, und einen Großteil seiner Zeit hatte er in Gesellschaft der Hündin verbracht. Keineswegs aber war er ganz ohne menschlichen Umgang aufgewachsen. Dennoch war er körperlich und seelisch zurückgeblieben; er war zu klein, hatte Untergewicht, bewegte sich gern auf allen vieren, war keine warme Nahrung gewöhnt. Vor allem jaulte und knurrte er zwar, sprach indessen so gut wie gar nicht – seine einzigen Wörter waren »Papa«, »Mama«, »Hauke« (Staubsauger) und »Atta« (Asta, der Name des Hundes). Obwohl er also recht weit davon entfernt war, ein Wolfskind zu sein, sondern »nur« einen Fall extremer frühkindlicher Vernachlässigung darstellte, zeigte sich auch hier bereits eine schwere (in diesem Fall aber wahrscheinlich noch behebbare) Störung der Sprachfunktion.

Genies Fall war sehr viel schwerer; zusammen mit dem des »Wilden von Aveyron« von 1799 ist er auch am genauesten erforscht und am zuverlässigsten beschrieben worden. Dennoch, es gibt etliche verbürgte Fälle, selbst die menschlichen Tierkinder sind mehr als ein Mythos, und zusammengenommen ergeben sie durchaus ein Bild.

Eingang in die Wissenschaft fand der Wilde Mensch, *Homo ferus*, im Jahre 1754, als der große Systematisierer Linné ihn als eine Unterart des Menschen in die zehnte Auflage seines »Systema naturae« aufnahm. Aufgrund der acht Fälle, die ihm zu Ohren gekommen waren, beschrieb er ihn, nicht ganz richtig, als »stumm, auf allen vieren gehend und am ganzen Körper behaart«.

Damals, in der Mitte des achtzehnten Jahrhunderts, war die Welt noch weit und wild. Europa war bedeckt von großen Wäldern, in denen einer noch wirklich verlorengehen konnte und von denen man nicht genau wußte, was für Geschöpfe sie alles enthalten mochten – Märchenland. Seefahrer, Militärs, Kaufleute, Missionare erkundeten die Welt draußen und brachten Nachrichten von immer neuen Merkwürdigkeiten, auch von merkwürdigen Wesen heim, die sie in irgendeinem entlegenen Erdteil mit eigenen Augen gesehen hatten oder um ihres Renommees willen gesehen haben wollten. Da stieß man auf Menschen, die allem, was man sich in Europa unter einem Menschen vorstellte, sehr unähnlich waren, so daß man sich schon ernsthaft fragen konnte, ob diese »Wilden« wirklich Menschen waren. Man stieß auch auf Tiere – die Menschenaffen –, die Menschen unleugbar ähnlicher sahen als alle bisher bekannten Tiere. Waren das am Ende ebenfalls Menschen? Kurz, die Welt war noch nicht durch und durch bekannt und klassifiziert, die Grenze zwischen Mensch und Tier nicht genau abgesteckt. In diesem unerkundeten Grenzland war Linnés *Homo sapiens ferus* angesiedelt – der Weise Mensch in seiner Wildform.

Einer der Fälle, auf die Linné sich berief, und der damals berühmteste, hatte sich mitten in Deutschland zugetragen. Im Sommer 1724 hatte ein Mann namens Jürgen Meyer auf einer Wiese bei Hameln ein nacktes, braungelbes, schwarzhaariges, stummes

Geschöpf von etwa zwölf Jahren aufgegriffen, mit ein paar Äpfeln und unter dem Hallo der Straßenjungen nach Hameln gelockt und dort in einem Spital abgegeben. Peter, wie er genannt wurde, versuchte angeblich zuerst immer wieder zu fliehen, gewöhnte sich nur langsam an Kleidung (besonders Hut und Schuhe mochte er nicht), beschnupperte alle Speisen zuerst und aß nur Rinde, Kraut und Gräser. König George I. von England und Hannover ließ ihn 1726 nach England bringen. Hier wurde er dem Aufklärer Dr. John Arbuthnot übergeben, Freund von Pope und Swift und Erfinder der Figur des »John Bull«; der gab ihn nach zwei Monaten zu einem Pächter in Hertfordshire, wo Peter den Rest seines langen Lebens verbrachte. Er starb 1785, ein gutartiger, der Musik und dem Branntwein zugetaner, nicht sehr anstelliger und immer noch sprachloser Greis, der niemals andere Laute hervorbrachte als »Peter«, »Kischo« (vielleicht »King George«) und »Kuika« (»Queen Carolina«).

Die Epoche hatte ein brennendes Interesse am »Naturmenschen«. An den Wilden Kindern hoffte man studieren zu können, ob dem Menschen irgendwelche Ideen und Begriffe, vor allem die Idee Gottes, angeboren wären. Das erklärt auch das große Interesse für den »hamelschen Wilden Peter«. Der Philosoph Lord Monboddo erklärte seine Auffindung für bedeutungsvoller denn die Entdekkung des Uranus.

Aber früh meldeten sich auch Zweifel. Der deutsche Mediziner J.F. Blumenbach, der Begründer der Anthropologie, verriß den Fall nach Strich und Faden. Alles sei falsch, schrieb er: Peter habe nie ein Fell gehabt, sei nie auf allen vieren gelaufen, habe nie in einer Baumkrone gehaust, sei nie »wie ein Eichhörnchen« von Baum zu Baum gesprungen – kurz, er sei überhaupt nie der ideale Naturmensch gewesen, für den man ihn gehalten habe, sondern nur eines Lüchtringer Kneipenwirts schwachsinniger und stummer Sohn, den seine Stiefmutter aus dem Haus geprügelt hatte, kurz bevor er auf jener Wiese aufgefunden wurde – »nichts weiter als ein stummer, blödsinniger Tropf«[1].

Die Differenz zwischen Monboddo und Blumenbach durchzieht die Literatur über die Wilden Kinder bis heute. Fast alle dieser Kinder hatten schwerste Handikaps bis an ihr Lebensende, vor allem lernte kaum eines von ihnen jemals richtig sprechen. Das aber, meinte die Blumenbach-Partei, beweise gar nichts. Denn in allen Fällen habe es sich um Kretins gehandelt, die Sprache und normales menschliches Verhalten sowieso nie gelernt hätten – eben darum seien sie von ihren Eltern verstoßen und im Wald oder in der Wildnis ausgesetzt worden.

Aber nicht doch, sagt die Gegenseite: Es mögen schon einzelne ausgesetzte Schwachsinnige darunter gewesen sein, aber gewiß waren es doch nicht alle. Schon allein die Tatsache, daß sie viele Jahre lang ganz auf sich allein angewiesen in der Wildnis überleben konnten, spricht doch für eine nicht unerhebliche Intelligenz.

Die Frage ist letztlich nicht entscheidbar. In keinem Fall kann man mit Sicherheit sagen, was aus einem Wilden Kind geworden wäre, hätte es wie ein normales Kind aufwachsen können. Aber weil sie trotz ihrer sicher sehr verschiedenen Vorgeschichten ein ganz erstaunlich übereinstimmendes Bild bieten und weil bei einigen – wie Genie – einfach nichts auf angeborenen Schwachsinn hindeutet, läßt sich ihr trauriger Fall nicht abtun. Was wie Schwachsinn aussieht, könnte nichts anderes sein als eben die Folge ihrer Deprivation.

Im Süden Zentralfrankreichs, in der hügeligen und waldigen Umgebung der Kleinstadt Lacaune, sichten Bauern und Jäger einen nackten, etwa zwölfjährigen Junge, der vor ihnen die Flucht ergreift. In den folgenden beiden Jahren wird er zweimal eingefangen, und beide Male flieht er wieder. Beim dritten Mal – im Jahr 1799 – gelingt ihm die Flucht nicht mehr. Über einige Zwischenstationen wird er nach Paris geschafft. Alle Welt strömt dort herbei, den »Wilden von Aveyron« zu besichtigen, wie man ihn bald nennt (in Wirklichkeit fand man ihn nicht im Département Aveyron, sondern im Tarn). Denn auf einen Fall wie diesen hat das Zeitalter geradezu gewartet. Jetzt, hoffen viele, muß sich zeigen, wie der Mensch im Naturzustand beschaffen ist, der Mensch minus alle Zivilisation; jetzt muß sich auch zeigen, was gründliche Erziehung alles aus einem Menschen machen kann.

Einige sind skeptisch. Vor allem der Direktor der Irrenanstalt Bicêtre, Pinel, hält den schmutzigen Jungen mit den spastischen Bewegungen, der keinerlei Aufmerksamkeit für irgend etwas aufbringt, für einen Schwachsinnigen, an den jede Erziehung vergeudet wäre. Ein junger Mediziner aber setzt durch, daß er doch eine Erziehung erhält: Jean-Marie Itard, Oberarzt am Kaiserlichen Institut für Taubstumme.

Fünf Jahre lang, von 1801 bis 1806, lebt der »Wilde von Aveyron« in Itards Haus in Batignolles; fünf Jahre lang ist er Gegenstand einer der geduldigsten und erfinderischsten pädagogischen Bemühungen, die je unternommen worden sind. Für den Gehörlosenunterricht ist Itards Versuch bis heute von Bedeutung. Der Fall ist in Berichten und Gutachten, Briefen und Artikeln sehr genau festgehalten worden[17]. 1970 inspirierte er François Truffaut zu seinem so poetischen wie genauen Film »L'Enfant sauvage«. (Der deutsche Verleih gab ihm den Titel »Der Wolfsjunge«, obwohl dieses Wilde Kind nie mit Wölfen zu tun hatte.)

Anfangs riß sich der Wilde alle Kleidung vom Leib und schien nur einen Wunsch zu haben: wieder in die freie Landschaft zu entkommen. Wie Peter von Hameln beroch er alles, ehe er es aß, und das waren anfangs nur Kartoffeln und Nüsse. Seine Augen fixierten nichts. Er war unempfindlich gegen Schmerz, Hitze und Kälte. Auf die meisten Geräusche reagierte er nicht; dennoch schien er nicht ganz taub zu sein, denn wenn hinter ihm eine Nuß geknackt wurde, drehte er sich um. Für den Laut O schien er am empfindlichsten zu sein. Seines langen O wegen gab Itard ihm den Namen Victor. Sprache jedoch verstand Victor überhaupt nicht. In den ersten Wochen gab er keinen Ton von sich; später kamen vereinzelte unartikulierte Laute aus seiner Kehle.

Als Schüler von Condillac, der gelehrt hatte, daß der menschliche Geist ein Produkt der Sinneswahrnehmungen ist, versuchte Itard in der ersten Zeit vor allem, Victors Sinne zu schärfen. Lange Bäder und Massagen sollten Victors Tastsinn wecken. Nach und nach verfeinerten sich Geruch und Geschmack tatsächlich, lernte er Farben und Töne zu unterscheiden, sich auf etwas zu konzentrieren.

Sein Sozialverhalten glich sich so weit an, daß Itard mit ihm immerhin unter Leute gehen konnte. Der Brief einer Augenzeugin bewahrt eine unvergleichliche Szene: Victor im Salon der Madame Récamier. »Madame Récamier ließ ihn neben sich Platz nehmen, wohl in der Meinung, daß die nämliche Schönheit, die den Menschen der Zivilisation in Bann geschlagen hatte, von diesem Naturkind, das noch keine fünfzehn Jahre alt schien, den gleichen Tribut empfangen werde... Aber zu sehr mit den reichlichen Speisen beschäftigt, die er mit verblüffender Gier verschlang, sobald sein Teller gefüllt war, nahm der junge Wilde überhaupt keine Notiz von den schönen Augen, deren Aufmerksamkeit er selber auf sich gezogen hatte. Als der Nachtisch gereicht wurde und er sich die Taschen geschickt mit allen Köstlichkeiten vollgestopft hatte, die er grabschen konnte, stand er leise vom Tisch auf. Niemand bemerkte, daß der junge Wilde das Speisezimmer verlassen hatte ... Plötzlich kam aus dem Garten ein Geräusch, und M. Yzard [gemeint ist Itard] vermutete sogleich, daß sein Schüler die Ursache sei. Er stand auf, um nachzusehen; neugierig geworden, folgten wir alle ihm auf der Suche nach dem Flüchtling, den wir geschwind wie ein Kaninchen über den Rasen rennen sahen. Um sich Bewegungsfreiheit zu schaffen, hatte er sich bis auf das Unterhemd ausgezogen. Als er die von hohen Kastanien gesäumte Hauptallee des Parks erreichte, zerriß er auch noch sein letztes Kleidungsstück, als wäre es aus Gaze; dann kletterte er leichtfüßig wie ein Eichhörnchen auf den nächsten Baum und hockte sich dort oben in die Zweige.«

Seine Gemütsbewegungen zu zeigen, sich mit Gesten und Aktionen verständlich zu machen, lernte Victor im Lauf der Jahre ganz gut. Auch lernte er, geschriebene Wörter für einzelne Gegenstände seiner Umgebung (wie Schlüssel oder Hammer) zu erkennen. Was er nicht lernte, war gesprochene Sprache (leider machte Itard keinen Versuch, ihm Zeichensprache beizubringen). Nie brachte er mehr heraus als unförmige einzelne Silben. Zwar sagte er irgendwann so etwas wie »*lait, lait*« (Milch), aber Itard merkte zu seinem Bedauern, daß es für Victor nur ein routinehafter Laut vor dem Trinken war und kein Wort in der Bedeutung »Milch« oder »ich möchte Milch trinken«. Daß die Lautsprache etwas bedeutet, hatte Victor überhaupt noch nicht begriffen. So hatte Itard in einiger Hinsicht eine Menge erreicht, aber was er vor allem gehofft hatte, nämlich daß Victor Sprache lernen würde, war nicht eingetreten. 1806 gab er auf. Victor lebte noch zweiundzwanzig Jahre lang in einem Nebenhaus bei Itards Haushälterin Mme Guérin, die immer für ihn gesorgt hatte und an der er hing, und wurde vergessen. Um 1816 sah ihn ein Besucher und beschrieb ihn als »scheu, halb wild, sprachlos«.

Wieder stellte sich die Frage: War das Defizit dieses tatsächlichen Wilden Kindes die Folge seiner Isolation in der Wildnis, oder handelte es sich um einen Schwachsinnigen, der eben deshalb von seinen Eltern verstoßen worden war? In diesem Fall kam hinzu, daß Victor an der Kehle eine vier Zentimeter lange Narbe hatte. Vielleicht konnte er ihretwegen nicht sprechen. Vielleicht hatte ihm als Kind jemand die Kehle zu durchtrennen versucht und ihn dann im Wald zurückgelassen. Man wird es nie wissen.

Unter den Wilden Kindern waren immer solche, von denen behauptet wurde, sie seien unter Tieren großgeworden: unter Schweinen, Schafen, Bären, Pavianen, Leoparden und ganz besonders oft unter Wölfen. Häufig erwiesen sich solche Erzählungen bei genauerer Prüfung als Übertreibungen oder reine Erfindungen; vor allem hatte niemand die betreffenden Kinder mit eigenen Augen in Gesellschaft jener Tiere gesehen. Einige dieser Erzählungen aber hatten mehr für sich. Vor allem aus Indien kamen bis in unsere Tage immer wieder Berichte von Wolfskindern.

Die ehrwürdige Zeitschrift ›The Zoologist‹ suchte Ende des vorigen Jahrhunderts nach Berichten, auf die Verlaß wäre. Sie fand viel Unglaubwürdiges – und die 1852 in Plymouth veröffentlichte anonyme Broschüre eines britischen Kolonialoffiziers in Indien, sehr wahrscheinlich Sir William H. Sleeman, von der die Redaktion meinte, sie verdiene es nicht, mit all den krausen Gerüchten zusammen abgetan zu werden. Sie druckte den Bericht nach[23]. Der Autor wußte von sechs Fällen zu berichten, über die er Näheres in Erfahrung hatte bringen können. Es wird nicht deutlich, ob er einen davon mit eigenen Augen gesehen hatte; aber einer scheint sich zumindest ganz in seiner Nähe zugetragen zu haben, so detailreich schildert er ihn.

Über diesen mit etwa zweieinhalb Jahren in einem Wolfsbau entdeckten Jungen schreibt er: »Hauptmann Nicholetts [in dessen Obhut der Junge gegeben wurde] hat ihn seinen Dienern übergeben, die sich sehr um ihn kümmern, ihm aber kein einziges Wort entlocken können. Er ist sehr gutartig, außer wenn man ihn ärgert. Er ist dazu übergegangen, alles zu essen, was man ihm hinwirft, aber bevorzugt immer rohes Fleisch, das er aufs gierigste verschlingt. Wenn man ihm einen Krug Buttermilch vorsetzt, trinkt er ihn in einem Zug leer. Niemals kann er dazu gebracht werden, irgendein Kleidungsstück anzubehalten, selbst im kältesten Wetter. Als es in der jetzigen Jahreszeit sehr kalt wurde, gab man ihm eine mit Baumwolle gefüllte Bettdecke, aber er riß sie in Stücke und aß sie mitsamt der Baumwolle zusammen mit seinem Brot. Er mag Knochen, besonders ungekocht, die er mit ebensolcher Leichtigkeit zerkaut wie Fleisch... Seine Züge sind grob, sein Aussehen ist abstoßend, und in seinen Gewohnheiten ist er schmutzig. Weiterhin ist er Hunden und Schakalen und anderen vierfüßigen Tieren zugetan, die in seine Nähe kommen; und erlaubt ihnen immer, mit ihm zu fressen, wenn er selber in dem Moment gerade ißt.«

Sleemans sechs Fälle gleichen sich so sehr, daß sein Bericht geradezu monoton wird. Keiner dieser Wolfsjungen lernte sprechen; das höchste waren zwei, drei Worte nach Jahren der Gesellschaft sprechender Menschen. Alle bewegten sich behende und schnell auf allen vieren und hatten Schwielen an den Knien. Ihre Lieblingsnahrung war rohes Fleisch. Gegen Hitze, Kälte, Regen waren sie unempfindlich und gleichgültig. Den Menschen kamen sie schmutzig und stinkend vor. Ihre Zuneigung galt offensichtlich Wölfen und Hunden, kaum aber Menschen. Dieses Muster sollte sich in der Folge noch viele Male wiederholen.

1867 wurde bei einer Tigerjagd ein etwa siebenjähriger, auf allen vieren laufender Junge zusammen mit ein paar Wölfen gesichtet und gefangen. Unter dem Namen Dina Sanichar lebte er bis 1895 in einer Waisenmission in Agra, benahm sich wie ein Schwachsinniger und sprach nie mehr als »*wah, wah*« (gut) und »*pani, pani*« (Wasser).

Um 1900 fand man im Dschungel einen etwa fünfjährigen Jungen, der ebenfalls auf allen vieren ging, an Händen, Knien und Füßen starke Schwielen trug, nur rohes Fleisch aß und andere Kinder biß – er lebte bis 1960 unter dem Namen Man Singh bei einem Priester, lernte nur wenig Sprache und kam von seinem kindischen Verhalten niemals los.

1954 fand man im Wartesaal des Bahnhofs von Lakhnau einen etwa zehnjährigen Jungen, der auf allen vieren kroch, voller Narben und Bißwunden war, nichts Gekochtes, wohl aber rohes

Fleisch aß, Milch aus einer Schale am Boden aufschlappte, die Menschen anknurrte und gern mit Hunden spielte. Er lernte einiges Sozialverhalten, aber keine Sprache, und lebte unter dem Namen Ramu bis 1960; bei der Obduktion zeigte sich eine Gehirnläsion an einem Sprachfeld.

1976 fand man einen etwa zehnjährigen Jungen in Begleitung dreier junger Wölfe. Er lief auf allen vieren, scheute das Tageslicht, aß nur rohes Fleisch, biß Menschen. Ihn nahm Mutter Teresa in Obhut, die ihm den Namen Pascal gab und hoffte, ihm menschliches Benehmen und die Wörter »Gott« und »Liebe« beibringen zu können, vergeblich. Er lernte nur, zu baden und sich selber anzuziehen, und starb im Februar 1985 in einem Armenhaus bei Lakhnau.

Diese Fälle sind keine Erfindungen, aber so mangelhaft dokumentiert, daß es verständlich ist, wenn sie auf Mißtrauen stoßen. Sie wären noch verdächtiger, gäbe es da nicht einen Fall, der ihnen in vieler Hinsicht sehr ähnlich, zudem aber auch noch gut verbürgt ist.

Auf einer Missionsreise durch den Dschungel, einige hundert Kilometer westlich von Kalkutta, hörte der katholische Geistliche J.A.L. Singh 1920 in einem Dorf, in der Nähe spuke ein greulicher Geist. Er begab sich an den Ort des Spuks und wartete dort auf einem Hochstand. Tatsächlich erschien etwas höchst Sonderbares. Aber es war kein Gespenst, es waren zwei erwachsene und zwei junge Wölfe, die aus ihrem Bau kamen. Aber dann kam noch etwas. »Dicht hinter den Jungen kam der Geist, ein schrecklich aussehendes Wesen: Es hatte Hand, Fuß und Körper wie ein Mensch; aber der Kopf war ein großer Ball von irgend etwas, was die Schultern und einen Teil des Oberkörpers bedeckte und nur die scharfen Umrisse eines Gesichts freiließ, und dieses Gesicht war das eines Menschen. Auf den Fersen folgte ihm ein anderes gräßliches Geschöpf, das genau wie das erste aussah, nur etwas kleiner war...« Gerade konnte Singh seine Begleiter noch davon abhalten, auf die Geister zu schießen. Eine Woche später kam er zurück, vertrieb die Wölfin aus dem Bau (sie wurde mit einem Pfeil getötet), fand darin zwei junge Wölfe (sie wurden verkauft), ängstlich zusammengekuschelt mit zwei kleinen Mädchen (sie nahm er mit in sein Waisenhaus in Midnapore).

In den folgenden Jahren führte Singh ein Tagebuch, das der amerikanische Anthropologe R.M. Zingg, nach jahrelangen skeptischen Recherchen, 1942 veröffentlichte[22]. Der Entwicklungspsychologe Arnold Gesell hatte das Manuskript eingesehen und war davon so beeindruckt, daß er die wesentlichen Fakten (und ein paar Zutaten) noch vorher zu einem eigenen Buch verarbeitete[8]. Das sind die Quellen, und wer die Geschichte anzweifeln wollte, müßte einige angesehene Gelehrte und Geistliche zu vorsätzlichen Betrügern erklären.

Das ältere der beiden Wolfsmädchen – Kamala genannt – war etwa acht, das jüngere – Amala – wurde auf anderthalb geschätzt. Amala starb nach knapp einem Jahr im Waisenhaus (und ihre Schwester zeigte sich bei ihrem Tod tief verstört), Kamala lebte dort noch neun Jahre und starb 1929 an Urämie, etwa siebzehn Jahre alt.

Beide liefen anfangs nur auf allen vieren: langsam auf Händen und Knien, aber auf Händen und Zehen, wenn es schnell gehen sollte. Erst nach fast drei Jahren im Waisenhaus und unter größten Mühen lernte Kamala ohne Hilfe auf zwei Beinen zu stehen; wenn sie es eilig hatte, ließ sie sich bis zu ihrem Tod auf alle viere hinab.

Anfangs mochten sich beide nicht baden und waschen lassen. Hitze und Kälte spürten sie nicht. Kleidung rissen sie sich vom Leib; der Lendenschurz mußte ihnen festgeknotet werden. Erst als sie in die Pubertät kam, begann Kamala an Kleidung Gefallen zu finden.

Ihre Nahrung schlappten sie zunächst nur aus Schalen am Boden. Noch lange aßen sie nur rohes Fleisch, auch Aas, das sie mit unmenschlich scharfer Nase schon von weither rochen und von dem sie sogar Geier verjagten. 1922 beobachtete man, wie Kamala ein totes Huhn fand und mit ihm sofort ins Gebüsch lief, wo sie es offenbar fraß – als sie wenig später wieder hervorkam, hingen ihr noch einige seiner Därme aus dem Mund. Noch lange stahl sie Fleisch wo immer möglich. Erst 1925 gewöhnte sie sich an Gesalzenes.

In der Dunkelheit sahen beide vorzüglich, und sie war ihnen lieber als das Tageslicht. Den Tag verbrachten sie meist dösend und in eine Ecke starrend, gegen Abend wurden sie munter. Nachts strichen sie furchtlos draußen umher; um zehn, ein und drei Uhr stießen sie regelmäßig ein heiseres Geheul aus, das sich zu einer Art schrillem Klageruf steigerte. Erst ab 1928 entwickelte Kamala die menschenübliche Furcht vor der Dunkelheit.

Zunächst hielten beide die Menschen offenbar nicht für Artgenossen, sondern fühlten sich viel mehr zu Hunden und anderen Tieren hingezogen. Menschen mieden sie; sie fauchten sie an, kratzten sie, bissen sie. Beide mußten regelrecht gezähmt werden. Erst ab 1927 rechnete sich Kamala eindeutig zu den Kindern. Insgesamt schien Amala, die jüngere, das Menschsein leichter und schneller zu lernen.

Sehr langsam gewann Kamala etwas Sprache. Nach zwei Jahren sagte sie »*bhu, bhu*«, wenn sie Durst hatte. Nach vier Jahren verstand sie den Sinn von Fragen und benutzte selber sechs Wörter. Nach sechs Jahren war ihr aktives Vokabular auf etwa dreißig Wörter für die Dinge ihrer Umgebung angewachsen, nach sieben bildete sie Kurzsätze wie »*bak-pu wo*« (Puppen im Kasten). Damit brachte Kamala es immerhin weiter als die meisten Wilden Kinder. Aber verglichen mit der normalen kindlichen Sprachentwicklung, verlief auch ihr Spracherwerb außerordentlich langsam und ineffektiv. Von ihrer Kindheit in einer Wolfsfamilie hätte sie wahrscheinlich auch dann nie erzählen können, wenn sie länger gelebt hätte.

An allen diesen Kindern fällt zweierlei auf: einmal, wie menschenunähnlich sie sich bei ihrer Auffindung verhielten; zum andern, wie außerordentlich schwer es ihnen wurde, Menschenart zu lernen. Etwa die Sprache, vor allem sie. Bei normalen Kindern geht der Spracherwerb etwa vom achtzehnten Lebensmonat an nahezu implosionsartig vor sich; ihr passiver Wortschatz wächst innerhalb von fünf Jahren auf einige zehntausend Wörter, ihr aktiver auf einige tausend; ihre Sätze werden immer länger und komplexer – innerhalb dreier Jahre wächst ihnen fast das gesamte grammatische Regelsystem ihrer Muttersprache zu. Das geschieht nahezu unaufhaltbar und wie von selbst, ohne jede Anstrengung. Wenn die Wilden Kinder Gelegenheit zum Spracherwerb bekamen, waren sie viel älter und erhielten zum Teil sogar bemühtesten Sprachunterricht. Trotzdem lernten sie ungleich langsamer; auch nur in die Nähe normaler Sprachbeherrschung gelangten sie nie.

Sogar verlorengehen kann die Sprache. Im achtzehnten Jahrhundert wurde ein normales, sprechendes achtjähriges Mädchen bei einem Schneesturm in den Pyrenäen von ihrer Gruppe getrennt und irrte acht Jahre lang umher, bis sie von Schäfern gefunden wurde. Sie sprach angeblich niemals wieder ein Wort[24]. Und als der schottische Matrose Selkirk, das Vorbild zu Defoes Robinson Crusoe, nach vier Jahren und vier Monaten der Isolation auf der Insel Juan Fernandez gefunden wurde, »hatte er fast das Geheimnis verlernt, verständliche Laute hervorzubringen«.

Da liegt denn auch der entscheidende Fehler bei den hübschen Märchen von den Wilden Kindern, bei Mowgli oder Greystoke-Tarzan. Wie sie beschrieben werden, sind sie schon in ihrer Tierkindheit Genies der Nachahmung. Das soll erklären, warum sie sich dann später die menschliche Sprache so rasch und perfekt aneignen. Die Autoren übersehen dabei nur eins: daß menschliche Sprache sehr viel mehr ist als die Benennung einer Reihe von Dingen und die Produktion bestimmter Laute – und daß das, was sie ist, durch Imitation allein niemals gelernt werden kann. Sprache besitzt nur, wer Begriffe für die Dinge der Welt und ihre Beziehungen untereinander besitzt und mit Leichtigkeit neue bilden kann; und die Beherrschung einer entwickelten, vollgültigen menschlichen Sprache setzt zudem eines jener hochkomplizierten Regelwerke für die Verknüpfung von Begriffen zu höheren Bedeutungseinheiten voraus: eine Grammatik. Wären Mowgli und Greystoke auf jene Sprachäußerungen angewiesen geblieben, die sie sich mit ihrem Nachahmungstalent angeeignet hatten, so wäre aus ihnen nie mehr geworden als fortgeschrittene Papageien.

Alle diese Fälle völliger sozialer Deprivation deuten übereinstimmend darauf hin, daß der Spracherwerb eine sensible Phase hat: einen Zeitabschnitt in der kindlichen Entwicklung, in dem er sich so gut wie mühelos und kaum bremsbar oder behinderbar und ganz ohne Zutun ereignet, eben wie eine Implosion – als ziehe das Gehirn begierig eine Sprache in sich hinein, sobald es für sie aufnahmefähig wird. Außerhalb dieser sensiblen Phase ist der Spracherwerb nicht nur schwerer (wie alle wissen, die später im Leben die eine oder andere Fremdsprache zu lernen versucht haben); wenn während der sensiblen Phase nicht irgendeine menschliche

Sprache im Gehirn verankert wurde, ist später offensichtlich gar kein vollständiger Spracherwerb mehr möglich.

Vergegenwärtigt man sich, mit welchen langwierigen und nur teilweise erfolgreichen Mühen die verspätete Menschwerdung aller dieser Wilden Kinder verbunden war, so zeigt sich auch der Fall des berühmtesten von ihnen in durchaus neuem Licht: der Fall Kaspar Hauser, der bis in unsere Zeit so viele Dichter und Hobby-Detektive und Rätselfreunde fasziniert.

Am Pfingstmontag des Jahres 1828 entdeckte man auf dem Unschlittplatz in Nürnberg eine »wackelnde« und »possierliche und pudelnärrische Gestalt«, einen Knaben von etwa sechzehn Jahren mit einem Brief in der Hand, dem nur ein paar Brocken Sprache zu entlocken waren. Er sagte »woiß nit«, bat, ihn »hamzuweisn«, und sprach immer wieder den nachmals berühmten Satz »ä sechtener (Reuter) möcht ih wähn wie mei Vottä wähn ist« (ein solcher Reiter möchte ich werden, wie mein Vater einer gewesen ist).

Der seltsame Kerl wurde erst in den Kerker geschafft; dann kam er zu Pflegefamilien. 1829 überfiel ihn ein »schwarzer Mann« und verwundete ihn. Ende 1833 wurde er wahrscheinlich von dem gleichen Mann niedergestochen; drei Tage später starb er an der Verletzung. Seiner Herkunft und Vorgeschichte kam man nie auf den Grund.

Der Fall Hauser wurde von Anfang an weniger mit dem nüchternen Blick des Wissenschaftlers, der an ihm etwas über die *conditio humana* lernen will, als vielmehr als Gesellschaftsskandal und unter dem Aspekt seines *human interest* gesehen, als »Verbrechen am Seelenleben des Menschen«, wie die berühmte erste Hauser-Biographie (1832) des Ansbacher Gerichtspräsidenten Anselm von Feuerbach im Untertitel hieß[7]. Es ging, von Feuerbach geschürt, das verwegene Gerücht, Hauser sei der beiseite geschaffte Erbe des Badener Fürstenhauses. Auch heute, da die Frage nun wirklich gleichgültig geworden ist, hat es noch überzeugte Verfechter und Anhänger.

Und diese Geschichte hatte Hauser mündlich und bald auch schriftlich zu berichten: Er sei mit drei oder vier Jahren in ein dunkles, vernageltes Kellerloch gesperrt worden; habe dort über zwölf Jahre zugebracht, auf einer Strohschütte am Boden liegend, ohne ein einziges Mal aufzustehen oder sich auch nur umzudrehen; seine einzige Gesellschaft seien zwei hölzerne Spielzeugpferde gewesen, die er immer wieder mit Bändern behängt habe; und in dieser ganzen Zeit habe er nie einen Menschen gesehen, nie ein Wort gehört oder gesprochen. Erst gut eine Woche vor seiner Befreiung sei ein Mann insgesamt dreimal unsichtbar hinter ihn getreten und habe ihm die besagten Sätze und auch etwas Schreiben beigebracht.

Er wäre also noch radikaler und noch länger von allem menschlichen Umgang abgeschnitten gewesen als Genie und die anderen Wilden Kinder. Dennoch lernte er im Handumdrehen Sprechen und Schreiben. Seine Vergangenheit verriet sich bald nur noch dadurch, daß er manchmal in Infinitiven sprach (so wie heutige Deutsche es gerne Türken gegenüber tun: »Du holen Bier!«), und schon im Herbst 1828, ein paar Monate, nachdem er in Nürnberg aufgetaucht war, begann er an seiner Selbstbiographie zu arbeiten: »...auf einmal nimmt mich der Mann bei der Hand und gibt mir den Bleiweiß in die Hand und hat gesagt, ich soll dieses recht gut merken, dann bekomme ich recht schöne Roß...«

Etwas ist hier mit Sicherheit faul. Hausers Bewegungen waren zu Anfang etwas unsicher und plump, aber völlig koordiniert. Das Auffälligste an ihm waren sein scharfer Geruchssinn und seine gute Orientierung in der Dunkelheit – minimale (und leicht fingierbare) Anomalien im Vergleich zu der ganz und gar anderen Wahrnehmungsweise der anderen Wilden Kinder. Er behauptete, immer nur gelegen zu haben; aber verglichen mit jenen Kindern, die ein ähnliches Schicksal hinter sich hatten und eine Zeit brauchten, bis sie sich auch nur strecken und stehen konnten, waren seine »weichen Fußsohlen« und die Blasen an seinen Füßen sonderbar geringfügige Folgen eines angeblich ganz im Liegen verbrachten Lebens. Sein Sozialverhalten war etwas ungeschliffen, aber sonst verkehrte er mit den Menschen sehr bald, als sei er ihresgleichen. In alldem steht er in krassem Gegensatz zu den anderen Wilden Kindern.

Nun könnten jene, die sehr an der romantischen Gestalt Kaspar Hauser hängen, einwenden: Das alles beweise noch gar nichts. Gut, in vergleichbaren Fällen hätten die Wilden Kinder große Mühe gehabt, auch nur die bescheidensten Fertigkeiten des zivilisierten

Menschen zu lernen. Aber vielleicht seien sie ja doch alle Kretins gewesen; oder aber Hauser einfach sehr viel begabter als sie, so daß er rascher und mehr lernte.

Aber da ist noch ein Punkt. Hauser erklärte ja, von seinem dritten bis zu seinem sechzehnten Lebensjahr habe er kein Wort menschlicher Sprache gehört oder gesprochen; nur in der Woche vor seiner Freisetzung habe er dreimal Sprech- und Schreibunterricht erhalten. Diese Behauptung aber hat nun nicht nur sämtliche anderen Wilden Kinder gegen sich; sie hat die Erfahrung der gesamten Menschheit gegen sich. Selbst wenn nicht jeder, der dreizehn Jahre Sprachlosigkeit hinter sich hat (und davor nur etwas Kindersprache beherrscht haben kann), die Sprachfähigkeit überhaupt einbüßen sollte; selbst wenn es keine sensible Phase für das Sprachlernen geben sollte, wenn man also das ganze Leben über und unabhängig davon, ob die Sprachfähigkeit in der frühen Kindheit angelegt wurde, in der Lage wäre, sich Sprache so rasch wie ein Kind anzueignen – selbst dann kann es nicht gewesen sein, wie Hauser behauptete. Niemand kann in ganzen drei Lektionen während einer einzigen Woche sprechen und schreiben lernen, auch nicht der Gesündeste und Hellste, auch nicht das größte, unter den günstigsten Bedingungen heranwachsende Wunderkind. Wie dann jemand, der keine Sprache hat, keine Sprache versteht, ja nicht einmal weiß, was Sprache ist? Wie kann er auch nur verstanden haben, daß der Mann ihm Pferde als Belohnung für seine Gelehrigkeit versprach?

Es ist also gar kein anderer Schluß möglich: Hauser hat gelogen, er kann zumindest in diesem Punkt nur gelogen haben. Aber wenn er hier gelogen hat – was ist ihm dann überhaupt zu glauben? Das muß nicht unbedingt heißen, daß er selber ein ausgekochter Hochstapler war. Vielleicht war er selber Opfer eines Schwindels, Marionette in einem üblen Spiel, das jener unbekannte »schwarze Mann«, unter dessen Fuchtel er offenbar stand, mit ihm angezettelt hatte und das schon darum unbegreiflich war und bleiben muß, weil es sich bei dem Mann, nach den handschriftlichen Zetteln zu urteilen, die er Hauser mitgegeben hatte, um einen Psychopathen handelte (»...Ich habe mir gedenckt ich müßte ihm für mein Sohn haben, ich habe ihm Christlichen Erzogen, und habe ihm Zeit 1812 Keinen Schrit weit aus dem Haus gelaßen daß Kein Mensch nicht weiß da von wo Er auferzogen worden ist... Und er hat Kein Kreuzer geld nicht bey ihm weil ich selber nichts habe wen Sie im nicht Kalten so müßten Sie im abschlagen oder in Raufang auf hengen...«)

Daß Hauser aber dieses Spiel so willig mitspielte, auch als er sich längst in der Obhut anderer Menschen befand, deutet doch darauf hin, daß er nicht, oder nicht nur, das passive Opfer war. Vielleicht ist Hauser ja von jenem »schwarzen Mann« auch gar nicht ermordet worden; vielleicht existierte dieser gar nicht; vielleicht – auch eine solche Theorie gibt es – hat er sich selber, um Aufmerksamkeit und Mitleid auf sich zu ziehen und seine Geschichte zu bekräftigen, eine Verletzung beigebracht, an der er dann unbeabsichtigt gestorben ist. Dann allerdings verwandelte sich der verstoßene Prinz, an dessen Seelenleben ein großes Unrecht verübt wurde, in einen jungen Mann, der eine Karriere in der besseren Gesellschaft anstrebt, sich zu diesem Zweck eine Geschichte ausdenkt, mit der er die Herzen sicher rührt, und der zu ihrer Untermauerung nur ein wenig den Dorfdeppen markieren muß.

Jedenfalls beweist die dubiose Geschichte für den Kasus der Wilden Kinder überhaupt nichts.

Welches der Naturzustand des Menschen sei – darauf geben die Geschichten der Wilden Kinder, trotz aller Unsicherheiten und Vorbehalte im einzelnen eine sehr deutliche Antwort. Nämlich die: Den Naturzustand des Menschen gibt es nicht.

Wenn einem Kind Erziehung und menschliche Gesellschaft vorenthalten werden, selbst wenn es in der freien Natur aufwächst, entsteht nicht etwa der »natürliche Mensch in seiner ganzen Wildheit und Unbändigkeit«, sondern – was eigentlich? In fast jeder Hinsicht extrem gestörte Menschen. Es fehlt ihnen nicht nur die eine oder andere lernbare Geschicklichkeit (etwa die, mit Messer und Gabel zu essen). Es fehlt ihnen auch mehr als »soziales Rollenverhalten«. Sie sind von Schwachsinnigen nicht zu unterscheiden. Bestenfalls entsteht eine Art mißlungenes Tier. Uns zwar mögen Kamala und Amala sehr wölfisch vorkommen; aber von den Feinheiten des wölfischen Wesens und Lebens haben wir keine Ahnung, und es ist eher zu vermuten, daß ihre Wolfsmutter mit diesen ihren aus der Art geschlagenen Jungen, die kein Fell bekamen und nicht groß werden wollten und sich wahrscheinlich bei allen wölfischen Verrichtungen sehr ungeschickt anstellten, ihre Not hatte. (Sir William Sleeman erklärte den Umstand, daß nie ein erwachsener Wolfsmensch gefunden wurde, eben damit, daß die von Wölfen aufgezogenen Menschenkinder zu schlechten Wölfen heranwuchsen und sich auf Dauer nicht als solche behaupten konnten[23].)

Der Mensch ist darauf angewiesen, in einer, irgendeiner menschlichen Gesellschaft aufzuwachsen. Sein menschliches Potential kann er nur im Umgang mit anderen Menschen verwirklichen. (Es müssen wohl erwachsene Menschen sein: Eine Schar von isolierten Kindern würde am Ende kaum menschenähnlicher als ein einzelnes.) Bleibt ihm dieser Umgang verwehrt, so wird er weder Mensch noch Tier, sondern zu einem körperlichen, sozialen, emotionalen und geistigen Krüppel.

Auf ihre Weise geben die Wilden Kinder auch eine Antwort auf die unvergängliche Frage »Erbe oder Umwelt«, »Biologie oder Gesellschaft«. Ohne Sozialisation innerhalb einer menschlichen Kultur wird aus einem Kind offenbar kein richtiger Mensch. Darum kann das Menschliche kein sich von selber einstellender Ausdruck eines genetischen Programms sein: nicht nur »Erbe«.

Also muß der Mensch alles, was ihn ausmacht, erst aus seiner sozialen Umwelt lernen? So sieht es das einzige Buch, das es heute über die Wilden Kinder gibt, das von Lucien Malson[19]. Der Mensch, behauptet es, habe keine Natur, er habe nur eine Geschichte: Er sei jenes einzigartige Wesen, »das alles empfangen und alles erlernen muß und bei dem das Endogene – das, was man seinen natürlichen Fähigkeiten und angeborenen Anlagen zuschreiben kann – so flüchtig wie Nebel ist«.

Dies aber scheint nur auf den allerersten Blick richtig. Bei näherer Betrachtung stellen die Wilden Kinder eine solche Position nicht minder in Frage. Sie läuft ja darauf hinaus, daß der Mensch nichts sei als ein Lernvirtuose: Er betritt die Welt mit nichts, eine *tabula rasa*, und lernt alles. Aber ganz offenbar lernen die Wilden Kinder gar nicht leicht und gut, haben sie die allergrößte Mühe, auch nur ein wenig menschliche »Geschichte« anzusetzen. Nicht nur, daß sie ihr einmal gelerntes »wildes« Verhalten nur sehr schwer ablegen – auch wo sie bisher noch gar nichts lernen konnten, zum Beispiel auf sprachlichem Gebiet, lernen sie viel mühseliger als ein kleines

Kind. Außerdem hat ihre so dramatisch andersartige Vergangenheit bei ihnen auch und gerade einige der angeborenen »biologischen« Funktionen verändert: die Schärfe der einzelnen Sinne, den aufrechten Gang, den Wach-Schlaf-Rhythmus.

Dagegen passen die Befunde hervorragend zu der Ansicht der biologisch denkenden Anthropologie, daß der Mensch sich immer nur in der Interaktion von Erbanlage und Umwelt verwirklicht. Der Mensch lernt das meiste von dem, was ihn ausmacht, ja; aber er lernt nicht Beliebiges, er lernt nicht alles gleich gut, gleich rasch, gleich leicht, sondern er lernt vornehmlich das, was zu lernen er ausgerüstet ist, und er lernt es zu den dafür vorgesehenen Zeiten in seiner Entwicklung. Er bringt eine biologische Natur mit auf die Welt, die des Komplements bestimmter Lebenserfahrungen bedarf, so wie ein Film der Entwicklung bedarf, damit die in ihm aufgezeichneten Bilder sichtbar werden. Der Mensch ist allerdings ein Lernwesen (und nicht nur er); aber sein Lernen ist in hohem Maße biologisch festgelegt. Im algebraischen Sinn ist er ein Produkt seines Erbes und seiner Umwelt. Wenn ein Faktor eines Produkts Null ist, kann der andere sein, was er will – das Ergebnis ist ebenfalls Null.

Der Mensch muß lernen, ein Mensch zu werden; er lernt jedoch vorwiegend das, wofür er von der Natur eingerichtet wurde. Aber es geht nicht nur dem Menschen so. Auch Tiere sind, wenn wohl auch in minderem Maße, auf soziale Erfahrungen mit ihresgleichen angewiesen, um zu vollentwickelten Mitgliedern ihrer Art zu werden. Mit einigen haben Wissenschaftler »Kaspar Hauser«-Versuche angestellt, vor allem mit Gänsen und Rhesusaffen: haben sie ganz ohne soziale Kontakte aufwachsen lassen oder ihre sozialen Kontakte in einem genau geplanten Grad eingeschränkt. Jede längere und schwerere soziale Deprivation beeinträchtigte später das soziale Verhalten der Tiere; die schwersten machten sie lebensunfähig.

Die wichtigsten dieser Versuche, obwohl später von anderen fortgeführt, verbinden sich mit den Namen des amerikanischen Psychologen Harry F. Harlow und seiner Frau. Die Harlows begannen in den fünfziger Jahren zu erforschen, wie sich Rhesusaffen entwickeln, wenn man sie ohne jede materielle Entbehrung, aber ohne ihre Mütter aufzieht. Zuerst klammerten sich die Affenjungen exzessiv an sich selber, lutschten an ihren Händen und Füßen, bissen sich, schaukelten stereotyp hin und her, bewegten sich nur ängstlich und langsam, brachten für ihre Umwelt kein Interesse auf. Wenn man sie später mit gleichaltrigen Gefährten zusammenbrachte, hatten sie zuerst vor allem Angst; auch wo diese sich im Laufe der Zeit etwas verringerte, nahmen sie an den Spielen ihrer Altersgenossen nicht teil[9]. Die Mutterentbehrung im frühen Kindesalter hat Spätfolgen: Das Sexualverhalten ist gestört (sie suchen keine Sexualkontakte und stellen sich völlig unbeholfen an, wenn sie sich ihnen nicht entziehen können); wenn sie selber Junge zur Welt bringen, sind sie uninteressierte und tölpelhafte Mütter; sie bleiben unmäßig ängstliche oder unmäßig aggressive, in mancher Hinsicht untüchtige Mitglieder ihrer Sozietät. Zum Beispiel verstehen sie die Mimik ihrer Artgenossen nicht oder nicht richtig, und ihre eigenen Ausdrucksbewegungen bleiben den anderen nichtssagend oder unverständlich[18]. Am stärksten sind die Störungen, wenn den Jungtieren sämtliche sozialen Kontakte vorenthalten wurden. Wenn sie zwar ohne Mutter, aber zusammen mit gleichaltrigen Gefährten groß geworden waren, so waren sie zwar ängstlicher und stärker in sich gekehrt als andere, sonst aber in ihrem Sozialverhalten einigermaßen gesund und normal[18]. Ein Forscher machte den Versuch und setzte sechzehn in verschiedenem Grad deprivierte Rhesusaffen auf einer Insel aus, wo ein Trupp von achtzig wilden Artgenossen lebte. Die in totaler und schwerer Isolation aufgewachsenen waren nach einigen Wochen sämtlich tot – entweder von den wilden Affen angegriffen und tödlich verletzt oder aus Ungeschick zu Tode gekommen[18].

»Es darf somit auch für höhere nicht-menschliche Primaten als erwiesen gelten«, so resümierte der Göttinger Anthropologe Christian Vogel den Fall, »daß vollständig ›normales‹ Verhalten nur durch ein ›normales‹ soziales Umfeld generiert werden kann... Es bestehen spezifische soziale Grundbedürfnisse, die vor allem während der frühen Kindheit befriedigt werden müssen, wenn nicht ein psychisch ›verkrüppeltes‹, in jedem Falle aber ein ›unvollwertiges‹ Individuum entstehen soll. Und ... nur ein ›vollwertiges‹ Individuum erweist sich im späteren Leben als ein kompetenter Sozialpartner!«[25]

Daß es in der Gehirnentwicklung sensible Perioden gibt, in denen bestimmte Umwelterfahrungen einfach gemacht werden müssen, wenn die betreffende Hirnfunktion nicht irreparabel verkümmern soll, wurde bisher am deutlichsten und anschaulichsten von den Hirnphysiologen David Hubel und Torsten Wiesel nachgewiesen. In jahrzehntelangen Untersuchungen, für die sie 1981 den Nobelpreis erhielten, haben sie vor allem den Gesichtssinn von Katzen studiert und dabei den Weg der visuellen Informationen und deren Umwandlungen und Integrationen von der Retina bis weit in die Sehrinde hinein verfolgt.

1969 machten Hubel und Wiesel folgendes Experiment. Einigen jungen Kätzchen wurde bald nach der Geburt ein Auge zugenäht, so daß sie in der folgenden Zeit nur von einem Auge Gebrauch machen konnten. Dann wurde ihnen, nach verschieden langer Zeit, das unbenutzte Auge wieder geöffnet. Dabei zeigte sich das folgende. Zu Beginn der vierten Lebenswoche setzt plötzlich eine Zeit ein, in der der Nichtgebrauch eines Auges einen irreversiblen Schaden hinterläßt. Diese Periode dauert zwei bis vier Wochen. Hindert man ältere Katzen auf gleiche Weise daran, von einem Auge Gebrauch zu machen, so hinterläßt das keinerlei bleibenden Schaden; einer erwachsenen Katze kann man ein Auge über ein Jahr lang schließen, ohne daß dessen Sehkraft beeinträchtigt wird. Während der sensiblen Periode dagegen reichte schon ein Nichtgebrauch von ein paar Tagen, um die Sehkraft des betreffenden Auges ein für allemal einzuschränken.

Hubel und Wiesel haben nun untersucht, ob die Zellen der Sehrinde (der Area striata), denen die Signale des einen Auges vorenthalten wurden, irgendwelche Veränderungen aufweisen. Von Geburt an reagiert ein Teil dieser Zellen, in unterschiedlichem Maß, auf Informationen aus beiden Augen. Also muß ihre Verschaltung auf einen genetisch festgelegten Bauplan zurückgehen, denn lernen konnten sie zu diesem Zeitpunkt ja noch gar nichts. Die Zahl dieser Zellen vermindert sich bei Nichtgebrauch des einen Auges nicht; also sterben sie nicht ab. Aber in kurzer Zeit büßen sie unwiderruflich ihre Fähigkeit ein, auf die Signale des betreffenden Auges zu reagieren, und diese Fähigkeit läßt sich später nicht wiederherstellen[13]. Hubel und Wiesel wiesen auch nach, daß die Schließung eines Auges Zellveränderungen in einer vorgeschalteten Relaisstation der visuellen Informationen verursacht, in dem dem betreffenden Auge zugeordneten seitlichen Kniekörper. Hier wuchsen die Zellen nicht nur nicht so, wie sie es normalerweise täten; sie schrumpften sogar. Es kam zu einer regelrechten Atrophie.

Hubel und Wiesel zogen aus solchen Beobachtungen den Schluß: »Die Periode der Empfänglichkeit für Entbehrungen ist von Tier zu Tier und zweifellos auch von System zu System eine andere. Ein Extrem stellt die von Konrad Lorenz beschriebene ›Nachfolge-Prägung‹ bei bestimmten Vogelarten dar, wo die kritische Phase ein paar Tage nach dem Schlüpfen ihren steilen Gipfel erreicht. [Die Nachfolge-Prägung besteht darin, daß sich ausgeschlüpfte Gänseküken an jedes bewegte Ding in ihrer Nähe anschließen und ihm hinfort hinterhergehen – offenbar kommen sie mit dem genetisch festgelegten Lernprogramm auf die Welt: Was immer sich in deiner Nähe bewegt, betrachte es als deine Mutter und schließe dich ihm an. In der Natur wird es normalerweise wirklich die Mutter sein.] Das andere Extrem findet sich beim Menschen, bei dem beispielsweise die Sprachfähigkeit in der nicht-dominanten Hirnhemisphäre eingerichtet werden kann, wenn die dominante Hemisphäre infolge einer Verletzung in der frühen Kindheit ausgefallen ist – das aber nicht mehr nach dem Alter von acht bis zehn Jahren ... Möglicherweise fällt die kritische Periode mit der Zeit zusammen, in der ein bestimmtes System im Gehirn gebildet wird und sich entwickelt, und sein Gebrauch während dieser Zeit ist für seine Reifung und Bewahrung unerläßlich... Für die normale Entwicklung kommt es entscheidend darauf an, daß während der gesamten kritischen Periode und nicht nur während eines Teils normale Umweltbedingungen bestehen. Welches die analoge kritische Periode beim Menschen ist, ist natürlich nicht bekannt, obwohl die Beobachtungen mit dem Schielen darauf hindeuten, daß sie länger dauert, vielleicht einige Jahre lang«[13].

Die Rolle der Umwelt also ist es, einen genetisch vorgegebenen Plan zu realisieren und zu stabilisieren. Der Plan ist vollständig da; aber zu ihm gehört, daß zu einer vorbestimmten Zeit ein gewisser Input erfolgt. Bleibt dieser aus, wird die vom genetischen Plan zum Lernen vorbestimmte Zeit verpaßt, läßt sich das Versäumte später nur noch schwer oder gar nicht mehr nachholen. Die Hirnstrukturen, die dazu nötig wären und die das Genom zu der vorbestimmten Zeit geschaffen hatte, bestehen dann nicht mehr. Das Gehirn ist nicht mehr imstande, auf das Lernangebot einzugehen und es festzuhalten. Das Lernen ist nicht mehr »kinderleicht«. Der Spracherwerb zum Beispiel hat seine sensible Phase; verstreicht sie ungenutzt, kann nur noch ganz wenig Sprache gelernt werden.

Unsere Gene, heißt das, statten uns mit einem ungeheuren Potential aus. Aber nur, wo und soweit wir von diesem Potential Gebrauch machen, wird es zu unserem Wesen. Unsere Gene determinieren uns nicht in dem Sinne, daß sie uns starre Handlungsschemata auferlegten. Sie machen uns ein Angebot – ein großes, aber nicht unbeschränktes.

Goethe sagte es: »Was du ererbt von deinen Vätern hast, erwirb es, um es zu besitzen.«

# DER MENSCH UND SEIN DOUBLE

*Über Zwillinge und Zwillingsforschung*

Es begann 1979. Amerikanische Zeitungen wußten von einem kuriosen Fall zu berichten. Im Staat Ohio hatten sich zwei Zwillingsbrüder wiedergefunden. Vier Wochen nach der Geburt waren sie von verschiedenen Familien adoptiert worden; neununddreißig Jahre lang hatten sie nichts voneinander gewußt. Der eine hieß Jim Lewis, der andere Jim Springer (zusammen nannte man sie die »Jim Twins«). Der eine kämmte seine Haare nach vorn, der andere nach hinten. Sonst aber wirkten sie wie Kopien voneinander, und nicht nur das.

Zwischen den beiden Männern kamen höchst seltsame Übereinstimmungen ans Licht. Beide waren Kettenraucher, und beide rauchten dieselbe Marke (»Salem«). Beide tranken sie gern, am liebsten Bier, und zwar dieselbe Marke (»Miller's Lite«). Beide fuhren einen Chevrolet. Beide hatten zweimal geheiratet. Beider erste Frauen hatten Linda geheißen, beider zweite Frauen hießen Betty. Beide hatten einen Sohn; der eine hieß James Allan, der andere James Alan. Beide hatten einen Hund gehabt, und beide Hunde hatten Toy geheißen. Beide hielten sich für unpolitisch. Beide hatten im gleichen Alter unerklärlicherweise fünf Kilo zugenommen. Beide klagten über Herzbeschwerden, für die kein organischer Grund zu finden war. Beide hatten seit dem achtzehnten Lebensjahr starke Migräneanfälle, die bei beiden aus dem Nacken kamen und zwölf Stunden anhielten. Beide knabberten an den Fingernägeln. Beide arbeiteten nebenher als Hilfssheriffs. Beide hatten einen großen Hobbyraum, auf dem Rasen vor dem Haus einen Baum und um den Baum eine weiße Bank. Beide hatten jahrelang und ohne voneinander zu wissen am gleichen Strand in Florida Urlaub gemacht[23,24].

Diese Geschichte las in Minneapolis der Psychologe Thomas J. Bouchard, Jr., und als er sie las, kam ihm eine Idee. In den Jahren davor hatte er sich verschiedentlich mit der kontroversesten psychologischen Frage der frühen siebziger Jahre beschäftigt, der Frage der Erblichkeit der Intelligenz. Viel Verve und viel Druckerschwärze war in einem Streit verausgabt worden, der am Ende nicht ideologisch, sondern nur empirisch zu entscheiden war. Bouchard wußte, daß Zwillings- und Adoptionsstudien der beste Weg waren, die Frage der Erblichkeit irgendeines menschlichen Merkmals empirisch zu klären. Und er wußte, daß die sichersten Aufschlüsse von Zwillingen zu erwarten waren, denen das seltene Schicksal zuteil geworden war, getrennt voneinander aufzuwachsen. Mehrmals war in der Vergangenheit versucht worden, ein paar solcher Fälle aufzutreiben und unter die Lupe zu nehmen. Diese Studien waren notgedrungen recht klein gewesen und lagen schon etliche Zeit zurück.

Da war jetzt ein neuer Fall, und ein sonderbarer dazu. Bouchard griff zu. Seit Jahren wurde an seiner Universität Zwillingsforschung betrieben; qualifizierte Mitarbeiter waren vorhanden. Eilends organisierte er die Mittel, um die beiden Brüder, ehe sie sich gegenseitig »kontaminiert« hatten, an die Universität Minnesota einzuladen und ein paar Tage lang auf Herz und Nieren zu untersuchen. Und als sie untersucht waren, beschloß er, es möglichst nicht bei diesem einen Paar zu belassen, sondern den Versuch zu machen, weitere solche Fälle zu finden. Als weitere gefunden waren und sich dank der Publizität in den Medien immer wieder welche fanden, rückte es in den Bereich des Möglichen, mehr getrennte Zwillingspaare zu untersuchen als alle früheren Studien – und sie darüber hinaus gründlicher und unter mehr Gesichtspunkten zu untersuchen als jene. Als sich abzeichnete, daß auch das gelingen würde, begann Bouchard, alle überhaupt erreichbaren Zwillingsdaten zu sammeln und vergleichbar zu machen – ein noch junges, fortgeschrittenes Verfahren, Metaanalyse genannt, vielen verschiedenen Einzeluntersuchungen den gemeinsamen Sinn abzugewinnen. So entsteht nun heute in Minneapolis eine Zwillingsdatenbank, in der noch Generationen von Wissenschaftlern werden forschen können. Das in kurzen Worten ist das »Zwillingsprojekt von Minnesota«.

Es ist sozusagen eine letzte Chance, ein ungewöhnliches Experiment der Natur zu beobachten, ein Experiment, das die bisher verläßlichste Antwort auf eine Jahrhundertfrage verspricht: Zu welchem Teil ist der Mensch das Produkt seiner Gene, zu welchem das Produkt seiner Erziehung und sonstiger Umwelteinflüsse? Die Antwort darauf wiederum wirft ein Licht auf die umfassendere Frage: Wie veränderbar ist die menschliche Natur?

Daß Zwillinge einen wesentlichen Beitrag zu ihrer Beantwortung leisten könnten, hatte als erster Sir Francis Galton gesehen, der englische Universalwissenschaftler, der viel tat, die Konsequenzen aus der Theorie seines Cousins Darwin in die noch junge Psychologie hineinzutragen. 1875 schrieb er: »Die überaus große Ähnlichkeit, die man Zwillingen nachsagt, ist Gegenstand vieler Romane und Bühnenstücke gewesen, und die meisten haben den Wunsch verspürt, zu wissen, auf welcher Wahrheitsgrundlage jene belletristischen Werke beruhen. Doch Zwillinge verdienen noch aus anderen Gründen Aufmerksamkeit... Ihre Lebensgeschichte gibt uns Mittel an die Hand, zwischen den Auswirkungen von angeborenen Tendenzen und jenen, die ihnen die Umstände ihres späteren Lebens auferlegt haben, zu unterscheiden; mit anderen Worten, zwischen den Effekten von Natur und Erziehung (*nature and nurture*).«[16]

Eine letzte Chance ist die in Minneapolis unternommene Studie darum, weil Zwillinge seit längerem im Falle einer Adoption möglichst nicht mehr getrennnt werden. Die Wirren des Zweiten Weltkriegs hatten noch einmal zu einer Häufung von Trennungen geführt. Die damaligen Kinder sind die Erwachsenen von heute, die in diesen Jahren in Minneapolis untersucht werden. Aus der Zeit danach wird es nur noch ganz vereinzelte solche Fälle geben.

Für merkwürdige Geschichten war das Zwillingsprojekt von Minnesota von Anfang an gut. Und die mit ihnen verbundene Publizität war den Wissenschaftlern nicht unlieb: Sie vor allem ermöglichte die Rekrutierung immer neuer Probanden. Pittoresk und ein gefundenes Fressen für die Medien war zum Beispiel der Fall der beiden Feuerwehrleute.

Im September 1985 fuhr der Feuerwehrhauptmann Gerald Levey aus der Kleinstadt Tinton Falls in New Jersey zu einer Tagung im Kollegenkreis. Im Restaurant starrte einer der Kollegen immer so seltsam zu ihm herüber; schließlich sprach er ihn an. Levey müsse einen Doppelgänger haben, sagte er – jedenfalls gebe es in seiner hundert Kilometer entfernten Heimatstadt Parasmus einen anderen Feuerwehrmann, Mark Newman mit Namen, der zwar ein wenig dicker sei, Levey aber sonst aufs Haar gleiche. Levey reagierte, wie wir alle reagieren würden, wenn uns jemand sagte, es gebe irgendwo jemanden, der uns verdammt ähnlich sieht: Er zuckte die Achseln. Dem Kollegen aber ließ das Ausmaß der Ähnlichkeit keine Ruhe. Er nahm jenen Mark Newman eines Tages unter einem Vorwand mit zur Feuerwache nach Tinton Falls. Die beiden Doubles standen sich nun unerwartet von Angesicht zu Angesicht gegenüber. Levey starrte den Fremden an und murmelte: »Das muß mein Bruder sein. Jetzt brauche ich ein Bier.« Auch Newman starrte: »Er ist so groß wie ich. Er hat eine Nase wie ich. Er trägt die gleiche Brille wie ich. Er hat eine Glatze wie ich. Jetzt brauche ich ein Bier.«[29] Zwei identische Zwillinge hatten sich wiedergefunden. Geboren 1954 in Manhattan, waren sie fünf Tage nach der Geburt getrennt worden und in der Folge bei Adoptivfamilien aufgewachsen. Einunddreißig Jahre lang hatten sie nichts voneinander gewußt.

Ihre Ähnlichkeit beschränkte sich nicht auf ihr Aussehen und ihre berufliche Stellung. Levey hatte ein College besucht und Forstwirtschaft studiert; Newman hatte eigentlich auch Forstwirtschaft studieren wollen, dann aber einen Job als Forstarbeiter angenommen. Später hatte Levey Sprinkleranlagen installiert, Newman Feueralarmanlagen. Jetzt waren beide begeisterte Feuerwehrleute. Beide waren Junggesellen, beide hatten eine Schwäche für große, schlanke, langhaarige Frauen. Beide jagten und angelten, beide mochten sie Filme mit John Wayne und chinesische Restaurants. Beide lachten gern mit zurückgeworfenem Kopf, tranken gerne Dosenbier, und zwar nur der Marke »Budweiser«, krümmten dabei den kleinen Finger unter die Dose und zerquetschten sie, wenn sie leer war. »Wir machen«, sagte Levey, »die gleichen Bemerkungen und die gleichen Gesten zur gleichen Zeit. Es ist unheimlich.«[40]

Noch unheimlicher war ein Fall, der die Forscher in Minneapolis ebenfalls 1979 beschäftigt hatte. 1933 brachte auf Trinidad eine mit einem Juden verheiratete Deutsche eineiige Zwillinge zur Welt. Wenige Monate später entzweite sie sich mit ihrem Mann und kehrte nach Deutschland zurück. Eine etwas ältere Tochter und einen der Söhne, Oskar, nahm sie mit. Jack, den anderen, ließ sie bei seinem Vater zurück. Oskar – Nachname Stöhr – und seine Schwester wurden von der Großmutter im Sudetenland in katholischem Geist großgezogen und wuchsen inmitten der antisemitischen Propaganda der Nazis auf; heute lebt er als Industriemeister im Ruhrgebiet. Jack Yufe lebte weiter bei dem Vater und einer Verwandten in der Karibik, wurde im jüdischen Glauben erzogen, ging mit sechzehn Jahren nach Israel, lebte lange im Kibbuz, diente in der israelischen Marine und emigrierte 1960 in die USA. Heute hat er ein Bekleidungsgeschäft in Kalifornien.

Die Brüder wußten voneinander zwar, daß es sie gab, hatten aber keinen Kontakt, abgesehen von einem kurzen Zwischenaufenthalt Jacks in Deutschland, bei dem sie sich auf dem Bahnhof trafen, sich aber nur mit einem Dolmetscher verständigen konnten und nichts miteinander anzufangen wußten. Ihr wirkliches Wiedersehen fand erst Ende 1979 auf dem Flughafen von Minneapolis statt. Und wieder gab es diese seltsamen Übereinstimmungen. Beide sahen sich zum Verwechseln ähnlich, waren ähnlich gekleidet, trugen eine ähnliche Brille. Beide hatten die Gewohnheit, Gummibänder übers Handgelenk zu streifen. Beide blätterten Zeitschriften von hinten nach vorne durch. Beide mochten sie scharfe Speisen. Beide niesten manchmal laut, um andere zu ärgern, vor allem in Fahrstühlen. Beide waren aufbrausend. Beide regte es auf, wenn der Kellner sie warten ließ. Beiden gefielen die gleichen Frauen – von Jacks erster Frau hätte er sich auch getrennt, sagte Oskar, seine zweite Frau mochte auch er. Ähnlich auffällige Nichtübereinstimmungen konnten sie nicht entdecken – und das, obwohl sie doch in zwei Erdteilen, in zwei Sprachen, in zwei Religionen, in zwei Erziehungsstilen und in zwei nicht nur verschiedenen, sondern entgegengerichteten politischen Systemen groß geworden waren[19,54].

Ich selber war zweimal in Minneapolis und habe zwei Zwillingspaare kennengelernt, eher Normalfälle beide und trotzdem verwunderlich genug.

Tommy Marriott aus Halifax und Eric Boocock aus Sheffield kamen im Oktober 1981 nach Minneapolis. Als sie 1943 geboren wurden, war der Vater im Krieg, und die Mutter schlug sich als Arbeiterin durch. Gleich nach der Geburt gab sie beide Söhne zu einer entfernten Bekannten. Nach vier Monaten holte sie Eric zu sich zurück. Er wuchs bei ihr auf und ihrem zweiten Mann, einem

Stahlarbeiter, in kargen Verhältnissen – oft wußte die Familie nicht, wovon sie die nächste Mahlzeit bestreiten sollten. Als er fünf oder sechs war, erfuhr Eric, daß er einen Bruder habe; aber nie machte die Mutter den Versuch, ihn wiederzufinden. Tommy wurde bei seiner Adoptivfamilie in weniger angespannten Verhältnissen groß. Der Adoptivvater war Ingenieur und Gewerkschafter. Mit elf erfuhr Tommy, daß er ein Adoptivkind sei und einen Bruder gehabt habe; aber man sagte ihm, der sei als Kind an einer Lungenentzündung gestorben.

Beide verließen die Schule mit fünfzehn Jahren, wurden Fabrikarbeiter, heirateten und bekamen Kinder. Die Familien wohnten sechzig Kilometer auseinander und wußten nichts voneinander. Dann sah Eric zufällig eine Fernsehsendung über getrennte Zwillinge, und seitdem ließ ihn der Wunsch nicht mehr los, seinen Bruder ausfindig zu machen. Er wandte sich an eine Reporterin, und nach zwei Jahren hatte sie Tommy aufgespürt. Die Brüder trafen sich das erste Mal im September 1981 vor Fernsehkameras in Leeds. Den Wissenschaftlern zuliebe, die »Ansteckungsgefahr« witterten, beließen sie es bei diesem einen Treffen, ehe sie einige Monate später nach Minneapolis kamen.

Da saßen sie nun und amüsierten sich mit dem gleichen gutmütigen tonlosen Kichern über die Fragen, die auf sie herunterhagelten: Duschen oder baden Sie lieber? Fürchten Sie sich vor Feuer? Lachen Sie gern über anzügliche Witze? Lesen Sie gerne Liebesgeschichten? Haben Sie unverzeihliche Sünden? Möchten Sie lieber von einem Stier verfolgt werden oder einen Monat im Bett zubringen? Sind Sie kitzlig?

Zwei achtunddreißigjährige Männer, die sich ihr Leben lang nicht gekannt hatten – und alle mußten sich Mühe geben, sie nicht zu verwechseln. Sie sahen gleich aus, hatten die gleiche, etwas untersetzte Statur mit einem Ansatz von Bauch, die gleiche ungewöhnliche Frisur (glatte halblange Haare, die sie sich tief in die Stirn kämmten), waren beide weitsichtig und trugen fast die gleichen Brillen, hatten beide einen Kinnbart, Eric allerdings – und daran waren sie am leichtesten auseinanderzuhalten – auch noch einen schütteren Backenbart.

Ihre Haltung und ihre Bewegungen waren so gleich, wie etwas nur gleich sein kann. Gleich war ihr Lachen. Aneinander schätzten sie ganz besonders, daß sie den »gleichen Sinn für Humor« hätten, und voneinander versprachen sie sich vor allem viele vergnügte Stunden. (Unter allen Ähnlichkeiten zwischen eineiigen Zwillingen fand der dänische Zwillingsforscher Niels Juel-Nielsen die des Lachens die frappierendste.) Ihre Stimme, ihr Sprechtempo waren so gleich, daß sie beim Abhören der Tonbandaufnahme eines gemeinsamen Interviews selber nicht mehr erkennen konnten, wer von ihnen was gesagt hatte. (Daß ihre Bekannten und sogar ihre nächsten Angehörigen oft Mühe haben, eineiige Zwillinge auseinanderzuhalten, ist notorisch. Zuweilen verwechseln sie sich aber auch selber, wie jene Schauspielerin, die in eine neue Garderobe kam und verwundert fragte, was denn ihre Zwillingsschwester hier mache – die Schwester aber war nur ihr Spiegelbild.) Andere Ähnlichkeiten entdeckten die Brüder erst während der Woche in Minneapolis. Beide waren höchst ungern zur Schule gegangen und hatten kein einziges Fach gemocht. Beide liebten sie ihre Familie über alles. Beide waren nicht religiös und interessierten sich nicht für Politik. Beide hatten eine Vorliebe für Angeln und Wetten. Beide tranken in großen Mengen schwarzen Kaffee. Beide hatten eine Phobie, und es war die gleiche: Sie fürchteten sich vor Spinnen.

Ein Unterschied allerdings fiel auf. Tommy war Rechtshänder, Eric Linkshänder. Solche Fälle kommen vor – die sogenannten spiegelbildlichen Zwillinge, die genau seitenverkehrt gebaut sind und funktionieren: Einer ist Rechts-, der andere Linkshänder; das gleiche Muttermal sitzt bei dem einen links, beim anderen rechts. Aber Tommy und Eric gehörten nicht zu ihnen. Tommy war eigentlich auch Linkshänder, aber als Kind von seinem Adoptivvater zur Rechtshändigkeit gezwungen worden. Das war also, sehr sichtbar, einmal eine Auswirkung der verschiedenen Umwelten, die sie hinter sich hatten. Sehr weit reichte sie nicht. Wenn Tommy etwas zugeworfen wurde, kam seine Linkshändigkeit wieder zum Durchbruch, und er fing es mit der Linken.

Als ich die beiden beobachtete, hatte ich immer stärker den Eindruck, daß ihre Ähnlichkeit irgendwie noch weiter ging und tiefer war, als es die erschöpfendste Liste einzelner Übereinstimmungen je zum Ausdruck bringen kann, weiter, als es irgendein psychometrisches oder medizinisches Instrument je erfassen könnte. Ich mußte mich selber immer wieder daran erinnern, daß es ja im Grunde zwei nicht nur verschiedene, sondern einander auch noch völlig fremde Menschen waren, denen ich da gegenübersaß. Es war, als hätten sie sich schon immer gekannt. Als wüßte der eine, was der andere in jedem Augenblick dachte und empfand. Als wäre es selbstverständlich, daß der eine für den anderen mitantworten könnte.

Wenn man sonst beobachtet, wie zwei Menschen miteinander sprechen, stößt man auf eine Menge winziger Unstimmigkeiten. Sie haben verschiedene Stimmen, verschiedene Gebärden, verschiedene Heftigkeiten, verschiedene Denk- und Sprechgeschwindigkeiten, sie lassen Pausen entstehen oder fallen sich ins Wort, ihre Gedanken gehen in verschiedene Richtungen – kurz, hundert normalerweise gar nicht bewußt werdende Indizien signalisieren: Wir sind uns fremd, wir müssen uns erst aufeinander einstellen. Diese Mühe fiel bei Tommy und Eric offenbar völlig weg. Sprachen sie abwechselnd, so griff das eine derart in das andere, daß ich manchmal meinte, es hätte nur eine Person gesprochen.

Diese Harmonie innerhalb eines Zwillingspaars, die nicht von dieser Welt scheint, ist vielen aufgefallen, natürlich auch den Zwillingen selber. In einem amerikanischen Buch über Zwillinge, verfaßt und photographiert von den Zwillingsschwestern Kathryn und Frances McLaughlin[35], kann man immer wieder lesen, wie Zwillinge die Vereinsamungssorgen der übrigen Menschen nicht kennen – immer haben sie jemand, der sie zutiefst kennt und billigt und mit dem sie sich mühelos verständigen können. Eindrucksvoll ist, wie sie ihre Rivalität auflösen, die fast unausbleiblich ist, wenn ihnen die Umwelt keine Individualität zugesteht und sie als Einheit, als Doppelwesen behandelt. Dann streiten sie sich eine Weile immer wieder und suchen sich gegeneinander zu profilieren. Meist aber geht die Rivalität in einer höheren Eintracht auf, die der Ski-Champion Phil Mahre, Zwillingsbruder des Ski-Champions Steve Mahre, so ausdrückte: »Wir haben uns höchstens über dumme Kleinigkeiten gestritten, und das auch nur, als wir jünger waren. Es ist unheimlich. Manchmal ist er wie eine Erweiterung von mir selber. Schneide ich nicht gut ab, so freut es mich, wenn er gut abschneidet. Sein Sieg ist auch mein Sieg.« Nur einem eineiigen Zwilling nimmt man dergleichen ab.

Ganz selten nur wird von eineiigen Zwillingen berichtet, die nicht miteinander auskommen. Einer, so steht es in der Literatur, nannte seinen getrennt aufgewachsenen Bruder nach dem Treffen den »unangenehmsten Kerl, der mir je begegnet ist«, und wollte ihn nie wiedersehen – wahrscheinlich konnte er auch sich selber nicht gut ertragen. Unter den Zwillingen, die das Minnesota-Projekt zusammengebracht hat, waren alle dankbar, daß sie sich gefunden hatten, und bis auf ein Schwesternpaar vertrugen sie sich bestens. Die beiden Schwestern Goldie und Gladys zankten zwar dauernd, versöhnten sich aber jedesmal rasch und mühelos wieder.

Etwa 40 Prozent aller Zwillinge haben anfangs ihre private Sprache, eine Sammlung entstellter Wörter und Wendungen, die sie untereinander im Scherz gebrauchen oder wenn sie sich einsam fühlen. Wenn sie drei sind, geben sie diese Privatsprache in der Regel auf. Es kommt aber auch vor, daß sie sich nicht von ihr trennen. Ende der siebziger Jahre erregte in den Vereinigten Staaten der Fall Grace und Virginia Kennedy Aufsehen. Die beiden Zwillingsschwestern waren mit sieben Jahren in ein kalifornisches Krankenhaus eingeliefert worden, weil mit ihnen etwas nicht in Ordnung war, sie aber offenbar zu intelligent waren, um in eine Sonderschule für Schwachsinnige gesteckt zu werden. Sie brachten keinen englischen Satz heraus, schnatterten jedoch untereinander in einer Privatsprache, die kein Mensch verstand – »wie ein Tonbandgerät im Schnellgang«. Zuerst meinte man, es sei eine von A bis Z erfundene Sprache: »Pinit putahtreletungay.« – »Nis Poto?« – »Liba Cabingoat it.« – »Ia moa Poto?« Der vereinten Bemühung mehrerer Linguisten gelang es dann, sie doch zu entschlüsseln. Jener Wortwechsel etwa bedeutete: »Alle Kartoffelsalat Hunger.« – »Dies, Poto [der private Spitzname der einen]?« – »Liebe Cabingo [der Spitzname der anderen], iß.« – »Hier mehr, Poto?« Es war ein stark entstelltes und ziemlich kümmerliches Englisch, versetzt mit einigen deutschen Brocken. Offenbar waren beide Mädchen stark vernachlässigt und meist allein oder in der Obhut ihrer strengen deutschen Großmutter gelassen worden, die keinerlei Englisch sprach; so hatten sie immer nur einander als Gesprächspartner gehabt. Im Krankenhaus wurden sie getrennt und machten Fortschritte, aber auch nach einigen Jahren der Rehabilitation waren sie sprachlich wie geistig weit hinter ihrem Alter zurück[17].

Noch merkwürdiger war ein Fall, der sich in den achtziger Jahren in England ereignete und die Reporterin Marjorie Wallace so neugierig machte, daß sie ihm nachging und ihm ein ganzes Buch widmete[53]. Zwei linkische zwanzigjährige Zwillingsmädchen schwarzer Hautfarbe, June und Jennifer Gibbons, waren nach einigen Einbrüchen und Brandstiftungen von einem Gericht auf unbestimmte Zeit in eine Spezialklinik für kriminelle Psychopathen eingewiesen worden. Die beiden hatten sich untereinander mit Blicken und in einem für Außenstehende unverständlichen »Vogelgezwitscher« verständigt, aber mit fast niemandem gesprochen und vom elften Lebensjahr an gar nicht mehr; höchstens, daß sie manchmal widerstrebend und leise eine einsilbige Antwort gaben. Doch selbst mit ihrer Mutter verkehrten sie lieber schriftlich. Ihre Eltern hatten sie einfach für »schüchtern« gehalten und sich nie genug über das seltsame Betragen der beiden gewundert. Schüchtern waren sie in der Tat, und aus ihrer Zwillingspartnerschaft hatten sie früh eine Art Festung gegen die Welt gemacht: Sie bewegten sich völlig synchron und oft unnatürlich langsam, schienen unempfindlich und wie leblos (einem Arzt kamen sie wie Zombies vor) und schienen nur miteinander zu einem Leben zu erwachen, das für alle anderen ein Geheimnis blieb. Diese extreme Bindung aneinander hatte ihnen Schutz vor der Außenwelt gewährt, aber gleichzeitig verhindert, daß jede zu ihrer Individualität finden konnte. So hingen sie in einer intensiven und verzehrenden Haßliebe aneinander: Jede stellte sich immer wieder vor, wie sie die Schwester endlich ermordete und sich von ihr befreite, und trotzdem konnten sie ohne einander nicht sein, litten bei jeder Trennung und waren in allem einander so ähnlich, daß sie manchmal zur gleichen Zeit die gleichen Alpträume hatten. Ihre Straftaten hatten sie vor allem begangen, um einer Jungenbande zu imponieren und von ihr akzeptiert zu werden. Es war (und ist) der Fall einer extremen Zwillingssymbiose, die ins Pathologische und Asoziale umgeschlagen war. Gänzlich einzigartig aber ist ihr Fall darum, weil sie seit ihrer Pubertät geschrieben und geschrieben hatten, Geschichten und Romane voller Sex und Gewalt und Tagebücher, in denen sie ihre seelische Kalamität mit einem offenen Forschungsgeist und einer Wortgewalt ausloteten, die manche an die Schwestern Brontë denken ließ.

Bei meinem zweiten Besuch in Minnesota im Sommer 1987 sind zwei siebenundzwanzigjährige Frauen aus Kalifornien an der Reihe, Linda und April. Sie sind in Japan geboren. Wer ihr Vater war, wissen sie nicht, die Mutter kennen sie nicht. Jedenfalls war sie Japanerin – vielleicht eine Geisha? Mit achtzehn Monaten waren sie aus einem japanischen Heim zur Adoption in die Vereinigten Staaten vermittelt worden und dort in verschiedenen Familien aufgewachsen. Daß sie sich vor vier Jahren ausfindig gemacht hatten, war nur der Zähigkeit der einen zu verdanken, die wußte, daß irgendwo eine Schwester existieren mußte. Seitdem hatten sie des öfteren miteinander telefoniert, gesehen aber hatten auch sie sich vorher nur einmal und kurz.

Jetzt scheinen sie ihr Zusammensein mächtig zu genießen. Ihre Ähnlichkeit in Größe, Aussehen, Haltung, Ausdruck ist so frappierend, daß ich sofort in die alte Verlegenheit gerate: Wer ist wer? Auf der Stelle sage ich: Das müssen eineiige Zwillinge sein. Die Professoren sind skeptisch. Ähnlich sind sie sehr, ja; auch essen sie fast das gleiche, trinken beide sehr viel und dauernd den gleichen blassen Preiselbeersaft, verschwinden beide zwischendurch lange auf der Toilette. Aber die eine trägt eine Brille, die andere nicht, und so kann man sie denn doch leicht auseinanderhalten. Die eine ist relativ streng und reserviert, die andere fröhlicher und umgänglicher, so sehr, daß sie wie selbstverständlich sozusagen die Außenministerin des Paares abgibt, die, an die man sich wendet, wenn man beiden etwas sagen will. Aber nur eine von ihnen hat Angst vorm Fliegen, und auch ihre Ohren sind ein wenig anders geformt – die gleiche Ohrmuschelform aber ist ein ziemlich, wenn auch nicht hundertprozentig sicheres Erkennungsmerkmal eineiiger Zwillinge. Andererseits, beide haben am gleichen Zeh einen gespaltenen Nagel, und ihr Lachen ist schlechterdings identisch... Wir schließen Wetten ab; die Zwillinge selber tippen darauf, daß sie zweieiige Schwestern seien.

Sie irrten sich. Als nach einigen Wochen die Ergebnisse der umfangreichen serologischen Untersuchungen vorlagen, die die Frage der Zygosität zuverlässig klären, war ihre Eineiigkeit erwiesen. Beide waren ein lebendiger Beweis dafür, daß eineiige Zwillinge manchmal und in mancher Hinsicht auch recht verschieden sein können. Vielleicht hatte eine von ihnen schon im Mutterleib das bessere Teil abbekommen, und die andere hatte ihr Defizit nie ganz wettmachen können; vielleicht lag es daran, daß die zurückhaltendere von ihnen in einer strengen und lieblosen, nach ihren Andeutungen zu schließen sogar brutalen Atmosphäre aufgewachsen war und noch der Schatten dieser Kindheit über ihr lag.

In den ersten Jahren waren es vor allem Geschichten dieser Art, die aus Minneapolis zu berichten waren – anrührende, sonderbare, manchmal unheimliche Anekdoten über Menschen, denen im späteren Leben plötzlich ein leibhaftiger Doppelgänger gegenübertrat; Berichte von unerwarteten, unerklärlichen und darum sehr irritierenden Übereinstimmungen, die es eigentlich nicht geben dürfte. Aber die Wissenschaft ist nicht auf solche Geschichten aus; letztlich sind sie ihr sogar eher lästig. Sie will allgemeine objektive Erkenntnisse. Die liegen inzwischen vor. Es sind keine endgültigen. Endgültigkeit gibt es in den Erfahrungswissenschaften nicht; selbst die beste Untersuchung beantwortet nicht alle Fragen und mag überholt sein, sobald eine Frage sich genauer stellen läßt. Doch sie sind deutlich genug; sie fügen sich fast widerspruchslos in das allgemeine Bild, das diese Forschungsrichtung in den letzten beiden Jahrzehnten erarbeitet hat; sie lassen sich nicht mehr leicht beiseitewischen.

Um sie zu verstehen, muß man zunächst die Logik dieser Art von Untersuchungen verstehen.

Es gibt mindestens zwei Arten von Zwillingen: eineiige (auch als monozygote oder identische bezeichnet) und zweieiige (dizygote oder geschwisterliche).

Zweieiige Zwillinge entstehen, wenn gleichzeitig zwei Eizellen durch den Eileiter der Frau wandern und von verschiedenen Spermien befruchtet werden. Dann wachsen zwei Embryos heran, und beide haben den gleichen Vater. Das muß aber nicht so sein, wie eine fünfundzwanzigjährige Offenbacherin erfuhr, die 1970 Zwillinge zur Welt brachte – eins schwarz, eins weiß. Die beiden Eier waren in kurzem Abstand von zwei Vätern befruchtet worden. Verursacht wird die dizygote Zwillingsschwangerschaft von einem (ererbten) Überschuß an Geschlechtshormonen, der zu einer mehrfachen Ovulation führt. Darum bringt eine solchermaßen fruchtbare Frau zuweilen auch mehrfach zweieiige Zwillinge zur Welt.

Zu einer eineiigen Zwillingsschwangerschaft dagegen kommt es, wenn nur eine einzige Eizelle befruchtet wird, aus dieser aber mehrere Embryos hervorgehen. In den ersten vierzehn Tagen teilt sich die Zygote (die befruchtete Eizelle) achtmal. Jede Zelle dieses kleinen, maulbeerförmigen – und darum Morula genannten – Zellhaufens ist »äquipotent«: Aus jeder kann noch ein ganzer Mensch hervorgehen. Erst wenn sich die Morula in die Wand der Gebärmutter einnistet, beginnen sich die Zellen zu differenzieren. In dem frühen Stadium kommt es vor, daß sich eine Zelle der Morula abspaltet und zu einem eigenen Embryo zu entwickeln beginnt. Die Ursachen dieser Abspaltung sind bis heute völlig ungeklärt.

In der weißen Bevölkerung kommen auf tausend Geburten acht zweieiige Zwillingspaare. Bei Orientalen ist ihr Anteil nur halb so hoch, bei Schwarzen sind es doppelt so viele – bei einigen Stämmen, den Yoruba in Nigeria zum Beispiel, sogar viermal so viele. Die Quote der eineiigen Zwillinge dagegen ist auf der ganzen Welt dieselbe: dreieinhalb auf tausend Geburten. In der weißen Bevölkerung von Europa und Amerika ist also jede siebenundachtzigste Geburt eine Zwillingsgeburt, und zweieiige Zwillinge sind über doppelt so häufig wie eineiige.

Nicht jede Zwillingsschwangerschaft führt auch zu einer Zwillingsgeburt. Nicht selten verschwindet einer der beiden Embryonen in den ersten drei Monaten nach der Empfängnis unbemerkt wieder, wird wahrscheinlich vom Körper der Mutter resorbiert. Aufgrund von Ultraschalluntersuchungen an schwangeren Frauen war es in den letzten Jahren möglich, annähernd zu bestimmen, wie oft dergleichen geschieht. Danach sieht es so aus, als würden zwei- bis viermal soviele Zwillinge empfangen wie geboren[22]. Das aber hieße: Die Mehrzahl der Zwillinge erblickt nie das Licht der Welt.

Jeder Mensch hat die Hälfte seiner Gene von der Mutter und die andere Hälfte vom Vater. Aber die mütterliche Eizelle wie die väterliche Samenzelle enthält jeweils immer nur eine Hälfte der Gene von Mutter und Vater, und jedesmal ist es eine anders gemischte Hälfte. Wenn dann bei der Befruchtung die mütterliche und die väterliche Hälfte der Gene zusammenkommen, um wiederum eine Zelle mit der vollen Anzahl von Genen zu bilden, erhält jedes ihrer Kinder ein anderes Sortiment von Genen. Es ist die große

Lotterie des Lebens: Aus zwei Sätzen von etwa sechzigtausend Genen können durch immer wieder verschiedene Halbierungen und Rekombinationen astronomische Zahlen einmaliger Individuen hervorgehen.

Der Verwandtschaftsgrad zwischen Kindern und jedem Elternteil beträgt 0,5 – das heißt, jeder hat 50 Prozent mütterliche und 50 Prozent väterliche Gene. Der Verwandtschaftsgrad zwischen Geschwistern beträgt ebenfalls 0,5, doch dies ist nur der durchschnittliche Wert. Es könnte im extremsten – und extrem unwahrscheinlichen – Fall vorkommen, daß ein Geschwister genau jene beiden Hälften der elterlichen Gene erbt, die man selber nicht geerbt hat – der tatsächliche Verwandtschaftsgrad wäre dann 0. Oder daß das Geschwister exakt jene beiden Hälften erbt, die auch die eigenen sind – was den Verwandtschaftsgrad 1 ergäbe. Irgendwo dazwischen liegt es, durchschnittlich eben bei 0,5; aber daß es bald mehr, bald weniger sein können, erklärt, warum sich normale Brüder oder Schwestern manchmal ungewöhnlich ähnlich, manchmal ungewöhnlich unähnlich sind. (Daß Geschwister in 50 Prozent ihrer Gene übereinstimmen, ist zwar die allgemein gebrauchte Formel, aber ganz richtig ist sie nicht. Tatsächlich stimmen Geschwister, stimmen alle Menschen im Großteil ihrer Gene völlig überein. Genauer müßte es heißen: Geschwister teilen 50 Prozent jener Gene, die in verschiedenen Varianten – sogenannten Allelen – vorkommen und für Unterschiede bei bestimmten Merkmalen sorgen.)

Dizygote Zwillinge sind miteinander genauso verwandt wie andere Geschwister auch. Wie andere Geschwister können sie verschiedenen Geschlechts sein (in welchem Fall man auch von »Pärchenzwillingen« spricht). Im Durchschnitt haben sie 50 Prozent ihrer Gene (richtiger: Allele) gemein; mit anderen Worten, ihr Verwandtschaftsgrad beträgt 0,5. Monozygote Zwillinge dagegen haben zu 100 Prozent die gleichen Gene. Ihr Verwandtschaftsgrad ist immer 1. Sie sind genetisch völlig identisch und immer gleichen Geschlechts. Sie sind Clones. Dieser Umstand ist es, der sie so interessant macht.

Die dritte Art von Zwillingen sind möglicherweise die sogenannten Polkörperchen-Zwillinge, auf deren Existenz es bisher nur indirekte Hinweise gibt. Das Polkörperchen ist die Zelle, die mit entsteht, wenn sich eine weibliche Keimzelle teilt, um eine Eizelle zu bilden – also sozusagen die überflüssige andere Hälfte der Keimzelle. Normalerweise bildet sie zunächst ein kleines Anhängsel der Eizelle, geht dann zugrunde und wird ausgestoßen. Es mag aber auch vorkommen, daß sie erhalten bleibt und ebenfalls befruchtet wird.

Eine vierte Art ist beim Menschen bisher nicht viel mehr als ein Gerücht. Sie soll entstehen, wenn innerhalb eines Monatszyklus eine zweite Eizelle nachzüglerisch heranreift und dann ebenfalls noch befruchtet wird; dann brächte die Mutter zwei Geschwister verschiedenen Alters zur Welt. Ihr Verwandtschaftsgrad wäre der gleiche wie der von zweieiigen Zwillingen. Normalerweise verhindert eine hormonelle Sperre einen derartigen Betriebsunfall.

Ob es sich um dizygote oder monozygote Zwillinge handelt – die Frage also der Zygosität –, läßt sich nicht auf einen Blick entscheiden. Eineiige Zwillinge haben immer nahezu die gleiche Augenfarbe, die gleiche Ohrläppchenform und die gleichen Fingerabdrücke. Aber das reicht noch nicht zu einer sicheren Diagnose, denn zweieiige Paare müssen nicht, aber könnten darin ebenfalls übereinstimmen. Für eine zuverlässige Diagnose sind umfangreiche Untersuchungen vieler Bluteiweiße oder eine Gewebetransplantation nötig.

Wie werden die Einflüsse von Erbe und Umwelt auseinanderdividiert? Dafür zuständig ist die Verhaltensgenetik. Mit ihren Mitteln läßt sich leider nicht erkennen, wie Erbe und Umwelt in irgendeinem Einzelfall zusammengewirkt haben mögen; Aussagen über Einzelfälle macht sie grundsätzlich nicht, sondern über Populationen, Bevölkerungsgruppen. Was für die eine Gruppe zutrifft, kann sich bei der nächsten unter Umständen anders verhalten.

Und zwar versucht die Verhaltensgenetik an geeigneten Testfällen abzuschätzen, zu wie vielen Teilen die bei irgendeinem Merkmal gemessenen *Unterschiede* zwischen den Menschen auf Unterschiede in den Erbanlagen zurückgehen.

Mit den Unterschieden und nicht mit den Übereinstimmungen zwischen den Lebewesen beschäftigt sich die Genetik, weil nur jene faßbar sind. In unzählbar vielen Genen stimmen zwei beliebig herausgegriffene Menschen zunächst einmal miteinander überein. Mit dem Schimpansen stimmt der Mensch in 98,8 Prozent seines genetischen Materials überein. Das Genom eines jeden Menschen muß zunächst die Blaupause des Menschseins enthalten, die Blaupause des Menschseins ist ein Spezialfall der Blaupause der Anthropoiden, diese einer der Primaten – und so geht es letztlich zurück zu der ersten lebendigen Zelle, die auf der Erde entstand, und über sie hinaus zu den vorzellulären Lebensformen und in das Reich des Anorganischen, mit dem das Leben die Atome und Moleküle teilt. Auf jeden Fall haben zwei Menschen sehr viel mehr miteinander gemein, als sie voneinander unterscheidet. Wir sind mit allem verbunden und in alles eingebettet, und man wüßte also gar nicht, wo man anfangen und aufhören sollte, nach Übereinstimmungen zu suchen. Um dagegen Unterschiede zu erfassen, muß man sich nicht in das ganze unübersehbare Reich der Übereinstimmungen verlieren. Alle Menschen zum Beispiel (und alle Wirbeltiere) haben zwei ähnlich konstruierte Augen, und unbekannt viele Gene sind zu ihrem Aufbau nötig. Aber unter diesen Genen sind ein paar, die die Färbung der Iris bestimmen, und diese kommen beim Menschen in verschiedenen Versionen (den erwähnten Allelen) vor. Je nachdem, welche Allele einer erbt und welche sich davon durchsetzen, bildet sich eine individuelle Augenfarbe, die sich von den Augenfarben anderer Menschen unterscheidet. Solche Unterschiede bei einem bestimmten Merkmal lassen sich registrieren und messen, und bei solchen Unterschieden zwischen den Individuen läßt sich sinnvoll bestimmen, inwiefern sie auf Unterschiede in den Erbanlagen (also auf verschiedene Allele für das gleiche Merkmal) oder auf andere Ursachen zurückgehen.

Zwei statistische Grundbegriffe sind zum Verständnis nötig: Variabilität und Varianz. Zum Beispiel wollen wir wissen, ob zwei Bevölkerungsgruppen unterschiedlich groß sind und ob die eine Gruppe hinsichtlich der Körpergröße heterogener ist als die andere. Was ist zu tun? Wenn möglich wird jeder Angehörige beider Gruppen gemessen; wenn das nicht möglich ist, muß man mit Stichproben vorliebnehmen; natürlich sollten sie möglichst repräsentativ sein. Nun liegen zwei Reihen von Meßwerten vor uns. Wie könnte man feststellen, ob die eine Gruppe größer ist als die andere? Klar, man rechnet die Durchschnittsgröße jeder Gruppe aus und vergleicht diese. Will man aber auch noch wissen, ob die eine Gruppe homogener oder heterogener ist als die andere, so reicht ein Vergleich der Mittelwerte nicht. Diese könnten auch dann die gleichen sein, wenn in der einen Gruppe alle annähernd gleich, in der anderen sehr verschieden groß sind. Man muß vielmehr die Variabilität beider Gruppen vergleichen. Um das Ausmaß der Unterschiede, die Variabilität, zu beziffern, muß man mehr kennen als die Mittelwerte: Man muß wissen, wie weit um das Mittel die einzelnen Meßwerte gestreut sind. Die statistische Größe, die das Ausmaß der Variabilität eines bestimmten Merkmals ausdrückt, heißt: Varianz. Die Varianz ist um so höher, je mehr Abweichungen vom Mittelwert es gibt und je höher diese ausfallen. Die vielen großen und kleinen Menschen einer variablen Gruppe führen zu einer hohen Varianz der Körpergröße. Je homogener eine Gruppe dagegen ist, desto kleiner fällt ihre Varianz aus.

Die Wissenschaft sucht Ursachen, wie man weiß. Diese Ursachensuche besteht zu einem großen Teil darin, Varianz »aufzuklären» – also zu bestimmen, zu welchem Teil beobachtete Unterschiede einer bestimmten Ursache zuzuschreiben sind. Sie triumphiert, wenn sie sagen kann: Soundsoviel Prozent der Varianz gehen auf das Konto von Faktor X.

Auf ihre Art versucht auch die Verhaltensgenetik, Varianz aufzuklären: Sie versucht zu berechnen, zu welchem Prozentsatz genetische Unterschiede die Varianz bedingen. Diese Prozentzahl ist das, was man unter der Erblichkeit im technischen Sinn versteht. Daß das Merkmal soundso eine Erblichkeit von 60 Prozent hat, heißt also: zu 60 Prozent lassen sich die in einer bestimmten Population beobachteten Unterschiede durch Unterschiede in den für dieses Merkmal relevanten Genen erklären. Der ganze übrige Teil der Varianz, der keine genetischen Ursachen hat, wird den in der betreffenden Population bestehenden Unterschieden in der Umwelt gutgeschrieben.

Unter einem »Umweltfaktor« stellt sich jedermann sofort irgendeine kulturelle, soziale, erzieherische Beeinflussung vor. Um die muß es sich indessen keineswegs handeln; auch ein Sauerstoffmangel im Mutterleib ist ein Umweltfaktor. Darum wäre es sauberer, vom genetischen und vom nichtgenetischen Teil der Varianz zu sprechen, der durch Erblichkeitsberechnungen auseinanderdividiert wird.

Die Erblichkeit ist also keine Konstante, die für alle Menschen in jeder Umwelt gültig wäre und der man durch immer raffiniertere Versuchsanordnungen näher und näher kommen könnte. Sie ist ein empirischer Wert, der sich von Population zu Population, von Epoche zu Epoche durchaus verändern mag. Was sich nicht verändert, sind die Mechanismen der Vererbung. Aber möglicherweise hat eine Population Mittel und Wege und auch ein Interesse daran, den Ausdruck eines genetischen Programms zu behindern, zum Beispiel ein genetisch bedingtes Krankheitsrisiko herabzusetzen, die einer anderen Population fehlen. Dann sinkt bei ihr die Erblichkeit dieser Krankheit, und ein entsprechend größerer Teil der Varianz geht auf nichtgenetische Ursachen zurück.

Eine hohe Erblichkeit heißt nämlich keineswegs, daß sich das betreffende Merkmal grundsätzlich nicht beeinflussen ließe. Sie besagt vielmehr, daß die bestehenden Umweltunterschiede de facto nicht viel zur Varianz der Bevölkerung beigetragen haben; daß das Merkmal sich gegenüber den Umweltfaktoren, die in einer bestimmten Bevölkerung bisher am Werk waren, also relativ stabil gezeigt hat. Aber die falsche Gleichsetzung von Erblichkeit und Unveränderbarkeit hält sich in der Öffentlichkeit mit großer Hartnäckigkeit, obwohl doch jeder weiß, daß um ihn her ungezählte (ererbte) Kurzsichtigkeiten mithilfe von Brillen erfolgreich korrigiert werden.

Das Mißverständnis sei an einem etwas komplizierteren, aber unverfänglichen Fall illustriert, dem der Psoriasis. Die Psoriasis – mit deutschem Namen Schuppenflechte – ist eine der häufigsten Hautkrankheiten überhaupt, die ein bis vier Prozent der Bevölkerung plagt. In der Regel befällt sie umschriebene Hautpartien, meist Ellbogen und Knie, die Kopfhaut, die Kreuzgegend, zuweilen aber große Teile des Körpers: Die Haut rötet sich, juckt und stößt dauernd silbrige Schuppen ab. Das sonstige Befinden ist nicht beeinträchtigt, ansteckend ist die Schuppenflechte auch nicht, nur lästig; in den schlimmsten Fällen führt sie zu einer dauernden Entstellung. Wo die Bibel von »Aussatz« spricht, hat sie möglicherweise Lepra und Schuppenflechte zusammengeworfen. Es handelt sich um eine Funktionsstörung der obersten Hautschicht, der Epidermis, bei der sich aus noch nicht ganz durchschauten Gründen bis zu fünfmal so viele undifferenzierte und verhornende Zellen bilden wie normal. Sie bedecken die Haut mit einem dichten, schweißundurchlässigen Filz, der sich immer wieder ablöst und danach schnell wieder nachwächst. Die Psoriasis kommt und geht zuweilen scheinbar von allein, zuweilen geht ihrem Ausbruch aber auch eine Hautreizung, eine Verletzung oder eine seelische Krise voraus; oft setzt sie zwischen dem zwanzigsten und dreißigsten Lebensjahr ein und hält viele Jahre an, nicht selten lebenslang. Mit aller Wahrscheinlichkeit geht die Krankheit auf eine Fehlfunktion einiger Gene zurück. Die Konkordanzrate bei eineiigen Zwillingen ist hoch; haben beide Elternteile Schuppenflechte, so beträgt die Wahrscheinlichkeit, daß auch ihre Kinder sie haben werden, über 70 Prozent. Aber was die Gene programmieren, ist nicht die Krankheit selber, sondern die Anfälligkeit für sie – die Eigenschaft gewisser Hautpartien, von einem bestimmten Lebensalter an auf gewisse Reize psoriatisch zu reagieren. Auf den ersten Blick könnte es also scheinen, als sei die Verletzung oder die seelische Krise die ganze Ursache der Krankheit; in Wahrheit sind sie nur ihr Auslöser, ihre Randbedingung. In vielen Fällen reagiert die Psoriasis günstig auf ultraviolettes Licht; die wirksamste Kur ist immer noch ein langer Aufenthalt an einem sonnigen Strand, besonders in Verbindung mit Meerwasser, die nur den einen Nachteil hat, daß sie nicht vorhält. Wenn von zwei Zwillingsbrüdern einer in einem nordeuropäischen Büro arbeitet, der andere als Segellehrer am Mittelmeer, so kommt eine Psoriasis wahrscheinlich nur bei jenem zum Ausbruch. Wer einige solche Fälle sammelte, könnte auf den ebenfalls oberflächlichen Schluß verfallen, es seien die mit der Büroarbeit verbundenen Lebensumstände, die Psoriasis verursachen. So gäbe es viele Möglichkeiten, den Auslöser mit der Ursache zu verwechseln und die genetische Bedingtheit zu übersehen. Die Krankheit hat eine genetische Grundlage, aber die Dermatologie hat diverse Mittel, sie günstig zu beeinflussen: Waschungen, Salben, Diäten, Hormongaben, Bestrahlungen, eine entsprechend veränderte Lebensweise; leider hilft nicht jedes jedem, und leider haben die wirkungsvollsten Medikamente dramatische Nebenwirkungen. Kein Mensch ist, als die genetische Grundlage deutlich wurde, auf die Idee gekommen, daß dann eben nichts zu machen sei, daß man die Krankheit als unabänderliches Schicksal hinnehmen müsse. Im Gegenteil, nur wenn man die Wechselwirkungen zwischen einer genetisch abnormen Hautfunktion und diversen Umweltfaktoren bis in alle biochemischen Details durchschaut hat, besteht die Hoffnung, eines Tages ein tatsächlich wirksames Mittel zu finden. Die

Einsicht in die genetische Komponente zwingt mitnichten zur Resignation.

Bei Pflanzen und Tieren bestimmen Genetiker die Erblichkeit eines Merkmals durch Züchtungsexperimente. Beim Menschen kommen diese natürlich nicht in Frage. So ist man auf die indirekten Schlüsse angewiesen, die aus dem systematischen Vergleich geeigneter Gruppen von Menschen gezogen werden können.

Familienmitglieder sind sich in gewisser Hinsicht ähnlich, wie jedermann weiß. Was besagt das? Sie sind miteinander verwandt, das heißt, sie haben zum Teil die gleichen Gene: Die Mutter und der Vater geben je die Hälfte ihrer Gene an ihre Kinder weiter; Geschwister teilen durchschnittlich ebenfalls die Hälfte ihrer Gene. Ihre Ähnlichkeit könnte also sehr wohl genetischen Ursprungs sein. Aber wenn ein Kind seinen Eltern gleicht, könnte diese Ähnlichkeit ebensogut auch auf die Erziehung zurückgehen oder darauf, daß Eltern und Kind in mehr oder minder der gleichen Umwelt leben, den gleichen Umwelteinflüssen ausgesetzt sind. Zusammen lebende Verwandte zu vergleichen, führt also zu nichts: Es läßt sich nicht trennen, was genetisch und was auf andere Weise weitergegeben wurde. Dazu braucht es schlüssigere Vergleiche. Im Falle des Menschen sind die ergiebigsten Zwillings- und Adoptionsuntersuchungen. Ihre Logik ist etwa die folgende (und der Rest ist höhere Mathematik).

Da eineiige Zwillinge genetisch hundertprozentig gleich sind, müssen sämtliche Unterschiede, die man in irgendeinem Merkmal zwischen ihnen beobachten und messen kann, nichtgenetischen Ursprungs sein, also von irgendeiner Einwirkung der Umwelt hervorgebracht worden sein.

Wenn in einer Familie leibliche Kinder zusammen mit Adoptivkindern aufwachsen, mit denen sie genetisch ja überhaupt nichts gemein haben, dann muß jede Übereinstimmung zwischen ihnen von Umwelteinflüssen erzeugt worden sein.

Wenn eineiige Zwillinge zusammen aufwachsen, läßt sich nicht sagen, ob die Ähnlichkeiten zwischen ihnen auf ihre übereinstimmenden Gene oder auf die ihnen gemeinsame Umwelt zurückgehen. Wenn sie dagegen in verschiedenen Familien aufwachsen, dann muß ihre gesamte Unähnlichkeit das Produkt ihrer verschiedenartigen Umwelten sein – jedenfalls dann, wenn diese im Schnitt wirklich so verschieden sind, wie Familien in dem betreffenden Kulturkreis nur sein können. Untersuchungen an getrennt aufgewachsenen eineiigen Zwillingen sind also Zwillings- und Adoptionsstudie in einem.

Wenn sich zusammen aufgewachsene identische Zwillinge ähnlicher sind als solche, die in verschiedenen Familien groß geworden sind, so muß das an den ihnen jeweils gemeinsamen Lebensumständen liegen: an dem sozialen Status oder dem Bildungsgrad ihrer Eltern, dem Gefühlsklima, das in ihrer Familie herrschte – als Ursache kommt alles in Frage, was beiden Geschwistern gemeinsam war, sie geformt und ihre Ähnlichkeit verstärkt hat. Wenn sie aber im Gegenteil kaum ähnlicher sind, dann verlangt die nämliche Logik, daß jene Umwelt, die beiden Geschwistern gemeinsam war, keinen großen Einfluß gehabt haben kann. Der gleiche Schluß drängt sich auf, wenn keine nennenswerten Ähnlichkeiten zwischen Adoptivkindern und den leiblichen Kindern ihrer Eltern bestehen: Die Einflüsse, die ihnen gemeinsam waren, haben sie ja nicht ähnlicher gemacht.

Ein besonders mächtiger Vergleich ist der zwischen ein- und zweieiigen Zwillingen, die getrennt aufgewachsen sind. Die eineiigen stimmen in ihren Genen zu hundert Prozent überein, die zweieiigen nur zu fünfzig Prozent, wie andere Geschwister auch. Wären alle ihre Unterschiede genetisch bedingt, so sollten sie sich im Durchschnitt auch nur halb so ähnlich sein. Aus der Differenz ihrer Ähnlichkeit läßt sich also direkt auf die Erblichkeit des betreffenden Merkmals schließen.

Gleichzeitig aber erlaubt dieser Vergleich, einem immer wieder geäußerten Verdacht zu begegnen: dem Verdacht nämlich, daß die aus den meisten Zwillingsstudien gewonnenen Erblichkeitsschätzungen aus zwei Gründen irreführend oder gar falsch sein könnten. Erstens, weil Untersuchungen an zusammen aufwachsenden Zwillingen nicht einkalkulieren können, was »Zwillingseffekt« genannt wird – den Umstand nämlich, daß Zwillinge möglicherweise ähnlicher erzogen werden als andere Geschwister, also überdurchschnittlich ähnlichen Familieneinflüssen ausgesetzt sind. Zweitens, weil Untersuchungen an getrennt aufwachsenden Zwillingen sonst meist außer acht lassen müssen, daß diese bei ihrer Adoption von den Vermittlungsstellen nicht in eine wirkliche Zufallsauswahl von Familien, sondern in möglichst ähnliche Familien vermittelt werden. Beide Einwände entfallen hier. Denn gleichgültig, ob bei der Vermittlung der blinde Zufall waltet oder nicht – eine etwaige Nicht-Zufälligkeit bei der Auswahl der Adoptivfamilien träfe eineiige und zweieiige Zwillinge im gleichen Maß. Und ihre Adoptiveltern werden ein einzelnes Kind, das noch irgendwo ein eineiiges Geschwister hat, von dem sie manchmal nicht einmal wissen, nicht systematisch anders behandeln als eins mit einem zweieiigen Geschwister. Gerade dieser aussagestarke Vergleich aber wird mit wachsendem Datenmaterial zu beiden Gruppen beim Zwillingsprojekt von Minnesota möglich.

Bei der Berechnung der Erblichkeit hat es in den achtziger Jahren einen deutlichen Fortschritt gegeben. Früher bildete man sich als erstes eine Theorie darüber, was alles für Faktoren womöglich in die Rechnung eingehen könnten, verwandelte diese in eine mathematische Formel, wandte sie auf die vorliegenden Daten an und errechnete aus denen mit ihrer Hilfe dann die Erblichkeit. Heute prüft man die Alternativen gleich mit: nimmt versuchsweise alle erdenklichen Möglichkeiten an, baut sich aus diesen eine ganze Reihe von mathematischen Modellen und sieht dann nach, wie gut die erhobenen Daten zu jedem einzelnen von ihnen passen. Das Modell, zu dem sie am besten passen, hat die größten Chancen, der Wahrheit nahezukommen. Die Theorie also entsteht erst hinterher.

So viel muß man wissen, um die Ergebnisse der Zwillingsforschung verstehen und einordnen zu können. Welches also sind die Ergebnisse?

In Minneapolis werden die Zwillinge eine Woche lang von morgens bis abends untersucht, medizinisch wie psychologisch. Selbst in den kurzen Pausen füllen sie noch den einen oder anderen Fragebogen aus. Sie werden von verschiedenen Wissenschaftlern getestet, und das, um Voreingenommenheiten vorzubeugen, teils in Unkenntnis des Zwillingsgeschwisters. Sie werden interviewt, fotografiert, gefilmt. Jemand hat einmal geschätzt, daß im Laufe dieser Woche nicht weniger als fünfzehntausend Fragen auf sie niederprasseln. Alles, was am Menschen überhaupt meßbar ist – es wird gemessen.

Von 1979 bis 1988 sind sechzig eineiige und (als Kontrollgruppe) vierunddreißig zweieiige getrennt aufgewachsene Zwillingspaare auf diese Weise untersucht worden, dazu dreimal Drillinge. Jedes Jahr kommen etwa zehn weitere Paare hinzu.

Wenn Zwillinge irgendwann in der Kindheit getrennt werden, aber nach einigen Jahren wieder zusammenkommen und erst Jahrzehnte später untersucht werden, so sind auch sie »getrennt aufgewachsene Zwillinge«; aber aussagekräftig ist ihr Fall nicht gerade. Für die Wissenschaft am vorteilhaftesten wäre es, die Zwillinge wären am Tag der Geburt getrennt worden, hätten viele Jahrzehnte in grundverschiedenen Milieus verbracht und sich vor ihrer Untersuchung nie gesehen. Dieser Fall aber kommt nicht vor. Also muß die Wissenschaft ihm wenigstens nahezukommen suchen. Die Qualität eines Sample ist um so höher, je mehr Fälle es umfaßt, je früher die Zwillinge getrennt wurden, je länger sie getrennt gelebt haben und je kürzer ihre Wiedervereinung zurückliegt. Die älteste Studie dieser Art war eine amerikanische, unternommen von Newman, Freeman und Holzinger und im Jahre 1937 veröffentlicht[36]: 19 Paare insgesamt, im Durchschnitt mit 19,5 Monaten getrennt, mit 12,5 Jahren wieder vereint, mit 26,1 Jahren untersucht. Die zweite Studie war eine englische aus dem Jahre 1962; der Autor war James Shields[47]: 44 Paare, getrennt mit 16,8 Monaten, vereint mit 11 Jahren, untersucht mit 38,8 Jahren. Die dritte war eine dänische, 1965 von Niels Juel-Nielsen veröffentlicht[25]: 12 Paare, im Schnitt mit 18 Monaten getrennt, mit 15,9 Jahren vereint, mit 51,4 Jahren untersucht. Es fällt auf, daß die Paare erst relativ spät getrennt wurden, nämlich im Durchschnitt mit anderthalb Jahren; daß sie relativ früh wieder zusammenkamen, nämlich im Durchschnitt mit zwölf Jahren; und daß sie erst lange, zum Teil erst Jahrzehnte nach ihrer Wiedervereinigung untersucht wurden, nämlich im Durchschnitt mit siebenunddreißig Jahren. Alles das mindert die Aussagekraft der drei Untersuchungen. Die Zwillinge hätten reichlich Gelegenheit gehabt, sich gegenseitig »anzustecken«.

Das Minnesota-Projekt hat schon heute mehr getrennte Zwillingspaare aufzuweisen als alle früheren Studien zusammengenommen. Das aber ist nicht sein einziger Vorzug. Auch die Aussagekraft des Sample ist höher, denn die Paare wurden sehr viel früher getrennt (im Durchschnitt mit 6, nicht erst mit 18 Monaten), wesentlich später wieder vereint (im Durchschnitt mit 31 Jahren, nicht schon mit 12) und eher nach ihrer Wiedervereinigung untersucht (nicht im Schnitt 25 Jahre, sondern nur 8 Jahre später). Darum kommt den Ergebnissen eine ganz andere Überzeugungskraft zu.

Keinerlei Überraschung stellt es dar, daß eineiige Zwillinge fast gleich groß sind und die Körpergröße somit eine sehr hohe Erblichkeit hat: 90 Prozent[5]. Hoch ist auch die Erblichkeit des Körpergewichts, sonderbarerweise aber für Männer (mit 91 Prozent) viel höher als für Frauen (mit 49 Prozent)[8]. Auf den zweiten Blick ist es gar nicht mehr sonderbar: Das Gewicht läßt sich nämlich durch einen »Umweltfaktor« sehr wirksam beeinflussen, aber nur ein Geschlecht macht von dieser Möglichkeit in nennenswertem Ausmaß Gebrauch – durch den Umweltfaktor »Eßgewohnheiten«. Frauen leben oft Diät; Männer lassen ihrem genetisch vorprogrammierten Gewicht öfter freien Lauf.

Es war auch vorher schon bekannt, daß eineiige Zwillinge – und nur sie – sehr ähnliche Elektroenzephalogramme haben[52]. In ihrer Herzrate stimmen sie ebenfalls überein, und mehr: auch in der Art, wie die Herzrate im Laufe eines typischen Tags schwankt. Auch dieser Tagesrhythmus also ist mitbedingt von den Genen[21].

Am umstrittensten war immer die Behauptung, das Meßbare an der menschlichen Intelligenz, ausgedrückt im Intelligenzquotienten (IQ), sei in erheblichem Umfang erblich. Es ist hier nicht der Ort, all das zu rekapitulieren, was im Laufe der Jahrzehnte für und gegen die Messung des IQ vorgebracht wurde. Es mag schon sein, daß sich jenes hochkomplexe Etwas, das wir mit dem Begriff Intelligenz meinen, nicht in eine einzige Zahl zwingen läßt. Aber was auch immer diese Tests messen: Es bleibt über die Zeit hinweg ziemlich stabil, es läßt sich kaum lernen, es hat eine beträchtliche Vorhersagekraft für den Schulerfolg und eine nicht unbeträchtliche für den Erfolg in der Universität und im Beruf. Zwar garantiert ein hoher IQ diesen Erfolg noch keineswegs; aber ein zu niedriger bedeutet ein unüberwindliches Handicap. Dieser sein Schwellen-Effekt ist es, der den IQ zu einer sozial so ungemütlichen Sache macht. Jedem ist es im übrigen unbenommen, unter Intelligenz zu verstehen, was er will; er sollte nur wissen, daß IQ-Tests und Volksmeinung gar nicht so weit auseinandergehen (und die Wissenschaft nicht »wieder einmal etwas mißt, was im wirklichen

Leben gar keine Rolle spielt«): Wer in den Tests gut abschneidet, wird meist auch von den Leuten für intelligent gehalten.

Zwischen den Forschern herrscht inzwischen weitgehend Einigkeit darüber, daß die Erblichkeit der Intelligenz hoch ist. Wie hoch genau, darüber aber gehen die Meinungen auseinander. Die Schätzungen bewegen sich zur Zeit zwischen 35 und 85 Prozent. In Minneapolis kam man zu dem Schluß, daß der Wert, je nach Bevölkerungsgruppe, irgendwo zwischen 50 und 80 Prozent liegen dürfte[33], vermutlich in der Nähe von 60 Prozent. Das also hieße: Die in der europäischen und amerikanischen Gesellschaft heute bestehenden IQ-Unterschiede haben zu mehr als zur Hälfte genetische Gründe.

Die Legitimation, eine so komplexe Eigenschaft wie die menschliche Intelligenz in einer einzigen Zahl auszudrücken, besteht darin, daß alle Arten von Intelligenzleistungen stark miteinander korrelieren. Wer den Sinn einer Geschichte schnell und richtig erfaßt, kann in der Regel auch ein Objekt im Geist richtig drehen, und wer darin gut ist, ergründet in der Regel auch rasch die Logik einer Serie von Piktogrammen oder kann zwei Zahlen miteinander multiplizieren; und wer mit der einen Art von Aufgaben Mühe hat, kommt meist auch mit den anderen nicht gut zurecht. Gleichgültig, was man mißt: solange die gestellten Aufgaben nur irgendeine gedankliche Anstrengung verlangen, sagen Erfolg oder Mißerfolg bei der einen mit einiger Sicherheit voraus, wie man bei ganz andersartigen abschneiden wird – und das bedeutet, daß allen Spielarten der Intelligenz ein gemeinsamer Faktor zugrunde liegen muß. Ob es irgendeine Fähigkeit gibt, die man unbedingt zur Intelligenz zählen möchte, obwohl sie unabhängig ist von dieser Art denkerischen Problemlösens, wie es in den IQ-Tests verlangt wird, ist eine offene Frage. Der aussichtsreichste Kandidat scheint die sogenannte soziale Intelligenz zu sein: die Fähigkeit, sich geschickt in der menschlichen Gesellschaft zu bewegen und durchzusetzen. Sollte es so sein, so wären vielleicht eine eher theoretische und eine lebenspraktische Intelligenz zu unterscheiden, die beide nicht notwendig zusammen vorkommen.

Der allgemeine, der gemeinsame Faktor der theoretischen Intelligenz ist bei jeder Art von Aufgabe für einen meist erheblichen Teil des Ergebnisses verantwortlich, aber nicht für das ganze; im übrigen ist jede Aufgabe auf spezifische Fähigkeiten angewiesen. Da also die einzelnen Intelligenzbereiche zu einem gewissen Teil tatsächlich unabhängig sind, stellen die verbreitetsten IQ-Tests sehr wohl verschiedene Arten von Aufgaben. Am Ende ermitteln sie zwar eine einzige Zahl; aber ihr voraus geht ein differenzierteres Begabungsprofil.

Auch in Minneapolis wurden bei den Zwillingen verschiedene geistige Fähigkeiten gesondert untersucht. Bei Testaufgaben, die die Fähigkeit zum sprachlichen Schlußfolgern prüften, betrug die Erblichkeit 43 Prozent. Wo das räumliche Vorstellungsvermögen gefordert war, betrug sie 52 Prozent. Wo es auf die Geschwindigkeit und Genauigkeit der Wahrnehmung ankam, waren es 47 Prozent. Nur auf einem Sektor fiel sie mit 35 Prozent deutlich niedriger aus: beim bildlichen Gedächtnis[34]. Auffällig daran ist vor allem, daß auch die sprachliche Intelligenz, der man doch eine besondere Plastizität zutrauen möchte, eine nicht unerhebliche Erblichkeit aufweist.

Ein heikles Gebiet ist das der mathematischen Begabung, heikel darum, weil sich hier vom zwölften Lebensjahr an erhebliche Unterschiede zwischen den Geschlechtern zeigen: Je höher die Begabung, desto größer die Wahrscheinlichkeit, daß es sich um einen Jungen handelt; im allerhöchsten Begabungsbereich kommen dreizehn Jungen auf ein Mädchen[2]. Vermutlich hängt die relative Vielzahl mathematisch hochbegabter Jungen und Männer damit zusammen, daß die räumliche Intelligenz beim männlichen Geschlecht aufgrund einer anderen Lateralisierung des Gehirns stärker ausgebildet ist, abstraktes mathematisches Denken (im Unterschied zum arithmetischen Rechnen, bei dem Mädchen teilweise sogar besser abschneiden) diesen Sinn für Figuren und Bewegungen im Raum aber sehr stark beansprucht.

Aus Minneapolis gibt es bisher keine Ergebnisse, die Rückschlüsse auf die Erblichkeit mathematischen Denkens zuließen. Andere Zwillingsstudien in Dänemark, Schweden, Großbritannien und den Vereinigten Staaten haben zwar nicht die Erblichkeit mathematischen Denkens, aber die Erblichkeit der Leistungen im Bereich der Mathematik untersucht. Maße der »Leistung« beruhen vorwiegend auf Schulzensuren, und in die geht manches neben dem mathematischen Denken ein: Fleiß, Wohlverhalten, Rechenfertigkeit (die etwas ganz anderes ist als die Befähigung zu höherer Mathematik), die Anwendung auswendig gelernter Regeln. Zum Teil aber wird die Leistung im Fach Mathematik auch die Befähigung zu mathematischem Denken spiegeln. Und alle diese Studien ergaben ziemlich einhellig eine Erblichkeit um die 60 Prozent.[2]

Neuerdings ist in Minneapolis nun auch ein anderes Feld unter die Lupe genommen worden: das der Persönlichkeitsunterschiede.

Objektive Messungen sind hier noch schwieriger. Der Charakter ist ein Ganzes. Als Ganzes läßt er sich nicht messen. Wie aber soll man ihn zerlegen? Es reicht ja nicht, ein Sammelsurium von menschlichen Charakterzügen herauszupicken, für die die eigene Sprache zufällig Wörter bereithält, und die dann irgendwie zu messen – je nach Zeitgeist vielleicht »Tugendhaftigkeit«, »Kühnheit«, »Verletzlichkeit«, und dann fällt es dem nächsten ein, die »Empfindlichkeit« zu untersuchen, und niemand weiß mehr, ob er damit dasselbe meint wie sein Vorgänger mit der »Verletzlichkeit« – und wie wesentlich beide Eigenschaften für das sind, was man den Charakter nennt, ob man mit ihnen also irgend etwas Bedeutungsvolles erfaßt hat, wüßte ohnehin niemand zu sagen. Das führte schnell ins Uferlose und ganz und gar Unübersehbare. Was man braucht, sind grundlegende Charaktermerkmale: wenige, aber vielsagende und möglichst voneinander unabhängige Eigenschaften. Sie müssen darüber hinaus einigermaßen konstant sein; denn daß man überhaupt von einem Charakter sprechen kann, setzt voraus, daß es dauerhafte und berechenbare individuelle Wesenszüge gibt. Die gesuchten Wesenszüge können unter Umständen so abstrakt sein, daß die Alltagssprache bisher keine Wörter für sie hat. (Das war der Fall bei der »Extraversion«, die erst in den allgemeinen Sprachgebrauch einsickerte, als die Wissenschaft sie als solch einen grundlegenden Charakterzug identifiziert hatte.) Und da man nicht weiß, welches die grundlegenden Wesenszüge sein könnten, muß man Konstrukte bilden: muß den Leuten immer wieder alle nur erdenklichen Fragen über ihre Ansichten und Gefühle und ihr potentielles Verhalten vorlegen, muß jene aussortieren, die von ein und demselben Probanden mal so, mal so beantwortet werden, also wohl kaum einen dauerhaften Charakterzug reflektieren, und schließlich – mit einem statistischen Verfahren, das Faktorenanalyse heißt – jene heraussuchen, die immer wieder zusammen in ein und demselben Sinn beantwortet werden. Die so gefundenen »Faktoren«, die zunächst nichts als rechnerische Größen sind, muß man sich schließlich daraufhin ansehen, ob sie nicht jeweils auch sozusagen eine Thema bilden. So ist man etwa auf den Umstand gestoßen, daß eine ganze Reihe verstreuter Fragen von dem einen fast allesamt positiv, von dem anderen negativ beantwortet werden; und als man sich dann ansah, was das für Fragen waren, stellte man fest, daß sie alle irgendwie darauf hinausliefen, wie gern jemand mit anderen Menschen zusammen ist. So wurde der Faktor »Extraversion« geboren, dem man nun gezielter zuleibe rücken konnte, um festzustellen, ob man wirklich auf ein tragfähiges Konstrukt gestoßen war. Man war.

Auf diese Weise wurden fast alle großen Persönlichkeitstests entworfen. Der bekannteste ist wohl der von Hans Jürgen Eysenck, der den Temperamentsunterschieden in drei Dimensionen beikommen will. Der erste dieser drei »Superfaktoren« drückt aus, wie stark und gern sich jemand anderen zuwendet (die Extraversion); der zweite die seelische Stabilität und Ausgeglichenheit; der dritte, wie selbstsicher und zupackend einer sich fühlt und gibt.

In Minneapolis, wo die Persönlichkeitsforschung eine lange Tradition hat, verwendet man am liebsten einen Test, der hier vor etwa zehn Jahren von Auke Tellegen erarbeitet wurde. Er mißt elf Dimensionen, die Namenetiketts wie »Wohlbefinden« (etwa: Freudigkeit und Optimismus) oder »soziale Potenz« (etwa: Durchsetzungsvermögen) tragen und aus denen sich wiederum drei übergeordnete Faktoren ableiten lassen, welche gewisse Ähnlichkeiten mit den Eysenckschen haben. Alle zusammen bilden recht verläßlich ein unverwechselbares »Profil«, aus dem man einiges von dem entnehmen kann, was üblicherweise das »Wesen« eines Menschen, sein »Charakter«, sein »Temperament«, seine »Persönlichkeit« heißt.

Um es kurz zu machen: Die Zwillingsstudie von Minneapolis hat nur noch einmal bestätigt, was auch schon frühere Untersuchungen an den Tag gebracht hatten, vor allem die große Studie von John C. Loehlin und Robert C. Nichols von der Universität Texas, die Mitte der siebziger Jahre nicht weniger als 850 Zwillingspaare untersuchten[30] – nämlich: Eineiige Zwillinge sind sich in ihrem Wesen in jeder Hinsicht viel ähnlicher als zweieiige, und zwar so viel ähnlicher, daß die Erblichkeit für alle Persönlichkeitsmerkmale durch die Bank um 50 Prozent liegt. Die niedrigste – 39 Prozent – wurde in Minnesota für den Faktor »Leistungsorientiertheit« (etwa: Ehrgeiz, Hartnäckigkeit, Perfektionismus) errechnet, die höchste – 58 Prozent – ergab sich für den Superfaktor »Befangenheit« (etwa: Zurückhaltung, Vorsicht, Abhängigkeit von der Meinung anderer, Konventionalität)[49].

Zusätzlich zeigte sich in Minnesota, daß die getrennt aufgewachsenen eineiigen Zwillinge sich nur geringfügig unähnlicher sind als zusammen aufgewachsene. Das kann nur bedeuten, daß der Umstand, in den gleichen Familienverhältnissen groß geworden zu sein, nicht viel zu deren Gleichheit beigetragen hat.

Neu ist höchstens zweierlei. Einen Wesenszug haben andere Tests bisher nicht erfaßt. Er trägt das Etikett »Absorption« und drückt aus, wie stark einer sich von Sinnesreizen gefangennehmen läßt und wie sehr und gerne er sich bildlichen Phantasien hingibt; auch die Fähigkeit zu synästhetischem Denken, also zu der engen Assoziation verschiedener Sinne – Klänge zu sehen, Farben zu hören. Er nimmt sich damit irgendwie künstlerisch aus: so, als könnte ein Maler oder Musiker oder auch Dichter ihn gut gebrauchen, als käme er gar nicht ohne ihn aus. Seine Erblichkeit beträgt 50 Prozent.

Etwas verstören könnte manches Gemüt ein anderes Persönlichkeitsmerkmal. Der verwendete Test mißt auch, was er »Traditionalismus« nennt. Traditionalist in seinem Sinne ist, wer Moral und Religion hochhält und die Permissivität verurteilt, wer auf Manieren und einen guten Ruf bedacht ist, wer für Strenge in der Kindererziehung eintritt – sozusagen also der in der Wolle gefärbte Konservative. Traditionalismus hat eine Erblichkeit von 45 Prozent. Auch das, was scheinbar bloße »Ansichtssache« ist, die allgemeine soziale und politische Grundhaltung, hat also eine kräftige genetische Komponente. Vielleicht erklärt das mit, warum es Traditionalisten – Menschen mit einem ausgeprägten Autoritätsbedürfnis, denen alles Neumodische und Fremdländische suspekt ist – in allen politischen Systemen gibt, auch entgegengesetzten, ganz als sei die politische Ideologie, an die der Traditionalist sich klammert, sekundär. In der Bundesrepublik tendiert er zu den rechtesten Parteien, in der Sowjetunion hängt er am linkesten Stalinismus.

Wie zufrieden ist einer mit seinem Beruf? Das hängt ganz davon ab, wird man sofort sagen, welche Art von Arbeit er macht, wie die Arbeitsbedingungen aussehen, wie die Entlohnung ist, wie sich Chefs und Kollegen verhalten. Auf den zweiten Blick kommen einem vielleicht Zweifel. Jeder kennt schließlich Kollegen, die unter Bedingungen arbeiten, welche man sich selber nie zumuten möchte, und die dennoch ganz zufrieden damit scheinen; und andere, die man eigentlich um ihre Arbeit beneidet, die aber selber reden, als seien sie zu gräßlicher Fron verurteilt. Also scheint die Berufszufriedenheit doch nicht allein von den äußeren Umständen abzuhängen, sondern auch von den Menschen selber. In Minneapolis hat man sie auf ihre genetische Komponente untersucht. Es fand sich eine Erblichkeit von 30 Prozent[1]. Das ist nicht exorbitant hoch, aber doch beträchtlich. Offenbar ist ein Faktor, der eine Menge zur Berufszufriedenheit beiträgt, die Fähigkeit, vielerlei Situationen das Positive abzugewinnen – und diese Bereitschaft ist nicht allen im gleichen Maße eigen und weitgehend eine Sache der genetischen Disposition. Das aber bedeutet: Die Berufszufriedenheit hängt wirklich zu einem großen Teil davon ab, wie die Arbeit im einzelnen beschaffen ist; aber auch optimale Bedingungen werden nie ausreichen, die chronisch Unzufriedenen glücklich zu machen.

Bei der Untersuchung der Persönlichkeitsunterschiede jedoch ist man auf einen vertrackten Sachverhalt gestoßen, der nicht leicht aufzuklären sein dürfte. Bei blutsverwandten Geschwistern korrelieren die Persönlichkeitsmerkmale im Mittel etwa ebenso stark wie bei zweieiigen Zwillingen, nämlich um 0,2. Bei Adoptivgeschwistern liegt die Korrelation dagegen nur bei 0,07, das heißt, sie ähneln einander fast gar nicht[41]. Die Tatsache, daß die Menschen in der gleichen Familie aufgewachsen sind, trägt zu ihrem Charakter also nicht sehr viel bei; fast gar nichts, denn eine Korrelation von 0,07 ist gleichbedeutend mit Null. (Der Korrelationskoeffizient 1 bedeutet totale Übereinstimmung, 0 keinerlei Beziehung.)

Studien wie das Minnesota-Projekt, die eineiige mit zweieiigen Zwillingen vergleichen, kommen bei den Charaktermerkmalen auf eine Erblichkeit von etwa 50 Prozent. Andere Studien, die leibliche und nichtverwandte Kinder in einer Familie vergleichen, ergeben dagegen nur die Hälfte, etwa 25 Prozent. Zweieiige Geschwister nämlich sind sich nicht sehr viel ähnlicher als unverwandte Kinder, die miteinander aufwachsen, obwohl sie zusätzlich zu dem Milieu auch noch einen Teil ihrer Gene miteinander gemein haben. Diese genetische Übereinstimmung verpufft relativ wirkungslos. Mit anderen Worten: Leibliche Geschwister sind sich zu unähnlich, um auf eine hohe Erblichkeit schließen zu lassen.

Woran aber könnte es liegen? Meist nimmt man an, daß die genetischen Effekte normalerweise additiv sind: daß ein Gen, oder eine Gruppe von Genen, ein bestimmtes Merkmal »kodiert«, und daß die verschiedenen Merkmale sich nebeneinander aufreihen und nicht gegenseitig beeinflussen. Im großen und ganzen, meinen Genetiker heute, ist dieses additive Modell bei den meisten Merkmalen auch ausreichend, sind vertracktere Effekte nicht besonders hoch zu veranschlagen. Aber die ganze Wahrheit ist das nicht.

Es gibt etwa Gene, die die Eigenschaft haben, andere Gene zu unterdrücken; entweder solche an der gleichen Stelle des Genoms, die das gleiche Merkmal »kodieren« (in diesem Fall spricht man von Dominanz), oder solche an einer anderen Stelle des Genoms, die für ein anderes Merkmal verantwortlich sind (das heißt Epistasie). Erbt ein Kind von seiner Mutter ein Gen für eine bestimmte Eigenschaft, von seinem Vater aber ein Gen, das dessen Ausdruck verhindert, so ist es, als hätte es die betreffende Eigenschaft gar nicht geerbt. Normalerweise sorgt die Vererbung für Ähnlichkeiten zwischen Eltern und Kindern – aber nicht ihre ganze Unähnlichkeit muß nichtgenetischen Ursprungs sein. Auch Dominanz und Epistasie verringern die Ähnlichkeiten zwischen Eltern und Kindern; sie sind genetische Effekte, die für Unähnlichkeiten sorgen.

David T. Lykken, der Psychobiologe des Minnesota-Projekts, meint, daß es einen dritten Effekt dieser Art gibt, der bisher kaum einkalkuliert wurde und dem gerade bei den menschlichen Persönlichkeitsmerkmalen ein erhebliches Gewicht zukommt.

Um einen simplen Fall zu konstruieren: Angenommen, ein Musiker brauchte zwei Eigenschaften, die von zwei Gen-Gruppen abhängen, nämlich einmal ein absolutes Gehör, zum anderen ein absolutes Rhythmus-Gefühl; und wer nur eins davon hätte, wäre eben kein Musiker. Angenommen weiter, eine Frau mit einem absoluten Gehör, die indessen keinen Takt halten kann, bekäme ein Kind von einem Mann, der zwar den Takt so sicher hält wie ein Metronom, aber nicht merkt, wie falsch er singt. Beide Eltern gälten vor sich und der Welt als unmusikalisch und hätten die Musik nach den entsprechenden Mißerfolgen sicher aufgegeben. Aber ihr Kind erbt nun beide Eigenschaften. Sie ergänzen sich, sie stützen einander, und ein Musiker ist geboren. Seine Musikalität scheint ohne Vorläufer in der Familie. Von seinen Eltern, werden die Leute sagen, kann er sie jedenfalls nicht haben. Dabei hat er sie von seinen Eltern sehr wohl geerbt; nur mußte eben der große Zufall eintreten, daß mehrere seltene Gene zusammenkamen und eine ganz besondere Konfiguration bildeten, ehe sich die Begabung zeigen konnte. Sie ist ererbt, scheint aber wie aus dem Nichts entstanden. Lykken nennt einen derartigen Effekt Emergenesis[32]. Er meint das plötzliche Auftreten eines Merkmals, das sich bei den Eltern und Vorfahren nicht nachweisen läßt, das aber bei einem Kind plötzlich da ist, und zwar aus genetischen Gründen. Das Merkmal wurde erst in dem Augenblick sichtbar, als jene besondere Konfiguration von Genen vorlag; solange immer nur Bruchstücke dieser Konfiguration vorhanden waren, kam es nicht etwa in einem minderen Maße zum Ausdruck, wie es das additive Modell verlangt, sondern gar nicht.

Eine solche Emergenesis muß also insgesamt die Unähnlichkeiten zwischen Eltern und Kindern und auch zwischen Geschwistern verstärken. Man darf darum nicht aus jeder Unähnlichkeit schließen, daß sie von irgendwelchen Umwelteinflüssen hervorgebracht worden sein muß und jedenfalls nicht genetischen Ursprungs sein kann. Das Gegenteil könnte richtig sein.

»Ich glaube«, sagt Lykken im übrigen, »daß ein weit größerer Anteil an der menschlichen Varianz eine genetische Basis hat, als wir bislang angenommen haben. Einige Milieutheoretiker finden eine solche Ansicht widerwärtig, da sie auf eine Art blinder Vorbestimmung hinauslaufe, auf die Überzeugung, das menschliche Tier sei eine bloße Marionette, die an den Fäden des Genoms hängt und tanzt. Wer aber je mit leibhaftigen Zwillingen gearbeitet hat, weiß, wie komplex und individuell sie trotz aller Ähnlichkeit sind. Man muß sich ja vergegenwärtigen, daß die Zwillinge in dem großen genetischen Kartenspiel zwar identische Karten erhalten, daß es aber auch sehr viele sind, reich an Möglichkeiten, von denen im normalen Leben nur wenige Verwirklichung finden. Die meisten eineiigen Zwillinge sind sich so ähnlich, weil die Lebensumstände den meisten von uns gestatten, unsere Karten in der naheliegenden Art auszuspielen. Aber wenn sie mit sehr verschiedenen Herausforderungen und Gelegenheiten konfrontiert werden, machen sogar eineiige Zwillinge von verschiedenen Aspekten ihres gemeinsamen Erbes Gebrauch und werden so auf signifikante Weise verschieden« (David T. Lykken)[31].

Die frühesten Hinweise darauf, daß die erbliche Voreinstellung des Menschen tatsächlich mehr sein könnte als ein müßiger Verdacht, kamen aus dem Bereich der Psychiatrie[56]. Als der Zeitgeist noch zwingend gebot, erbliche Einflüsse herunterzuspielen oder ganz abzustreiten, räumten selbst radikale Kulturdeterministen ein, daß sie im Falle der Schizophrenie vielleicht doch nicht ganz zu leugnen seien. Noch 1976 schrieb der amerikanische Genetiker Richard Lewontin, neben dem Psychologen Leon Kamin der kämpferischste und zäheste Kritiker aller Bemühungen, menschliches Verhalten auf seine erbliche Komponente zu untersuchen: »Es gibt nicht den geringsten Anhaltspunkt dafür, daß irgendein Verhaltensmerkmal mit Ausnahme der Schizophrenie eine genetische Grundlage hätte – ob Intelligenz oder Ekligkeit oder Aggressivität.« Daten, wie sie damals für die Schizophrenie vorlagen, liegen heute indessen für etliche psychische Krankheiten vor (und dazu für eine Menge gesunder Merkmale).

Man denkt sich die genetische Komponente heute als eine besondere Anfälligkeit oder »Verwundbarkeit« für bestimmte Krankheiten. Sie führt die Erkrankung nicht zwangsläufig herbei, stellt aber einen besonderen Risikofaktor dar. Vererbt wird nicht die Krankheit selber, wohl aber die Anfälligkeit für sie.

Im Falle von relativ seltenen Krankheiten, die in einem Sample von Zwillingen nicht oft genug vorkommen, um viel Statistik mit ihnen zu treiben und etwa die Erblichkeit ausrechnen zu können, interessiert bei Zwillingsuntersuchungen meist schlicht die sogenannte Konkordanz. Das heißt, man fragt, in wie vielen Fällen beide Geschwister in der untersuchten Zwillingsschar die nämliche Krankheit entwickelt haben. Ein Beweis ist eine hohe Konkordanzrate bei eineiigen Zwillingen selber noch nicht, denn schließlich könnten hüben und drüben auch dieselben nichtgenetischen Ursachen vorgelegen und zum Ausbruch der Krankheit geführt haben. Um in dieser Frage für Klarheit zu sorgen, kann man die Konkordanzrate bei eineiigen zum Beispiel mit der bei zweieiigen Zwillingen vergleichen. Wenn sie bei jenen wesentlich höher ist, ist das immerhin ein starker Hinweis auf eine genetische Komponente, denn ein- und zweieiige Zwillinge wachsen nicht in ganz anderen Arten von Umwelt auf. Der Verdacht, sie täten es vielleicht doch, eineiige Zwillinge würden nämlich von ihrer ganzen Mitwelt in einem entscheidenden Maß ähnlicher behandelt als zweieiige, läßt sich ebenfalls überprüfen. Man kann zum Beispiel das Sample in zwei Teile teilen, auf der einen Seite jene Zwillinge, die eine besonders ähnliche Behandlung erfahren, auf der anderen jene, deren Bezugspersonen dagegen immer ihre Verschiedenheit betont haben – und wenn die Konkordanzrate in beiden Gruppen gleich hoch ist, kann eigentlich nicht die Ähnlichkeit in der Behandlung den Ausschlag gegeben haben.

Je höher die Konkordanzrate, um so stärker der Verdacht, daß genetische Ursachen im Spiel sind. Bei der Schizophrenie beträgt sie für eineiige Zwillinge 50 bis 60, für zweieiige (die ja wohl nicht in einer systematisch anderen, weniger »schizophrenogenen« Umwelt leben) aber nur 10 Prozent[20]. Das heißt also: Von zehn Schizophrenen, die ein eineiiges Zwillingsgeschwister haben, erkrankt in fünf bis sechs Fällen auch dieses. Oder: Wer einen schizophrenen eineiigen Zwilling hat, wird mit fünfzig- bis sechzigprozentiger Wahrscheinlichkeit ebenfalls erkranken.

Bei der manisch-depressiven Gemütskrankheit liegt die Konkordanzrate anscheinend sogar noch etwas höher. Für eineiige Zwillinge beträgt sie 67 Prozent. Weitere 20 Prozent kommen hinzu, wenn man die Fälle mitrechnet, in denen das eine Geschwister eine Depression, das andere irgendeine andere Psychose hat oder einmal einen Selbstmordversuch unternahm. Bei zweieiigen Zwillingen liegen die Konkordanzraten dagegen nur um 20 beziehungsweise 35 Prozent[3]. Solche Zahlen lassen an Deutlichkeit nichts zu wünschen übrig.

In Minneapolis hat sich früh gezeigt, daß das gleiche auch für gewisse Angstneurosen und Phobien zu gelten scheint[12], desgleichen für männliche, aber nicht für weibliche Homosexualität[13]. Doch die Stichprobe in Minneapolis ist bisher viel zu klein, um irgendwelche Rückschlüsse auf die Erblichkeit relativ seltener Merkmale zu ziehen; Statur, Intelligenz, Charakter hat jeder, aber psychische Störungen kommen in einem Sample wie dem der getrennten Zwillinge nur wenige Male vor. Andere Studien springen indessen in die Bresche.

Leichtere psychische Störungen, die – anders als Psychosen wie die Schizophrenie oder die depressive Gemütskrankheit – nicht zu zeitweiser oder anhaltender geistig-seelischer Invalidität führen, aber für die Betroffenen schlimm genug sein können, hießen früher Neurosen; der Sammelname, der einen gemeinsamen Ursprung suggerierte, kommt langsam außer Gebrauch. In dem verbreitetsten Diagnose-Handbuch, dem amerikanischen »DSM-III«, taucht er gar nicht mehr auf – statt dessen spricht es nur noch von einzelnen (mutmaßlich voneinander unabhängigen) neurotischen Störungen.

Eine der häufigen neurotischen Störungen sind irrationale – also ohne konkreten Anlaß auftretende – Angstzustände. Das »DSM-III« unterscheidet unter anderem ein Generalisiertes Angstsyndrom, ein Paniksyndrom und ein Zwangssyndrom. Das Generalisierte Angstsyndrom besteht in einer wochen- und monatelang anhaltenden ängstlichen Unruhe und Angespanntheit. Das Paniksyndrom äußert sich in plötzlichen Anfällen entsetzlicher lähmender Angst, die Minuten oder Stunden anhalten. Bei fortgesetzten Zwangsgedanken (etwa einem ständigen Grübelzwang) oder Zwangshandlungen (etwa dem dauernden Bedürfnis, sich die Hände zu waschen) diagnostiziert die Psychiatrie ein Zwangssyndrom.

Der Osloer Psychiater Svenn Torgersen hat 1983 an 85 teils ein-, teils zweieiigen Zwillingen untersucht, wie stark die genetische Komponente bei den verschiedenen Angstzuständen ist. Sonderbarerweise fand er keinen einzigen Fall, in dem eineiige Zwillingsgeschwister genau das gleiche Angstsyndrom hatten. Aber alle Angstsyndrome zusammengenommen, betrug die Konkordanzrate bei eineiigen Zwillingen 34, bei zweieiigen 17 Prozent. Torgersen schloß, daß Angstzustände in ähnlichem Ausmaß erblich seien wie die Schizophrenie oder die endogene Depression[51].

Eine Ausnahme bildet das Generalisierte Angstsyndrom, die

ständige Unruhe und Ängstlichkeit. Es scheint tatsächlich eine Störung eigener Art zu sein, und zwar eine, für die keine starke genetische Anfälligkeit besteht, die sich also wohl vorwiegend aufgrund bestimmter Lebensumstände entwickelt.

Zu den Angstzuständen gehören ebenfalls die Phobien. Es sind die verbreitetsten psychischen Störungen überhaupt: ganz spezifische Ängste ohne sichtbaren Grund und Anlaß. Der eine fürchtet sich vor Spinnen, der andere vor Schlangen, der eine vor Treppen und Türmen, der andere vor Tunneln, der eine vor weiten Plätzen, der andere vor geschlossenen Räumen, der eine vorm Fliegen, der andere vor Fahrstühlen, der eine vor dem Anblick von Blut, der andere vor dem Zahnarzt – kaum einer, der nicht wenigstens eine solche irrationale Angst hat. Mit den meisten Phobien läßt sich leben, und wenn sich mit einer nicht leben läßt, gibt es die Verhaltenstherapie, die sie einem recht wirkungsvoll abgewöhnt. Eine Ausnahme ist die Platzangst oder Agoraphobie, die Angst vor weiten Plätzen, aber mehr wohl vor den Menschenansammlungen auf öffentlichen Plätzen und Straßen, in Bahnhöfen und Kaufhäusern; wer solche bevölkerten Örtlichkeiten nicht erträgt, ist zu einem sehr zurückgezogenen Leben verurteilt, und die Verhaltenstherapie ist hier recht machtlos.

Wir denken alle, Phobien seien das Produkt unangenehmer, vielleicht vergessener früherer Erlebnisse mit dem Furchtobjekt: als kleines Kind einmal von einer Biene gestochen, für den Rest des Lebens mit einer Angst vor allen stechenden Insekten behaftet. Wahrscheinlich kann eine Phobie auch durchaus auf diese Weise entstehen; die Regel aber ist es nicht.

Svenn Torgersen gelang es 1979, die Phobien faktorenanalytisch in fünf große Gruppen aufzuteilen. Die erste ist danach die der Trennungsängste: Angst vor Reisen, vor vollen Räumen, vor Menschenmengen, vor Läden, vor dem Verkehr, vor der Einsamkeit zu Hause – alles Situationen, in denen man von seinen Bezugspersonen getrennt werden und verlorengehen könnte. Die zweite sind Tierängste: nicht die Angst vor einem bissigen Hund, der einen tatsächlich bedroht, sondern eine unerklärliche Angst vor Fröschen oder Ratten oder anderem Getier, das einem nie etwas zuleide getan hat. Die dritte Gruppe sind die Verstümmelungsängste, die viele Menschen davon abhalten, medizinische Hilfe zu suchen:

die Angst vor Krankenhäusern oder Ärzten, vor Blut oder offenen Wunden oder Injektionen. Die vierte Gruppe bilden die sozialen Ängste: etwa die Angst davor, bei der Arbeit beobachtet zu werden oder mit Fremden zu essen. Die letzte Gruppe sind die Naturängste: vor Bergen oder dem Meer, vor Feuer oder Tunneln, Klippen oder Brücken.

In einer Untersuchung an 99 geschlechtsgleichen Zwillingspaaren, von denen mindestens ein Geschwister an einer solchen irrationalen Angst litt, konnte Torgersen nachweisen, daß gerade auch die Phobien eine erhebliche genetische Komponente haben. Ihre Erblichkeit liegt zwischen 47 und 53 Prozent[50]. In der Hälfte der Fälle hat die eineiige Zwillingsschwester oder der eineiige Zwillingsbruder sogar genau die gleiche Phobie. Bei den Tierängsten handelt es sich vermutlich um nichts anderes als psychische Atavismen: Bei einigen Menschen kommt noch einmal eine der angeborenen Ängste unserer vormenschlichen Ahnen vor Schlangen oder Spinnen oder Nagetieren zum Durchbruch (die Schlangen- und Spinnenfurcht mancher Menschenaffen ist belegt). Es ist ja auch eigentlich seltsam, daß es keine vergleichbaren Phobien vor Steckdosen, Autos oder Gashähnen gibt, alles Dinge, die ein moderner Mensch viel eher fürchten lernen müßte – wenn diese Furcht eben gelernt würde.

Eine deutliche Ausnahme aber gab es auch bei den Phobien: die Trennungsängste. Hier betrug die Erblichkeit in dieser Studie nur 23 Prozent[50]. Die Vermutung liegt nahe, daß die Trennungsängste, die mehr oder weniger identisch mit dem sind, was sonst Platzangst oder Agoraphobie heißt, anderer Art und anderen Ursprungs sind als die übrigen Phobien; daß bei ihnen entsprechende böse Kindheitserfahrungen eine größere Rolle spielen, vielleicht ein häufiger oder anhaltender Entzug der Vertrauenspersonen.

Anhaltspunkte für eine Erblichkeit von Alkoholismus fanden sich in Minneapolis nicht[12]. Aber wiederum sind hier bisher viel zu wenige Zwillinge untersucht worden, um Aufschluß über ein so relativ seltenes Merkmal zu erhalten. Gerade für den Alkoholismus gibt es aus den letzten fünfzehn Jahren Daten aus anderen, spezielleren Studien, die dafür sprechen, daß eine erhebliche genetische Komponente im Spiel ist.

Seit altersher ist bekannt, daß die Kinder von Trinkern oft ebenfalls Trinker werden. Heute weiß man auch, wie oft: Die Kinder von Alkoholikern werden vier- bis fünfmal häufiger selber Alkoholiker als die Kinder von Nicht-Alkoholikern[18]. Alkoholismus, so viel ist klar, wird also oft innerhalb der Familie weitergegeben. Aber auch hier heißt das nicht, daß die Art der Weitergabe nur eine genetische sein kann. Ebensogut könnten die Kinder darum Alkoholiker werden, weil sie ihre Eltern so oft beim Griff zur Flasche beobachtet haben und es ihnen schließlich nachtun. Nie erlaubt der Vergleich zusammen lebender Blutsverwandter Rückschlüsse auf die Erblichkeit.

Aufschluß können Adoptionsstudien liefern oder der Vergleich ein- und zweieiiger Zwillingspaare. Eine Reihe von Adoptionsstudien kamen übereinstimmend zu dem Schluß: Söhne von Alkoholikern werden auch dann drei- bis viermal öfter als Söhne von Nicht-Alkoholikern zu Trinkern, wenn sie nicht bei ihren Eltern aufwachsen, sondern in Familien von Nicht-Trinkern[18]. Zwillingsstudien deuteten in der Mehrheit ebenfalls auf eine genetische Komponente, aber völlig eindeutig war hier der Befund nicht. 1987 wurde jedoch eine finnische Untersuchung[26] veröffentlicht, die die verbleibende Unsicherheit beseitigt haben dürfte. Es war eine der größten Zwillingsstudien aller Zeiten, vielleicht die größte überhaupt: Sie hatte ihre Daten bei über zweitausendachthundert (männlichen) Zwillingspaaren gesammelt. Der Vergleich zwischen den ein- und zweieiigen Paaren ergab für den Alkoholismus eine Erblichkeit von knapp 40 Prozent.

Bei einer früheren Berechnung waren andere Forscher zu 64 Prozent gekommen[43]. Die Diskrepanz könnte daher rühren, daß Alkoholismus nicht gleich Alkoholismus ist. Auch Kinder von Nicht-Alkoholikern werden nicht selten zu Trinkern, und in diesem Fall ist keine Vererbung im Spiel. Dieser nicht-familiäre Alkoholismus setzt meist später ein und nimmt einen langsameren und glimpflicheren Verlauf[18]. Die dramatischste Abart des familiären Alkoholismus dagegen, bei der zum Trinken Aggressivität, Asozialität und Kriminalität kommen, scheint eine besonders hohe Erblichkeit zu haben, an die 90 Prozent[43].

Was aber wird da eigentlich vererbt? Schmeckt Äthanol dem einen einfach besser als dem anderen? Ist dem einen mehr als dem anderen an dessen zunächst entkrampfender Wirkung auf die Seele gelegen? Bewirkt es bei dem einen eine stärkere biochemische Umstellung als bei dem anderen, mit dem Effekt, daß der Stoff ihn fester in Griff bekommt? Haben die einen irgendein biochemisches Defizit, das ihnen Unbehagen verursacht und von Äthanol reduziert wird? Erzeugt Äthanol bei manchen mehr körpereigene Opiate als bei anderen, so daß sie süchtig werden nach deren wohltuender, euphorisierender Wirkung?

Was bisher nachgewiesen wurde, sind genetisch bedingte Unterschiede in der Art, wie der Körper Alkohol abbaut. Söhne von Alkoholikern reagieren zunächst schwächer auf Alkohol: Sie fühlen sich anfangs weniger betrunken, und objektiv sind sie es auch[43]. So merken sie wohl nicht, wann sie betrunken werden – ihre Körperreaktion warnt sie nicht rechtzeitig.

Unter Ostasiaten ist Alkoholismus verhältnismäßig selten. Viele vertragen Äthanol nicht. Schon nach kleinen Mengen rötet sich ihre Haut, wird ihnen heiß, schlägt ihr Herz schneller, stellt sich Übelkeit ein. Dieser Effekt, »orientalisches Errötungs-Phänomen« genannt, schützt sie davor, dem Alkohol anheimzufallen. Man weiß inzwischen auch, wie er zustande kommt. Äthylalkohol wird im Körper von einem Enzym, der Alkohol-Dehydrogenase, zunächst in Azetaldehyd umgewandelt, und dieses wird von einem anderen Enzym zerstört, der Aldehyd-Dehydrogenase. Eine bestimmte Form dieses Enzyms fehlt bei der Mehrheit der Ostasiaten. Bei ihnen wird das aus dem Äthylalkohol entstandene Azetaldehyd nicht gleich wieder abgebaut. Ein hoher Azetaldehyd-Blutspiegel führt aber genau zu jenem Unwohlsein, das sie nach dem Genuß von Alkohol befällt. Der Mangel an jener besonderen Aldehyd-Dehydrogenase, die andere Menschen rasch vom Azetaldehyd befreit, ist genetisch bedingt; auch bei Neugeborenen besteht er bereits[43].

Es gibt, genetisch bedingt, erhebliche individuelle Unterschiede im Metabolismus des Äthylalkohols, und es gibt (geringere) ethnische Unterschiede. Ein großes, vielleicht das größte Problem der indianischen Völker Nordamerikas ist das Feuerwasser. Das gesellige Trinken bis zur völligen Betäubung gilt ihnen oft als ein erstrebenswertes Ziel. Leberzirrhose ist bei ihnen fünfmal so häufig wie unter anderen Bürgern der Vereinigten Staaten. Alkohol ist die häufigste Todesursache, gefolgt von Mord und Selbstmord (teilweise ebenfalls in der Folge von übermäßigem Alkoholgenuß).

Man schätzt, daß bei manchen Stämmen 60 Prozent der erwachsenen Männer Trinker sind und 30 Prozent schwere Alkoholiker (bei den Frauen halb so viele)[15]. Die normale kulturdeterministische Erklärung lautet, daß sie ihre Hoffnungslosigkeit und Verzweiflung im Alkohol ersäufen. Zweifellos verleitet soziale und private Not zum Trinken. Aber bei kaum einer anderen Population sonst führt sie zu so schwerem Alkoholmißbrauch. Ungewollt läßt die Erklärung die Indianer mit einer Art moralischem Makel zurück: Sie scheinen der Versuchung schwerer widerstehen zu können oder zu wollen. Vermutlich aber beruht ihre geringere Widerstandskraft auf Besonderheiten ihres Alkohol-Metabolismus. Wie sie keine Milch vertragen, weil sie nach dem Säuglingsalter das Enzym Laktase nicht mehr bilden, welches den Abbau von Milch besorgt, so scheinen sie auch den Alkohol schlechter zu vertragen. Was genau sie verwundbar macht, ist noch nicht bekannt. Nachgewiesen aber wurde, daß viele Stämme, wie im übrigen auch die Ostasiaten, Äthylalkohol signifikant schneller abbauen als Weiße[38,39]. Auch ihr Azetaldehyd-Spiegel ist verhältnismäßig hoch, aber er scheint sie nicht zu warnen – oder sie trinken über die Warnung hinweg. In diesem Fall hätte, kulturell bedingt, eine ähnliche genetische Disposition bei Ostasiaten und Indianern entgegengesetzte Folgen: Die einen ließen sich vom Alkoholgenuß abschrecken, die anderen suchten ihn jetzt gerade. Aber in Ermangelung ausreichender biochemischer Daten ist das einstweilen Spekulation.

Es soll nicht unerwähnt bleiben, daß in den letzten Jahren auch in der Bundesrepublik eine größere Zwillingsuntersuchung mit verwandter Fragestellung stattgefunden hat[42]. Sie fahndete bei 109 Psychotherapie-Patienten mit Zwillingsgeschwistern nach Konkordanzen in nicht weniger als 78 sogenannten neurotischen oder psychosomatischen Symptomen, von der depressiven Verstimmung zur Fehleinstufung in der Schule. Die Studie krankte einmal an der eigenwilligen – psychoanalytisch inspirierten – Einteilung und Zusammenwürfelung der Symptome. Vor allem aber waren es wohl zu wenige Probanden für zu viele und zu verschiedene Krankheiten und Störungen und Schwierigkeiten, um signifikante Aufschlüsse zu erhalten. Für jedes einzelne »Symptom« gab es natürlich immer nur ganz wenige Fälle. So fand sich in dem ganzen

Sample nur ein einziger Fall von »Trödeln und Bummeln«, und das zweieiige Zwillingsgeschwister bummelte nicht; selbst wenn es gebummelt hätte, hätte der Befund keinen Schluß zugelassen. Was Aufschlüsse bringt, ist der Vergleich zwischen den Konkordanzraten bei ein- und zweieiigen Zwillingen. Zehn Fälle in jeder der beiden Gruppen sind vielleicht gerade genug, um die allervorsichtigsten Schlüsse zu ziehen. Nur bei 12 der 78 Symptome war diese Zahl erreicht: In etlichen Fällen gab es gar nichts zu vergleichen. Immerhin deuteten einige Konkordanzraten auch hier auf eine beträchtliche Erblichkeit hin, am klarsten bei Schlafstörungen und bei »Kontaktstörungen« (zu denen Gehemmtheit oder Distanzlosigkeit zusammengewürfelt worden waren); und bei keinem Symptom wurde eine Erblichkeit ausgeschlossen.

Bei den meisten psychischen Störungen ist also mit einer ererbten Anfälligkeit zu rechnen. Auffällige Ausnahmen bilden die Trennungsängste und die chronische Unruhe und Ängstlichkeit. Trotzdem, die Konkordanzraten betragen nie hundert Prozent. Immer kommen auch Diskordanzen vor. Selbst bei den »erblichsten« Krankheiten gibt es nicht wenige eineiige Paare, bei denen nur eines der Geschwister erkrankt. Warum trifft die Krankheit den einen und verschont sein Geschwister, das ihm genetisch völlig gleich ist und weitgehend das gleiche erlebt und durchgemacht hat (denn wir haben es bei diesen Untersuchungen mit zusammen aufgewachsenen Zwillingen zu tun)? Torgersen fand, was auch andere Zwillingsforscher fanden: Schon bei der Geburt sind die beiden eineiigen Geschwister in mancher Hinsicht oft deutlich ungleich. Eins von ihnen ist kleiner und schwächer; manchmal gleicht sich der Unterschied nach einiger Zeit zwar aus, manchmal aber erweist sich in der Folgezeit das schwächere auch als abhängiger, zurückhaltender, weniger selbstsicher und insgesamt labiler. Wahrscheinlich liegt es an der Konkurrenz im Mutterleib, bei dem eines den kürzeren gezogen hat; in vielen Fällen kommt der unterlegene Konkurrent gar nicht erst auf die Welt, sondern wird schon in einem frühen Stadium der Schwangerschaft abortiert. Das unterlegene Geschwister aber ist dann oft das anfälligere. Es wird krank, wo das andere unter den gleichen Bedingungen gesund bleibt. Ihre Diskordanz erinnert daran, daß die nichtgenetischen, die Umwelteinwirkungen schon im Mutterleib beginnen und zum Teil nicht etwa sozialer, kultureller, pädagogischer, sondern ebenfalls »biologischer« Natur sind.

Die Begriffe »erblich« und »angeboren« gebraucht man oft als Synonyme. Es ist insofern richtig, als der Mensch von der Geburt, ja vom Augenblick der Empfängnis an alle seine Gene hat und sie bei der Geburt mit auf die Welt bringt. Es ist insofern falsch, als sich keineswegs alle Wirkungen der Gene schon bei der Geburt zeigen. Was sie enthalten, ist sozusagen ein Lebensprogramm für das Geschehen in jeder Körperzelle.

Die Untersuchung von Minneapolis kann Belege dafür nur aus der Retrospektive liefern, etwa wenn sie feststellt, was sie immer wieder festgestellt hat: daß die getrennten Zwillingsgeschwister zur gleichen Zeit zu schielen begannen, kurzsichtig wurden und eine Brille brauchten, eine Fehlgeburt hatten, unerklärlich an Gewicht zunahmen, eine Bauchspeicheldrüsenentzündung oder einen Leistenbruch bekamen. Eine großangelegte laufende Langzeituntersuchung der Universität Louisville im Bundesstaat Kentucky gibt dazu direktere Aufschlüsse. Hier verfolgt man seit über zwei Jahrzehnten den Lebensweg von 500 Zwillingspaaren von der Geburt an. Eins der bisherigen Ergebnisse betrifft die geistige Entwicklung von Kindern, die bekanntlich nicht gleichmäßig, sondern in Sprüngen verläuft. Bei eineiigen Zwillingen, zeigte sich, finden diese Sprünge fast im gleichen Takt und im gleichen Ausmaß statt[55].

Hier ist zur Zeit ein ganz neues wissenschaftliches Feld im Entstehen begriffen – das der Chronogenetik. Sie untersucht, welchen zeitlichen Ausdruck sich ein genetisches Programm sucht.

Nun könnte man versucht sein, das Kapitel hier zu schließen. Bei all den wichtigen allgemeinen psychischen Merkmalen liegt die Erblichkeit in der Nähe von 50 Prozent, also bleiben die anderen 50 Prozent der Varianz für die Einwirkungen der Umwelt, und der lange erbitterte Streit zwischen »Biologisten« und Kulturdeterministen wäre am Ende salomonisch entschieden: Beide hätten sie recht, Gene und Umwelt haben das gleiche Gewicht.

Aber hier läßt sich der Punkt noch nicht setzen. Wer meinte, daß es bei diesem Ausgang denn doch wenigstens »halbwegs« möglich sein müßte, durch Veränderung »der Verhältnisse«, also durch die Manipulation der einen oder anderen Umweltvariablen die Menschen gleicher – im Sinne von ähnlicher – zu machen, der hätte sich zu früh gefreut.

Erstens nämlich haben wir es mit einem großen Erbfaktor zu tun, dem kein Umweltfaktor von auch nur annähernd gleichem Gewicht gegenübersteht, sondern viele verschiedene kleine Faktoren, die nur mit großer Mühe überhaupt zu identifizieren sind. Wer meinte, mit der Manipulation eines einzigen – etwa mit einer Reform des Schulwesens – wäre ein großer Teil der menschlichen Varianz zu beseitigen, gäbe sich also einer Illusion hin.

Zweitens lassen sich Konstrukte wie »Selbstbeherrschung« oder »Aggressivität« nicht so genau messen wie Körpergröße oder Körpergewicht. Allen Messungen ist ein Meßfehler eigen, der sich im übrigen bestimmen läßt. Angenommen, man wollte die Länge einer Tischkante ausmessen, und um ganz sicher zu gehen, mäße man mehrmals nach. Auch wenn man jedesmal dasselbe Zentimetermaß verwendete, wäre das Ergebnis nie ganz das gleiche; näher als vielleicht um einen Millimeter käme man an den wahren Wert mit einer solchen relativ groben Methode nicht heran. Bei psychologischen Tests ist dieser Meßfehler in der Regel viel größer. Wo Hunderte von persönlichen Fragen zu beantworten sind, sind immer einige darunter, bei denen der Befragte seiner Antwort nicht sicher ist und ganz anders antwortet, falls man ihn kurz darauf ein zweites Mal fragt, ohne daß sich doch das Merkmal, das gemessen werden soll, inzwischen verändert hätte. Der Meßfehler also ist die Diskrepanz, die auftritt, wenn man einen Test kurz hintereinander zweimal gibt; anders gesagt: die Korrelation eines Tests mit sich selber. Immer läßt der Meßfehler die Varianz höher erscheinen, als sie tatsächlich ist. Man kann es sich klarmachen, wenn man annimmt, bei irgendeinem Merkmal liege völlige Gleichheit vor, und nun käme man mit seinen unvollkommenen Meßinstrumenten und mäße – ihre Ungenauigkeit ließe die Meßwerte, die eigentlich die gleichen sein sollten, um irgendeinen Betrag schwanken, übertriebe sie hier, untertriebe sie dort, so daß es schiene, als sei das Merkmal doch variabel. Bei den über Jahrzehnte hin erprobten IQ-Tests macht der Meßfehler nur 5 bis 10 Prozent aus. Bei den weniger »harten« Persönlichkeitsfragebögen liegt er dagegen meist um 20 Prozent (gelegentlich 10 Prozent höher oder niedriger). Der Meßfehler setzt dem, was gemessen werden soll, eine obere Grenze – bei den getrennt aufgewachsenen eineiigen Zwillingen ihrer Korrelation untereinander, die in diesem Fall gleich der Erblichkeit ist. Mit anderen Worten: Da niemand seinem eineiigen Geschwister ähnlicher sein kann, als er sich selber ist, kann die Erblichkeit nicht höher sein als der Prozentanteil der Varianz, die der Meßfehler übrig läßt – also je nach Test etwa 80 Prozent. Im übrigen aber ist der Meßfehler eindeutig eine nichtgenetische Quelle von Varianz. Anders gesagt: ein beträchtlicher Teil der nichtgenetischen oder Umweltvarianz – nämlich rund 20 von den rund 50 Prozent – geht bereits auf das Konto des Meßfehlers.

Drittens sind manche der wirksamen Umwelteinflüsse so geartet, daß man sie eher biologisch denn sozial nennen möchte: hormonelle Einwirkungen im Mutterleib, Komplikationen bei der Geburt, später vor allem Infektionskrankheiten und Unfälle. Erziehungsmaßnahmen werden an ihnen wenig ändern.

Viertens schließlich ist man in den letzten Jahren in Minneapolis und anderswo einem höchst eigenartigen Sachverhalt auf die Spur gekommen, der über den Haufen wirft, was nicht nur die Öffentlichkeit, sondern was auch die Psychologie immer für selbstverständlich gehalten hat[37].

Wenn wir an Umweltfaktoren denken, dann denken wir zuallererst ganz automatisch an die scheinbar »großen« Einflüsse, denen man in den prägenden Jahren des Lebens ausgesetzt ist: die sozioökonomische Stellung der Familie, aus der man kommt, den Bildungsgrad der Eltern, die eigene Schulbildung. Besteht jemand eine wichtige Aufnahmeprüfung nicht, so sind wir schnell bei der Hand mit Erklärungen wie: Er kommt aber auch aus sehr armen Verhältnissen; er hatte zu Hause auch nie geistige Anregung; er hat aber auch eine miserable Schule besucht. In der Tat trägt alles dies sehr wohl auch zu den Unterschieden zwischen den Menschen bei: aber bei vielen Merkmalen offenbar viel geringfügiger, als die Psychologen sich träumen ließen.

Am klarsten zeigt sich das in Adoptionsstudien. Wenn zusammen aufwachsende, nicht blutsverwandte Geschwister bei irgendeinem Merkmal nur schwach miteinander korrelieren, so kann das nur bedeuten, daß die auf sie gleichermaßen einwirkenden Faktoren wie der Bildungsgrad der Mutter oder die finanzielle Situation der Familie oder die zusammen besuchten Schulen sie einander nicht viel ähnlicher gemacht haben. Tatsächlich liegt die Korrelation zwischen leiblichen Kindern und ihren adoptierten Geschwistern beim IQ nur bei 0,29[4], bei Charaktermerkmalen wie der Extraversion gar nur bei 0,07[41]. (Totale Übereinstimmung ergäbe den Wert 1, keinerlei Beziehung 0.) Das heißt, sie sind sich in ihrer »theoretischen« Intelligenz mäßig ähnlich, in ihrem Charakter aber nicht viel ähnlicher als zwei zufällig herausgegriffene Fremde. Die Einflüsse, die einen wesentlicheren Beitrag zur Umweltvarianz leisten, müssen anderer Art sein – nämlich solche, die Familienmitglieder nicht gemein haben und sie letztlich untereinander unähnlich machen.

Aber welche kämen da überhaupt in Frage? Ein Kandidat wäre die Position in der Geburtenfolge: Erstgeborene Kinder etwa könnten unter Bedingungen aufwachsen, die sich systematisch von denen ihrer später geborenen Geschwister unterscheiden und sie ihnen unähnlich machen. Trotz aller Suche aber haben sich kaum Effekte dieser Art gezeigt[7]. Dann könnte es an der unterschiedlichen Behandlung liegen, die Eltern ihren einzelnen Kindern angedeihen lassen. Oder daran, daß sich Geschwister gegenseitig ein Umfeld bereiten, welches sie in verschiedene Richtung treibt. Aber da sucht man schon nach sehr subtilen, fast geisterhaften Einflüssen, von denen nicht eben zu erwarten ist, daß sie für einen großen Brocken der nichtgenetischen Varianz verantwortlich sind.

Die Psychologen und mit ihnen die Allgemeinheit werden jedenfalls weitgehend umdenken müssen. Die »großen« Einflüsse, denen man im Laufe des Lebens ausgesetzt ist und die vermeintlich den Menschen prägen, sind gar nicht die entscheidenden. Entscheidend sein muß vielmehr die ganz persönliche Art, sie aufzunehmen oder abzuweisen; entscheidend müssen die glücklichen oder unglücklichen »Zufälle« sein, die sich im Leben ereignen.

Noch hat die Psychologie die Botschaft gar nicht richtig empfangen, und wo sie sie empfangen hat, herrscht Verlegenheit. Wenn nämlich die großen, auf die Familienmitglieder gleichmäßig einwirkenden Einflüsse nicht diejenigen sind, die schließlich die Unterschiede zwischen den Menschen hervorbringen; und wenn sich in der Familie keine mächtigen Faktoren auffinden lassen, die Familienmitglieder regelmäßig einander unähnlich machen – dann bleiben wohl nur zwei Möglichkeiten.

Einmal könnte sich die Theorie der Psychologin und Adoptionsforscherin Sandra Scarr bewahrheiten. Sie besagt, daß sich ein Kind seine Umwelt in hohem Maße selber schafft[41]. Ein Kind, das gerne Geschichten hört, dem wird die Mutter wahrscheinlich welche erzählen; wenn es viele Geschichten gehört hat, wird es später gerne Geschichten lesen; wenn es gerne Bücher liest, wird es eines Tages in Bibliotheken ein- und ausgehen. Hat es dagegen die Erzählungen der Mutter mit Langeweile quittiert, so nimmt sein Leben möglicherweise einen ganz anderen Lauf, und es wird nie eine Bibliothek von innen sehen. Das aber hieße nichts anderes, als daß auch dieser Teil der Umweltvarianz letztlich genetischen Ursprungs ist. Hinter dem scheinbaren Umwelteinfluß, dem bildenden Charakter einer Bibliothek zum Beispiel, stünde eine genetische Eigenheit: eine Lust an Geschriebenem, und es wäre der Genotyp, der sich die ihm gemäße Umwelt gesucht oder selber eingerichtet hat.

Die andere Möglichkeit ist noch weniger geheuer. Vielleicht ist die Suche nach den Einflüssen, die Familienmitglieder unähnlich machen, darum bisher so ergebnislos geblieben, weil es keine oder nur geringe systematische Einflüsse dieser Art gibt. Vielleicht ist es der pure Zufall, der unser Lebensschicksal weitgehend bestimmt und es von anderen Schicksalen abhebt. Mir scheint es plausibel. Der eine sitzt in der Schule zufällig neben einem bewunderten Torschützen, versucht es ihm nachzutun und wird dank mehrerer weiterer Zufälle zu einem Tennis-As; sein Bruder stolpert zufällig über einen Stein, zerrt sich den Meniskus, hat fortan keine Freude mehr am Sport, verlegt sich lieber auf die Mathematik und wird aufgrund einiger weiterer Zufälle schließlich Informatiker. (Denn welche Teile seiner mehrfachen Begabung einer entwickelt oder vernachlässigt, ist ihm sicher von seinen Genen wie von den Familienverhältnissen, denen er entstammt, nur in geringem Maß vorgezeichnet.) Sonst wäre vielleicht auch er Sportler geworden. Sein Beruf, sein ganzer mit diesem zusammenhängender Habitus sind letztlich nur auf jenen Stein zurückzuführen, über den er als Kind fiel. Und dann kommen die Wissenschaftler und wollen wissen, welche systematischen Einflüsse es waren, die zwei Brüder so verschieden gemacht haben! Stolpersteine werden sie unter ihnen nicht suchen und nicht finden.

Irritierender als die soliden wissenschaftlichen Befunde des Minnesota-Projekts, die wohl manche Erkenntnis erhärtet, aber nichts sensationell Neues an den Tag gebracht haben, waren und bleiben jene unheimlichen Koinzidenzen zwischen den Zwillingen, die sich erst als Erwachsene kennengelernt haben: die Gummibänder überm Handgelenk, das mutwillige Niesen im Fahrstuhl, die zerdrückten Bierdosen, die Namen der Söhne, die weißen Bänke um den Baum auf dem Rasen...

Etwa Dorothy und Bridget, zwei englische Zwillinge. 1945 geboren und einige Wochen nach der Geburt getrennt, wußte keine von ihnen, daß sie eine Schwester hatte. 1979 begegneten sie sich zum ersten Mal und flogen bald darauf nach Minneapolis. Da stellte sich dann zum Beispiel heraus, daß sie als Mädchen Tagebücher der gleichen Farbe geführt und mehr oder weniger die gleichen Tage ausgelassen hatten. Jetzt hatten beide je einen Sohn und eine Tochter; die Söhne hießen Richard Andrew und Andrew Richard, die Töchter Catherine Louise und Karen Louise. Sie hatten auch jede eine Katze, und beide hießen Tiger. Beide lasen gern historische Romane, Dorothy von Catherine Cookson, Bridget von Caroline Marchant; beides sind Pseudonyme der nämlichen Autorin. Beide reagierten auf Stress mit Herzklopfen, Übelkeit und Atemlosigkeit. Beide hatten die gleiche Waschmaschine, sammelten Stofftiere, kleideten sich gleich, benutzten das gleiche Parfum, und als sie in Minneapolis eintrafen, trug jede von ihnen an einem Handgelenk zwei Armreifen, am anderen einen Armreifen und eine Uhr, und an den Fingern hatten sie sieben Ringe[54]. Sie versicherten, daß sie sich nicht abgesprochen hätten – es sei Zufall gewesen. Tom Bouchard, der Leiter des Minnesota-Projekts, fand, solche »Zufälle« gingen zu weit. »Die bringen uns in teuflische Schwierigkeiten. Das glaubt uns einfach niemand. Eher hält man unsere ganze Studie für Bluff.«

So irritierend sind derlei Koinzidenzen, weil es schlechterdings keine vernünftige Erklärung für sie gibt. Gene machen keine Vorlieben und Steckenpferde; sie machen einzig und allein Proteine, alle die Proteine aller Körperzellen vom Augenblick der Empfängnis bis zum Tod. Unter den Zellen, die sie aufbauen und deren Struktur und Tätigkeit sie unterhalten, sind auch jene des Gehirns; diese erst sind das materielle Substrat unseres psychischen Lebens und Erlebens. Es ist den Genen um mehr als einen Schritt entrückt; unwahrscheinlich, daß diese mehr festlegen als generelle Prinzipien, daß sie bis in seine letzten Einzelheiten hineinregieren.

Das Genom wäre überfordert, wenn es Anweisungen für alle Eventualitäten des menschlichen Lebens bereithalten sollte. Mehr noch: es ergäbe dies auch keinerlei Sinn, da die meisten Eventualitäten nie eintreten und eine starre Vorprogrammierung höchst unpraktisch und völlig maladaptiv wäre. Mit dem Menschen hat die Evolution ein extrem lern-, denk- und entscheidungsfähiges Wesen hervorgebracht, eines, das die meisten Situationen selber prüfen und beurteilen und sich entsprechend flexibel verhalten kann. Die ganze Mühe und die blinde Klugheit der Natur wäre für die Katz gewesen, wenn die Gene nun doch das menschliche Leben bis in alle Einzelheiten zu regeln hätten.

Außerdem ist es natürlich einfach unmöglich. Damit ein Gen mutiert und die Mutation sich bewährt und in der Bevölkerung ausbreitet, müssen viele Generationen ins Land gehen. Der Gang der genetischen Evolution ist ein sehr langsamer, im Tempo von der kulturellen Evolution längst überholt. Selbst wenn das Genom, das wahrhaftig für Lebenswichtigeres vorzusorgen hat, sich trotzdem noch um derlei Bagatellen kümmern könnte, kann es gar kein Gen für eine Vorliebe für die Wahl von »Budweiser«-Bier oder einer Waschmaschine geben, einfach weil diese noch nicht lange genug existieren.

Aber kann es einfach Zufall sein?

Was ist überhaupt Zufall? »Wir haben uns zufällig auf der Straße getroffen.« – »Er hat zufällig einen Stadtplan bei sich.« – »Sie hat zufällig am gleichen Tag Geburtstag wie ich.« In keinem Fall heißt »Zufall«, daß ein Ereignis sozusagen außerhalb der Kausalität eingetreten ist, durch ein Wunder. Auch die Münze, die man wirft, fällt nicht in diesem Sinne »zufällig« auf Zahl oder Bild; sie fällt, wie sie fällt, weil sie auf eine bestimmte Weise geworfen wurde und weil beim Fall bestimmte Kräfte auf sie einwirken – nur daß es aussichtslos ist, diese Kräfte übersehen und beherrschen zu wollen.

Das Zufällige am Fall der Münze ist also erstens, daß wir das

Ergebnis nicht planen, nicht herbeiführen, nicht beeinflussen können. Wer die Münze manipuliert oder die Karten zinkt, setzt den Zufall außer Kraft.

Zweitens müssen wir uns von ihrem Fall immer wieder überraschen lassen. Eine andere Eigenschaft des zufälligen Ereignisses ist also seine Unvorhersehbarkeit. Wer das elektronische Gewinnprogramm eines Glückspielautomaten knackt, den überrascht dieser nicht mehr, und er gewinnt nicht mehr »zufällig«, obwohl der Automat sein Programm unverändert herunterhaspelt. Die Unvorhersehbarkeit hängt vom Beobachter ab. Wissenschaftliche Erkenntnis reduziert sie; was im Alltag wie »reiner Zufall« wirkt, ist es für den zuständigen Wissenschaftler oft gar nicht mehr.

Damit uns ein Ereignis überrascht, muß ihm eine gewisse Unwahrscheinlichkeit eigen sein. »Am Postschalter gibt es zufällig Briefmarken« ist ein Satz, den keiner sagen würde (es sei denn, er wollte ironisch auf die Tatsache aufmerksam machen, daß die Post ihre »gelben Dienste« vernachlässigt). Briefmarken sind das mindeste, was man an einem Postschalter erwartet; es ist sehr wahrscheinlich, daß man auch welche bekommen wird. »Am Postschalter konnte ich zufällig nicht nur Briefmarken kaufen, sondern auch gleich das Geld ins Ausland überweisen« ist dagegen schon eher ein Satz, der vorkommen könnte, denn er konstatierte ein weniger wahrscheinliches Zusammentreffen.

Damit haben wir eine ganz brauchbare Definition dessen, was die Alltagssprache mit dem Begriff Zufall meint. Ein zufälliges Ereignis ist eines, das wir nicht absichtsvoll herbeiführen können, das sich mit den uns je zur Verfügung stehenden Mitteln nicht voraussagen läßt und das ausreichend unwahrscheinlich ist.

Aber nun geschieht etwas Interessantes. Damit es uns als Zufall erscheint, darf ein Ereignis nicht gar zu unwahrscheinlich wirken. Einerseits ist es kaum ein Zufall und schon gar kein »großer Zufall«, wenn man wettet, daß beim Wurf der Münze die Zahl oben liegen wird, und sie liegt dann tatsächlich oben. Es gibt ja nur die beiden Möglichkeiten, und jede hat die gleiche Chance einzutreten. Die Wahrscheinlichkeit, daß das Geldstück so fällt wie gewettet, ist also eins zu eins. Das sind stattliche 50 Prozent (0,5 in einer anderen Schreibweise): Bei 50 Prozent aller Würfe wird sie im Schnitt so fallen. Andererseits scheint aber auch ein Satz wie »Er hat zufällig das Große Los gezogen« nicht eben sinnvoll. Natürlich, würde man antworten, er hat den Treffer nicht herbeigeführt und nicht vorhergesehen – aber nur in diesem Sinn war er Zufall. Ist ein Ereignis dermaßen unwahrscheinlich, daß wir sein Eintreten für so gut wie ausgeschlossen halten, und tritt es dennoch ein, so ist unsere Reaktion: Das kann doch kein Zufall sein! Womit wir meinen, daß es wohl irgendeinen Sachverhalt geben müsse, der seine Unwahrscheinlichkeit verringert, der uns aber unbekannt ist. Wenn wir demselben Fremden morgens im Bus, mittags im Restaurant, nachmittags in der Drogerie und abends vor unserer Haustür begegnen, »kann das doch kein Zufall sein« – vielleicht ist er uns heimlich gefolgt?

Zur Grundausstattung unseres Geistes gehört eine Instanz, die in einem fort Wahrscheinlichkeiten berechnet. Ohne sie wären wir realitätsuntüchtig. Wenn wir auf den Lichtschalter drücken, und wider Erwarten wird es nicht hell, bilden wir uns auf der Stelle Hypothesen, etwa in der Reihe der Wahrscheinlichkeit; Glühbirne defekt, Sicherung durchgebrannt, Stromausfall durch Sturmschäden ... und so weiter. Wer zuallererst annähme, er sei plötzlich erblindet oder Kernkraftgegner hätten die Elektrizitätswerke in die Luft gesprengt, wäre unzurechnungsfähig. Prinzipiell möglich wäre zwar beides. Aber es wäre so unwahrscheinlich, daß ein gesunder Verstand es erst dann in Erwägung ziehen wird, wenn alle wahrscheinlicheren Hypothesen widerlegt sind.

Dieser sozusagen intuitive Sinn für die Wahrscheinlichkeiten der Ereignisse ist täuschbar, funktioniert in der Regel aber ganz zuverlässig. Täuschbar ist er vor allem darum, weil wir große Zahlen nicht wirklich erfassen können. Ob bei einer Demonstration zehn- oder hunderttausend Menschen zusammenkamen, kann niemand aus dem Stegreif sagen. Und wer eine der beiden Zahlen später in der Zeitung liest, dem sagen sie nur, daß es eine große Menge war. Ob in einer Bibliothek hunderttausend oder eine Million Bücher stehen, ist für uns kein großer Unterschied – beide Zahlen bedeuten uns nur soviel wie »sehr viele«. Von dieser unserer Unfähigkeit profitieren zum Beispiel die Lotterien. Wer sich wirklich klarmachte, wie unwahrscheinlich es ist, im Lotto sechs Richtige zu tippen, würde sich wahrscheinlich die Mühe und Geldausgabe sparen. Aber selbst wenn wir die Unwahrscheinlichkeit genau zu beziffern wissen, entnehmen wir der Zahl nur, daß wir mit dem Treffer zwar nicht direkt rechnen können, daß er aber auch nicht völlig ausgeschlossen ist.

Dieser Wahrscheinlichkeitssinn sagt uns, daß nichts Besonderes dabei ist, wenn der Nebenmann am linken Handgelenk auch eine Armbanduhr trägt, die die gleiche Zeit zeigt wie die eigene. Nehmen wir an, jeder Zweite trägt dort eine Uhr, und jede dieser Uhren zeigt die gleiche Zeit: Dann ist die Wahrscheinlichkeit einer solchen Koinzidenz 50 Prozent, und in jedem zweiten Fall stießen wir auf sie. Nun aber trägt einer seine Armbanduhr am »falschen« Handgelenk, dem rechten. Die Wahrscheinlichkeit, daß auch sein Nebenmann sie dort trägt, ist viel geringer. Wenn jeder Zwanzigste sie dort tragen sollte, betrüge sie genau 0,5 mal 0,05, also 0,025. Nur noch in einem von vierzig Fällen wird man also auf diese Koinzidenz stoßen. Die Wahrscheinlichkeit sinkt weiter, wenn ein drittes seltenes Merkmal dazukommt. Angenommen, einer hätte versäumt, seine Armbanduhr am rechten Handgelenk auf die Sommerzeit umzustellen, und jede hundertste Armbanduhr ginge wie seine ebenfalls eine Stunde nach. Die Wahrscheinlichkeit, daß der Nebenmann eine Uhr am rechten Handgelenk hat, die fälschlich Winterzeit zeigt, wäre nun 0,5 mal 0,05 mal 0,01 – das sind 0,00025. Nur noch einmal in viertausend Fällen wird sich die gleiche Übereinstimmung ergeben. Wo verschiedene seltene Merkmale zusammenkommen, multiplizieren sich deren Wahrscheinlichkeiten (oder Unwahrscheinlichkeiten) miteinander. Die Wahrscheinlichkeit einer Koinzidenz wird auf diese Weise bald verschwindend gering, so sehr, daß wir, tritt der Fall doch einmal ein, ausrufen möchten: Das kann doch kein Zufall sein!

Und genau diesen Ruf entlocken uns etliche der Koinzidenzen zwischen den getrennten Zwillingen. Vergliche man zwei beliebig herausgegriffene Männer, so wäre es nicht weiter überraschend, wenn man feststellte, daß beide gerne Bier trinken, denn das tun viele. Es ist eine Allerwelts-Koinzidenz, von der niemand irgendein Aufhebens machte. Stellte man außerdem fest, daß sie die gleiche Marke trinken, so machte das den Fall schon etwas unwahrscheinlicher, aber noch nicht weiter verwunderlich, denn immer noch viele trinken genau diese Marke. Wir sagten: »Sie trinken zufällig das gleiche Bier.« Aber wenn beide dabei nun auch noch den kleinen Finger unter die Dose krümmen und diese hinterher zerdrücken, und wenn sie auch sonst noch Dutzende von Übereinstimmungen aufweisen, dann berechnet unser Wahrscheinlichkeitssinn, daß ein solches Zusammentreffen nahezu ausgeschlossen ist, und möchte protestieren: Das ist bestimmt kein Zufall!

Nun ist es eine Sache, vorher eine Liste von Merkmalen festzulegen und dann nachzusehen, ob zwei Menschen in ihnen übereinstimmen, und eine ganz andere, nach irgendwelchen beliebigen Übereinstimmungen zu suchen. Wenn sämtliche Übereinstimmungen in Frage kommen und ihre Liste offen ist, werden auch zwei wildfremde Menschen, die man zusammenbringt, irgendwelche Koinzidenzen entdecken. Vielleicht haben beide zwei ältere Brüder oder hören auf einem Ohr schwer oder sind Sonntagskinder oder haben einen Drehbleistift derselben Firma in der Tasche – einiges in dieser Art muß sich einfach immer finden, es ist das Normale. Diese Tatsache nimmt den verzeichneten Koinzidenzen zwischen den Zwillingen einiges von ihrer Verwunderlichkeit. Aber es beseitigt diese nicht ganz; dazu ist die Zahl der Übereinstimmungen zu groß und gehen diese viel zu weit. Ein paar würden wir als das Normale akzeptieren; ihre Häufung aber nicht. In Minneapolis werden auch die zweieiigen Zwillinge aufgefordert, nach derlei Koinzidenzen in ihrem Leben zu suchen. Sie finden kaum je welche, während sie sich bei den eineiigen Zwillingen in großer Zahl geradezu aufdrängen. Es muß also doch eine besondere Bewandtnis mit ihnen haben, und irgendwie muß sie mit ihrer genetischen Identität zusammenhängen. Aber wie?

Gene für die Wahl der Requisiten des modernen Lebens kann es nicht geben. Also bleibt nur eine Möglichkeit: Die Gene müssen eine psychische Grundstruktur festlegen, die dazu führt, daß unter mehr oder weniger gleichen Lebensumständen oft eine mehr oder minder gleiche Wahl getroffen wird. Etwas Ererbtes in uns muß uns zum Beispiel sagen, ob und wie wir unseren Körper schmücken sollen; und wenn zwei Menschen in dieser Vorentscheidung »eines Sinnes« sind, werden sie auch in manchen ihrer Konsequenzen übereinstimmen – vorausgesetzt, es stehen ihnen die gleichen Mittel zur Verfügung. Man kann sich ja auch ganz gut vorstellen, daß jemand, der gerne ein kühles Bier trinkt, in einem anderen Kulturkreis, wo Bier nicht zur Verfügung steht, ein anderes Lieblingsgetränk hätte; und diese Vorliebe führte wahrscheinlich auch seinen Zwilling dort wieder zu dem gleichen Getränk.

Was man postulieren muß, ist also eine von den Genen eingerichtete psychische Grundstruktur. Nur weiß leider kein Mensch, wie diese Grundstruktur aussieht und wie man auch nur nach ihr forschen könnte. Wäre zum Beispiel der Komplex »Körperschmuck« Teil dieser Grundstruktur? Oder ist er seinerseits nur ein beiläufiges Nebenprodukt eines ganz anderen Wesenszugs, und allein dieser wäre genetisch vermittelt – also etwa die Freude am eigenen Körper? Und wenn jene Grundstruktur doch ein Kapitel »Schmuck« enthalten sollte – wie detailliert ist es dann? Sagt es nur »schmücken: ja« oder »schmücken: nein«, oder enthält es Vorschläge zu der Art des angemessenen Schmucks? Und welche Wechselwirkungen bestehen mit anderen Punkten jener hypothetischen Grundstruktur? Über alles dies haben wir bisher so gut wie kein objektives Wissen.

Mir selber scheint auffällig, daß viele jener wundersamen Koinzidenzen auf dem Gebiet der im weiteren Sinne ästhetischen Vorlieben angesiedelt sind: Sie reflektieren Vorlieben zu ganz bestimmten sinnlichen Qualitäten.

Schwer zu sagen, warum jemand ein bestimmtes Bier trinkt; vielleicht liegt es an seinem Geschmack, vielleicht an den Farben des Etiketts, vielleicht an den Assoziationen, die sein Name oder dessen Schriftzug weckt, vielleicht aber auch an dem sozialen Ambiente, in dem man es kennengelernt hat oder das die Werbung evoziert... Viele Gründe kommen in Frage, manche von ihnen werden zusammenwirken, und sehr wahrscheinlich sind die wahren auch dem Käufer selber undurchschaubar. Aber jedenfalls haben alle damit zu tun, wie einer einen Geschmack, eine Farbe, eine Form bewertet. Ich denke mir also, daß jeder Mensch außer den Wesenszügen, welche die Psychometrie mit soviel List und Raffinement erfaßt, auch ein unverwechselbares ästhetisches »Profil« besitzt: eine charakteristische Art, bestimmte Sinnesreize zu suchen oder zu scheuen oder zu verbinden; auch eine Art, bestimmte Komplexitätsgrade dieser ästhetischen Wahrnehmungen vorzuziehen oder abzulehnen. Ich nehme weiter an, daß dieses Profil eine nicht zu niedrige Erblichkeit besitzt. Und ich glaube schließlich, daß viele jener verblüffenden, jener geradezu unglaublichen Koinzidenzen eine ganz natürliche Erklärung fänden, wenn man jenes Profil ermitteln und seine Erblichkeit bestimmen könnte. »Natürlich«, würde man dann vielleicht sagen, »jemand mit diesen Werten in den Skalen Drei und Sieben und Fünfzehn und dem Superfaktor B: der muß, wenn er dergleichen in seinem Kulturkreis vorfindet, einfach Preiselbeersaft trinken und historische Romane lesen und sich eine getigerte Katze halten!« Dann wäre die Koinzidenz nicht mehr das spukhafte Wunder, als das sie uns heute erscheint, sondern nur noch ein Zufall, nämlich ein unvorhergesehenes und nicht absichtsvoll herbeigeführtes, aber durchaus im Rahmen des Möglichen liegendes Ereignis, oder vielleicht sogar nicht einmal mehr ein Zufall, sondern nur noch eine logische Folge.

Ich denke, ich nehme an, ich glaube... Es sind alles dies natürlich nur Spekulationen. Hier kommt wohl auf die Psychologen noch viel Arbeit zu.

*Nachschrift.* Mit unzuträglichen Verhältnissen soll man sich nicht abfinden, punktum. Erwägungen über die relative Macht der Gene und der Umwelt braucht es dazu nicht. Aber wer die Menschen in nennenswertem Umfang verändern, wer bestehende Unterschiede zwischen ihnen einebnen – oder verstärken – will, kann nicht darauf hoffen, daß die Manipulation einer Umweltvariablen, die bisher erweislich immer nur wenig zur Variabilität beigetragen hat, große Veränderungen bewirken wird. Und er darf nicht so tun, als wären die Umweltfaktoren allein auf weiter Flur, als stünde ihnen nicht immer schon ein mächtiger anderer Faktor gegenüber: das, was in unserem Genom beschlossen ist.

Die Verhaltensgenetik hat eine bei Anhängern der Milieutheorie verbreitete Meinung als Illusion entlarvt: die Meinung, eine gleiche Erziehung bringe gleiche Menschen hervor. Das Gegenteil ist der Fall. Wenn die Umweltfaktoren egalisiert werden, wird nichtgenetische Varianz beseitigt. War die groß, so wären die Menschen danach in der Summe gleicher; aber ihre unterschiedliche genetische Ausstattung hielte auf jeden Fall weiterhin Unterschiede aufrecht, und alle verbleibende Varianz wäre genetischen Ursprungs; die Erblichkeit würde also nicht sinken, sondern steigen. Eine völlig egalitäre Erziehung brächte die genetische Verschiedenheit der Menschen nur noch deutlicher zum Ausdruck. Wer sie gleicher machen wollte, müßte sie im Gegenteil verschieden erziehen – die Begabung des Begabten dämpfend, die Unbegabung des Unbegabten vermindernd; er müßte durch individuell angepaßte Maßnahmen der Macht des genetischen Faktors entgegenwirken. Glücklicherweise hat die Utopie einer Egalisierung und Homogenisierung der Menschen (nicht zu verwechseln mit ihrer staatsbürgerlichen Gleichstellung) in der letzten Zeit wieder an Attraktivität verloren. Langsam beginnt man unsere Verschiedenheit als etwas Kostbares zu verstehen, dessen Ausmerzung kein Ziel sein kann. Die Menschen durch Manipulation ihrer Umwelt zu Clones zu machen, erforderte eine rabiate Diktatur und wäre doch zum Scheitern verurteilt. Aber wer will noch den Ameisenstaat?

Kein Untersuchungs-Design kann alle Fragen auf einmal klären, und keine Studie ist ohne Schönheitsfehler. Das gilt besonders für ein Gebiet wie die menschliche Verhaltensgenetik, wo es wenig direkt zu messen und zu zählen gibt und dafür zahlreiche Konstrukte und Inferenzen im Spiel sind. Aber im gleichen Maß, in dem die verhaltensgenetischen Befunde sicherer werden und das Korpus einschlägiger Untersuchungen wächst, wird es Anhängern des Kulturdeterminismus schwerer, das alles als optische Täuschung oder gar reaktionäre Machenschaft abzutun. Wer die Materie auch nur ein wenig kennt, dem wird heute nicht mehr einfallen, was noch vor zehn, zwanzig Jahren gang und gäbe war: zu erklären, daß alle bisherigen Untersuchungen einfach nichts getaugt haben und daß man die Sache nur einmal richtig angehen müßte, um zu den wünschenswerten entgegengesetzten Schlüssen zu gelangen; und daß jemand, der diesen Untersuchungen Glauben schenke, nur ein Faschist sein könne. Angesichts der großen Übereinstimmungen zwischen so vielen verschiedenen und aus verschiedenem Blickwinkel unternommenen Untersuchungen ist die Aussicht, irgendwo könnten vielleicht doch noch ganz andere Ergebnisse zutage gefördert werden, inzwischen minimal. Wer auf sie baut, baut auf Sand. An fast jeder einzelnen Studie gibt es etwas auszusetzen; aber daß sie alle zusammen in die gleiche Richtung weisen, gibt ihnen ziemliches Gewicht.

Kulturdeterministen nehmen darum heute oft die Front zurück und verteidigen eine rein moralische Rückzugslinie. Das mag ja alles mehr oder weniger zutreffen, geht dann das Argument; aber man bedenke doch bitte die Konsequenzen! Die Macht der genetischen Ausstattung zu betonen, das sei schließlich nichts anderes als eine Einladung zum Fatalismus, geradezu ein Aufruf dazu. Er besage: Ihr könnt ja doch nichts ändern, also bleibt, wie ihr seid, laßt alles, wie es ist. Er raube den Menschen die Hoffnung. Er sei darum politisch verhängnisvoll und verwerflich. Am besten wäre es, man beließe die Frage gnädig im dunkel. Aber wenn man seine Forscherneugier schon nicht zügeln könne, dann rede man wenigstens nicht so laut von ihren Ergebnissen.

Ich kann mich mit derlei Räsonnements überhaupt nicht anfreunden. Ich bin nämlich überzeugt, daß es sich immer rächt, irgendeine Wahrheit unter den Teppich zu kehren. Nicht nur, weil Wahrheiten die Eigenschaft haben, zurückzukehren. Sondern weil es so vieler mühsamer Verrenkungen bedarf und so viele Enttäuschungen mit sich bringt, an einer Wahrheit vorbeizuleben. Ich glaube, ein realistisches Menschenbild ist letztlich auch das menschenfreundlichere, weil es von den Menschen nicht verlangt, was sie nicht geben können.

Die Botschaft der Verhaltensgenetik lautet auch keineswegs, daß wir nichts Besseres tun könnten, als uns mit allem abzufinden, da wir am Ende doch nichts ändern werden. Sie lautet nur: Unseren Veränderungen sind Grenzen gesetzt, die bei dem einen Merkmal enger, bei dem anderen weiter gesteckt sind; wem andere Menschen lieber wären, sollte also besser nicht zuviel erwarten. Nicht zuviel heißt aber nicht: nichts. Und er sollte nicht drauflos reformieren. Wenn er kein ganz neues Mittel weiß (und eine bloße Vermutung ist kein Wissen), dann muß er zunächst jene Faktoren erkennen, die bei der Formung der Menschen bisher tatsächlich das größte Gewicht hatten, und erst wenn er sie kennt, kann er sehen, ob sie sich manipulieren lassen und welches die Kosten einer solchen Manipulation wären. Vor einiger Zeit versprach in Venezuela ein neuer Kulturminister, durch einige Schulreformen aus seinen Landsleuten ein Volk von Hochintelligenten zu machen. Vielleicht sind die Reformen sinnvoll, vielleicht haben sie keinen Pferdefuß, vielleicht lassen sie sich durchsetzen; aber da sich das Venezuela der Hochintelligenten nie materialisieren wird, werden sie auf ein falsches Versprechen gebaut sein und ihren Urheber als Scharlatan dastehen lassen.

Vielleicht wirkt die Kunde von unserer begrenzten Perfektionierbarkeit auf den einen oder anderen deprimierend. Aber gewiß nicht minder deprimierend ist der explizite oder implizite Vorwurf an Eltern und Lehrer und all die übrigen Erziehungsberechtigten, sie hätten eben alles irgendwie anders machen müssen, dann wären die ihnen Anbefohlenen auch zu ganz anderen Menschen geworden; und das besonders dann, wenn jemand wirklich größte Anstrengungen unternommen hat, das Richtige zu tun, und trotzdem nur bescheidenen Erfolg geerntet hat. Eine Erziehung, die auf das Unmögliche aus ist, mag ehrenwert oder sogar heroisch sein. Über kurz oder lang aber wird ihr jede Unmöglichkeit für alle sichtbar bewiesen, und dann hat sie vielleicht das Mögliche versäumt.

Die Wahl ist nicht unbedingt die zwischen müdem Fatalismus und aufgeregter Utopie. Zwischen ihnen gibt es ein Drittes.

# EIN PARADIES WIRD GESCHLOSSEN

*Über Liebe in Samoa, Margaret Mead,*
*Derek Freeman und die unerreichbare*
*Leichtigkeit des Seins*

Wieder ist ein Paradies von der Landkarte zu streichen: jenes Samoa, wie Margaret Mead es 1928 in ihrem Jugendwerk »Coming of Age in Samoa« (wörtlich: »Erwachsen werden in Samoa«) beschrieben hatte[13]. Es war eine Gruppe glückseliger Eilande in der Südsee, wo anmutige Menschen an besonnten Palmenstränden ein in jeder Hinsicht »leichtes« Leben führten, ein Leben ohne ernste Konflikte, Frustrationen und Sorgen, ein Leben vor allem der leichten Liebe.

Im Jahre 1961 erinnerte sich die Autorin: »Davon ausgehend, daß Kultur Menschenwerk ist und daß der Mensch frei ist, sie nach den Wünschen seines Herzens zu gestalten, sah ich mein Buch als einen Anstoß zu größerer Beweglichkeit und Vorstellungskraft, und viele, die es gelesen haben, empfanden wie ich... Wer die amerikanische Gesellschaft der zwanziger Jahre als raubgieriges, gefräßiges Ungeheuer empfand, begrüßte mein Buch als Zuflucht: als geistige Zuflucht, die einer körperlichen Flucht auf eine Südseeinsel, wo Liebe und Behagen auf der Tagesordnung stehen, gleichkommt.«[13] Millionen von zivilisationsmüden Lesern auf der ganzen Welt bezogen und beziehen bis heute aus diesem Buch Trost und Hoffnung; kein anderes Werk der Völkerkunde hat eine ähnliche Verbreitung gefunden und den Zeitgeist ähnlich stark mitgeprägt.

Wer auch hätte solcher Prosa widerstehen mögen? »Sobald der Tag zwischen den sanften braunen Dächern dämmert und die schlanken Palmen sich vom farblosen, glitzernden Meer abheben, schlüpfen Liebende vom Stelldichein unter Palmen oder auf dem Strand im Schatten von Kanus nach Hause, damit das Licht jeden Schläfer am richtigen Ort findet. Hähne krähen schläfrig, und von den Brotfruchtbäumen ertönt eine schrille Vogelstimme. Das eindringliche Tosen der Riffsee scheint plötzlich gedämpft – nur noch Begleitmusik für die Geräusche des erwachenden Dorfes...« Und dieser farbenfrohe Schnappschuß war keine bloße Touristen-Panegyrik – es handelte sich geradezu um Wissenschaft!

Margaret Mead war eine gute Schriftstellerin, fähig, Fremdes vor den Augen des Lesers fast so erstehen zu lassen, als hätte er es selber erlebt. Doch ihr idyllisches Samoa-Bild stand immer seltsam unvereinbar zwischen den Samoa-Bildern anderer Berichterstatter, früherer und späterer. Erst fünfundfünfzig Jahre nach der Publikation ihres Buches und sechs Jahre nach dem Tod seiner Autorin aber hat ein anderer Anthropologe, der Neuseeländer Derek Freeman, dieses Samoa-Bild systematisch überprüft. Sein Ergebnis: Es war nicht nur hier und da etwas zu lieblich eingefärbt, es war in allen seinen zentralen Aussagen schlicht falsch, und nicht nur irgendwie falsch, sondern oft geradezu das diametrale Gegenteil der Wahrheit. Satz für Satz, Satzteil für Satzteil begräbt er unter widersprechenden Zeugnissen: von den samoanischen Mythen über die Berichte früher Reisender und Missionare, über andere anthropologische Studien, Akten, Statistiken bis zu seinen eigenen extensiven Beobachtungen.

Derek Freemans Buch »Margaret Mead and Samoa«[5] bezichtigt die Große Alte Dame der Anthropologie nicht des absichtlichen Betrugs. In seinem nüchtern-kritischen Licht erscheint Meads Samoa-Bild vielmehr als das Werk einer gewaltigen Selbsttäuschung – ein Monument für die Macht des Wunschdenkens. Nicht die Samoaner hatten eine Kultur nach »den Wünschen ihres Herzens« oder vielmehr dem der Autorin gestaltet; sie war so frei gewesen, die Wünsche ihres Herzens auf sie zu projizieren. Es ist ein geradezu unheimlicher Fall: wie auch ein intelligenter und scharfsinniger Reporter genau das findet, was er sucht, wenn er es nur begehrlich genug sucht. Ist es darüber hinaus genau das, was auch die Öffentlichkeit hören will, und spielt es zu weit weg, als daß widersprechende Kunde laut werden und sich Gehör schaffen könnte, so ist ein zählebiger neuer Mythos geboren. Die Reaktionen auf Freemans Buch zeigten, daß auch das Publikum sein Paradies nicht leicht preisgibt.

Margaret Mead traf im August 1925 mit sechs Baumwollkleidern, einem Fotoapparat und einer Reiseschreibmaschine auf einem Dampfer der Matson-Linie von Honolulu aus in Pago-Pago ein, dem Haupthafen der östlichen, amerikanischen Samoa-Inseln. Eine Bordkapelle spielte Ragtime. Die Passagierin war dreiundzwanzig Jahre alt, es war ihre erste Auslandsreise, noch nie hatte sie allein in einem Hotel übernachtet, und ihr war etwas bang zumute. Jetzt nahm sie ein Zimmer in einer heruntergekommenen Herberge und fand eine einheimische Krankenschwester, die ihr jeden Tag eine Stunde Anfangsunterricht in der samoanischen Sprache erteilte[17].

Nach etwa sieben Wochen verlegte sie ihr Quartier auf die kleine Insel Ta'u im Manu'a-Archipel. Die Vorstellung, in einer samoanischen Familie zu leben – samoanisch essen zu müssen und mit einem halben Dutzend Menschen, mit Schweinen und Hühnern in einem Haus ohne Zwischenwände zu wohnen –, schreckte sie. So zog sie lieber zu einer amerikanischen Familie, ins Haus eines Obermarineapothekers. Hier horchte sie ein halbes Jahr lang junge samoanische Mädchen aus; fünfundzwanzig von ihnen lernte sie näher kennen. Von ihnen ließ sie sich vom Leben auf Samoa erzählen, von der Problemlosigkeit ihres Heranwachsens, von ihrer leichten Liebe unter Palmen. Diese Erzählungen baute sie dann, wieder zu Hause, zu ihrem Samoa-Bild aus.

Schon dieses Arrangement, meint Freeman, mußte zu Irrtümern führen. Es war die Frühzeit anthropologischer Feldarbeit; noch hatte sie ihre Regeln nicht, Mead war nur in einem halbstündigen Privatissimum vorbereitet worden auf das, was ihr in der Südsee bevorstand, und kam sich erklärtermaßen verloren vor[17]. Zugang zu den Männerversammlungen und damit zum politischen Leben des Dorfs bekam sie als Frau nicht. Ihr Samoanisch war zu Anfang nichtexistent und immer begrenzt. Eine systematische Kenntnis der samoanischen Kultur und ihrer Geschichte hatte sie sich nicht angeeignet, und damit fehlte ihr der Hintergrund, an dem sie hätte kontrollieren können, was die Mädchen ihr erzählten. Sie müssen ihr das Blaue vom Himmel herunter erzählt haben – vielleicht aus Höflichkeit, um die Erwartungen des Gastes nicht zu enttäuschen; vielleicht, weil sie sich über die Leichtgläubigkeit der *palagi* (sprich »palangi«, Ausländerin) lustig machten.

So mangelhaft sie vorbereitet war, die samoanische Realität zu erkennen, so groß war ihr Wunsch nach einer bestimmten Realität. Ihr Kopf war nicht nur voll von linden Südseegeschichten von Bougainville bis Stevenson, die so viele Europäer und Amerikaner charmiert hatten. Mead war auch in einer besonderen ideologischen Mission gekommen.

In ihren letzten Studienjahren am New Yorker Barnard-College hatte sie Anthropologie bei Franz Boas studiert. Boas, von seinen Schülern wie ein Prophet verehrt, war einer der Gründungsväter der amerikanischen Kulturanthropologie (die, wie die britische Sozialanthropologie, vor allem eine besonders akzentuierte Art ist, das zu betreiben, was im Deutschen Völkerkunde oder Ethnologie heißt). Boas stritt seit mehreren Jahren heftig gegen die Eugenik – eine von Sir Francis Galton begründete, sich auf die Erkenntnisse von Darwin und Mendel berufende moralpolitische Erweckungsbewegung, die der Welt das Heil in der Erbgesundheit predigte. »Die Vererbung ist die eine große Hoffnung der Menschenrasse«, so hatte einer ihrer Wortführer, Charles Davenport, es 1911 formuliert, »ihr Erlöser von Dummheit, Armut, Krankheit, Unmoral.« Die Eugeniker gedachten der Natur die Selektionsarbeit abzunehmen und eine weniger grausame menschliche Selektion an ihre Stelle zu setzen.

Die Eugeniker waren Erbdeterministen; der Mensch, glaubten sie, werde vor allem von seinen Erbanlagen regiert. Boas war dagegen in der Tradition von Theodor Waitz und Rudolf Virchow herangewachsen. Der Marburger Völkerkundler Waitz, durch und durch ein Lamarckist, der an die Vererbung erworbener Merkmale glaubte, hatte in seiner vielbändigen »Anthropologie der Naturvölker« (1859/72) unter anderem die Meinung vertreten, die »verschiedenen Grade der Kultur in verschiedenen Völkern« beruhten nicht auf unterschiedlichen Geistesgaben, sondern auf ihrer unterschiedlichen Lebensweise. Virchow hatte in seiner Fehde mit Ernst Haeckels Evolutionismus heftig bestritten, daß der Mensch durch Abstammung mit dem Tier verwandt sei.

Solchermaßen von Anfang an gegen die Vererbungslehre eingenommen, faßte Boas, als zur Zeit des Ersten Weltkriegs die Agitation der Eugeniker immer rabiater wurde, den Vorsatz, die Anthropologie möglichst vollständig und endgültig von Biologie und Evolutionstheorie loszureißen. Die neue Lehre hieß: Der Mensch ist nicht das Geschöpf seiner Erbanlagen, sondern seiner Kultur. Dem einseitigen und übertriebenen und zu einer Heilslehre ausgearteten Erbdeterminismus der Eugeniker antwortete Boas' Kulturanthropologie mit einem nicht weniger einseitigen Kulturdeterminismus[1].

Er sollte auf ganzer Linie siegen. In der Psychologie entstand gleichzeitig James B. Watsons Behaviorismus, der die menschliche Psyche zu einer »formlosen Leere von Impulsen« von »unbegrenzter Plastizität« erklärte. Es gebe »keine Vererbung von Fähigkeit, Begabung, Temperament, Geisteskonstitution und Charakterzügen«, und was immer der Mensch sei, er lerne es aus seiner Umwelt.

Kulturdeterminismus in der Anthropologie, Milieutheorie in der Psychologie, die jüngeren Disziplinen Soziologie und Politologie von vornherein durchdrungen von der Überzeugung, daß der Mensch ganz und gar ein gesellschaftliches Wesen sei: der Erbdeterminismus war Ende der zwanziger Jahre erledigt. Die Frage nach biologischen – nämlich stammesgeschichtlich erworbenen und genetisch weitergegebenen Dispositionen – wurde in den Sozialwissenschaften zu einem Tabu. Dann aber kam auch noch die Kompromittierung durch das blanke Entsetzen: die blutrünstige Travestie der Vererbungslehre im nationalsozialistischen Rassenwahn und dessen praktische Umsetzung in den Mordfabriken Hitler-Deutschlands. (Die frühen Eugeniker, zu ihrer Ehrenrettung muß es gesagt werden, hatten den nationalistischen Wahnwitz ebensowenig voraussehen können wie andere Menschen; sonst hätten die meisten von ihnen zweifellos einer derartigen Auslegung ihrer Ideen vorzubeugen gesucht.)

Die Folge war, daß bis heute nicht nüchtern und unbefangen nach den biologischen Determinanten menschlichen Verhaltens, nach erbbedingten Unterschieden zwischen Individuen und Ethnien gefragt werden kann. Bis heute ist der Zeitgeist Kulturdeterminist. Auch wer den Begriff nie gehört hat, ist bereit, sich mit Abscheu von den »Biologisten« abzuwenden, die in seinen Augen wahrscheinlich lauter verkappte oder offene Faschisten sind. Nur langsam setzt sich die Einsicht durch, daß Erb- wie Kulturdeterminismus beide gleich sterile Dogmen darstellen, die verhindern, daß die wirklich interessanten Fragen nach den Ursprüngen menschlichen Verhaltens auch nur formuliert werden können.

1925 war jener Sieg noch nicht errungen und nicht einmal abzusehen. Margaret Mead zog aus in die Südsee, um für ihn zu kämpfen. »Wir hatten zu zeigen«, schrieb sie 1939 im Bewußtsein des errungenen Sieges, »daß die Menschennatur außerordentlich anpassungsfähig ist, daß die Rhythmen der Kultur zwingender sind als die physiologischen Rhythmen... Wir hatten den Beweis zu erbringen, daß die biologische Grundlage des menschlichen Charakters sich unter verschiedenen gesellschaftlichen Bedingungen verändern kann.«[16]

Sie wollte ein Volk finden, bei dem ein Verhalten, das im Westen als unentrinnbare biologische (damals sagte man auch: physiologische) Gegebenheit galt, einfach nicht existent war. Sein Fehlen würde beweisen, daß es eben kein unentrinnbares biologisches Schicksal war, sondern bloßes Produkt besonderer gesellschaftlicher Umstände. Man ändere nur die gesellschaftliche Organisation, und man wird andere Menschen erhalten. Was Mead suchte, war das »Negativbeispiel« – die eine Ausnahme, an der die biologische Regel zuschanden wurde. Sonderbarerweise fand sie es auf Anhieb.

In Amerika galt die Adoleszenz als eine Periode des »Sturms und Drangs«. Heranwachsen in Amerika? Schwierig. In Samoa? Mead fand, es sei leicht, leicht wie das ganze Leben in Samoa, ja, die »Periode seiner größten Leichtigkeit«. Wenn das so war, konnten keine biologischen Gründe für die Schwierigkeiten der amerikanischen Adoleszenz verantwortlich sein. Die Schwierigkeiten mußten einen gesellschaftlichen Ursprung haben.

»Die Resultate ihrer sorgfältigen Untersuchung«, schrieb Boas in seinem Vorwort, »bekräftigen den von Anthropologen schon lange gehegten Verdacht, daß vieles von dem, was wir für die menschliche Natur halten, nur eine Reaktion auf den uns von unserer eigenen Gesellschaftsordnung auferlegten Zwang ist.«[13] Damit wurde Meads Samoa-Buch zu einem der verführerischen Grundtexte des Kulturdeterminismus, der Lehre von der nahezu unbeschränkten Formbarkeit des Menschen.

Mead formulierte sie 1930 in ihrem Buch über die Manus auf Neuguinea so: »Vertretbarer ist die Einstellung, die menschliche Natur als das roheste, undifferenzierteste aller Rohmaterialien zu betrachten, das erst von der Gesellschaft in eine Form gebracht werden muß.«[14]

Es wäre falsch, ihr nachzusagen, sie hätte je dem extremen Tabula-rasa-Mythos des Behaviorismus angehangen. Sie war und blieb auch der Überzeugung, daß die Menschen von Natur, von Geburt aus ungleich sind in ihrem Temperament und in ihrer Begabung. Darauf sollte sie sogar eine ihrer folgenreichsten Theorien erbauen: die Kultur als ein System von Traditionen, welches auf ein bestimmtes Temperament ausgerichtet ist, sozusagen seine Erweiterung ins Soziale darstellt und alle andersartigen Temperamente zu Außenseitern stempelt.

Aber auch immer: Kultur ist sehr viel wichtiger als die Gene. »Niemand hat ein in einer bestimmten Kultur vorkommendes Verhalten identifiziert, das auch dann in den Kindern wieder auftaucht, wenn sie ganz und gar in einer anderen Kultur aufwachsen.« Und: »In ihrer Fähigkeit, eine Kultur zu lernen, zu bewahren, weiterzugeben und zu verwandeln, müssen alle Gruppen von Homo sapiens als gleich kompetent erachtet werden.«[16]

Nur weil es von Anfang an bis heute eins der Beweisstücke des Kulturdeterminismus war, hat sich jemand die Mühe gemacht, das Samoa-Bild der jungen Margaret Mead zu durchleuchten und schließlich richtigzustellen. Mead selber hielt bis zuletzt an ihm fest, baute es sogar aus, obwohl sie nie wieder in Samoa war und auf seine Ungereimtheiten durchaus hingewiesen wurde. Gegen eine Revision ihres Buches sträubte sie sich mit den Worten: »Wie alle anthropologischen Werke mußte es genau so bleiben, wie es geschrieben war – nämlich dem getreu, was ich gesehen habe, und getreu unseren Hoffnungen und Befürchtungen für die Zukunft der Welt.«[13] Womit sie indirekt eingestand, daß es ihr damit mehr um ihre eigene Kultur gegangen war als um die Samoas; daß ihr Buch mehr ein ihren Landsleuten zugedachtes moralpolitisches Pamphlet denn eine wissenschaftliche Bestandsaufnahme gewesen war.

Derek Freeman kam 1940, fünfzehn Jahre nach Margaret Mead, als ebenfalls dreiundzwanzigjähriger Anthropologe erstmals nach Samoa, ohne einen Zweifel an dem schon klassischen Buch seiner berühmten Vorgängerin und als überzeugter Kulturdeterminist. Bald aber stellte er verwundert fest, daß Samoa ganz anders war; und dieser Widerspruch ließ ihn nie wieder los.

Er verbrachte in den folgenden vier Jahrzehnten zusammen über sechs Jahre in Samoa und eine noch längere Zeit in Bibliotheken und Archiven auf der Suche nach Dokumenten über die Inseln, lernte die Sprache, wurde von einer samoanischen Familie adoptiert, im 400-Seelen-Dorf Sa'anapu zum Häuptling ernannt, schrieb eine Dissertation über die samoanische Gesellschaftsstruktur, wurde zu einem führenden Fachmann für Samoa – aber erst als Professor emeritus legte er die ihm seit vierzig Jahren geboten scheinende Widerlegung des Meadschen Samoa-Mythos vor.

Hatte ihn der Respekt vor der Großen Alten Dame zu ihren Lebzeiten zurückgehalten? Oder Furcht vor ihr, denn ihre Streitbarkeit war notorisch? Er sagt, sie selber habe ihn zurückgehalten, wenn auch unwillentlich: mit ihrer Behauptung nämlich, die Zeit ihres Aufenthalts in Amerikanisch-Samoa müsse wohl ein Moment »vorübergehender glücklicher Entspannung« in den Streitigkeiten und Empfindlichkeiten der Inseln gewesen sein. Erst im Oktober 1981 habe er Zugang zu dem Archivmaterial erhalten, das sie auch hierin korrigierte. Jedenfalls ist sein Buch erst 1983 erschienen, sechs Jahre, nachdem sie im Alter von siebenundsiebzig Jahren gestorben war.

Meads Samoa – das war »eins der freundlichsten, unstreitbarsten und friedlichsten Völker der Welt«. Es war eine simple und homogene Kultur – und schon darum, weil die Jugendlichen anders als in den pluralistischen Gesellschaften des Westens angeblich keine schwerwiegenden Entscheidungen zwischen weit divergierenden Lebensweisen zu treffen hatten, blieben ihnen Pubertätskrisen erspart.

Vor allem aber hatte Mead den Samoanern einen eigentümlichen Charakterzug zugesprochen: Sie seien bar aller tiefen Gefühle und Leidenschaften; so reiche auch aller Kummer nicht tief und sei schnell verflogen.

Die Kinder Samoas wüchsen in Großfamilien ohne besondere Bindung an ihre leiblichen Eltern heran. Gefalle es einem Kind in einem Haus nicht mehr, so ziehe es einfach um zu anderen Verwandten. So ergäben sich überall »diffuse, aber warme menschliche Beziehungen«. Kindererziehung sei äußerst repressionsarm, und überhaupt übe »die Gesellschaft … niemals genug Druck aus, um den einzelnen zu einer nennenswerten Rebellion zu treiben«.

Samoaner seien nicht besonders religiös, der Begriff der Sünde fehle ihnen, Schuldgefühle kennten sie nicht. Für eine Überzeugung zu kämpfen und zu leiden, sei ihnen fremd. Wohl gebe es eine Rangordnung, aber sie werde denkbar leicht genommen. Keine besondere Heiligkeit umgebe Häuptlinge, und für jeden, der einen Titel wolle und tragen könne, sei auch einer da. Alles »Interesse an Konkurrenz« sei »beseitigt«. Der Krieger werde nicht besonders geachtet, die früheren Kriege seien eher wie Sportveranstaltungen gewesen.

Das samoanische »Freizeitvergnügen par excellence« sei Sex. Vor der Ehe gebe es eine lange Periode »freier und leichter Experimente«; von den Mädchen würden voreheliche Geschlechtsbeziehungen geradezu »erwartet«. Jungfräulichkeit bedeute nichts – ihre Last sei allein den *taupos* auferlegt, den wenigen vornehmen Zeremonialjungfrauen, die aber ohne weiteres schummeln dürften, wenn sie vor der Heirat ihre Unversehrtheit beweisen müßten. Ehebruch werde nicht besonders ernst genommen. Eifersucht komme kaum vor, denn Samoaner wüchsen ja in »leichter, freundlicher Wärme auf und ohne die Vorstellung, daß ein Mensch einzigartig und ein Liebhaber nicht durch den nächsten zu ersetzen ist«. Gewiegt in diesen »ganzen warmen Lebensrhythmus«, verlaufe die Adoleszenz solchermaßen »ohne Krise und Stress«.

Das Samoa, das Freeman beschreibt und aus eigener Erfahrung wie aus Aberhunderten von Zeugnissen belegt, sieht ganz anders aus. Es ist eine komplexe Kultur, deren Angehörige so tief fühlen und leiden wie andere Menschen auch.

Die Kinder – so Freeman – sind durchaus an ihre Eltern gebunden; da diese sie aber keineswegs repressionsfrei, sondern im Gegenteil höchst autoritär erziehen, entwickeln sie eine charakteristische Ambivalenz: Sie lieben und hassen ihre Eltern gleichzeitig; sie lernen, ihre Gefühle unter einer gleichbleibenden ergebenen Höflichkeit zu verstecken, aber darunter brodeln Vulkane.

Samoaner seien fast fanatische Protestanten. Der Protestantismus habe in vielem gut zu ihrer alten heidnischen Religion gepaßt, die er ersetzt habe. Sie hätten beißende Schuldgefühle, und sie seien überzeugungsstark und überzeugungstreu.

Ihre ganze Gesellschaft sei bis in den letzten Winkel hierarchisch durchstrukturiert. Es seien überaus rangbewußte Menschen – stolz, ehrgeizig, empfindlich –, die unbedingten Respekt für ihren Rang erwarten. Krieger seien hochgeachtet, ihre Kriege, bis die Kolonialmächte ihnen ein Ende setzten, zahlreich und unbarmherzig gewesen.

In kaum einer anderen Kultur werde Jungfräulichkeit so wichtig genommen wie in Samoa. Vorehelichen Geschlechtsverkehr gebe es wohl, aber er laufe der herrschenden strengen Sexualmoral zuwider, Ehebruch desgleichen. Nichts sei unsamoanischer als die ausdrückliche Verherrlichung der freien Liebe unter Kokospalmen.

»Die Vorstellung brutaler Vergewaltigung ist dem Geist Samoas absolut fremd«, hatte Mead behauptet. 1966, zeigt Freeman, gab es (mit 60 Fällen auf 100000 Frauen) doppelt so viele Vergewaltigungen wie in den Vereinigten Staaten und zwanzigmal so viele wie in England; und auch zu Meads Zeiten, aus denen es keine Statistiken gibt, waren jedenfalls die samoanischen Zeitungen voll davon.

Ein mögliches Maß für den Stress des Heranwachsens ist die Jugendkriminalität. Freeman schließt aus den Fällen, die Mead als »Ausnahmen« von ihrem idyllischen Bild in ein separates Kapitel relegiert hatte, daß auch zu ihrer Zeit, gemessen an jener der Industrienationen, die Jugenddelinquenz in Samoa eher hoch gewesen sein muß, jedenfalls die Zahl der Fälle, in denen Jugendliche in Konflikt kamen mit den Normen ihrer Gesellschaft. Für die sechziger Jahre hat er genaue Zahlen; aus ihnen geht hervor, daß es in Samoa ebensoviel Jugendkriminalität gibt wie in England und in den USA, und daß, wie überall auf der Welt, ihr Gipfel im sechzehnten und siebzehnten Lebensjahr liegt und etwa fünfmal soviel Jungen wie Mädchen mit dem Gesetz in Konflikt kommen.

Mead hatte berichtet, Kinder würden dazu angehalten, sich nie hervorzutun, so daß ihnen Konkurrenzverhalten fremd werde. Seien sie einmal vorwitziger, als sie es für ihr Alter sein dürften, so würden sie gescholten. In der Tat, sagt Freeman, das werden sie: Sie haben nämlich alle Älteren unbedingt zu respektieren. Dagegen werden sie in der eigenen Altersgruppe sogar angespornt, andere zu übertreffen.

Oder der *musu*-Zustand: Manchmal werden Samoaner völlig unzugänglich, verschlossen, renitent und sind für nichts mehr zu haben. Sie sind *musu*. Mead hatte darin »ein geheimnisvolles und weitverbreitetes psychologisches Phänomen« gesehen. Freeman zeigt, daß es keineswegs geheimnisvoll ist: *musu* wird der Samoaner, wenn er das Sichfügen und Gehorchen, das ihm ständig abverlangt wird, nicht mehr erträgt. Es ist ein anerkannter Zustand kurz vor dem »Platzen«. Nicht immer wird das Aufbegehren so abgefangen: Dann endet es wie anderswo in hysterischen Anfällen, Gewalttätigkeit, Mord und Selbstmord.

Oder die Sitte des *moetotolo*, des »Schlafkriechens«: Der Mann schleicht sich zu einer schlafenden Frau und vergewaltigt sie. Mead hatte sie richtig beschrieben, aber es blieb unverständlich, wie der Liebesräuber in den engen und wandlosen Wohnstätten je zu seinem Vergnügen kommen konnte, ganz zu schweigen davon, warum diese Praxis gerade in einer sexuell so unfrustrierten Gesellschaft grassieren sollte. Freeman zeigt, daß der *moetotolo* gar nicht Geschlechtsverkehr wolle; vielmehr wolle er die überraschte Schlafende schnell mit zwei Fingern deflorieren, so wie die Zeremonialjungfrauen in Samoa vor der Heirat öffentlich defloriert werden. Die Defloration einer Jungfrau gilt in Samoa als Ausweis der Männlichkeit; außerdem kann der erfolgreiche »Schlafkriecher«, eben wegen des samoanischen Jungfräulichkeitskults, darauf hoffen, das von ihm versehrte Mädchen, von deren vorheriger Jungfräulichkeit er sich ja selber überzeugt hatte, zur Frau zu bekommen.

Mead hielt ihr Samoa den unzufriedenen Zeitgenossen der westlichen Welt in vielem als Vorbild vor. Seine Menschen beeindruckten, weil sie ganz anders schienen, als Menschen sonst sind. Was Freemans Samoaner an Fremdartigkeit und Vorbildhaftigkeit einbüßen, das allerdings gewinnen sie an Mitmenschlichkeit. Wir erkennen in ihnen unseresgleichen.

Wie konnte es passieren? Nach der Veröffentlichung von Freemans Buch haben sich Journalisten in Samoa umgesehen, haben Samoaner sich zu Wort gemeldet. Ein Reporter fand noch eine der Frauen, mit denen sich Margaret Mead seinerzeit unterhalten hatte, eine inzwischen neunundsiebzigjährige Tapa-Künstlerin namens Mary Pritchard. Sie war immer noch ungehalten: »Was würden Sie denn sagen, wenn Ihnen ein Fremder ins Haus schneite und Sie über das Sexualleben Ihrer Kinder ausfragte? In den sechziger Jahren kam so ein junger Spund von der Columbia-Universität und verkündete, er hätte ein Stipendium, um das Sexualleben der Samoaner zu erforschen. Ich sagte: ›Toll, und wie kann ich an ein Stipendium kommen, um Sex bei den Amerikanern zu erforschen?‹ Ich fragte ihn, was denn das Besondere am samoanischen Sex sein sollte. Er sagte, das hinge damit zusammen, daß wir in wandlosen Häusern schlafen. Mit solchen Leuten müssen wir uns hier herumschlagen.«[23] Der bei den Vereinten Nationen arbeitende Samoaner Lelei Lelaula schrieb: »Ich habe mit Mädchen geplaudert, die Dr. Mead vor achtundfünfzig Jahren ausfragte. Sie sind heute alle grauhaarige Großmütter. Aber was sie mir berichteten, brachte mich auf die Idee, daß viel von dem, was die vierundzwanzigjährige, unverheiratete Studentin aus Philadelphia über freie Liebe unter den magischen Sternen der Südsee schrieb, gut und gern – nun, autobiographisch angehaucht gewesen sein mag... [Im übrigen ist es] in einer hochstrukturierten Gesellschaft wie in Samoa absolut notwendig, zu einem Gast höflich zu sein. Man muß ihm so lange Antworten liefern, bis er zufrieden ist... Schroffe Antworten hätte man uns vielleicht als heidnische Grobheit ausgelegt.«[11]

Nur einer mochte Meads Version bestätigen, ein inzwischen hochbetagter Mann mit Namen Napoleone A. Tuitelapage, der seinerzeit Margaret Meads Dolmetscher gemacht hatte. »Margaret Mead hatte in ihrem Buch hundertprozentig recht«, sagte er. »Jungs und Mädchen haben sich damals sehr wohl am weichen weißen Strand unter den Kokospalmen getroffen und miteinander geschlafen. Das habe ich doch selber gemacht!... Als ich sie das erste Mal traf, habe ich zu ihr gesagt: ›He, Palagi-Mädchen, hübsches Mädchen!‹ Ich nannte sie Margaret, sie nannte mich Napo...«[23]

Es hat die Samoaner gestört, in einem »soziologischen Zoo« (Lelaula) aufzuwachsen. »Immer wenn ein Flugzeug auf unserer Graspiste landete, quoll daraus wieder ein Dutzend Doktoranden hervor und machte große Augen... In den Jahren nach der Veröffentlichung waren die Schiffe und Flugzeuge, die in unserer Hauptstadt Apia eintrafen, voll von geilen Singles mit einem einzigen Gedanken im Kopf: mit unsern Mädchen die in Meads Buch beschriebene freie Liebe auszuprobieren...«[11]

Der samoanische Schriftsteller Albert Wendt resümierte den Fall folgendermaßen: »Meads verlockend-idyllische Beschreibung meiner Heimat – besonders ihre verführerische Darstellung freier Liebe – sprach mich ungeheuer an, nachdem ich gerade fünf strenge Internatsjahre durchgestanden hatte... Später, als ich ernsthaft über Samoa zu schreiben begann, wurde mir klar: Das Samoa, das ich aus dem Schatz der Bilder und Erinnerungen meiner Kindheit erschuf, war genau das Gegenteil von Margaret Meads attraktivem, aber oberflächlichem Paradies-Klischee. Es ist dies ein Samoa mit all den Gefühlen, Problemen, Hoffnungen und dergleichen, die allen Menschen gemeinsam sind.«[24]

Margaret Mead steht mit ihrem Irrtum in der Völkerkunde nicht allein. Es ist eine für Subjektivität offene Wissenschaft. Schwer genug schon ist es, etwas so Kompliziertes wie eine fremde Kultur zu verstehen. (Man stelle sich vor, ein samoanischer Anthropologe erforschte Deutschland. Es müßte einen gewaltigen Unterschied für sein Bild der Deutschen machen, ob er sie von der Warte der Davidswache oder eines katholischen Mädchenpensionats, ob er sie 1943 oder 1965 kennenlernte.) Noch schwerer ist es, das Fremde mit kalter Objektivität zu registrieren, nicht im Lichte der eigenen Wünsche und Abneigungen.

Seitdem die Reisenden des Abendlands auf Naturvölker stoßen, neigen sie dazu, deren Leben positiv oder negativ zu verzeichnen. Die frühen Chroniken der Entdeckung Amerikas führen immer wieder vor, wie der eine angewidert grausame und primitive Barbaren vorfand, wo der andere sanfte und edle Wilde entdeckte. Jenseits der Meere fand man: Projektionen.

Rousseau dann erfand den edlen wilden Urmenschen als gesellschaftskritische Argumentationshilfe: den einsam durch Wälder und Wiesen streifenden Vorfahren, der schon wegen seiner Vereinzelung notwendig ein Ausbund an Friedfertigkeit war und der das Böse erst in die Welt setzte, als er ein Stück Land in Besitz nahm und einzäunte – diese so phantasievolle wie falsche Vorstellung von der menschlichen Vergangenheit ist als Argument gegen die bürgerliche Gesellschaft bis heute lebendig. Der Edle Wilde sollte all jenes besitzen, was man an den eigenen Mitbürgern vermißte. Margaret Mead war ganz und gar Rousseau-Anhängerin, wenn sie ferne Kulturen ausdrücklich auch immer darum erkundete, um ihrer eigenen Gesellschaft Alternativen vorzuhalten. So entstanden immer wieder Mythen, die geradezu darauf warteten, daß ein anderer Forscher kam und sie demolierte.

Margaret Mead war dies selber schon einmal passiert. Anfang der dreißiger Jahre hatte sie auf Neuguinea den Stamm der Arapesh erforscht. Mead beschrieb sie als ein ungemein friedliches Volk, dessen Männer und Frauen gleich verpflichtende Leitidee die mütterliche Fürsorglichkeit sei und das praktisch nie Kriege führe[15].

Mead über den Stamm der Berg-Arapesh: »Das Kriegshandwerk ist bei den Arapesh so gut wie unbekannt. Es gibt bei ihnen keine Kopfjäger-Tradition, und es gilt nicht als Beweis besonderen Mutes, wenn ein Mann seinen Gegner tötet. Wer einen anderen Menschen ums Leben gebracht hat, wird von seinen Stammesbrüdern sogar mit Unbehagen betrachtet; er gilt als ein wenig abnorm.« Der Arapesh sei: »gutmütig, freundlich, aufgeschlossen, sanft, zufrieden, warmherzig, gelehrig und vertrauensvoll« und »weder aggressiv noch ehrgeizig oder draufgängerisch«.

Als der Anthropologe Reo F. Fortune ein paar Jahre später einen Artikel über die Frauenraubkriege der Arapesh veröffentlichte, zeichnete er ein ganz und gar anderes Bild: »Der fortwährende Frauenraub mit dem Einverständnis der Frauen über souveräne Grenzen hinweg blieb nicht dem zufälligen Spiel privater sexueller Leidenschaften überlassen. Es war ein hochorganisiertes soziales Muster, bei dem souveräne Gemeinden gegeneinander antraten und das teilweise von ihren kollektiven Rivalitäten und Haßgefühlen motiviert war... Kriegführung war guter Brauch bei den Arapesh. In ihrem Ausmaß, ihrer Entschlossenheit, ihren Traditionen und Konventionen war sie etwas anderes als die zuweilen hitzigen Streitereien zwischen den turbulenten Clans eines einzigen Ortes... Der Sippenangehörige, dem im Krieg eine Tötung gelingt, hat natürlich ein ganz anderes Prestige als ein elender Mörder...«[4]

Fortune ging auch frontal gegen Margaret Meads Arapesh-Bild vor: »Es ist eine Theorie vorgetragen worden, derzufolge die soziale Kultur ›funktioniert, indem sie ein bestimmtes Temperament oder eine Verbindung verwandter und dazu passender Typen als wünschenswert auswählt und diese ihre Wahl dann in jedem Faden des sozialen Gewebes verkörpert‹. Dieser Theorie zufolge hat die ganze soziale Kultur der Arapesh für Männer wie Frauen ein *mütterliches* – nämlich friedfertiges und häusliches – Temperament gewählt. Diese Theorie ist auf die kulturelle Analyse der Kriegführung bei den Arapesh angewandt worden und hat zu dem Schluß geführt, daß ›das Kriegshandwerk bei den Arapesh so gut wie unbekannt ist – das Gefühl einem Mörder gegenüber ist nicht viel anders als das gegenüber einem Mann, der im Kampf getötet hat – Frauenentführungen sind keine feindseligen Akte seitens der Nachbargemeinde‹. Diese Schlüsse müssen wir selbstverständlich aufgrund des vorgetragenen Beweismaterials zurückweisen. Unseres Wissens erwarten die Arapesh darüber hinaus auch nicht von beiden Geschlechtern ein ähnliches Temperament. In diesem Zusammenhang können wir das Sprichwort zitieren: ›*aramumip ulukwip nahaiya; aramagowep ulukwip nahaiya* – Männerherzen sind anders; Frauenherzen sind anders.‹«[4]

Diese Geschichte hat eine Pointe. Fortune war mit Margaret Mead verheiratet gewesen und hatte die Arapesh gemeinsam mit ihr studiert.

Glaubte man Fridtjof Nansen, so wären die Eskimo so friedfertig wie Meads Arapesh. In seinem »Eskimoleben« schrieb er 1891: »Der Grönländer ist von allen Menschen, die unser Herrgott geschaffen hat, der gesittetste. Gutmütigkeit, Friedfertigkeit und Verträglichkeit sind die Hauptzüge seines Charakters... Sein erstes Staatsgesetz ist, anderen zu helfen.«[19] So friedlich sei er, daß er noch nicht einmal Schimpfwörter besitze.

Schon in Herbert Königs Studie über das Rechtssystem der Eskimo von 1925 war Nansens Grönländer nicht wiederzuerkennen: Hier ist er ein Mensch, der sehr wohl Geiz, Eifersucht, Neid, Haß und Zorn kennt, bei dem Diebstähle, Überfälle, Morde, Blutrache vorkommen und der zum Austragen von Konflikten und zur Bestrafung von Verstößen ein großes Repertoire an institutionalisierten Kämpfen besitzt: Faustkämpfe, Ringkämpfe und die eigenartigen Singkämpfe, deren Zweck darin besteht, jemanden, der einem Unrecht getan hat, in aller Öffentlichkeit zu beschimpfen und zu verhöhnen.[8]

Der wohl bekannteste Fall einer ethnographischen Doppelaufnahme mit kraß unterschiedlichem Ergebnis ist der Fall Tepoztlán. Tepoztlán ist eine Kleinstadt im zentralmexikanischen Hochland, bewohnt von einfachen Maisbauern meist rein indianischer Abstammung. Hier ließ sich 1926 für acht Monate ein junger amerikanischer Anthropologe nieder, Robert Redfield. Ihn interessierte, was er und viele nach ihm *folk*-Kultur nannten: eine Kultur, die noch vorwiegend von mündlichen Traditionen zusammengehalten wurde, im Unterschied zu jener der städtischen Massen, in der Massenmedien die Folklore ersetzt haben.

Was er studierte, war das Brauchtum. So beschrieb er[20] Tepoztlán als einen Ort, in dem schlichte, meist analphabetische Bauern mit ehrwürdigen alten Geräten hantierten und sich ganz dem einfachen, unwandelbaren Rhythmus des Lebens überließen. Es wurde nur markiert von den großen Zäsuren Geburt, Hochzeit und Tod und vor allem durch eine nicht endende Reihe von religiösen Festen, jedes mit seinen Speisen, seiner Musik, seinen Tänzen, Tagfeuerwerken und Nachtfeuerwerken, dieweil vom Kirchendach die *chirimía*, die kleine alte Holzflöte erklang.

Was Redfield nicht ahnte, war, daß seine Studie Tepoztlán zu einem Pilgerziel für den ethnologischen Tourismus machen würde, wie kurz vorher Meads Samoa eines wurde. Siebzehn Jahre später und dann über Jahrzehnte hinweg regelmäßig erforschte der Anthropologe Oscar Lewis Tepoztlán – er versteckte es unter dem Namen Azteca – aufs neue. Er widersprach Redfield mit keinem Wort; er richtete seinen Blick nur in eine ganz andere Richtung, auf die Menschen von Tepoztlán, und es kam ein ganz anderer Ort zum Vorschein.

Dennoch hatte er sicherlich auch Redfield im Sinn, als er schrieb: »Wir alle, selbst die Anthropologen, neigen dazu, die Vergangenheit zu idealisieren und uns die vorrevolutionären indianischen Dörfer Mexikos als relativ stabile, wohlgeordnete, reibungslos funktionierende und harmonische Gemeinwesen vorzustellen. Pedros Geschichte jedoch enthüllt uns die Zerrüttung der gesellschaftlichen Ordnung, die scharfen Klassengegensätze, das weit verbreitete Elend und die Proletarisierung jener Schichten der Gesellschaft, die keinen Grundbesitz haben... Die Lage im Dorf nach der Revolution dürfte dem Rousseauschen Ideal des ländlichen Lebens wohl kaum entsprechen. Armut, Hunger, Unwissenheit, Krankheit, Leid, Grausamkeit und Laster bestehen hartnäckig fort, und die Beziehungen der Menschen untereinander sind von Furcht, Neid und Mißtrauen beherrscht.«[12]

Zwei Koryphäen der Anthropologie hatten denselben Gegenstand erforscht, jeder auf seine Art akribisch genau, und waren zu Schlüssen gekommen, die nicht in den Fakten, aber im Geist unvereinbar waren: Den Ort der einen Studie hätte in der anderen niemand wiedererkennen können.

Als die alte Erbe/Umwelt-Kontroverse in den sechziger Jahren aufs neue und mit frischer Erbitterung aufflammte, entzündet vor allem von den populär-paläoanthropologischen Büchern Robert Ardreys und von Konrad Lorenz, der Aggressivität als eine zweckmäßige Erfindung der Natur beschrieben hatte, wehrten sich viele Kulturdeterministen gegen das Ansinnen, den Menschen für ein von Natur aus aggressives Wesen halten zu müssen, und suchten nach den friedfertigen Urvölkern, deren Beispiel die bösen Biologisten widerlegte.

Der amerikanische Anthropologe Ashley Montagu: »Der Mythos von der Aggressivität des Frühmenschen gehört in die gleiche Kategorie wie der Mythos vom ›Tier‹, das heißt der Glaube, daß die meisten, wenn nicht alle ›wilden‹ Tiere grausame Mörder sind... Diese Mythen projizieren unsere *erworbenen* leidigen Mängel auf die Leinwand der ›Natur‹.«[18]

Der Psychologe Wolfgang Schmidbauer: »Zahlreiche Anthropologen haben festgestellt, daß die ›primitivsten‹ Kulturen sehr häufig auch die friedfertigsten sind... Andere – ich verweise der Kürze halber nur auf Margaret Mead – konnten zeigen, daß aggressive Verhaltensweisen außerordentlich stark von kulturellen Faktoren bestimmt werden...«[22]

»Jeder Ethnologe«, antwortete damals der Ethnologe Helmut Schindler, »wird dies nur mit ungläubiger Verwunderung zur Kenntnis nehmen. Schmidbauer präsentiert sich hier als Sprecher einer Disziplin und verkündet Erkenntnisse, von denen die Fachleute nichts gewußt haben. Offenbar hat er das Schweigen der Ethnologen zu seinen bisherigen Ausführungen für Zustimmung oder sogar Beifall gehalten. Niemals scheint ihm in den Sinn gekommen zu sein, daß die Ethnologen seine Arbeiten darum nicht diskutiert haben, weil sie diese eben nicht als relevant betrachteten... [Es lassen sich] eine Reihe ethnischer Gruppen anführen, welche als Wildbeuter leben und keineswegs der Aggression gemäß [Schmidbauers] Definition ermangeln.«[21]

Ganz aus der Luft gegriffen immerhin schien es nicht, daß die primitivsten Völker die friedfertigsten wären. Dort unten in Afrika–

lebte da nicht ein nach allen Berichten nun wirklich zuverlässig friedfertiges Volk, das dem Rousseauschen Ideal nahekam?

Die amerikanischen Anthropologen Irven DeVore und Richard B. Lee hatten, nicht als erste, die Buschleute der Kalahari studiert und waren mit dieser Kunde zurückgekommen: »Die Buschleute und die Jäger und Sammler im allgemeinen haben, was wir im modernen Sprachgebrauch die ›Blumenkinder-Lösung‹ nennen könnten. Man nimmt sein Hab und Gut auf den Rücken und geht. Man muß nicht bleiben, um ein Stück Territorium oder einen Besitz zu verteidigen.«[3,9]

Andere Feldforscher widersprachen, so H. J. Heinz[7] und Irenäus Eibl-Eibesfeldt vom Max-Planck-Institut für Verhaltensphysiologie, die sich lange bei den Buschleuten aufgehalten hatten. Eibl: »Daß überhaupt die These vom nichtterritorialen Buschmann aufkommen konnte, überrascht, da ja aus der Literatur genügend Beispiele für territoriales Buschmannverhalten bekannt wurden und es eine Fülle von Buschmannmalereien gibt, die Kämpfe zwischen Buschmanngruppen und zwischen Buschleuten und Bantus sowie Hottentotten darstellen. Bei den interethnischen Auseinandersetzungen waren die Buschleute oft Angreifer, da sie das Vieh der Hirtenvölker zu rauben suchten.«[2] Eibl studierte und filmte alltägliche Transaktionen bei den Buschleuten und fand sie von Aggressivität durchaus nicht frei.

Der Dissens löste sich wenig später in Wohlgefallen auf. Lee und DeVore nämlich nahmen die These vom nichtterritorialen Buschmann zurück[10] und beschrieben von nun an das gleiche wie Eibl und Heinz: die unbestimmten, »fließenden« Grenzen der Buschmann-Territorien, die je nach dem Druck der jeweiligen Lebensumstände hinausgeschoben oder zurückgenommen, schärfer oder laxer verteidigt werden, die es aber auf jeden Fall gab.

Wenn es so schwer war, ein durch und durch friedliches menschliches Urvolk zu finden – wäre dann nicht wenigstens die Friedfertigkeit seines nächsten Verwandten im Tierreich ein Hinweis auf die friedfertige Urnatur des Menschen? Eine Zeitlang richteten sich die Hoffnungen der Kulturdeterministen auf den Gombe-Strom in Tanzania. Am Gombe vollbrachte die Engländerin Jane Goodall eine epochale wissenschaftliche Pioniertat: Sie erforschte das Sozialverhalten freilebender Schimpansen. Besonders friedlich schienen sie ihr nie, aber zunächst stellte sie zumindest keine ausgeprägte Territorialität, keine kämpferischen Rencontres mit anderen Schimpansen-Trupps fest. Der friedliche Anverwandte – wenigstens hier schien er endlich gefunden.

Jane Goodall aber lieferte bald einen Nachtrag. Schimpansen, fand sie, sind territorial, und wie[6]! Jede Gruppe besitzt und verteidigt ihr Wohngebiet. Regelmäßig patrouillieren kleine Männertrupps in gespannter Stille seine Grenzen. Einzig »rosige« Weiber – Schimpansinnen im Östrus mit aufgeschwollenem und gerötetem Gesäß – wandern gelegentlich in das Gebiet einer Nachbargruppe hinüber, wo sie den Männern willkommen sind (den Weibern zunächst weniger). Treffen gleich starke Trupps im Niemandsland aufeinander, so bedrohen sie sich lärmend, ziehen sich dann aber meist zurück. Stößt jedoch eine solche Bande auf einen einzelnen Fremdling, so schlägt sie ihn gemeinschaftlich mit einer Brutalität und Ausdauer zusammen, die den gruppeninternen Streitigkeiten nie eigen ist. Er wird geprügelt, gebissen, niedergetrampelt, geschleift, verrenkt, bis er todgeweiht liegenbleibt. Am Gombe erlebte Jane Goodall, wie sich »ihre« Gruppe erst nach und nach spaltete, so daß auch Freunde und Angehörige zu Fremden und Feinden wurden, und wie Männerbanden der stärkeren Gruppe (derjenigen mit der größeren Zahl erwachsener Männer) die Nachbarn einen nach dem andern grausam fertigmachten und dann deren Territorium annektierten.

Dem Wunschtraum von der durch und durch friedfertigen Vorgeschichte des Menschen haben die Forschungen am Gombe die Nahrung entzogen.

Gesucht wurde nach dem Volk, das ganz anders wäre, friedlich, gütig, konfliktfrei und unbesorgt; dem das Leben leicht wäre; dem die üblichen menschlichen Leidenschaften fremd wären; und dessen so wundersame Folgen zeitigenden Erziehungsstil man dann nur importieren müßte, um auch die westlichen Gesellschaften zu kurieren.

Dieser andere Mensch wurde nirgends gefunden. Einigen Meldungen, irgendwo gebe es ihn doch, folgten unweigerlich die Dementis.

Was sich heute abzeichnet, ist ein neues Paradigma. Es sieht den Menschen keineswegs als ursprünglich und eigentlich gewaltfrei; aber auch nicht als von seinem Erbe unentrinnbar zur Gewalttätigkeit verdammt. Es ist unser gemeinsames Erbe als Menschen, das uns ein menschliches Grundverhaltensmuster auferlegt, zu dem es auch gehört, in bestimmten Situationen und je nach individueller Disposition gewalttätig zu werden. Die bunten Variationen in den verschiedenen Kulturen sind keine beliebigen Erfindungen, sondern Varianten dieses Grundmusters. Bestimmte biologische Vorgaben verzahnen sich mit bestimmten Umweltgegebenheiten, um ein bestimmtes Verhalten hervorzubringen. Das Paradigma hat einen Namen: Interaktionismus.

Damit mit dem Interaktionismus Ernst gemacht werden kann, müßten sich die Sozialwissenschaften vom dogmatischen Kulturdeterminismus trennen und das Gewicht biologischer Faktoren anerkennen; sie scheinen noch meilenweit davon entfernt. Derek Freemans Arbeit über Margaret Meads Samoa-Mythos dürfte gerade darum, weil sie nicht allgemein theoretisiert, sondern ein kulturdeterministisches Paradebeispiel restlos zerpflückt, nicht wenig tun für die überfällige Verabschiedung des einseitigen Kulturdeterminismus.

»In der Biologie wie in der Anthropologie«, so schließt er, »ist die Zeit reif für eine Synthese, bei der in der Erforschung menschlichen Verhaltens die grundlegende Bedeutung des Genetischen wie des Exogenetischen und ihre Wechselwirkung in der vergangenen Geschichte der Gattung Mensch und in deren problematischer Zukunft anerkannt wird.«

# IMMER GRÖSSER, IMMER SCHNELLER GROSS

*Über den Jahrhunderttrend*

Irgendwie ähnelte er einem überdimensionalen Embryo. Er hatte ein riesiges Schädelgewölbe und große Seehundaugen, war hochgewachsen, aber dabei spindeldürr wie eine Figur von Giacometti. Außerdem war er haarlos und bleich und schwächlich, so sehr, daß er sich nur noch wackelig bewegen konnte, als sei er aus Knete. Kurz, er war sichtlich ein ganz dem Denken bestimmtes Wesen, dem seine Körperlichkeit nur noch eine ungefüge Last war.

Wo ich ihn gesehen habe, weiß ich nicht mehr – wahrscheinlich in einem jener Zukunftsgemälde, mit denen in den fünfziger Jahren Illustrierte ihre Leser so gern ergötzten. Jedenfalls beeindruckte er mich. Der Mensch bleibt nicht, wie er heute ist, lautete die – zweifellos »streng wissenschaftliche« – Botschaft, er wird weiter evolvieren, und so sieht er dann eines Tages aus, unser Ururenkel, der Mensch der Zukunft.

Ändert sich die Gestalt des Menschen in diese Richtung? Ändert sie sich überhaupt? Mit solchen Fragen begeben wir uns in das Reich der physischen Anthropologie und einer wenig prominenten, aber wackeren Unterabteilung der Medizin, der Auxologie oder Wachstumskunde.

Daß sich an den Proportionen des menschlichen Körpers etwas wandelt, läßt sich bisher nicht erkennen. Hier und da wurde behauptet, es ändere sich das Verhältnis von Schädellänge und -breite, der sogenannte Kephalindex, der den Anthropologen einmal, zu Unrecht, als unveränderliches Kennzeichen einer ethnischen Gruppe galt. In Japan und Grönland zum Beispiel wurde festgestellt, daß die Köpfe immer breiter werden (von oben gesehen also immer runder). Anderenorts jedoch blieben sie, wie sie waren, und an wieder anderen Orten wurden sie sogar schmaler, bei den australischen Ureinwohnern etwa und den Apachen[14]. Der Beobachtungszeitraum ist bisher zu kurz, und wo es überhaupt Änderungen gegeben hat, sind diese zu geringfügig, als daß man daraus allgemeine Schlüsse ziehen könnte.

Einen Trend jedoch gibt es, und er ist unübersehbar. Die Menschen werden immer größer. Kinder übertreffen ihre Eltern an Statur, wie diese schon ihre Eltern übertroffen haben. Genau genommen handelt es sich um zwei Trends, die wohl zwar nicht völlig unabhängig voneinander sind, dennoch aber auseinandergehalten werden müssen: Die Menschen werden nicht nur größer, sie werden auch immer schneller groß und geschlechtsreif. »In deinem Alter hatte ich noch keine Mädchen im Kopf!« – der väterliche Vorwurf ist möglicherweise keine pädagogische Geschichtsklitterung, sondern schlicht die Wahrheit, und keine moralisch ruhmreiche.

Das Doppel-Phänomen heißt in der Wissenschaft gemeinhin »säkulare Akzeleration«. Der 1935 von dem deutschen Mediziner Ernst Walther Koch eingeführte Name[20] ist nicht nur wichtigtuerisch, er ist auch irreführend. Säkular? Der Trend ist nicht auf dieses oder sonst ein Jahrhundert beschränkt – gemeint ist schlicht »langfristig«. Akzeleration? Damit werden beide Trends in einen Topf geworfen. Beschleunigt sind zwar Wachstum und Reife, aber die erreichte Endgröße kann ja wohl nicht »beschleunigt«, sondern nur erhöht sein. Darum soll hier vom Langzeittrend der Größenzunahme einerseits, der Entwicklungsbeschleunigung andererseits die Rede sein.

Wo die Wissenschaft genauer hinsieht (»trifft das auch wirklich zu?«), scheint sich manchmal auch das Offensichtliche erst einmal aufzulösen. In der Tat, auf die Messungen früherer Zeiten ist nicht immer Verlaß und erst recht nicht auf die nur aus Knochenfunden errechneten Körpergrößen früherer Bevölkerungen; auch schien jener Trend hier und da zum Stillstand gekommen, oder er traf nicht auf alle Bevölkerungsgruppen oder auf beide Geschlechter im gleichen Maße zu. Trotz allen solchen Inkonsistenzen aber hat er sich als etwas höchst Reales erwiesen.

Er setzt in Europa um 1830 ein, wird später aber nahezu auf der ganzen Welt festgestellt. Wenn irgendeine Region (wie Burma, die Provinz Oaxaca in Mexiko, die Karolinen-Insel Yap) an ihm nicht teilnimmt oder eine andere (Indien) gar einen gegenläufigen Trend aufweist, kommt das als überraschende Ausnahme. Die längstfristigen Beobachtungen stammen aus Norwegen[19] und den Niederlanden, lassen sich aber mehr oder weniger auf ganz Nordeuropa verallgemeinern. Hier wird von etwa 1830 bis 1880 jeder Geburtsjahrgang 0,3 Millimeter größer als der vorhergehende. Zwischen 1880 und 1900 verstärkt sich der Größenzuwachs auf 0,5 Millimeter jährlich, von 1900 bis etwa 1950 gar auf 1 bis 1,2 Millimeter[30,40,41]. Niederländische Rekruten – die mit den skandinavischen zu den größten der Welt gehören – waren 1865 im Mittel 165 Zentimeter groß, 1917 170 Zentimeter, 1975 180 Zentimeter – eine Größenzunahme von 15 Zentimetern in 110 Jahren.[41] 17jährige Hamburger Gymnasiasten waren 1877 knapp 167 Zentimeter groß, 1957 gut 176[21]. Aber hier verzerrt die Entwicklungsbeschleunigung das Bild: Im vorigen Jahrhundert waren Rekruten und Schüler dieses Alters noch nicht ausgewachsen, heute sind sie es, und so war die Zunahme der Endgröße geringer, als diese Zahlen suggerieren.

Aber inzwischen ist dieser Trend doch stehengeblieben, nicht wahr? So hört man es zuweilen, und zwar auch von den Fachwissenschaftlern. Ein umfassender Literaturbericht aus dem für diese Fragen zuständigen Fels Research Institute in Texas resümierte 1979, in den entwickelten Ländern habe sich der Trend in der Mittel- und Oberschicht verlangsamt oder sei ganz zum Erliegen gekommen[30]. Er berief sich zum Beispiel darauf, daß wohlhabendere New Yorker seit 1930 gar nicht größer geworden seien und amerikanische Schüler seit 1962 kaum noch. Doch die Kunde war wohl verfrüht. Zur gleichen Zeit meldete der Utrechter Pädiater J.C. van Wieringen, ein führender Experte auf dem Gebiet der Auxologie, daß der Trend in den Niederlanden voll anhalte.

Und hier sind jetzt Zahlen aus der Bundesrepublik. Sie stammen von der Sanitätsinspektion der Bundeswehr, welche bekanntermaßen alle Wehrpflichtigen vermißt, und wurden von dem Kieler Anthropologen Hans W. Jürgens berechnet. Als der Geburtsjahrgang 1942 zur Musterung erschien, war er im Mittel gut 1,74 Meter groß. Der Jahrgang 1952 maß 1,76 Meter, der Jahrgang 1962 gut 1,78 Meter. Alle zehn Jahre also werden die Deutschen zur Zeit zwei Zentimeter größer, über zwei Millimeter pro Jahr. Der Trend hält also nicht nur an, er hat sich gegenüber der ersten Jahrhunderthälfte sogar verdoppelt.

Wo soll das hinführen? »Wenn das so weitergeht«, dann ist der heute 1,79 Meter große deutsche Durchschnittsmann 1995 mehr als 1,80, im Jahr 2000 1,81 – und aus allen seinen Sachen längst herausgewachsen, auch die zunehmend genormten Arbeitsplätze stimmen nicht mehr und werden vergrößert werden müssen. Im Jahr 2100 mißt er dann über zwei Meter, im Jahr 3000 fast vier...

Natürlich wird es dahin nicht kommen. Irgendwann hört es auf. Die Wachstumsvorgänge werden genetisch gesteuert, ihre Reihenfolgen, ihr Tempo, ihre Abstimmung untereinander. Damit ist ihnen mit Sicherheit auch eine Zielspanne gesetzt, und irgendwann ist diese bis zum äußersten ausgenutzt. Aber wann das sein wird, weiß kein Mensch, und es läßt sich darum so schlecht prophezeien, weil man bis heute nicht genau weiß, was diesen Trend eigentlich verursacht.

Parallel zu ihm haben sich Wachstum und Reife beschleunigt, ebenfalls weltweit. Hier ist der Trend womöglich noch eindeutiger. Ein Eckdatum läßt sich relativ leicht eruieren: das Alter der ersten Monatsblutung, der Menarche. Seit etwa 1840 sinkt es und sinkt. Um 1860 lag es in Nordeuropa im Mittel bei 16,6 Jahren, heute liegt es bei 13 (plusminus 4 Monate). James M. Tanner von der Universität London, heute wohl der bedeutendste Auxologe der Welt, hat den Trend als erster genau berechnet: Alle zehn Jahre, fand er, tritt die Menarche seit über einem Jahrhundert zehn Monate früher ein[36].

Für Jungen gibt es kein so präzises Datum. Ein günstiger Zufall will es, daß wir trotzdem einen Blick in die Vergangenheit werfen können. In Bachs Chören sangen keine Mädchen und Frauen, sondern nur Jungen und Männer. Die hohen Stimmlagen wurden von Jungen übernommen: der Sopran meist von Jungen vor dem Stimmbruch, der Alt von Jungen im Stimmbruch. Aus den erhaltenen Papieren ließ sich errechnen, daß sich die Knaben der Leipziger Thomasschule, die in Bachs Chören sangen und dort vom Sopran über den Alt zum Tenor aufstiegen, mit gut 17 Jahren mitten im Stimmbruch befanden. Heute liegt er vier Jahre früher[6]. Der Langzeittrend der Reifebeschleunigung trifft also beide Geschlechter.

Aber es gibt sowieso noch ein anderes, sicheres Indiz.

Das Wachstum vollzieht sich nicht gleichmäßig, nicht in gleichen Schritten von der Geburt bis zum Erwachsenenleben. Gewachsen wird zum einen vorwiegend zu einer bestimmten Jahreszeit, im Frühling: Zwischen März und Juli wachsen Kinder dreimal so rasch wie im Winter[40]. Es muß mit dem Licht zu tun haben und nicht mit der Temperatur, denn blinde Kinder haben im Laufe des Jahres zwar durchaus einen vergleichbaren Wachstumsschub, aber zu keiner bestimmten Jahreszeit. In den Tropen, wo es keine jahreszeitlichen Schwankungen der Helligkeit gibt, scheint der Wachstumsgipfel in der Trockenzeit zu liegen, die meist die Zeit der geringeren Nahrungsknappheit und der größeren Freiheit von Infektionskrankheiten ist.

Zum andern beschreibt das Wachstum eine charakteristische Geschwindigkeitskurve. Am allerstärksten ist es gleich nach der Geburt. Dann verlangsamt sich sein Tempo bis zum vierten oder fünften Lebensjahr auf etwa fünf Zentimeter jährlich, und dabei bleibt es bis zur Pubertät. Sie bringt den »Endspurt«. Mädchen, die bis dahin immer nur ein bis zwei Zentimeter kleiner waren als Jungen, beginnen diese mit elf Jahren plötzlich zu überholen und sind zwei Jahre lang die Größeren. Mit dreizehn aber setzen die Jungen zu ihrem Endspurt an und haben die Mädchen in einem Jahr überholt. Jedes Geschlecht hat einen steilen Wachstumsgipfel mitten in der Pubertät. Mädchen erreichen ihn heute mit etwa zwölf, Jungen mit etwa vierzehn Jahren. Diese Gipfel sind untrügliche Indikatoren der Reife. Während der letzten hundert Jahre haben sie sich immer weiter nach vorne verlagert[40].

Früher in die Höhe geschossen, früher ausgewachsen: Vor hundert Jahren wuchsen Männer, bis sie fünfundzwanzig waren und manchmal vielleicht noch länger. Heute haben sie mit achtzehn praktisch ihre Endgröße erreicht, und Mädchen mit sechzehn.

Anders als bei der Größenzunahme scheinen die Ursachen der Entwicklungsbeschleunigung ziemlich klar. Es ist immer wieder beobachtet worden, daß Wachstum und Reifung äußerst empfindlich auf Stressituationen reagieren. Hunger und Krankheiten bremsen sie, insbesondere eine mangelhafte Ernährung; für unterernährte Kinder aber sind selbst Kinderkrankheiten wie die Masern, die für wohlgenährte harmlos sind, schwere körperliche Rückschläge, an denen sie montelang zu laborieren haben.

Auch schwere Umweltbelastungen wirken hemmend auf das Wachstum. Nachgewiesen wurde das für Kinder, die in der Nachbarschaft des berüchtigten Love Canal aufgewachsen waren, eines unfertigen Kanals bei Niagara Falls, der von 1940 bis 1953 als Sondermülldeponie diente: Anwohner, die über drei Viertel ihrer Wachstumsjahre dort zugebracht hatten, blieben zweieinhalb Zentimeter kleiner als jene, die die verpestete Gegend früher hatten verlassen können[28].

Selbst anhaltender psychischer Stress scheint das Wachstum aufzuhalten, wie die Cambridger Psychologin Elsie Widdowson unerwartet feststellte. Sie hatte eigentlich vorgehabt, 1948, während der Hungerzeit, in zwei westdeutschen Waisenhäusern zu beobachten, wie sich der Übergang von den ungenügenden Standardrationen auf eine etwas reichlichere Ernährung auf das Wachstum der Kinder auswirken würde. Sonderbarerweise waren die Kinder in den ersten Monaten des Versuchs, als sie noch alle die gleichen kargen Rationen erhielten, in einem der beiden Heime dünner und wuchsen langsamer. Noch sonderbarer, als die Kinder in beiden Waisenhäusern dann genug Brot und Marmelade und Orangensaft erhielten, nahmen die des anderen Waisenhauses plötzlich kaum noch zu und wuchsen auch langsamer. Der Grund? Offenbar der, daß just zu der Zeit, als die zusätzlichen Rationen eintrafen, die Heimleiterin des einen Waisenhauses zu der des anderen gemacht worden war, eine strenge, ungerechte, unberechenbare Person, vor der die Kinder in ständigem Schrecken lebten. Es war ein Experiment des Lebens, und das Leben war so entgegenkommend, gleich noch eine Kontrolle einzubauen: Die acht Lieblingskinder jener Heimleiterin, die nie etwas von ihr zu fürchten hatten und nach Kräften verwöhnt wurden, wechselten mit ihr zusammen in das andere Waisenhaus hinüber – und während dessen Kinder trotz der üppigeren Ernährungsbedingungen nur noch dahinkümmerten, gediehen die Lieblinge prächtig[43].

Wie man den Verzögerungen einer individuellen Wachstumskurve ansieht, wo die Lebensbedingungen zu wünschen übrig ließen, so sieht man der Wachstumskurve einer Bevölkerung jede größere Notzeit an. Bei Stuttgarter Schülerinnen, für die es Zahlen seit Beginn des Jahrhunderts gibt, haben die Kurven während der beiden Weltkriege und in den Jahren danach auffällige Dellen, am stärksten für die Zeit um 1919 und 1945[11]. Van Wieringen glaubt den niederländischen Statistiken die Agrarkrise vom Ende des neunzehnten Jahrhunderts ansehen zu können[41]; einer seiner Vorgänger machte eine frühere Delle an der bloßen Erhöhung des Roggenpreises fest.

Was das Wachstum aufhält, scheint auch die Reifung zu verzögern. Überall haben arme Mädchen die Menarche vier bis zwölf Monate später als solche aus wohlhabenderen Familien; der größte Unterschied dieser Art – über anderthalb Jahre – wurde bei Bantu-Mädchen in Südafrika beobachtet. Auf dem Land werden die Mädchen meist später geschlechtsreif als in der Stadt – vermutlich wegen ihrer härteren Lebensumstände. Mädchen mit vielen Geschwistern reifen später als Mädchen aus kleinen Familien – vermutlich, weil auch sie unter den ungünstigeren Bedingungen heranwachsen.

Jedoch bestimmen nicht in erster Linie die Lebensumstände, sondern die Gene, wann die Menschen sexualreif werden. Daß die Bundi-Mädchen in Neuguinea (die spätesten) ihre Menarche erst mit fast neunzehn Jahren haben, cubanische Mädchen (die frühesten) aber schon mit zwölf[37, 38], läßt sich mit keinem unterschiedlichen Lebensstandard erklären – beide gehören zu den Armen. In Ost- und Südeuropa liegt die Menarche mit 12,5 Jahren etwa sechs Monate früher als in Nord- und Westeuropa. Daß das nicht am Wohlstandsgefälle liegen kann, nicht an dem »sinnlicheren« Ambiente ihrer Kultur und auch nicht am wärmeren Klima, zeigt sich heute in Australien: Die Nachkomminnen europäischer Einwanderer wachsen mit dem gleichen Lebensstandard, in der gleichen Kultur und im gleichen Klima heran, und trotzdem bleibt die ethnische Differenz voll bestehen[38]. Genetisch vorgegeben ist offenbar eine bestimmte Altersspanne. Sie liegt am niedrigsten auf Cuba, bei Europäern und Ostasiaten relativ niedrig, bei Indern höher, bei Schwarzafrikenern noch höher und am höchsten in Neuguinea[24]. Günstige Lebensumstände schieben die Sexualreife an das untere, ungünstige an das obere Ende dieser vorgegebenen Spanne. So kann gelegentlich vorkommen, was in Chile vorkommt: daß es gerade die ärmeren Mädchen sind, die früher reif werden – die ärmeren Chilenen nämlich stammen vorwiegend aus Südeuropa, der genetische Effekt ist stärker als der soziale. Und wenn die sowieso schon früh reifen Chinesinnen in Hongkong so gut dran wären wie die Europäerinnen dort, könnten sie vielleicht den Cubanerinnen ihren Weltrekord streitig machen.

Nun läge es eigentlich nahe, damit auch das Rätsel der Größenzunahme für gelöst zu halten. Die gleichen Ursachen, die die Entwicklung der Kinder beschleunigen, könnten ja auch diejenigen sein, die für die weiter und weiter steigende Durchschnittsgröße der Erwachsenen verantwortlich sind.

Leider aber kann das nicht so sein, oder höchstens teilweise. Und zwar darum: Kinder, deren Wachstum an irgendeiner Stelle durch Krankheit oder Hunger gebremst wurde, wachsen hinterher um so schneller weiter und holen ihren Rückstand in der Regel wieder voll auf. Nur wenn die hemmenden Ursachen während eines Großteils der Wachstumsperiode wirksam waren, bleibt auch ihre Endgröße etwas zurück. Sehr klar sieht man das wiederum an den Stuttgarter Schülerinnen[11]. Die im Zweiten Weltkrieg groß wurden, wuchsen langsamer; am weitesten, um fünf Zentimeter oder mehr, blieben jene zurück, deren Pubertät mit der Zeit der größten Not zusammenfiel, also die Jahrgänge 1932 bis 1935. Aber als diese Jahrgänge dann siebzehn wurden, war das Defizit fast ausgeglichen, waren sie nur noch etwa zwei Zentimeter kleiner als die übrigen Jahrgänge ringsherum. Nur ein dramatischer Mangel, der fast die ganze Kindheit über anhält, wirkt sich also auf die Endgröße aus, und dann auch nur schwach, mit ein paar Zentimetern. Der Jahrhunderttrend aber hat den Menschen einen Zuwachs von 15 Zentimetern eingebracht und läßt sich folglich nicht daraus erklären, daß in diesem Jahrhundert alle möglichen Wachstumsbremsen beseitigt wurden. Es muß mehr im Spiel sein, irgend etwas, was die Statur effektiv größer werden läßt.

Ein kleiner Teil des Trends immerhin ist damit wohl tatsächlich erklärt. Die Proletarier des frühen Industriezeitalters waren schlimm dran. Alles in ihrem Leben vereinigte sich zu einem einzigen unausgesetzten Insult: Armut, Hunger, Krankheiten, die schwere und lange körperliche Arbeit, die ungesunde Luft, der psychische Streß. Als der englische Mediziner Charles Roberts in den siebziger Jahren des vorigen Jahrhunderts nachmaß, stellte er fest, daß die körperlich arbeitende Bevölkerung 5 bis 6 Zentimeter kleiner war[39]. Etliche der ersten Wachstumsforscher des neunzehnten Jahrhunderts waren Sozialreformer, Louis René Villermé in Frankreich, Edwin Chadwick und Leonard Horner in England. Durch ihre Erhebungen lieferten sie die unwiderleglichen Beweise: Die Armen sind kränker, die Armen sterben früher. Vor ihnen war es nur ein

Verdacht gewesen, und manche hatten ihn nicht teilen mögen, sondern im Gegenteil gemeint, es sei das Wohlleben der Reichen, das den Menschen nicht bekomme. Zu den eindrucksvollsten Belegen dafür, daß die Armen wirklich arm dran waren und daß ihr Los nicht länger hingenommen werden könne, gehörte der Nachweis, daß sie kleiner waren.

Besonders schlimm muß sich die Kinderarbeit ausgewirkt haben. Hier und da wurden schon Fünfjährige in die Spinnereien, die Fabriken, auf die Felder geschickt, und arbeitende Achtjährige waren in den Industriestädten fast die Regel: zwölf Stunden täglich, ohne Erholungspausen, und das bei schlechtester Ernährung und fast während der gesamten Wachstumsperiode. Es ist wahrscheinlich, daß diese Zustände bei der Arbeiterklasse gegenüber früher sogar eine Größendepression hervorbrachten, wie sie auch die Sexualreife verzögerten. Die Menarche hatte seit dem Altertum und durch das Mittelalter hindurch bis an die Schwelle des Industriezeitalters anscheinend immer etwa mit dreizehn stattgefunden[1,2] und verzögerte sich erst dann um vier Jahre.

Einen Blick zurück in die Zeit vor dem Industriezeitalter gestatten die erhaltenen Akten der Karlsschule, des Lieblingskinds des Herzogs von Württemberg, Karl Eugen. Sie war eine in ihrer Zeit einzigartige Eliteschule, dazu bestimmt, musterhafte Offiziere und Beamte heranzubilden. Ihr berühmtester– rebellischer – Eleve war Friedrich Schiller. Ein Teil ihrer Schüler kam aus dem Adel, der größere Teil aber aus dem Bürgertum. Alle mußten immer und immer wieder der Größe nach antreten und wurden regelmäßig gemessen. Mit zehn waren die Adligen 2,5 Zentimeter größer, mit fünfzehn nicht weniger als 7 Zentimeter. Offenbar kamen sie früher in die Pubertät und hatten damit auch den pubertären Wachstumsschub früher, denn nach der Pubertät schrumpfte der Abstand zwischen Bürgerlichen und Adligen wieder: Mit einundzwanzig waren die Adligen im Durchschnitt 168,8, die Bürgerlichen 167,6 Zentimeter groß[12]. Er verschwand aber nie ganz – und das, obwohl alle Schüler mit acht Jahren aufgenommen wurden und für alle das gleiche, nach heutigen Begriffen überaus strenge Regime galt. Die Ursachen für die frühere Reifung der Adligen und ihre etwas höhere Endgröße müssen also bereits in deren Vorschulzeit ihre Wirkung getan haben.

Der Jahrhunderttrend setzt um 1830 ein, als die ersten schüchternen Maßnahmen zur Einschränkung der Kinderarbeit erlassen wurden und sich das Los der Industriearbeiter im allgemeinen etwas zu bessern begann. Bis 1900 stieg in den Niederlanden die Durchschnittsgröße nur, weil die Kleineren – die unter 170 – weniger wurden; erst in diesem Jahrhundert steigt dort auch der Anteil der über 180 Großen[41]. Vermutlich also begann der säkulare Trend damit, daß verschiedene Wachstumsbremsen beseitigt wurden und die Unterschicht ihren Rückstand langsam aufholen konnte. Die Kleinen wurden weniger, und das trieb den Durchschnitt maßvoll nach oben. Heute ist der Abstand zwischen Unter- und Oberschicht in den entwickelten Ländern auf 1 bis 2 Zentimeter geschrumpft; in der Bundesrepublik scheint er ganz verschwunden zu sein, wie eine Bremer Untersuchung Mitte der siebziger Jahre ergab[42].

Wenn irgendwo jedoch ein Größenunterschied zwischen den gesellschaftlichen Schichten übrigbleibt, so muß das nicht bedeuten, daß die Lebensbedingungen der ärmeren Schichten deren Wachstum immer noch entgegenstehen. Es könnte hier und da so sein, es könnte aber auch einen ganz anderen Grund haben, einen genetischen. Es gibt da nämlich eine sonderbare Korrelation zwischen der gemessenen Intelligenz, also dem IQ, und der Körpergröße. Sie ist mit etwa 0,25 nicht besonders eindrucksvoll, aber sie ist real: Menschen mit hohem IQ sind nicht selten auch die größeren; so wie – eine andere kuriose Korrelation – unter ihnen auch Kurzsichtigkeit öfter vorkommt und Brillenträger folglich häufiger sind als in der übrigen Bevölkerung. Überall sind Studenten 2 bis 3 Zentimeter größer als der Durchschnitt[40]. In einer relativ durchlässigen Gesellschaft, in der die Menschen nicht mehr unverrückbar in der Berufsgruppe und Sozialschicht gefangen sind, in die sie hineingeboren wurden, sondern wo sie gemäß ihren individuellen Fähigkeiten auf- und absteigen, stellt sich nun aber zwangsläufig eine weitere Korrelation ein, jedenfalls solange ein höherer IQ häufig zu einer höheren Berufsqualifikation führt und eine höhere Qualifikation zu einem sozialen Aufstieg: In den oberen Strata sammeln sich die Intelligenteren und damit auch die Größeren.

Der weitaus größere Rest des Trends aber ist nicht damit erklärt, daß der Wachstumsrückstand der Unterprivilegierten aufgeholt wurde, und das große Rätselraten kann anheben. Gesucht wird ein Faktor, oder ein Bündel von Faktoren, die seit spätestens 1900 die Endgröße aller um ein Zentimeter pro Jahrzehnt in die Höhe treiben und seit der Jahrhundertmitte gar um zwei. Da sich der Trend schon bei den Sechsjährigen zeigt[11], müssen es Faktoren sein, die bereits in der frühen Kindheit greifen.

Der gesuchte Faktor muß etwas sein, das während des ganzen Langzeittrends, also gut hundert Jahre lang, auf die allermeisten Bevölkerungen dieser Erde eingewirkt hat, während der beiden Weltkriege nachlassend, in den letzten Jahrzehnten sich verstärkend. Aber es genügt nicht, einen Faktor namhaft zu machen, der zu dieser Entwicklung recht und schlecht zu passen scheint. In der bloßen Parallelität muß noch lange keine Kausalität stecken. Um jene Fachkollegen zu verspotten, die mit einer Parallelität schon einen Kausalzusammenhang entdeckt zu haben meinen, schüttelte der Kieler Anthropologe Hans W. Jürgens die »benzinogenetische Theorie« aus dem Ärmel: Das Autobenzin müsse verantwortlich sein, denn der Trend setzte genau in dem Augenblick ein, als es in den Handel kam, verstärkte sich, während es sich ausbreitete, ging in den Weltkriegen zurück, als weniger Benzin zur Verfügung stand, und nahm mit der allgemeinen Motorisierung schließlich überhand. Einige Zeit später fand Jürgens die Theorie unter den ernstgemeinten Erklärungen aufgeführt; jemand hatte den Witz gar nicht verstanden.

Es könnte wirklich alles sein – und darum fehlt es nicht an Theorien; nur ganz und gar zwingend ist bisher keine, und die vorsichtigen Fachleute beeilen sich denn auch zu versichern: Wir wissen es einfach nicht.

Einige Hypothesen sind reine Ausgeburten der Ratlosigkeit: etwa die, eine unbekannte Strahlung oder Chemikalie wirke vergrößernd auf die Menschheit ein. Jeder allgemeine Umweltfaktor scheitert bereits an dem Umstand, daß er auch die Tiere größer werden lassen müßte, der Trend aber auf die Menschheit beschränkt ist.

Andere Hypothesen sind so abenteuerlich, daß sie schon den ersten Blick nicht lebend überstehen. Seit Tacitus grassiert in den romanischen Ländern die Überzeugung, die germanischen Völker seien größer, weil sie bis ins Erwachsenenalter sexuelle Askese übten; oder umgekehrt gesagt: das viele Onanieren mache die romanischen Völker kleiner. Dann müßte die Menschheit kleiner werden, seit die Onanie nicht mehr so verpönt ist; bekanntermaßen ist das Gegenteil der Fall. Oder werden die Menschen größer, weil sich der »ödipale Konflikt« – diese Schimäre – verschärft hat und die Jungen von einem heftigeren unbewußten Wunsch beseelt sind, ihre Väter an Statur zu übertreffen? Oder vielleicht läßt ja auch die Erdanziehung nach? Oder es lockt der Himmel?

Andere Theorien halten den zweiten Blick nicht aus. Daß die weniger beengende Kleidung schuld sei, stößt sich an dem Umstand, daß der Trend einsetzte, als die Leute noch fest eingeschnürt gingen. Am Sport kann es auch nicht liegen: Er schafft Körperfett weg und kräftigt, aber es wurde nachgewiesen, daß er nicht größer macht[8]. Licht ist nötig zum Wachstum: Es fördert die Bildung von Vitamin D in der Haut, dieses erhöht den Kalziumspiegel des Blutes, und von diesem wiederum hängt das Knochenwachstum mit ab. Kommt heute immer mehr Licht an den Körper? Auch das kann es nicht sein. Nicht nur wurde nirgends beobachtet, daß ein Leben im Helleren die größeren Menschen hervorbringt – der frühere Wachstumsrückstand der Landbevölkerung spricht sogar eher dagegen; in den Industrieländern wird auch seit Generationen jedem möglichen Vitamin-D-Mangel vorgebeugt. Dann wäre da noch die Hormontheorie: Mit dem industriell produzierten Fleisch nähmen die Menschen immer mehr Masthormone auf, die sie wachsen ließen. (Manche behaupten steif und fest, in Südamerika wachse man auch noch in reiferen Jahren, und daran könne nur der reichliche Genuß von hemmungslos »gedoptem« Fleisch schuld sein.) Aber der Trend setzte ein, als noch niemand auch nur wußte, daß es Hormone gab. Der Theorie, daß Klimaveränderungen verantwortlich seien, ergeht es ähnlich: Zwar stieg die Oberflächentemperatur der Erde seit 1910 leicht an, aber zum Unglück der Theorie ist sie seit 1940 erst einmal wieder gefallen.

Wachsen wir vielleicht nur zu einer bestimmten Tageszeit, und könnte dann die Veränderung unseres Tag-Nacht-Rhythmus für den Trend verantwortlich sein? Vielleicht die künstliche Verlängerung des Tages, die das elektrische Licht möglich gemacht hat? Die Nacht wurde zum Tage, für alle zum Teil, für viele ganz und gar – ist das der Grund? Es trifft zu, daß einer der körpereigenen

Botenstoffe, die das Wachstum mit steuern und bei dessen Ausfall es stark zurückbleibt, das Wachstumshormon, nur im Schlaf ausgeschüttet wird, etwa ein bis anderthalb Stunden nach dem Einschlafen. Darum aber vollzieht sich das Wachstum keineswegs nur im Schlaf oder zu einer anderen bestimmten Zeit im Vierundzwanzigstundenzyklus. Das Wachstumshormon selbst regt das Knochenwachstum nämlich gar nicht an; es veranlaßt jedoch die Leber, sogenannte Somatomedine abzugeben, und diese Peptide erst sind es, welche dann das Wachstum bewirken. Ein einziger »Schuß« Wachstumshormon jeden Tag reicht aber aus, einen gleichmäßig hohen Somatomedin-Blutspiegel sicherzustellen[40].

Daneben aber gibt es einige Theorien, die sich nicht so schnell abtun lassen.

Die erste führt den Trend auf genetische Gründe zurück und heißt mit einem Wort: Heterosis. Unter Heterosis versteht man das Phänomen, daß die Nachkommen bei irgendeinem Wert zuweilen nicht genau zwischen ihren Eltern liegen, sondern näher an dem größeren oder stärkeren Elternteil, zweifellos darum, weil sich unter den Genen, die für das betreffende Merkmal verantwortlich sind, einige befinden, die dieses Merkmal verstärken und dominant sind.

In der Tat gibt es einen recht soliden Hinweis darauf, daß beim Jahrhunderttrend Heterosis im Spiel ist. Er ist vor allem dem amerikanischen Anthropologen Frederick Hulse zu verdanken. Hulse reiste in den fünfziger Jahren in einige Tessiner Bergdörfer, die notorisch waren für den Grad ihrer Endogamie: Man heiratete seit Menschengedenken fast immer nur innerhalb des Dorfs. Die Männer dort, stellte er fest, maßen im Durchschnitt 167 cm. Dann vermaß er die Söhne der Tessiner, die aus diesen Dörfern nach Kalifornien ausgewandert waren. Sie waren 4 Zentimeter größer. Das mochte nur der altbekannte Einwanderungseffekt sein, der schon dem Anthropologen Franz Boas zu Beginn des Jahrhunderts aufgefallen war. Sogar Mitte des achtzehnten Jahrhunderts waren die in den englischen Kolonien geborenen Rekruten etwa 4 Zentimeter größer als die anderswo, zumeist in England geborenen, und da die kleinsten gar nicht genommen wurden, war der tatsächliche Abstand wohl sogar noch größer[33]. Die Einwanderer waren überwiegend die Elendesten ihrer Heimatländer gewesen; der höhere

Lebensstandard der Kolonien kam offenbar auch der Größe ihrer Kinder zugute. Aber der Fall der Tessiner war komplizierter. Hulse nämlich verglich auch »endogame« und »exogame« Männer, und zwar im Tessin und in Kalifornien: Männer, deren Eltern aus dem gleichen Dorf stammten, und solche mit Eltern aus verschiedenen Dörfern. Die »Exogamen« waren im Tessin wie in Kalifornien 2 Zentimeter größer als die »Endogamen«. Zwei ihrer vier Zentimeter mehr, schloß Hulse, verdankten die kalifornischen Tessiner ihrem weniger angespannten Leben, die anderen zwei aber der Heterosis.

Von da war es ein kurzer Weg zu der Hypothese, daß für den Jahrhunderttrend letztlich die Erfindung des Fahrrads verantwortlich sei: Mit dem Rad seien die Burschen nun in die Nachbardörfer gefahren, hätten der verwurzelten Endogamie ein Ende bereitet, bis dahin genetisch voneinander isolierte Bevölkerungen kräftig durchmischt und damit die dominanten Gene, die für die größere Größe sorgten, in den Verkehr gebracht.

Vermutlich ist sogar etwas Wahres daran. Aber den ganzen Trend erklärt dieser Effekt mitnichten, dazu ist auch er viel zu gering. Außerdem war die Bevölkerung Europas im allgemeinen viel weniger endogam als in abgeschiedenen Alpendörfern, etwaige Größengene hätten sich also schon immer ausbreiten können. Noch etwas spricht dagegen. Die Heterosis zeigt sich in der ersten Generation: dann, wenn die Gene, die für die größere Größe sorgen, in eine Bevölkerung eingedrungen sind, die – zum Beispiel wegen ihrer Endogamie – bisher gegen sie abgeschottet war. Schon darum eignet sich die Heterosis schlecht, eine langfristige Zunahme über viele Generationen hin zu erklären. Man brauchte die Zusatzannahme, daß immer wieder neue Größengene in die Bevölkerung gelangen, um ihre Wirkung zu tun. Wo aber sollten sie eigentlich herkommen?

Und überhaupt stößt sich jede genetische Erklärung an dem Umstand, daß der Langzeittrend auch und gerade bei den allergrößten Bevölkerungen der Erde auftritt, bei Skandinaviern und Holländern. Damit eine Bevölkerung sich sozusagen selber über den Kopf wachsen kann, muß sie die verantwortlichen Gene von irgendwoher importieren – und wie sollte das bei den Größten möglich sein?

Wenn die genetische Erklärung also nicht weit trägt – was

könnte es dann sein? Leider sind unter den verbleibenden Theorien die sichersten auch die nichtssagendsten.

Eine verhältnismäßig unriskante Theorie lautet: Urbanisierung. Tatsächlich nehmen Stadtmenschen fast überall viel stärker an dem Trend teil als Landmenschen, allerdings nicht die Bewohner der riesigen städtischen Slums in den Entwicklungsländern, die genauso klein bleiben wie die Landbevölkerung[8]. Die Stadt allein reicht also nicht; es müssen bestimmte Aspekte des städtischen Lebens sein, die den Ausschlag geben. Ein besonders anschauliches Beispiel stammt aus Polen. Dort wurde, rund um ein Hüttenwerk, in der Nähe von Krakau eine ganze Stadt aus dem Boden gestampft, Nowa Huta. Fast ihre ganze Einwohnerschaft kam vom Land, aus Kleinpolen. Ende der sechziger Jahre verglich man die in Nowa Huta aufgewachsenen Kinder mit denen, die auf dem Land geblieben waren. Unterschied in jedem Alter: über 4 Zentimeter[8].

Eine andere sichere Theorie heißt: Familiengröße. Tatsächlich, je kleiner die Familien wurden, desto größer wurden die Menschen. Man wird bemerken, daß Urbanisierung und Familiengröße nicht unabhängig voneinander sind. Die städtischen Familien sind die kleineren: also könnte hinter dem Faktor Urbanisierung schlicht die kleinere Familie stecken. Oder umgekehrt – denn die kleineren Familien leben ja in den Städten. So versteckt sich ein Grund in dem anderen.

Der ärgste Schönheitsfehler dieser Theorien ist jedoch der, daß sie so wenig speziell sind. Schließlich wissen die Körperzellen, die sich da mehr oder weniger bereitwillig teilen, nichts von Stadt und Land und auch nichts von der Geschwisterzahl. »Urbanisierung« oder »Familiengröße« oder auch die »Industrialisierung« verantwortlich zu machen, ist nicht viel besser als die Auskunft: Das sind irgendwie die modernen Zeiten. Nicht das Stadtleben oder die Kleinfamilie selber können die Ursachen sein; sie stellen nur die Rahmenbedingungen, unter denen die wirklich ausschlaggebenden, die speziellen Faktoren regelmäßig zum Zug kommen. Gesucht aber sind eigentlich diese.

Womit man zwangsläufig wieder zur Ernährung zurückkehrt. Hier immerhin gibt es zwei ernstzunehmende Theorien.

Die eine stammt von Eiji Takahashi. In Japan ist der Größenzuwachs stark ausgefallen, ganz besonders nach 1960. Takahashi stellte ihm die Änderung verschiedener Essensgewohnheiten gegenüber. Und siehe da: Der Trend verlief genau parallel zur Zunahme des Milchverbrauchs. Es ergibt das ja auch Sinn: Milch enthält tierisches Eiweiß, Kalzium und Vitamin D, Stoffe, die zum Wachsen nötig sind und mit denen die reisessenden Japaner früher sehr schlecht versorgt waren. Die Landbevölkerung war es bis vor wenigen Jahrzehnten. Seit auch sie Milch erhält, schließt sie sich dem Trend an[34, 35]. Da wäre also ein ernsthafter Kandidat: tierisches Eiweiß im allgemeinen, Milch im besonderen.

Die andere Theorie vertritt ein Mediziner in Winterthur, Eugen Ziegler. Er sagt: Es ist der Zucker, genauer: die Glukose. Da er vom Körper nicht verwandelt werden muß und nicht gespeichert wird, jage die aufgenommene Glukose den Zuckerspiegel in die Höhe, und das erzeuge stoßweise ein Reizklima, welches irgendwie das Wachstum anheize. Auch Ziegler konstatierte eine erstaunliche Parallele: Größenzunahme und Zuckerverbrauch stiegen gleichzeitig und gleich stark.

Ist es die Milch, ist es der Zucker? Die Zuckertheorie hat Vorzüge. Takahashi hat den Größenzuwachs mit allerlei Ernährungsänderungen verglichen, mit dem Verbrauch von Fisch, Fleisch, Eiern, Reis, Weizen, Gemüse, Obst. Zucker war leider nicht dabei. Man weiß aber, daß sich der Zuckerkonsum in Japan seit der Jahrhundertwende fast versechsfacht hat, in Europa nur vervierfacht. Takahashi hat also nicht ausgeschlossen, daß es auch in Japan der Zucker und nicht die Milch gewesen sein könnte. Zudem kann Ziegler mit einer Gegenprobe aufwarten. Die Eskimo hatten im Unterschied zu den Japanern nie Mangel an tierischem Eiweiß und Kalzium; Fisch, ihre Hauptnahrung, enthielt beides reichlich. Seit ihrer raschen Anpassung an die westliche Ernährungsweise ist ihr Zuckerkonsum hochgeschnellt, ihr Eiweißkonsum aber gesunken – und trotzdem kommen die Kinder schwerer auf die Welt und wachsen schneller. Außerdem kann Ziegler noch ein Argument ins Treffen führen: Zuckerkranke Mütter (also Frauen mit einem ständig zu hohen Zuckerspiegel) bringen oft übergewichtige (allerdings nicht übergroße) Kinder zur Welt, »Riesenbabys«.

Die Zuckertheorie hat nicht viel Anklang gefunden, aber mir scheint, sie ist nicht ohne. Doch man darf sie sicher nicht zu eng sehen. Wo Eiweiß, Kalzium und Vitamin D fehlen, kann auch noch soviel Zucker kein Wachstum bewirken. Darum läßt sich wohl doch kein spezifischerer Grund angeben als der: Es muß die moderne Ernährungsweise sein – die besser genährten Mütter, die schon den Fötus mit allen Nährstoffen versorgen; die durchgeplante und ausgewogene Säuglingsernährung, die jedem Mangel zuvorkommt; und dann vor allem das Überangebot an Eiweiß und Zucker. Auch das mag noch nicht der Weisheit letzter Schluß sein. Mehr als nichts ist es.

Die Erblichkeit der Körpergröße ist hoch, etwa 95 Prozent. Das bedeutet, daß die Unterschiede in der Statur nur zu 5 Prozent auf unterschiedliche Umweltbedingungen zurückgeführt werden können und im übrigen genetische Gründe haben; es bedeutet auch, daß die Endgröße ziemlich stabil ist und sich nur geringfügig beeinflussen läßt. Ist das nun aber nicht ein eklatanter Widerspruch? Auf der einen Seite eine hohe Erblichkeit; auf der anderen waren es sehr wahrscheinlich Änderungen der Lebensverhältnisse und nicht der Gene, die den nicht unerheblichen Jahrhunderttrend bewirkt haben.

Der Widerspruch ist keiner mehr, sobald der Faktor Zeit berücksichtigt wird. Alle Erblichkeitsberechnungen beziehen sich immer auf die Situation hier und jetzt: auf die Faktoren, die zu einer gegebenen Zeit Unterschiede hervorbringen. Hier und heute, so besagt eine hohe Erblichkeit, tragen die tatsächlich bestehenden Unterschiede in den Lebensbedingungen nur sehr wenig zu den Unterschieden der Statur bei. Auch zu anderen Zeiten wäre die Erblichkeit wahrscheinlich nicht viel niedriger gewesen. Wenn jedoch sämtliche Unterschiede in den Lebensbedingungen, die während der letzten hundertfünfzig Jahre bestanden haben, heute alle gleichzeitig bestünden; wenn manche Kinder heute also immer noch so schändlich aufwachsen müßten wie Fabrik- und Landarbeiterkinder zu Anfang des neunzehnten Jahrhunderts, anderen aber all die Privilegien zugute kämen, die das Kindsein heute mit sich bringt – dann gäbe es mehr Größenunterschiede zwischen den Menschen, als es heute gibt, und sie gingen auf die Verschiedenheit der Verhältnisse zurück und senkten die Erblichkeit vermutlich ganz beträchtlich.

Erst recht heißt die hohe Erblichkeit natürlich nicht, daß die

Größe jeder menschlichen Einflußnahme grundsätzlich und für alle Zeiten entzogen wäre. Die bestehenden Unterschiede ändern zwar nicht viel an ihr – aber denkbar ist es sehr wohl, daß die Medizin die Wachstumsprozesse eines Tages durchschaut und unter Kontrolle bringt und sich jeder selber aussuchen kann, wie groß er sein will. (Ob das auch erstrebenswert wäre, ist eine andere Frage.) Wäre die Kontrolle über die Endgröße vollkommen, so gingen alle Unterschiede, die in diesem Fall noch übrigblieben, ganz und gar auf nichtgenetische Ursachen zurück, nämlich auf die Entscheidungen, die die Menschen getroffen haben, und die Erblichkeit sänke auf null, obwohl sich an den Wachstumsprozessen selber und der Art, wie die Gene sie steuern, nicht viel änderte.

Größer werden die Menschen – werden sie auch fetter und schlaffer? Die Antwort ist kurz: im allgemeinen offenbar nicht. Nur wenige Studien kamen zu dem Ergebnis, daß sich das Verhältnis zwischen Gewicht und Größe verschiebe; und wo es das tat, war die Verschiebung sehr gering und betraf meist nur die Mädchen. In Deutschland scheint keinerlei Verschiebung stattzufinden[41]. Ausreichend Sport vorausgesetzt, steigt die magere Muskelmasse im gleichen Maß wie die Größe. Die Menschen werden also nicht nur länger, sie werden auch kräftiger.

Mit der Statur nimmt das Hirnvolumen zu. Zehn Zentimeter Körperlänge mehr bedeuten 59 Gramm mehr Gehirn[13]. Werden die Menschen etwa intelligenter?

Da Intelligenz von der Organisation des Gehirns abhängt und nicht von seiner schieren Masse, ist kein direkter Effekt zu erwarten. Eine Zeitlang wurde offen oder hinter vorgehaltener Hand davor gewarnt, die Menschen würden sogar immer dümmer – da sich die genetisch Unbegabteren stärker vermehrten[17]. Es war offenbar eine unbegründete Besorgnis; vermutlich haben zwar unterdurchschnittlich Intelligente oft mehr Kinder, aber die am untersten Ende der Verteilungskurve haben dafür gar keine, so daß es sich wieder ausgleicht. Jedenfalls wurde kein einziges Mal eine Abnahme der Intelligenz festgestellt, einige Male aber eine leichte Zunahme[22]. Wie läßt sich ihr überhaupt auf die Spur kommen? Zum Beispiel, wenn alte IQ-Tests neu standardisiert werden, wenn man also prüft, ob die Mitte nach wie vor dort liegt, wo sie früher einmal festgelegt wurde – bei genau 100 IQ-Punkten. In Schottland und den Vereinigten Staaten hat man bei solchen Proben entweder gar keine oder nur so geringfügige Änderungen gefunden, daß sich aus ihnen kein Trend ableiten läßt.

Abgesehen von seinem plötzlichen Größenzuwachs und seiner beschleunigten Reifung ist der Mensch offenbar in keinem Umbau begriffen. Faßt man einen etwas größeren Zeitraum als die letzten hundertfünfzig Jahre ins Auge, so erscheint er geradezu als ein Fels der Unveränderlichkeit. Die preußischen Gardemaße von 1736 wären auch heute noch imposant: Am begehrtesten war der »schöne, junge, noch im Wachstum befindliche Kerl« von mindestens 1,89 Meter. Er erhielt 900 Taler Handgeld. Nur 540 bekam der »gute Kerl, nicht häßlich«; er mußte 1,84 Meter groß sein. Darunter gab es dann nur noch den »Kerl«, der nicht kleiner als 1,74 Meter sein durfte und mit 45 Talern abgespeist wurde. Die niedrigen Türstürze vieler mittelalterlicher Behausungen täuschen: Statt Wärme ins Freie entkommen zu lassen, haben sich die Menschen damals lieber gebückt. Aber die Ritterrüstungen? Hätten die Krieger nicht Knautschstellen bekommen, wären sie nicht wirklich wesentlich kleiner gewesen? Ich habe im Londoner Tower 23 Rüstungen aus dem sechzehnten und frühen siebzehnten Jahrhundert gemessen, neunzehn davon aus Mitteleuropa und England, vier aus Oberitalien. Ihre Größen sind durchaus verschieden, zwischen 1,58 und 1,81 Meter; wer nur ein paar in Augenschein nähme und von ihnen verallgemeinerte, könnte ganz falsche Schlüsse ziehen. Die beiden Extremfälle beiseite gelassen, einen englischen Zwerg von 98 und einen Braunschweiger Riesen von 208 Zentimetern, ergibt sich eine Durchschnittsgröße von 170 (plusminus zwei Zentimeter Meßfehler). Zieht man den Jahrhundertzuwachs von 15 Zentimetern von der heutigen Größe ab, so müßten die Männer damals durchschnittlich 1,64 Meter groß gewesen sein. Das eiserne Zeugnis der Rüstungen zwingt einen also nicht, ihre Durchschnittsgröße nach unten zu korrigieren. Aber auch nach oben muß sie nicht korrigiert werden – Krieger, und gar solche in teurer Rüstung, werden damals eher überdurchschnittlich Große geworden sein.

Der früheste Vorfahr der heutigen Europäer, der Cro-Magnon-Mensch, der vor 35 000 Jahren auf unserem Erdteil auftauchte und dessen Nachfahren sich an einigen Orten – im schwedischen Dalarna, in der Normandie und auf den Kanarischen Inseln – relativ unverändert erhalten haben, war 163 bis 183 Zentimeter groß, hatte die gleichen Körperproportionen und mit 1600 Kubikzentimetern sogar ein um zehn Prozent größeres Hirnvolumen als der heutige Durchschnittsmensch[29]. Steckte man ihn in moderne Kleider, er fiele nirgends auf. Selbst der Java-Mensch vor einer halben Jahrmillion war bereits 1 Meter 72 groß. Er fiele auf, allerdings nicht wegen seiner Größe – sein Hirnvolumen betrug nur 950 Kubikzentimeter. Die heutige Größe war erreicht, als das Gehirn noch weit zurück war.

Natürlich hat die Zivilisation die Evolution nicht außer Kraft gesetzt[7]. Evolution ereignet sich überall dort, wo nicht alle Arten von Menschen die gleiche Zahl reproduktionsfähiger Nachkommen hinterlassen. Das kann sein, weil sie den jeweils gerade bestehenden Lebensbedingungen nicht gleich gut gewachsen sind; oder schlicht, weil sich die Geschlechter um bestimmter Merkmale willen stärker oder schwächer begehren. Das eine Merkmal hat Reproduktionsvorteile und breitet sich aus, ein anderes ist auf dem Rückzug – das ist die Evolution. Es scheint wenig menschliche Evolution stattzufinden. Aber vielleicht erkennen wir sie nur nicht. Sie spielt sich in langen Zeiträumen ab, und einige Jahrzehnte oder Jahrhunderte sind zu wenig, um mit Sicherheit ausmachen zu können, ob es sie gibt und wohin sie führt.

Man wird nur dies sagen dürfen: Ohne Zweifel hat die Zivilisation die natürliche Selektion weitgehend abgeschafft. Die ganze Zivilisation ist in der Hauptsache genau das: ein Sieg über die Grausamkeit der natürlichen Selektion. Heute überlebt und hat Kinder, wer früher einer der überall lauernden Krankheiten zum Opfer gefallen wäre. Daß sich die Anfälligkeiten für im übrigen ausgerottete Krankheiten ausbreiten, mag in evolutionärer Sicht gleichgültig sein. Aber es sind sicher nicht nur derlei spezielle Anfälligkeiten, die sich ausbreiten; auch die allgemeine Robustheit der Menschheit wird in relativ kurzer Zeit drastisch gesunken sein und weiter sinken. Wohin Geschichte und Evolution den Menschen auch führen – seine Ärzte werden ein immer besseres Auskommen finden.

# WAS UNS ANGST MACHT

*Über die Monster*
*der Leinwand*

Gremlins: so nannten amerikanische Piloten im Zweiten Weltkrieg die tückischen unsichtbaren Kobolde, die manchmal den Lauf ihrer Maschinen zu stören schienen. »Gremlins«: so heißt der Film von Joe Dante (1984), der diesen passionierten Kaputtmachern eine Gestalt gibt. Sein Monsterdesigner Chris Walas stand vor der Aufgabe, sich denkbar unangenehme Biester einfallen zu lassen. Und so sehen sie nun aus: Sie sind hundegroß, haben geblähte Nüstern, vorspringende Augenbrauenwülste, die ihre blutunterlaufenen Augen hervorheben, eine schwärzliche warzige Haut und vor allem eine sehr spitze Schnauze mit vielen teuflisch scharfen Zähnen; dazu sind sie flink, haben ein hochentwickeltes technisches Verständnis und ein ziemlich amoralisches Verhalten. Bei ihrer Kreation dürften einmal eine Promenadenmischung aus Schleichkatze und Flughund, zum andern aber jene Figuren Pate gestanden haben, in denen die Monsterphantasie des Mittelalters Stein wurde, nämlich die Wasserspeier an gotischen Kathedralen, in deren fratzenhaften Gestalten sich höchst ungemütlich wirkende Tiere mit dem Teufel gekreuzt hatten; hinter dessen mittelalterlicher Gestalt wiederum stand der antike Satyr, halb Mann, halb Ziegenbock; und in dessen zottigem Wesen wiederum dürften Gerüchte von fernen »Waldmenschen«, also von Schimpansen oder anderen Menschenaffen Ausdruck gefunden haben.

Die Gremlins verlustieren sich im Kino bei Walt Disneys »Schneewittchen«, ehe sie in die Luft gesprengt werden. Und der Regisseur Steven Spielberg, der »Gremlins« produziert hat, sagte von diesen biestigen Latex-Monstern scharfsinnig, sie seien »die dunkle Seite des Gründungsvaters aller Kreaturen groß und klein: Sie sind Walt Disneys Es.«

Aber auch Disneys lichte Seite ist in dem Film gegenwärtig, in Gestalt jener Kreatur, aus der bei unsachgemäßer Behandlung leider die Gremlins entstehen: des »Mogwai«. Der Mogwai ist so etwas wie das optimale »lebende« Stofftier: klein, weich, mit babyhaftem Gesicht; außerdem singt er und sieht liebend gerne fern.

Zoologisch scheint er dem wegen seines nächtlichen Geschreis als »Buschbaby« bekannten Galago-Halbaffen verwandt; er sieht aus wie ein von einer Spielzeugfirma ins Disneyhafte stilisierter Galago. So ist »Gremlins« eine Art »Dr. Jekyll und Mr. Hyde« des Monsterfilms. Er spielt an auf die Ambivalenz, die unbekannte Tiere für uns besitzen. Das Vieh könnte »lieb« sein oder »böse«. Es könnte kratzen und beißen oder aber sich streicheln lassen und sogar wohlig »singen«.

Und wäre das – denn auch ein Tier kann schließlich nichts für sein Aussehen – umgekehrt ebensogut vorstellbar? Der Gremlin »lieb«, der Mogwai »böse«? Natürlich nicht. Die Attribute, die ein Wesen für uns harmlos oder bedrohlich oder eklig machen, sind alles andre als beliebig. Und der Film kann es sich nicht leisten, diesen unseren »intuitiven« Vorurteilen zuwiderzulaufen. Ein möglicherweise weltweites Publikum muß auf Anhieb, ohne langes Überlegen, mit den eingeplanten Emotionen reagieren.

So weit die Erinnerung der Menschheit zurückreicht, hat sie sich Ungeheuer ersonnen. Eine Gipfelleistung der Monsterphantasie früherer Zeiten war etwa der Basilisk: im Mittelalter ein vierfüßiger Riesenhahn mit Schnabel und Krallen aus Eisen und einem dreispitzigen Schlangenschwanz, ein Untier, dessen bloßer Blick schon tödlich wirkte (was wohl besagen sollte, daß man schon bei seinem bloßen Anblick tot umfiel). Oder der entsetzliche Drache, der erst in Wolfgang Petersens »Unendlicher Geschichte« (1982) zu einem weißen, softigen, plinkernden Plüschschoßtier wurde: in China ein vielgestaltiges, glückbringendes Wesen mit Pferdekopf, Schlangenschwanz, vier Klauen und zwei großen Flügeln, in Europa eine saurierhafte, schuppige, feuerspeiende Echse, die nur der wahre Held besiegt.

Immer bedürftig, sich die denkbar schlimmsten aller Möglichkeiten bis ins einzelne auszumalen, hat sich die menschliche Phantasie bei der Ausgestaltung eines imaginären Horror-Bestiariums in einem fort selber zu übertrumpfen gesucht. Und man sollte denken, daß der Phantasie keine Grenzen gesetzt sind. Aber seltsam, so sehr sich heute in der Filmindustrie auch ganze »Kreativ-Teams« das Haar zerraufen, es wollen uns einfach nicht beliebig viele neue Ungetüme einfallen. Das Repertoire des Schreckenerregenden ist geradezu schmächtig.

Man könnte einwenden, die Filmindustrie sei nicht gerade eine verläßliche Auskunftsquelle, wenn man erfahren will, welche Themen und Formen die Menschen in Schrecken versetzen. Sie ist es aber doch, und zwar aus zwei Gründen. Erstens kann sie sich nicht unbegrenzt wiederholen und ist darum ständig und planmäßig auf der Suche nach neuen Reizen; wahrscheinlich, daß sie dabei mit der Zeit auf alle nur erdenklichen Effekte kommt, daß zumindest keine wichtigen Effektbereiche unentdeckt bleiben. Zweitens ist sie zwar auf Novitäten aus, kann sich dabei aber keine Flausen leisten und muß sichergehen, daß ihre Effekte wirklich wirken; Horrorrezepte, die ihrem Publikum den Horror schuldig bleiben, scheiden von allein aus, während die erwiesenermaßen wirkungsvollen rasch Nachwuchs bekommen, der sie bis zum Geht-nicht-mehr variiert – siehe die endlosen Folgen der Frankenstein- oder Zombie- oder Godzilla- oder Vampir-Filme.

Warum aber ist irgend jemand bereit, auch nur eine müde Mark dafür auszugeben, daß ihm einmal so richtig angst und bange wird? Sollte man nicht meinen, er werde eher alles daransetzen, dem Schrecken möglichst aus dem Wege zu gehen? Ich vermute (und sage ausdrücklich dazu, daß es sich um eine Spekulation handelt), zu dem angestammten Verhaltensrepertoire des Menschen gehöre das Bedürfnis, allen Katastrophen intensive Aufmerksamkeit zu schenken; darum die magische Anziehungskraft von Feuersbrünsten, Unfallstellen, früher Hinrichtungen; darum die Lust an spielerischen Darstellungen von Kämpfen und Unglücken, wie sie sich bei vielen Sportarten zeigt. Zu diesem Bedürfnis gehört es, alle schlimmen Eventualitäten im Geist, im Gefühl durchzuspielen, solange man selber in Sicherheit ist – darum die Faszination alles risikolosen Grauens, der lustvolle Schauder, den der symbolische Horror auslöst, ob in der Geisterbahn oder im Kino, und den man sich sogar einiges kosten läßt. Evolutionär wäre ein solches Bedürfnis jedenfalls sinnvoll. Die Spezies, die darüber verfügte, studierte alle möglichen Gefahren, die ihr drohen, im voraus und wäre besser gewappnet, wenn sie eines Tages wirklich eintreten sollten.

Was macht uns Angst?

Schreckenerregend finden wir manche Tiere, und zwar einfach jene, die dem Menschen gefährlich werden können und ihm in seiner Geschichte tatsächlich gefährlich waren, Raubkatzen etwa,

Bären, Wölfe, die dann auch die Filmleinwand bevölkern. Ihre Attribute: ein drohender Blick aus zwei nebeneinander angeordneten Augen, ein Maul mit reißenden Zähnen, kräftige Pranken mit kratzigen Krallen; außerdem sollten sie sich schnell bewegen und nur schattenhaft sichtbar sein. (Jeder Gruselregisseur weiß, daß man auch das elaborierteste Ungeheuer besser nicht zu deutlich zeigt. Was wir klar ins Auge fassen können, büßt sofort an Schrecknis ein.)

Die erste eigentliche Phantasiezutat zum Thema »Erschreckendes Tier« ist schlicht und einfach die Vergrößerung. Nach diesem Rezept sind zahllose höchst wirksame Kinomonster entstanden, von Cooper/Schoedsacks unglücklich verliebtem Riesengorilla »King Kong« aus dem Jahre 1933 (in Wirklichkeit Willis O'Briens 45 Zentimeter hohe Stop-Motion-Puppe aus Kaninchenfell) bis zu Spielbergs zähnebewehrtem »Weißem Hai« (1975), nicht zu vergessen die Riesensaurier und -hummer und -kraken der einfältigen japanischen »Godzilla«-Filme (in Wirklichkeit Schauspieler mit Gummianzügen), die tapsig und komisch ganze Modellbaukastenszenerien zertrampelten, zermalmten und verwüsteten. Bloße Vergrößerung macht sogar aus harmloseren kleinen Tieren Ungeheuer – so die über vier Meter große »Killer-Ameise« in Gordon Douglas' »Formicula/Them!« (1954) und all das andere riesenhaft mutierte Kleingetier in ihrem Gefolge, Skorpione, Taranteln, Libellen, selbst Schmetterlinge und Stubenfliegen. Aber wenn sich in David Lynchs Weltraum-Fantasy-Historien-Mysterien-Schinken »Dune der Wüstenplanet« (1984) überdimensionierte Würmer durch den Wüstensand winden, deren eines Ende ein einziger zähnegespickter Schlund ist, zeigt sich, daß sich der Vergrößerungseffekt erschöpft hat. Riesenwürmer fehlten in der Tat noch in der Kollektion, aber die monströsen – und wie so manche Monster eher lebensunfähig aussehenden – Dinger wirken wie kriechende Abflußröhren aus Zement und trotz ihrer Ausmaße überhaupt nicht schrecklich. Denn sich von Würmern bedroht zu fühlen ist dem Menschen wohl nicht gegeben; Würmer zwar fressen ihn schließlich, wirken aber höchstens »ekelhaft«.

Die andere Art, ein Tier monströs zu machen, ist die Hybridisierung: etwa die Kombination von Löwe, Ziege und Schlange im Fall der Chimäre des Altertums oder von Riesenschlange und Vogel im Fall der aztekischen Gottheit Quetzalcoatl, wie sie in Larry Cohens »Q« (1982) tricktechnisch eher unbeholfen den New Yorker Chrysler-Wolkenkratzer umflattert.

Viel mehr Gespür für das Schreckenerregende bewies Alfred Hitchcock, als er seinen »Vögeln« (1963) ihre natürliche Größe und äußere Gestalt beließ und nur ihre raubtierhaften Verhaltenszüge vergrößerte. Eine Schar gewöhnlicher, aber ungewöhnlich aggressiver Piepmätze ist um vieles grausiger als die gigantischste Monsterkonstruktion aus Schaumgummi und Fiberglas.

Grauenhafter aber als alles Getier wirkt schlechterdings immer der bedrohlich verfremdete Mensch. Der Riese etwa, zum Beispiel Ray Harryhausens (Stop-Motion)-Zyklop in »Sindbads siebenter Reise« (1958). Oder Dr. Frankensteins künstlicher Mensch, der in seiner geradezu archetypischen Verkörperung durch Boris Karloff (erstmals 1931) auf die menschliche Furcht vor geistesgestörten und mißgestalteten Artgenossen bauen kann. Oder der übersteigerte Typ Kriegsknecht, bis hin zu dem Kommandanten des Universums in George Lucas' »Krieg der Sterne«-Epopöe (1976ff.), dem kosmischen Übervater Darth Vader, der im wesentlichen ein großer Kerl in Uniform mit unheimlich unsichtbarem Gesicht und einem schwarzen SS-Helm ist. Oder die wandelnden Toten, ob als normale Gespenster oder als blutlüsterne Vampire oder als George Romeros menschenfleischfressende »Zombies«. Und all die unzähligen verformten, entstellten, verwesenden, mit mancherlei Narben und Schwären behafteten Menschengesichter in ungezählten Schreckensfilmen. Denn des Menschen größter Schrecken ist der Mensch.

Früher reichte dem Horrorgewerbe ein bloßer Buckel. Wie schaurig schwang sich der »Glöckner von Notre-Dame« durch seinen Glockenstuhl, und wie ungerecht war dieser Schauer! Wenn heute eine Mißgestalt aufgeboten wird, dann ist sie ein Nonplusultra an Verwachsenheit, und man erblickt den »Elefantenmenschen« (1980 von David Lynch in Szene gesetzt), den Beulen, Schwielen, Ödeme, Knochenverkrümmungen derart entstellen, daß er sich kaum noch als menschliches Wesen identifizieren läßt. Lynch schont den Zuschauer lange und erspart ihm den Anblick; und heizt damit mächtig seine Neugier an. Aber auch hier ist das Entsetzen ungerecht. In dem Mißgebilde wohnt eine zarte Seele, die am Ende süßlich gen Himmel entfleucht. (Aber der Film enthält immerhin schöne, strenge Schwarzweißbilder der frühen Industrielandschaft.)

Das Horrorgewerbe hat es nicht leicht. Man kann sich lange den Kopf zerquälen – es will einem einfach kein neuer Schrecken einfallen. Verwundete, Kranke, Entstellte, Tote, unmäßig Große und Kräftige, Geisteskranke und Brutalos – alles dagewesen, alles abgenutzt. Was gäbe es noch? Es war vermutlich der Contergan-Schock, der die Filmindustrie auf eine neue Idee brachte: auf das schreckliche Kind. Es müßte, so werden sich jene gedacht haben, die es am Reißbrett entwarfen, sogar ganz besonders schrecklich sein, denn spontan erweckt ein Kind ja Zuwendung, appelliert es an unseren Betreuungsinstinkt. Wir möchten ihm den Kopf tätscheln, einen Bonbon in den Mund stecken – und da beißt es zu!

Mehrfach hat der Horrorfilm uns das *enfant terrible* präsentiert. In Roman Polanskis »Rosemary's Baby« war es ein kleines Teufelchen, das die nette New Yorkerin zur Welt brachte. Wir erblickten nur ganz kurz sein Gesicht: Es hatte längliche Pupillen. In Larry Cohens berühmtem »It's Alive« (»Wiege des Bösen«, 1974) kommt eine Frau mit einem Monster nieder, das gleich als erstes sechs Ärzte und Krankenschwestern totbeißt. Nicht Satan ist hier schuld, sondern vermutlich ein ungesundes Medikament, das sie während der Schwangerschaft eingenommen hat. Das kleine Biest macht sich sofort aus dem Staub und lauert in der Folge in Gebüschen seinen Opfern auf, die es alle durch Bisse in die Halsgegend tötet. Wir sehen die Welt oft aus seiner Perspektive, bekommen es selbst aber so gut wie gar nicht zu sehen, sondern hören nur sein gräßliches Quäken, halb klägliches Babygeschrei, halb gemeines Raubtiergefauch. Als wir es dann etwas genauer betrachten können, drunten in den Abwasserkanälen von Los Angeles, in die es sich geflüchtet hat, hat die Polizei es bereits verwundet, ist es schon ein Häufchen Elend. Tatsächlich, es ist ein Baby, wenn auch ein mutiertes: großer Kopf, riesige Augen, die kindlichen Proportionen wie die kindliche Nacktheit stark übertrieben; aber aus seinem Mündchen ragen zwei spitzige Fangzähne. Der Film läßt sich – eine Seltenheit in diesem Genre – auf eine gewisse seelische Differenziertheit ein: die Eltern, die die Kreatur erst ablehnen und dann doch irgendwie liebgewinnen. Und daß man den mordenden

Säugling nie in Aktion sieht, erspart dem Opus die Gefahr unfreiwilliger Lächerlichkeit.

David Cronenbergs »The Brood« (»Die Brut«, 1979) entgeht ihr nicht ganz. Die Brut: das sind die unnatürlichen, auf irgendwie ektoplasmatischem (»psychoplasmatischem«, heißt es) Wege entstandenen Kinder einer Wahnsinnigen, von ihr in einer externen Fruchtblase ausgetragen, insgeheim geboren (nur ihr Psychiater weiß Bescheid) und in einen Schuppen gesperrt. Dort scheinen sie meist vor sich hinzudösen. Doch wenn Wut auf irgendwen in der Mutter aufsteigt, dann kommt Leben in sie, und sie ziehen schnatternd und kreischend los und morden, gleichsam die verkörperten Aggressionen der Geisteskranken. Als die Mutter am Ende glücklich erwürgt ist, fällt prompt auch die ganze »Brut« tot in sich zusammen. Etliche Male bekommen wir welche zu Gesicht: dick vermummte Vorschulkinder mit ungestaltem, leicht leichenhaften Gesicht. Allerdings, sie können sehr behende sein, wenn sie auf Mordmission gehen, und ihre ersten Morde verüben sie tückisch aus dem Hinterhalt. Aber dann sehen sie doch wieder aus wie relativ normale kleine Rangen, und der Zuschauer begreift nicht, wieso sich kräftige erwachsene Menschen von ihnen so willenlos zu Tode beißen lassen. Es muß wohl sein, weil der Anblick eines kleinen Kindes mit Mordabsichten sie vor Schrecken lähmt. Das kleine Kind als Raubtier – es ist ein extremer Versuch, unsere Furcht vor dem Mitmenschen zu mobilisieren, und ich bezweifle, daß er gelingt und gelingen kann. Die Angst, die sie tatsächlich ausbeuten, ist eine andere: Welche Eltern fürchteten nicht, daß mit ihren Kindern irgend etwas nicht in Ordnung ist?

Im wirklichen Leben draußen bedroht uns allerlei: Kraftfahrzeuge töten uns massenweise, Klingen verletzen uns, Steckdosen drohen uns die Elektrokution an, chemische Schadstoffe in der Luft, im Wasser und in der Nahrung vergiften uns, Pilze, Bakterien und Viren dringen in uns ein und zerfressen unsere Organe, Röntgen- und Nuklearstrahlen zerstören unsere Gewebe. Wir wissen es genau, wir wissen, es passiert vielleicht gerade jetzt, und trotzdem bleibt der Schrecken aus. Entweder entziehen sich die Gefahren – wie die Strahlen, die meisten chemischen Gifte und die Mikroorganismen – unserer Wahrnehmung ganz und gar, oder sie sehen einfach harmlos aus und flößen uns keinerlei spontane Angst ein.

Wir haben kein unmittelbares Sensorium für die Gefahr, die von den Tschernobyls ausgeht; unsere Stammesgeschichte hat uns nicht darauf programmiert. Was uns spontan erschreckt, sind die bissigen Wesen, die den Menschen der Eiszeiten terrorisierten. In ein paar Filmen traten Autos oder Lastwagen als Monstren auf. Das aber funktionierte nur, weil die Autos mit der Schnelligkeit ihrer Bewegung und ihrem »Gesicht« aus Scheinwerferaugen und Kühlergrillmaul etwas unverkennbar Tierhaftes hatten. Schon die böse Riesenmaschine in Fritz Langs »Metropolis« (1927) hatte animalische Züge, war ein überdimensioniertes Tiergesicht. Sie war ja auch ein »Moloch«, und der war ursprünglich ein semitisches Götterbild – Mann mit Kalbskopf –, dem Menschenopfer dargebracht wurden.

Der Phantasie steht in den Spezialeffekt-Labors der Filmindustrie heute eine Illusionsmaschinerie zu Gebote, von der E.T.A. Hoffmann noch träumen mußte. Auch hat sie längst die Erde verlassen und tummelt sich im Weltraum. Dort, auf den fernen Sternen, dort gewiß, so sollte man meinen, könnten nun die unerhörtesten Wesen Gestalt annehmen, deren die Phantasie überhaupt fähig ist. Aber so, wie sich auch in der Weite des Alls immer wieder nur die sattsam bekannten und vergleichsweise kleinkarierten menschlichen Dramen ereignen (ein Jüngling liebt ein Mädchen, ein Boss ist ungerecht und grausam, ein mutiger Mann bewährt sich), so begegnet uns auch auf den Lichtjahre entfernten Himmelskörpern immer wieder nur eine recht irdische Fauna. Auf dem Eisplaneten in Irvin Kershners »Das Imperium schlägt zurück« (1979) hoppeln zwar in Gestalt der Tauntauns noch nie geschaute Reittiere durch den Schnee; aber es handelt sich doch nur um eine Art arktischer Känguruh-Rasse.

Wenn es tatsächlich Leben auf anderen Sternen geben sollte: es wäre wahrscheinlich ganz anders geartet und dimensioniert, verschaffte sich mit völlig anderen Sinnesorganen Kenntnis von der Außenwelt, gäbe seine Gemütsverfassungen, wenn es welche hat, mit völlig anderen Signalen kund. Wie, können wir uns einfach nicht vorstellen; und stellten wir uns etwas wahrhaft Unirdisches vor, so bliebe es ohne direkte Wirkung auf unser Nervenkostüm, ließe uns kalt und ratlos. Eine hundert Meter hohe Spirale von einem anderen Stern könnte die ausgefallensten und gefährlichsten

Eigenschaften haben – ohne Augen, die uns anstarren, ohne Krallen, die uns packen, ohne Zähne, die uns zerreißen können, wirkte sie einfach nicht bedrohlicher als ein Korkenzieher von Claes Oldenburg. Der glattpolierte fliegende Quader in Stanley Kubricks »2001« (1968) – der Monolith – ist wahrhaftig unheimlich genug, und er inspiriert die Menschenaffen in diesem Film ja auch auftragsgemäß zu ihrer Evolution hin zum *Homo sapiens* – aber er spricht zu uns einfach nicht in der Körpersprache, auf die wir in unserer sehr speziellen Stammesgeschichte programmiert wurden, und bleibt darum verurteilt, völlig neutral zu wirken.

Auch die freundlichen Außerirdischen der Filmindustrie müssen diesen Gesetzen verhaftet bleiben.

Kubrick wollte in seinem Film ursprünglich die höheren Geisteswesen jenes Nachbaruniversums im Bild zeigen, die erst jenen Monolithen schicken und dann den menschlichen Weltraumfahrer entführen und schließlich zu ihresgleichen verwandeln. Anders denn als Menschen, wenngleich verfremdete, konnte auch er sie sich nicht vorstellen. Dreizehn Meter hohe Figuren wollte er auftreten lassen, die den ausgemergelten Skulpturen Alberto Giacomettis nachempfunden sein sollten. Ihre relative Größe hätte in der menschlichen Körpersprache, in der wie noch im Primatentrupp schiere Körpergröße Respekt heischt, soviel wie »Hoheit« signalisiert; ihre Magerkeit »Schwäche« und damit Ungefährlichkeit – jeder Windhauch, sieht man gleich, bliese sie um.

Kubrick verzichtete schließlich darauf, die hehren Außerirdischen zu zeigen. Eben das reizte Spielberg, sie in seiner »Unheimlichen Begegnung der dritten Art« (1977) dann doch vorzuführen. Als sich unter allerlei Täträtä, einem himmlisch verklärten Karussell gleich, das fremde Raumschiff auf den auserkorenen Berg unter die andächtig ergriffenen Menschen niedersenkt, sieht man in seinem überirdischen Schein kurz ihre giacomettihaften dürren Figuren, hoheitsvoll und lichtumflossen, dies auch dank der Klarsichtfolie, mit der diese Bohnenstangenpuppen umwickelt waren. (Licht, vom Heiligenschein bis zu E.T.s glühendem Zeigefinger und Herz, symbolisiert in der menschlich-irdischen Körpersprache die »Klar«-heit des Geistes.) Die menschlichen Passagiere, die dann das Raumschiff boarden, um zu einer Kreuzfahrt ins All aufzubrechen, empfängt eine Art außerirdischer Kinderchor. *Aliens*,

»Fremdwesen«, die, obwohl größer, in ihren Proportionen »supranormalen« menschlichen Neugeborenen ähneln und somit heftig an unser Kindchenschema appellieren: »Seht nur, wie herzig!«

Eins dieser Wesen, bei der Produktion »Puck« genannt, wurde von dem Erfinder und Designer Carlo Rambaldi entworfen. Aus seinen Skizzen ist deutlich zu entnehmen, daß er die Figur aus dem menschlichen Fötus entwickelt hat. Und aus dem Puck entwickelte er 1982 wiederum für Spielberg jene Kunstfigur, die den Film, in dem sie auftrat, zu dem erfolgreichsten der Filmgeschichte machen sollte: E.T., das auf der Erde zurückgelassene Fremdwesen, mit dem ein zehnjähriger amerikanischer Junge Freundschaft schließt, das so gerne »nach Hause telefonieren« will und das am Ende dorthin zurückkehrt – vom Himmel hoch auf die Erde gekommen, hierselbst gestorben, wiederauferstanden, zum Himmel gefahren und im Geiste wie versprochen weiter bei den von ihm Erleuchteten.

Das Aussehen dieses E.T. hat nichts Beliebiges; er ist nicht einfach irgendein bizarres Geschöpf einer phantastischen Laune. Aufs raffinierteste wurde er von Rambaldi und Spielberg auf die einzige dem Menschen verständliche Körpersprache abgestimmt. Er ist ein Balanceakt: menschenunähnlich genug, um als Organismus von einem fremden Stern durchgehen zu können, aber auch ausreichend menschlich, um das unmittelbare Verständnis nicht unmöglich zu machen – ein symmetrisches, aufrecht gehendes, nacktes, sprachfähiges Wirbeltier mit vier Gliedmaßen und oben einem Kopf mit einem »richtigen«, wenn auch zu Herzform verknautschtem Gesicht, eben eine weitere Varietät jener Lebensform, die die Evolution auf der Erde so erfolgreich hervorgebracht hat. E.T. soll mit einem Zehnjährigen Freundschaft schließen: also muß er etwa gleich groß sein, denn Freundschaft schließen Jungs normalerweise mit Gleichaltrigen, und das gleiche Alter drückt sich aus in gleicher Größe. E.T. hat zwei betont große Augen: denn in der menschlichen Körpersprache ist die Möglichkeit zu ständigem Blickkontakt unerläßlich (wenn wir nicht wissen, wo ein Wesen hinsieht, wirkt es unberechenbar und damit bedrohlich). E.T. kann breit lächeln und verfügt damit über das effektivste menschliche Freundlichkeitssignal. Er hat viele Falten in seiner ledrigen, grünbräunlichen Runzelhaut, und die bieten zweierlei Vorteil: Zum einen läßt sich ein faltiges Gesicht viel ausdrucksvoller gestalten als ein glattes (die verwendeten, 1,4 Millionen Dollar teuren Schaumgummipuppen beherrschten 35 verschiedene mimische Bewegungen), zum anderen signalisiert es Alter, und so ist E.T. mit seinen dreihundert Lebensjahren gleichzeitig ein Weltraumkind und ein Erdengreis, und die Freundschaft mit ihm darf gleichzeitig eine Jungenfreundschaft und eine bewundernde Generationenliebe zwischen Enkel und Opa sein.

E.T. hat keine Beine, sondern nur Füße und kann also nur langsam watscheln: denn Beine, so Spielberg, der sich auf dergleichen versteht, machen Angst (was flinke Beine hat, könnte einen rasch angreifen). E.T. ist geschlechtslos: ein unschuldiges Weltraumkind eben noch. E.T. erglüht im Wortsinn seelenvoll. E.T. hat einen Teleskophals: der gibt ihm zuweilen das Aussehen einer »lieben«, fütterungsbedürftigen Schildkröte. E.T. hat auf Spielbergs ausdrücklichen Wunsch einen Bürzel wie Donald Duck: ein zarter Hinweis auf seine Herkunft, und allen Kindern ein Zeichen, daß über ihn auch gelacht werden darf.

So war dieser E.T. eine einzige Kalkulation auf die Zuneigung der Kinder, der kleinen wie der größeren, und sie ist aufgegangen. E.T. erschreckt zunächst ob seiner Fremdartigkeit, aber nicht zu sehr; und da sich mit ihm körpersprachlich anstandslos kommunizieren läßt, kann er seinen liebenswerten Charakter prompt mitteilen. Ein zusätzlicher Effekt kommt ihm zugute: »Er ist ja so häßlich, und er ist ja so hilfsbedürftig!« Das mögen Kinder sehr, wie ihre beständige Zuneigung zu häßlichen Puppen zeigt, zu der zerschlissenen Lumpenpuppe, der alten schwarzen Puppe Golliwog und heute zu den enorm häßlichen und enorm erfolgreichen Cabbage-Patch-Puppen. Denn es erlaubt ihnen, sich selber überlegen zu fühlen und, so klein sie auch selber noch sind, beschützende, elterliche Gefühle auszuprobieren: »Wenn du mich nicht hättest...«

Der Film »E.T.« verdrängte Spielbergs Projekt »Nachthimmel«, in dem bedrohliche *aliens* die Erde verunsichern sollten, welche in Rick Bakers Vorentwürfen aussahen wie große, sauertöpfische E.T.s mit Zornesfalte in der Stirn und mürrisch nach unten gezogenen Mundwinkeln. Während Spielberg sich statt dessen lieber um das Nonplusultra extraterristrischer Nettigkeit bemühte, arbeiteten andere hart daran, endlich das Nonplusultra außerirdischer Garstigkeit zu erreichen.

Ein interessanter Fall ist »The Invasion of the Body Snatchers« aus dem Jahre 1976 (mit dem falschen deutschen Verleihtitel »Die Körperfresser kommen«), Philip Kaufmans Remake des gleichnamigen Films von Don Siegel. Hier verwandeln sich die Weltraum-Monster mehrfach, probieren allerlei Gestalt an. Zu Anfang, als sie ihren sterbenden Stern irgendwo im All verlassen, ähneln sie gallertartigen maritimen Kleinlebewesen. Als sie auf der Erde eintreffen und über San Francisco niedergehen, sind sie schleimige Regentropfen auf dem Laub. Als solche treiben sie Pseudopodien und entwickeln sich zu prallen Knospen, aus denen kleine rosa Blüten wachsen. Die Menschen, die sie berühren oder an ihnen riechen, scheinen irgendwie infiziert zu werden. Jedenfalls kommt es schließlich dahin, daß nicht geheure Grünpflanzen, die jemand in ihrer Nähe deponiert hat, des Nachts, wenn sie schlafen, dünne Fäden nach ihnen ausstrecken und ihnen die Lebenskraft aus dem Leib saugen. Während dies geschieht, wächst aus einer großen Knospe in der Pflanze das Ebenbild des ausgesaugten Menschen heran, und wenn dieses fertig ist, altert dessen Urbild in Sekundenschnelle und zerfällt zu Staub. So nehmen die Außerirdischen die Gestalt der lebenden Menschen an und bevölkern erst San Francisco und bald die ganze Welt.

Meeresalgen, Schleimklumpen, Blumen, Grünpflanzen (und deren schotenförmige Vorform, die die Außerirdischen in einer Fabrik herstellen) – diese Gestalten machen nun aber keinem Angst, und eben weil ihr natürliches Alarmsystem die Menschen des Films nicht warnt, können sich die Invasoren so rasch ausbreiten. Schließlich aber nehmen sie eine wahrhaft grausige Gestalt an: Sie sehen aus wie du und ich. Da setzt der Film dann ganz auf die Furcht vor dem Mitmenschen. Sehen die Leute nicht heute alle ganz seltsam aus? Haben die überhaupt noch menschliche Regungen? Oder bin ich der einzige wirkliche Mensch, der hier noch übrig ist?

Kaufmans Film macht den Versuch, Menschen zu beschreiben, die keine Menschen mehr sind, die zwar noch so aussehen, denen aber nach ihren eigenen Worten die menschlichen Emotionen abgehen, Liebe, Haß, Angst. Damit aber kommt er ebenfalls an die Grenze menschlicher Vorstellungskraft. Gewiß, die Außerirdischen in ihrer usurpierten Menschengestalt wirken etwas stumpf und fügsam und mechanisch; auch brüllen sie zuweilen los wie ein Schwein in Panik. Aber emotionslos? Geschlechtliche Liebe fehlt ihnen vielleicht wirklich; bei ihrer Art der Vermehrung aus der Schote brauchen sie sie wohl auch nicht. Aber Haß und Wut zeigen sie dauernd; und als einer von ihnen von einem Noch-Menschen in einen Kühlraum gesperrt wird, packt ihn offensichtlich eine gewaltige Angst. Es fällt eben schwer, sich aus einem menschenähnlichen Lebewesen die menschlichen Emotionen wegzudenken; und auch der blühendsten Phantasie will es nicht gelingen, es mit völlig andersartigen Emotionen auszustatten. So läuft der Austausch der Weltbevölkerung durch isomorphe Kreaturen von einem anderen Stern darauf hinaus, daß alles mehr oder weniger beim alten bleibt. Die Furcht, die die vorerst noch verbleibenden authentischen Menschen befällt, ist nur die Furcht vor dem Nachbarverein, der sich anschickt, die Macht zu übernehmen.

Ridley Scott, dessen außerordentliche Philip-K.-Dick-Verfilmung »Blade Runner« mit ihren ganz und gar menschlichen, nur durch einen psychologischen Test als Maschinen, als Replikate identifizierbaren Monstern und ihren kaum weniger monströsen Menschen 1982 zeitlich leider in die aussichtslose Konkurrenz zu »E.T.« geriet, kreierte 1979 den »Alien«, nach Entwürfen des Zürcher Makaber-Surrealisten H.R. Giger. Es handelt sich um ein Wesen, das in einem auf einem fremden Stern gestrandeten Raumschiff aus einer Art Riesenei einen menschlichen Raumfahrer anspringt, seinen Kopf eisern umklammert hält und eine Saat in seinen Leib legt, aus der alsbald ein fürchterliches Scheusal hervorgeht, das fast die gesamte Raumschiffbesatzung vertilgt. Als »Gesichtsklammerer« ähnelt es einem gelblichen Seestern mit langen Krabbenbeinen, als aus der Brust hervorbrechender und eilig davonhuschender Embryo einem gelbroten, schleimigen Riesenphallus, als ausgewachsenes Monster einem über mannsgroßen, metallischen Gerippe mit totenkopfhaftem Gesicht und einer spitz zustoßenden schleimtriefenden Schnauze mit verschärften Zähnen: eine Kreuzung zwischen Maschinenmensch, Skelett und Raubtier und damit genau im Rahmen althergebrachter Ängste.

Für John Carpenters »Das Ding aus einer anderen Welt« (1982) bemühte sich eine vierzigköpfige Crew unter dem Make-up-

Künstler Rob Bottin ein Jahr lang, zum Preis von anderthalb Millionen Dollar ein unüberbietbares Monstrum zu erschaffen. Es soll, so will es die Story, vor Urzeiten im Eis der Antarktis gestrandet und von einer Forschergruppe freigesprengt worden sein. Eigentlich ist es eine Art Virus, der in irdische Wirtswesen eindringt, ihre »Gene umbaut« und sie dadurch in Monster verwandelt. Das heißt, das Ding muß gar keine bestimmte eigene Gestalt haben; seine Monsterhaftigkeit braucht sich nur darin zu erweisen, daß es vertraute irdische Wesen verunstaltet. Glücklicherweise widersteht es wohl dem Frost, dem Flammenwerfer aber nicht. Die erste Version, deren man ansichtig wird, sieht aus wie eine abstrakte Skulptur aus gebratenen Lammkeulen. Reichlich macht der Film von dem Motiv aufplatzender Körper Gebrauch, das zu einem Standardhorroreffekt geworden ist; zum Schrecken gesellt sich damit der Ekel, Ekel vor Blut, vor Eingeweiden, vor Schleim (dargestellt von viel Gelatine). In der grausigsten Szene platzt einem vom »Ding« infizierten Mann der Bauch längs auf, der Riß wird zu einem Riesenmaul mit Riesenzähnen, das dem ihn gerade betastenden Arzt die Hände abbeißt, dann dehnt sich sein Hals (mittels Bubble Gum), aus dem Schädel bricht ein anderer Männerkopf hervor und fällt zu Boden, eine meterlange Zunge wächst ihm aus dem Mund und wickelt sich um ein Tischbein, und am Ende kriecht das grausig verformte Haupt verkehrtherum auf langen Spinnenbeinen umher...

Wiederum: reichlichst Zähne, Kiefer, Klauen, Krallen, Greifarme, starrende Augen, verzerrte Gesichter, blutige Wunden, das ganze unvermeidliche Inventar, nur hier zu Gebilden montiert, die keinerlei Sinn und Verstand haben, und das sollte sie wohl noch beängstigender machen, macht sie aber bloß outriert und eher unfreiwillig komisch. Den ausgekochten Profis des Schrecklichen, die hier am Werk waren, waren allerdings noch grausigere Monster eingefallen, solche, die selbst sie sich nicht zu zeigen trauten; bezeichnenderweise waren es Variationen auf mißgebildete menschliche Föten.

Das alles läßt wohl jene Invasoren vom Mars weit hinter sich, die in Byron Haskins historischem »Krieg der Welten« den Kinogänger von 1953 so entsetzten. Von denen war nur einmal einer ganz kurz zu sehen, und da war er ein pummeliges, rötliches Männlein, von dessen Äußerem man im übrigen nur erfuhr: Es hat dürre Ärmchen mit drei klammrigen Fingern, an deren Spitzen sich Saugnäpfe befinden. Aber es beweist eben auch, daß der Vorstellung des Monströsen enge Grenzen gesetzt sind und daß sie den spezifisch menschlichen Reaktionsweisen niemals entkommt. Auch der kühnste Phantast in seinem größten Schrecken muß ein unverbesserlicher Terrestrier bleiben.

# DIE FARM DES NEUEN MENSCHEN

*Über den Kibbuz als Verhaltenslaboratorium*

Was geschieht, wenn keine materiellen Anreize mehr zur Leistung anstacheln, wenn Arbeit sich nicht mehr in Bargeld oder anderen handgreiflichen Vergünstigungen auszahlt? Was wird aus den Unterschieden zwischen den Menschen, wenn alle das gleiche besitzen und die gleiche Erziehung erhalten? Lassen sich die unsozialen Charakterzüge des Menschen ausmerzen, wenn die Kinder nicht mehr in der Enge einer bürgerlichen Kleinfamilie aufwachsen? Verschwindet die Ungleichheit zwischen Mann und Frau, wenn nichts die Frau mehr an ihre Hausfrauenrolle fesselt?

Es sind dies einige der Fragen, alt und immer wieder neu, die Sozialutopisten aller Spielarten bewegen, wenn sie vom Neuen Menschen in einer besseren Gesellschaft träumen.

Gewöhnlich bleiben sie offen, die aus ihnen abgeleiteten Vorschläge im Konjunktiv: Man müßte nur ... (den Privatbesitz abschaffen; die Kinder zur Gemeinschaft und nicht zu Egoisten erziehen; den Frauen die Hausarbeit abnehmen...). Darum auch sind sie unvergänglich. Seltsamerweise ist wenig bekannt, daß etliche dieser Träume durchaus in die Tat umgesetzt wurden und sich seit Jahrzehnten täglich dem Test der Wirklichkeit stellen: im israelischen Kibbuz. Im Kibbuz läßt sich studieren, was herauskommt, wenn einige der gesellschaftlichen Bedingungen, die man im Verdacht hat, pathogen zu sein, tatsächlich und ernstlich und dauerhaft verändert werden. Er ist, was man ein »natürliches Verhaltenslaboratorium« genannt hat. Darum ist er ein Labor auch zur Prüfung der Haltbarkeit mancher utopischen Vorstellung.

Das ist natürlich nicht sein Daseinszweck. Er ist nicht um irgendeiner Beweisführung willen geschaffen worden. Für seine Menschen ist er die Lebensform, die sie sich gewählt haben, ihr ganzes und einziges Leben, nicht ein Experiment zur Klärung von irgend jemandes theoretischen Fragen. Aber die Außenstehenden können ihn auch als ein solches Experiment sehen. So begleitet ihn denn auch seit etwa drei Jahrzehnten eine sehr umfangreiche anthropologische, soziologische, psychologische Forschung. Manche meinen sogar, es sei des Guten zuviel geschehen, er sei mittlerweile überforscht.

Ein einziges Experiment kann ein Bündel großer Fragen nicht endgültig klären, und schon gar nicht eines, das nicht in der Übersichtlichkeit eines Labors stattfindet, wo man die entscheidenden Variablen säuberlich unter Kontrolle halten kann, sondern in das das Leben mit allen seinen Unwägbarkeiten und Verworrenheiten störend hineinrauscht. Letzte Beweise sind ihm nicht zu entnehmen. Aber Hinweise schon, und zwar solche, die zu ignorieren sich keiner leisten sollte, schon deshalb, weil bessere Experimente so bald nirgends stattfinden werden.

Wertvoll und lehrreich ist das Experiment Kibbuz aus mehreren Gründen. Erstens ist er nicht die flüchtige Laune von ein paar Phantasten, die schnell einmal etwas ganz Neues ausprobieren wollen, in Schwierigkeiten geraten, die Lust verlieren und wieder ihrer Wege gehen; vielmehr besteht er jetzt seit achtzig Jahren und in der dritten Generation, hat also seine Lebens- und Strapazier- und Anpassungsfähigkeit hinlänglich erwiesen. Zweitens ist er absolut freiwillig: Er zeigt, was Menschen von sich aus tun, nicht, zu was allem sie unter Umständen gezwungen werden können. Drittens ist er, anders als die teils ebenso radikalen Experimente in den sozialistischen Ländern, frei zugänglich – das Experiment spielt sich in aller Öffentlichkeit ab. Viertens gilt er als vorbildlich: Er ist nicht das Werk einer sektiererhaften Randgruppe, die für jeden Fehlschlag immer die Feindseligkeit und Mißachtung der anderen verantwortlich machen kann, sondern kann sich nicht über einen Mangel an Aufmerksamkeit und Hochachtung beklagen. Fünftens ist er weltlich: nicht zusammengehalten vom Glauben an ein übernatürliches Wesen und nur für die Mitgläubigen nachvollziehbar. Und sechstens wenden seine Mitglieder ihren hochentwickelten und wachen Sinn für Kritik auch auf sich selber an: Schönfärberische Rhetorik trifft man bei ihnen selten.

Daß sie in ihrem Land ein hohes, wenn auch langsam und stetig abnehmendes Prestige genießen, ist den Menschen im Kibbuz wohl klar. Aber die Überzeugung, daß an ihrem Beispiel die Welt genesen könne, habe ich bei ihnen nicht gefunden. Eher die üblichen Zweifel, sogar noch verstärkt: Machen wir es wirklich richtig?

Ungefähr weiß man ja, was ein Kibbuz ist – ein irgendwie sozialistisches Bauerndorf in Israel. Die Optik kann eine schärfere Einstellung vertragen.

Rings um den Kibbuz liegen Obsthaine oder Felder, groß wie die einer LPG: Korn, Baumwolle, Erdnüsse, Bananen, Orangen, Grapefruits, alle sorgfältigst bewässert, mit Wasser, das oft von weither kommt, aus dem Norden, dem Quellgebiet des Jordan. Darin ein Häuserhaufen, der für europäische Begriffe wenig dörflich anmutet, eher wie eine mittelständische Stadtrandsiedlung – gleichförmige, gerade ausgerichtete Reihenhäuser, eine Neue Heimat Gelobtes Land. An den Wegen zwischen ihnen Blumen und Bunker, deren grauer Beton besonders in der Nähe der Kinderhäuser mit bunten Fresken bemalt ist. Um das Ganze ein hoher Drahtzaun, der zumindest bis vor kurzem ernst gemeint gewesen sein muß, es vielleicht immer noch ist, obwohl man ihm sein Alter inzwischen ansieht. In den Kibbuz hinein kommt man nur an einem Wachhäuschen vorbei, das zumindest nachts auch bemannt ist. Mindestens einen Wachturm gibt es, oft eine Art rostiger Kübel auf einer Stange. Den sichtbaren Mittelpunkt, auf den alles ausgerichtet ist, bildet kein Kirchturm, auch keine Synagoge, kein Rathaus, kein Denkmal, kein Laden, kein Gasthaus, sondern ein großes, modernes Gebäude, das repräsentativste des ganzen Dorfes, das Haus, in dem sich der Speisesaal und die Küche befinden. Hier strömen die Bewohner bis zu dreimal am Tag zum gemeinsamen Essen zusammen, hier treffen sie sich auch zu ihren großen Versammlungen.

Zur Zeit (1987) gibt es in Israel 270 Kibbuzim. Sie sind seit einigen Jahren in nur noch zwei Dachverbänden organisiert, dem »linken« Artzi (82), dem »mitte-rechten« Takam (165) – wobei »links« und »rechts« weniger aktuelle ideologische Verschiedenheiten anzeigen als frühere außenpolitische Sympathien. Von den restlichen 19 sind 16 untypische religiöse Kibbuzim.

Der kleinste Kibbuz, Holit am Rande des Negev, hat 60 Mitglieder (ihre Kinder mitgezählt), der größte, Givat Brenner bei Ramla, 1650. Durchschnittlich zählt ein Kibbuz 425 ständige Bewohner. Insgesamt sind etwa 130000 Israelis Mitglieder eines Kibbuz, das sind rund 3,5 Prozent der gesamten Bevölkerung[24]. Der relative Anteil war einmal größer; im Rekordjahr 1945 betrug er 7,4 Prozent. Absolut aber ist die Kibbuz-Bewegung immer angewachsen und wächst weiter, allen Totsagungen zum Trotz, und zwar um etwa 2,5 Prozent im Jahr.

Die ersten Kibbuzniks waren überwiegend zionistische Jugendliche aus Osteuropa. Später kamen Juden aus ganz Europa, aus Nord- und Südamerika, aus der ganzen jüdischen Diaspora hinzu. Die große Einwanderungswelle nach dem Zweiten Weltkrieg brachte vor allem Überlebende des Holocaust, Menschen aus den Lagern und Gettos Europas und Juden aus den moslemischen Ländern nach Israel. Diese standen dem Kibbuz überwiegend skeptisch bis ablehnend gegenüber – die ehemaligen Lagerinsassen und die Bürger der kommunistischen Länder, weil sie in ihm eine Fortsetzung des ihnen sattsam bekannten Lagers oder der Kolchose witterten; die Siedler aus den arabischen Ländern, »weil sie im allgemeinen an eine engstirnige Lebensweise gewöhnt waren, die in Tribalismus und Provinzialismus wurzelte, und nicht begreifen konnten, was der Kibbuz eigentlich war«[24] – vor allem aber wohl, weil sie der Lockerung oder Auflösung des Familienzusammenhalts nichts abgewinnen konnten, welche die Lebensweise der Kibbuzim damals noch mit sich brachte.

In den ersten Jahrzehnten wurde im Kibbuz ausschließlich Landwirtschaft betrieben. Seit den sechziger Jahren werden immer mehr Fabriken eingerichtet, inzwischen sind es um die 370 – kleine Fertigungsstätten für die diversesten Güter vor allem auf dem Metall- und Plastiksektor – Wasserwaagen, Sandalen, Kindermöbel, Sonnenkollektoren, medizinische Geräte. Manche Kibbuzim leben heute schon überwiegend von ihrer Industrie. (»Wir müssen einfach Fabriken aufmachen«, sagt in dem fast luxuriösen Kibbuz am See Genezareth der alte Herr, der hier vor fünfzig Jahren noch Steine gekarrt hat. »Weil wir nämlich unseren jungen Leuten, von denen viele studieren, Berufe bieten müssen, die sie interessant finden.«)

Der Lebensstandard hängt von der jeweiligen Produktivität ab und ist darum von Kibbuz zu Kibbuz verschieden. Die Mitglieder haben also sehr wohl ein materielles Interesse am produktiven Wirtschaften; aber dieses kommt ihnen immer nur kollektiv zugute. Im allgemeinen liegt der Lebensstandard deutlich über dem israelischen Durchschnitt, etwa bei dem eines Facharbeiters. Zu ihm tragen allerdings auch die Lohnarbeiter bei, die in den Kibbuz-Fabriken und auf seinen Baustellen beschäftigt werden und den Kibbuzniks erhebliche ideologische Skrupel bereiten – denn sollte der Kibbuz Lohnarbeit nicht gerade abschaffen? Auch arbeiten ständig etwa 19000 unbezahlte Freiwillige *(volunteers)* in den Kibbuzim, meist junge Leute aus dem Ausland, die für einige Wochen und Monate kommen, um am Kibbuz-Leben teilzuhaben, nicht selten aber darüber klagen, daß sie nicht wie mitarbeitende Gäste, sondern wie billige Arbeitskräfte für die stupidesten Arbeiten – Obstsortieren, Saubermachen – behandelt werden.

Was aber ist nun das Besondere am Kibbuz? Daß er im Innern konsequent kommunistisch organisiert ist, urkommunistisch, und zwar nicht nur pro forma, sondern tatsächlich und ausnahmslos: »Mikrosozialismus« nannte der Soziologe Chaim Barkai, was da stattfindet.

Die Produktionsmittel gehören dem ganzen Kollektiv gemeinsam, das Land pachtet es für jeweils neunundvierzig Jahre vom Staat. Privatbesitz an Produktionsmitteln gibt es nicht. Und nicht nur das, es gibt überhaupt kaum Privatbesitz. Häuser, Autos – alles gehört der Gemeinschaft. Privatbesitz sind nur ein paar Möbel, Kleidungsstücke, Toilettenartikel, Bücher. Alle anderen Güter des Lebens sind ausgeliehen: der Fernseher, das Radio, das Telefon, das Fahrrad, der Mikrocomputer. Allerdings ist der Überfluß nicht so groß, daß jeder sich einfach nehmen könnte, was er braucht, wann immer er es braucht. Alle wertvolleren Dinge müssen beantragt werden, und jeder ist verantwortlich für ihren pfleglichen Gebrauch.

Dazu herrscht im Kibbuz völlige ökonomische Gleichheit. Es gibt keine ärmeren und keine reicheren Mitglieder. Arbeit wird nicht bezahlt, im Innern gibt es überhaupt kein Geld. Jeder arbeitet »nach seinen Fähigkeiten«; dafür erhält er Wohnung, Essen, Trinken, Kranken- und Altersversorgung, Kindererziehung umsonst und, in bestimmten Kontingenten, auch Kleidung, Haushaltsgegenstände, Luxusartikel, Freikarten, Ferienreisen. Dazu ein Taschengeld von etwa fünfzig Mark monatlich in bar, die er draußen in der kapitalistischen Welt ausgeben kann, wie er will.

Größere Geschenke oder andere Zuwendungen, die einer von außen erhält, etwa deutsche Wiedergutmachungszahlungen, werden gewöhnlich dem Kollektiv übereignet; ebenso der Lohn, den Kibbuz-Mitglieder manchmal draußen verdienen. Ob einer Überstunden macht, nachts arbeitet, die Produktivität steigert, leitende Funktionen bekleidet – materiell zahlt es sich für ihn in keiner Weise aus. Er mehrt immer nur den Wohlstand der ganzen Gemeinschaft, und nur was allen zugute kommt, kommt auch ihm zugute.

Darum also sieht es im Kibbuz so ungewohnt gleichförmig aus: Hier Villen, da Reihenhäuser oder Wohnkasernen – das gibt es nicht. Aber sobald es, anders als in den Pionierjahren des Kibbuz, mehr zu verteilen gibt als den schieren Mangel, ist es praktisch unmöglich (und wird inzwischen auch gar nicht mehr angestrebt), auch nur im Materiellen völlige Gleichheit durchzusetzen.

Das Auto, das dem einen sein amerikanischer Onkel schenkt, wird zwar regelmäßig dem Kollektiv übereignet; aber wenn die Tante, die am Schabbat zu Besuch kommt, ein hübscheres Teeservice mitbringt als jenes, das der Kibbuz zur Verfügung gestellt hat, wird die Gemeinschaft es kaum mit Beschlag belegen. Der eine verbringt seine Freizeit auf dem Sportplatz, der andere wässert, jätet und stutzt seinen kleinen Garten – und schon versteckt sich das eine Haus hinter einer Blumenpracht, während das des Nachbarn vernachlässigt daliegt. Auch wächst der Kibbuz selber, es gibt ältere und neuere Häuser, und die neueren sind meist die geräumigeren, komfortableren, die aber nicht jeder haben kann; gewöhnlich werden sie nach Anciennität vergeben. Trotz rigoroser äußerer Egalisierung haben die Menschen so binnen kurzem manches, wodurch sie sich unterscheiden. (Setzte man zwei Leute nackt mit je nur einem Fünfzigmarkschein morgens auf einer Lichtung aus, man könnte ziemlich sicher sein, daß sie sich abends schon viel weniger glichen. Denn Unterschiede entstehen quasi von allein; ihre Unterdrückung braucht stete Anstrengung.)

Etwas Drittes noch ist grundsätzlich anders im Kibbuz: Er regiert sich selber in direktester Demokratie. Alle Fragen von einiger Wichtigkeit – von der Wahl einer Anstrichfarbe über die Aufnahme eines neuen Mitglieds bis zur Anschaffung eines neuen Lastkraftwagens – werden der fast wöchentlich tagenden Vollversammlung aller Mitglieder vorgelegt, die darüber diskutiert und abstimmt.

Jedes Mitglied hat in jeder Sache eine Stimme, und sie wird ihm dauernd abverlangt.

In die leitenden Positionen eines Kibbuz wird keiner befördert oder geschoben, sondern immer nur vom gesamten Kollektiv gewählt, und das auch immer nur für ein oder zwei Jahre; persönliche Macht kann sich also nicht ansammeln.

Führungspositionen sind im allgemeinen auch wenig attraktiv. Sie machen Scherereien und viel Arbeit – zumindest sind sie immer mit langen Komiteesitzungen abends nach Arbeitsschluß verbunden. Auch bleiben sie ohne jeden materiellen Lohn – der Kibbuz-Sekretär (quasi der Bürgermeister) erhält nicht eine Zigarette mehr als die Kartoffelschälerin.

Etwaige Machtgelüste lassen sich nicht austoben, da die mit jedem Amt verbundenen Befugnisse genau definiert und auf ein Mindestmaß beschränkt sind. Und vor allem: In einer Gesellschaft ohne materielle Prämien ist es für den einzelnen um so wichtiger, welches Ansehen er bei den Genossen genießt. Am meisten gilt im Kibbuz der tüchtigste und hingebungsvollste Arbeiter, dann der langjährige treue Weggenosse. Mit einem hohen Amt gewinnt der Kibbuznik zwar zeitlich befristeten Einfluß und möglicherweise Prestige, aber nicht Beliebtheit; im Gegenteil, er kommt nicht umhin, manchmal gegen einen einzelnen oder eine Gruppe zu entscheiden, und macht sich damit leicht unbeliebt. Kein Wunder, daß sich kaum jemand um ein Amt reißt. Oft braucht es sogar einiges an Überredung, bis sich jemand zur Wahl stellt.

Diese Ämterscheu hat verhindert, daß sich im Kibbuz eine stabile herrschende Schicht etabliert. Trotzdem gibt es immer einige wenige Mitglieder, die so unentbehrlich scheinen, daß sie von einem Amt ins nächste gewählt werden; und sehr viel mehr andere, auf die die Wahl niemals fällt.

Der Kibbuz ist natürlich keine Ferienkolonie für Sozialutopisten, sondern sozusagen eine Firma inmitten der kapitalistischen Welt, in der er sich zu behaupten hat. Er will und muß effizient, und das heißt auch diszipliniert, produzieren. Jeder arbeitet im Kibbuz, und zwar schwer, sechs volle Tage die Woche, mindestens achtundvierzig Stunden, mit bloßen zwei Wochen Urlaub im Jahr. Nicht für jeden gibt es die Arbeit, die ihm am liebsten wäre, und auch die unbeliebtesten Arbeiten muß jemand tun. Die Arbeitszuteilung ist darum ein chronisches internes Problem. Machtmittel, um Fügsamkeit und Disziplin zu erzwingen, gibt es jedoch kaum. Alles regelt sich durch »soziale Kontrolle«, und das heißt in der Praxis meist: durch Beobachtung und Klatsch. Der Kibbuz ist eine kleine Gemeinschaft, alles spielt sich unter den prüfenden Blicken aller ab, und wer seine Arbeit schlecht macht oder der Gemeinschaft sonst schadet, der kommt ins Gerede. Das genügt meist vollauf.

Der Schriftsteller Amos Oz, Mitglied des Kibbuz Hulda, hat mit »Elsewhere, Perhaps«[37] einen ganzen Roman über die nervende, aber letztlich segensreiche Macht des Kibbuz-Klatsches geschrieben. Bei schweren Vergehen wird der Fall vor die Vollversammlung gebracht, die dann eine Rüge aussprechen kann. Letztes, nur sehr selten angewandtes Mittel ist der Ausschluß.

Eine ganz und gar mustergültige Lösung hat der Kibbuz für seine alternden Mitglieder ins Werk gesetzt. Niemand wird hier von einem Tag auf den anderen »pensioniert« oder »berentet« und damit aus dem gewohnten Arbeits- und Gemeinschaftsleben hinausgeworfen. Vielmehr werden die Arbeitsverpflichtungen desjenigen, der »in die Jahre« kommt, seinen Fähigkeiten gemäß nach und nach vermindert. Irgendein kleiner Job, dem er gewachsen ist, findet sich auch noch für den, den Alter und Krankheiten gebeutelt haben. Er wohnt weiter, wo er vorher gewohnt hat, bleibt unverändert in der Gemeinschaft, in der er sein bisheriges Leben verbracht hat, verrichtet irgendeine Arbeit, der er noch gewachsen ist. Der Lebensabend ist nicht, was er in den Industriegesellschaften sehr oft ist: eine plötzlich einsetzende, schematisch verfügte Zeit der inneren Verbannung.

Noch in einer anderen und sehr wesentlichen Hinsicht unterscheidet sich der Kibbuz. Er will Menschen hervorbringen, die für das Leben im Kollektiv geeigneter sind, als es seine Gründer zu sein glaubten, welche zumeist aus europäischen bürgerlichen Kleinfamilien kamen: die Andere Persönlichkeit, den Neuen Menschen, von vornherein wie geschaffen für das kollektive Kibbuz-Leben. Darum ist im Kibbuz die Kindererziehung nicht Sache der Eltern, sondern Sache der Gemeinschaft. Jedes Kind im Kibbuz ist »unser Kind«.

Praktisch heißt das, daß jede Mutter ihr Kind bald nach der Geburt ins Kinderhaus gibt, wo es unter der Obhut ausgebildeter Betreuerinnen *(metaplot)* und gelegentlich auch Betreuer hinfort unter Gleichaltrigen groß werden wird. Das allerdings bedeutet nie, daß zwischen Eltern und Kindern keine besonderen Beziehungen bestehen. Jeden Nachmittag verbringen sie nach der Arbeit einige Stunden miteinander, desgleichen den Schabbat und die Feiertage. Und da die Eltern diese Zeit ausdrücklich für die Kinder reservieren, ist ihr Umgang nach meinen Eindrücken sogar intensiver als in einer durchschnittlichen Großstadtfamilie, in der beide Eltern arbeiten.

Abends werden die Kinder zurück ins Kinderhaus und dort zu Bett gebracht. Allerdings gehen seit Anfang der siebziger Jahre immer mehr Kibbuzim zu der heftig umstrittenen häretischen Praxis über, die Kinder bei den Eltern schlafen zu lassen. Es ist ein schwerwiegender – natürlich auch kollektiver – Entschluß, nicht nur, weil die »Familienübernachtung« gegen die ursprüngliche Ideologie verstößt, sondern weil die Umstellung den Kibbuz auch teuer zu stehen kommt. Die normale Kibbuz-Wohnung hat etwa 45 Quadratmeter, anderthalb Zimmer, Kochnische, Toilette – und keinen Raum, in dem die Kinder schlafen könnten. Also muß angebaut werden, und da alle im Kibbuz das gleiche haben sollen, muß an sämtliche Häuser angebaut werden. Unmöglich auch, die Erweiterungen danach zu bemessen, ob eine Familie Kinder hat und wie viele. Denn Kinder kommen dazu, werden groß und ziehen weg, und nach wenigen Jahren müßte ein Kibbuz mit ungleich großen Wohnungen entweder ständige Zwangsumquartierungen vornehmen oder sich mit einer sehr fühlbaren Ungleichheit der Wohnverhältnisse abfinden. Also wird alles so ausgebaut, daß Kinder zu Hause schlafen könnten, egal ob welche da sind oder nicht – ein Beispiel dafür, wie das Gleichheitspostulat manchmal zur Verschwendung führt.

Aber Familienübernachtung oder nicht, den weitaus größten Teil ihrer wachen Zeit verbringen die Kibbuz-Kinder von Anfang an nicht mit ihren Eltern, sondern mit ihren Altersgenossen und professionellen Erziehern. Vom ständigen Umgang mit den Angehörigen ihrer Altersgruppe (ihrer *kita*, ihrer *peer group*) verspricht man sich einen wohltätigen Einfluß. So sollen sie durch ihr tagtägliches Erleben und später, in der Schule, auch durch ausdrückliche Indoktrination, etwa im Fach Kibbuz-Kunde, zu geselligen Wesen heransozialisiert werden, offen, umgänglich, selbstlos, verantwortungsvoll – eben neue, andere, bessere Menschen.

Einige große Lebensbereiche, und zwar die wichtigsten, sind im Kibbuz also tatsächlich radikal anders geregelt als in der westlichen Gesellschaft sonst. Kein Privatbesitz. Gleicher Lohn für verschiedene Arbeit. Direkte Demokratie. Keine herrschende Klasse. Keine Zwangsmittel. Kollektiverziehung. Der Kibbuz ist, wie man sieht, im Innern dem kommunistischen Ideal sehr nah, so wenig Sympathie die Kibbuzniks heute im allgemeinen für den »real existierenden Sozialismus« auch haben. In der Tat fällt es schwer, sich vorzustellen, worin er dem Ideal eigentlich noch näher kommen könnte. Viel kommuner und kollektiver geht es nicht. Auch der gläubigste Kommunist versichert einem schließlich, daß der Kommunismus doch bitte sehr nichts gegen privates Eigentum habe, nur gegen Privatbesitz an Produktionsmitteln. Da geht der Kibbuz immer noch wesentlich weiter.

Was dem Kibbuz mit den Jahren weitgehend abhanden gekommen ist, ist der sozialutopistische Enthusiasmus; und mit den errungenen Bequemlichkeiten schwand auch die heroische Aura der Pionierzeit. Das heißt, die Ideologie hat stark an Bedeutung verloren. Einige Stimmen von Kibbuzniks, die Vergleiche zwischen den Generationen anstellen: »Ich sehe viel Gutes in der zweiten Generation, obwohl sie die Ideologie nicht so wichtig nehmen wie wir, als wir ihn aufbauten. Sie sind nicht so angespannt, ernsthaft, pedantisch und streng, wie wir es immer waren. Sie passen sich leicht an, und es macht Spaß, mit ihnen zu arbeiten...« – »In meiner Jugend gingen wir ziemlich hart miteinander um. Wir zwangen die Menschen oft, etwas gegen ihren Willen zu tun; wir benutzten soziale Macht, um die Mitarbeit der Leute zu gewinnen. Als Erwachsene bringen unsere Kinder jetzt viel mehr Toleranz füreinander auf. Sie setzen auf Überzeugung, nicht auf Autorität. Sie sind bereit, auf viel mehr individuelle Bedürfnisse einzugehen. Natürlich haben sie auch viel mehr finanzielle Mittel dazu.« – »Unsere Eltern kommen mir vor wie ein ganz anderer Menschenschlag. Oft erscheinen sie mir wie Riesen, die es bald nicht mehr geben wird, neben denen wir uns wie Zwerge ausnehmen... Das einzige, was mir ein Rätsel bleibt, ist, wie eine solche Generation von Revolutionären hier eine solche Bastion der Mittelmäßigkeit hervorbringen konnte! Aber mein Vater und seine Freunde sehen es natürlich ganz anders. Milch und Honig, das ist es, was er sieht...«[27]

Die Ideologie ist weitgehend dahin; aber die Institutionen, die sie schuf, haben Bestand.

Was lehrt uns das nun? Leben im Kibbuz andere, nicht nur gleichgestellte, sondern einander »gleichere«, also ähnlichere Menschen?

Die erste Lektion des Kibbuz ist die, daß die Ökonomie nicht zusammenbrechen muß, wenn alle das gleiche erhalten. Auch ohne materielle Anreize für den einzelnen bleibt die Kibbuz-Ökonomie leistungsfähig. Sogar mehr: Nur ein Dreißigstel aller Israelis leben im Kibbuz, aber sie erwirtschaften ein Zehntel des Bruttosozialprodukts. Die Kibbuz-Industrie ist in den letzten Jahren stärker gewachsen als die übrige israelische Industrie. Auf 33 Prozent des bebauten Landes erzeugen sie 40 Prozent aller landwirtschaftlichen Produkte Israels und dazu 6 Prozent seiner industriellen Güter. Eine wirtschaftliche Naturnotwendigkeit ist die differentielle Entlohnung ganz offenbar nicht.

Daß es im Kibbuz ohne sie geht, heißt allerdings nicht, daß man auch anderswo ohne weiteres ohne sie auskäme. Was »draußen« materielle Anreize besorgen, wird im Kibbuz auf andere Weise bewerkstelligt.

Eine Voraussetzung ist anscheinend, daß die Kommune in ländlicher Abgeschiedenheit lebt und arbeitet. Wo immer ein Kibbuz von einer um ihn herum wachsenden Stadt geschluckt wurde, löste er sich schließlich auf.

Wichtiger ist wahrscheinlich noch, daß ein Kibbuz eine überschaubare Gruppe gleichgesinnter, hochmotivierter Menschen umfaßt. Gerade seine Offenheit bewirkt paradoxerweise seine Stabilität: Jeder, der will, kann ja gehen – er erhält eine Abfindung, deren Höhe sich nach der Dauer seiner Zugehörigkeit bemißt, und wird ohne weiteres, auch ohne Vorwürfe entlassen. Wenn die Kibbuz-Kinder achtzehn werden, müssen alle zum Militär, die Jungen für drei, die Mädchen für zwei Jahre. Danach stehen sie vor der Frage, ob sie selber Kibbuz-Mitglied werden möchten. Zur Zeit entscheiden sich 30 bis 70 Prozent gegen den Kibbuz – eine ganz erhebliche Aussteigerquote. Bliebe all die Unzufriedenheit der Kibbuz-Flüchtlinge im Kibbuz, er könnte seine Art und Weise nicht aufrechterhalten. Die Zurückbleibenden sind die, die ihn so wollen, wie er ist. Er hat immer nur im Prinzip einverstandene Mitglieder. Unter diesen Bedingungen ist auch der Verzicht auf differentielle Entlohnung möglich.

Eine eindeutige Antwort gibt das Kibbuz-Experiment auch auf eine andere große Frage. Kinder nehmen keinen dauerhaften seelischen Schaden, wenn ihre Mütter arbeiten und sich nur nach Feierabend für eine Weile um sie kümmern. Nach allen Erkenntnissen wachsen die Produkte der Kollektiverziehung zu völlig normalen, lebenstüchtigen Menschen ohne besondere Psychopathologie heran.

Sie sind später auch nicht auf die Klimakammer des Kibbuz angewiesen, sondern bewähren sich außerhalb nicht weniger. Überproportional viele Kibbuz-Mitglieder gelangen auf wichtige politische Posten, fast jeder ältere Kibbuz hat seine berühmten Genossen, seine Professoren, Künstler, und daß Kibbuzniks gute Soldaten abgeben, ist geradezu notorisch. Sie erreichen höhere Dienstgrade, und obwohl sie nur dreieinhalb Prozent der israelischen Bevölkerung vertreten, stellen sie 25 Prozent der freiwilligen Kampftruppen und 50 Prozent der Kampfpiloten.[1,40] Dabei sind Kibbuzniks nicht etwa besonders soldatisch eingestellt – wie die übrigen Israelis halten sie den Militärdienst überwiegend für eine unerfreuliche, leider aber notwendige Angelegenheit.

Kriminalität gibt es im Kibbuz so gut wie gar nicht, wenn auch neuerdings immer stärkere Drogenprobleme. (»Aber mit der Verbrechensstatistik ist das so eine Sache«, sagte mir ein Kibbuz-Soziologe an der Universität Haifa, hoch oben im Wolkenkratzer auf dem Carmel, von wo der Blick weit übers Land geht, auf die Bucht von Akko, den Libanon, die Berge von Galiläa. »Wenn ein Jugendlicher draußen eine Spritztour machen will, ein fremdes Auto nimmt und gefaßt wird, zählt das als Diebstahl. Wenn einer im Kibbuz das gleiche tut, dann hat er nicht ›gestohlen‹, dann hat er nur etwas ›genommen‹. Aber richtig ist, Verbrechen sind tatsächlich überaus selten.«)

Die Kollektiverziehung also richtet keinen erkennbaren Schaden an. Allerdings (wieder ein »Allerdings«) wäre sie völlig falsch verstanden, wenn man sie als einen Fall von mütterlicher Deprivation interpretierte. Kibbuz-Kinder werden ganz und gar nicht vernachlässigt. Sie wachsen nicht mit weniger als einer Mutter, sondern mit mindestens zwei Müttern auf, ihrer leiblichen Mutter und ihrer *metapelet*, an die sie sich mit einem Jahr erwiesenermaßen gleich stark gebunden fühlen.

Gleichheit will der Kibbuz. Es ist ein schillernder Begriff. Nicht nur im Deutschen meint er mehr, als daß vor dem Recht alle gleichgestellt sein sollen, niemand wegen seiner Herkunft oder Stellung privilegiert oder diskriminiert werden darf; er suggeriert auch, daß Ähnlichkeit möglich und wünschenswert ist; er suggeriert Äquipotenz. So läßt sich das auch viel bequemer denken. Wo Gleichheit herrscht, soll beispielsweise natürlich jeder Generalsekretär werden können. Eine aufgeklärte Gesellschaft wird völlig richtig dafür sorgen, daß niemandem das Amt von vornherein versperrt bleibt – etwa weil er zu dünn oder zu arm oder zu kurzsichtig ist. Niemand wird diskriminiert; jeder könnte. Tatsächlich aber wird keineswegs jeder, denn neben den erfreulicherweise beseitigten Hinderungsgründen gibt es ein paar andere, die nach wie vor wirken: Der eine etwa ist leider krank, der andere nicht intelligent genug, dem dritten machen öffentliche Auftritte Angst, der vierte hat ganz andere Interessen und einfach keine Lust…

De facto hat also gar nicht jeder den gleichen Willen und die gleiche Aussicht, Generalsekretär zu werden, und die Utopie hat einen störenden Knacks. Doch ist es viel gemütlicher, zu behaupten, es gebe keine relevanten Gründe, die die Chancen des einzelnen beeinflussen, denn »im Grunde«, »eigentlich« seien alle in jeder wesentlichen Hinsicht gleich, im Sinne von »äquipotent« oder wenigstens »ähnlich«, und alle Unterschiede, die sich dennoch zeigen, seien nur das Werk unguter gesellschaftlicher Einflüsse und Einflüsterungen. Seien die aber erst unterbunden, dann endlich könne es wirklich jeder zum Generalsonstwas bringen. Ex- oder implizit ist das die allgemeine Meinung. In der Wissenschaft heißt sie Kulturdeterminismus oder Milieutheorie: Der Mensch ist, was die Gesellschaft aus ihm macht; er spielt die »Rollen«, die ihm vorgemacht und beigebracht wurden. Sicher war und ist dies auch die Theorie, die in der Kibbuz-Bewegung immer vorgeherrscht hat.

Und die von ihr nicht bestätigt wird. Die Menschen im Kibbuz sind sich nicht ähnlicher als andere Menschen auch. Unter ihrer äußerlichen Angleichung bestehen ihre Persönlichkeitszüge in aller ihrer Unterschiedlichkeit fort.

Die meisten werden diese Feststellung völlig unbemerkenswert finden, eine glatte Selbstverständlichkeit. An der Ideologie gemessen, die auch den Kibbuz inspiriert hat, ist sie indessen eine Sensation. Kibbuzniks selber halten die »Uniformitätshypothese« heute geradezu für eine Beleidigung. »Was hast du denn hier erwartet?« fragte mich einer, während er mir ein Glas mit dem heißen, schwarzen, süßen »Modderkaffee« herüberschob. »Einen Ameisenstaat? Einer wie der andere? Lauter Nummern? Anscheinend habt ihr alle Bettelheim gelesen. ›Der Kibbuz, das Treibhaus der Mittelmäßigkeit.‹ Du mußt doch wissen, daß der ganze sieben Wochen lang in einem Kibbuz war und nur ein paar subjektive Eindrücke gesammelt hat, gefärbt durch seine psychoanalytische Brille. Nichts, was wissenschaftlich überprüft war. Alle gleich, von wegen!«

Persönliche Eindrücke genügen in der Tat nicht, die Uniformitätshypothese zu beurteilen: Zufälle oder die eigenen Erwartungen oder Befürchtungen könnten die Beobachtungen grob verzerren. Darum ja bemüht sich die Wissenschaft, objektivere Meßinstrumente zu entwickeln.

Ein auf der ganzen Welt benutztes psychologisches Meßinstrument, um Persönlichkeitsmerkmale zu erfassen, ist das MMPI, das *Minnesota Multiphasic Personality Inventory*, ein Fragebogentest, dessen Auswertung zeigt, wie stark, im Vergleich zum Durchschnitt, dreizehn verschiedene Charaktermerkmale bei einem Menschen ausgeprägt sind. Die Psychologen Rabin und Beit-Hallahmi rechneten nach, ob bei Kibbuzniks die Unterschiede im MMPI geringer ausfallen, ob das statistische Maß der Unterschiedlichkeit bei ihnen schrumpft, die sogenannte Varianz (die sich aus den Abständen zum Durchschnitt errechnet: Je zahlreicher und größer die Abweichungen vom Durchschnitt, desto höher fällt die Varianz aus). Das Ergebnis: Sie tut es nicht[40]. Die Kibbuz-Bevölkerung steht der israelischen Gesamtbevölkerung an charakterlicher Verschiedenheit in nichts nach. Trotz aller äußeren Angleichung sind Kibbuzniks ebenso verschieden wie andere Israelis.

Der Sozialpsychologe Dar beschäftigte sich mit der gemessenen Intelligenz, dem IQ. Kibbuz-Schüler schnitten bei den Tests im Durchschnitt zehn Punkte besser ab als ihre Altersgenossen außerhalb des Kibbuz. Ihre Varianz lag bloße 15 Prozent niedriger als bei anderen israelischen Oberschülern[14]. Höher war der Durchschnitts-IQ der Kibbuz-Schüler zum einen, weil die Schulen der Kibbuzim als die besten Israels gelten. (»Wer hat dir denn das erzählt?« fragte mich ein Kibbuz-Lehrer. »Na ja, vielleicht sind sie etwas weniger schlecht.«) Höher war er zum andern, weil die Kibbuzniks eine »spezielle Stichprobe« darstellen: Die Gründer waren, was einer der ihren, Joseph Baratz, »lauter Intellektuelle, Halbintellektuelle« nannte[3]. Die Aufnahme in einen Kibbuz unterliegt auch heute noch einer strengen Auswahl. Selbst von den Jugendlichen, die sich jahrelang auf das Kibbuz-Leben vorbereitet haben, werden nur etwa 30 Prozent dann wirklich akzeptiert. Natürlich hängt die Aufnahme nicht ausdrücklich vom IQ ab; mittelbar dürfte er aber doch eine beträchtliche Rolle spielen. (Immer noch sieht eine Kibbuz-Versammlung ein wenig so aus, als habe sich ein Fakultätsklub auf die Rinderzucht verlegt.) Die Kibbuz-Population stellt also wohl kaum einen repräsentativen Querschnitt durch die Gesamtbevölkerung Israels dar: Im Kibbuz versammeln sich eher die Intelligenteren, und die Intelligenzunterschiede sind nicht ganz so groß wie in der Welt draußen. Das erklärt, warum der IQ hier im Mittel höher und seine Varianz etwas geringer ist.

Die meisten werden nur die Achseln zucken. Aber den radikalen Kulturdeterministen, der in jedem von uns steckt, müßte der Befund schon irritieren. Selbst wenn nicht hundertprozentig ausgeschlossen ist, daß jene fortbestehenden Unterschiede doch von irgendwelchen anderen Milieu-Einflüssen hervorgebracht wurden, feinen, unbekannten – Tatsache bleibt nämlich, daß die Kibbuz-Kinder unter ganz außerordentlich gleichen Umständen herangewachsen waren. Sie alle kamen aus der gleichen speziellen Art von Gemeinschaft; Kultur, Sprache, politische Grundüberzeugung, materielle Umwelt, Wohnungen, Essen, Kinderhäuser, Schulbildung – alles war bei ihnen gleich. Schwer vorzustellen, welche anderen Umweltfaktoren eigentlich noch gleichgemacht werden könnten. Und dies ganze einmalige Aufgebot an Gleichheit – es hat die Kinder also nicht gleicher gemacht.

Manche seiner Vordenker hatten erwartet, daß der Kibbuz den Neuen Menschen des Sozialismus hervorbringt. Gleicher, im Sinne von »ähnlicher«, macht der Kibbuz seine Menschen anscheinend nicht. Macht er sie anders?

Die Antwort auf die Frage ist ein großes Ja, ein großes Nein und noch ein kleines Ja.

In der Kibbuz-Bewegung flossen Anfang des Jahrhunderts zwei mächtige Ideenströme zusammen: ein nationaler (der Zionismus) und ein sozialistischer. Die Gründer und Pioniere des Kibbuz wollten den Juden eine nationale Heimstatt schaffen. Sie waren gleichzeitig Sozialutopisten, Marxisten, teils auch von der Wandervogelbewegung inspirierte junge Leute, die darin übereinstimmten, daß das Leben in dieser neuen Heimstatt von Grund auf anders sein sollte. So machten die großteils aus Osteuropa nach Palästina auswandernden jungen Leute den Kibbuz in vieler Hinsicht zum Gegenteil des Gettos, dem sie glücklich entronnen waren. Sie wollten nicht eine allenfalls geduldete Minderheit sein, sondern Herren in einem eigenen Land. Kinder von Kaufleuten, Handwerkern, Gelehrten, wollten sie mit ihren Händen arbeiten und richtige Proletarier werden. Aus Städten kommend, wollten sie aufs Land, in die Natur, die Erde bebauen, die sie bislang fast nirgends besitzen durften. Nicht mehr der Religion, der Vernunft wollten sie gehorchen. Aus Individualisten und Egoisten, die jeder für sich nach Geld und Besitz strebten, sollten weltliche Asketen werden, denen die Gemeinschaft über alles ging[16].

Und das ganz und gar Erstaunliche ist: Sie haben es geschafft. Der Kibbuznik, der, braungebrannt und selbstbewußt und eine Maschinenpistole lässig über die Achsel geschlungen, den Traktor seiner Kommune übers Feld steuert, scheint sehr wenig gemein zu haben mit dem bleichen osteuropäischen Gettobewohner mit Gabardinemantel und Schläfenlocken. Das ist das erste große Ja. In einer Generation, oft in einigen Monaten änderte sich von Grund auf, was sie und dann ihre Kinder und Enkel dachten und taten, wie sie aussahen, wie sie lebten, ein eindrucksvoller Beweis menschlicher Wandlungsfähigkeit. »Mit einem Sprung sollte es von Babel nach Utopia gehen. Nationale Sehnsüchte und sozialer Idealismus bildeten eine schöne Einheit. Idealismus erschien als eine praktische Notwendigkeit«, so charakterisierte die bedeutende Kibbuz-Forscherin Yonina Talmon die einmalige Ausgangslage, die diese Metamorphose möglich machte.[52]

Aber verhalten sie sich nicht nur anders, sind sie auch anders? Genauer gefragt: Erzeugt der Kibbuz durch die auf ihn zugeschnittene Erziehung die besondere Kibbuz-Persönlichkeit?

Manche Beobachter sahen im Kibbuz tatsächlich den Neuen Menschen aus dem sozialistischen Bilderbuch entstehen. Andere fanden ihn selbstsüchtig, neidisch, mißtrauisch, initiativelos und, so auch Bruno Bettelheim in seinem weitverbreiteten Reisebericht aus dem Jahre 1969 (»Die Kinder der Zukunft«)[9], grob und flach. Genauerer Nachprüfung hielten weder die besonders positiven noch die besonders negativen Impressionen stand. Vielmehr zeigte sich: Die Kinder der Kollektiverziehung werden zu Menschen wie alle anderen.

1977 untersuchte der Psychologe Baruch Nevo mit einem anderen weltweit verbreiteten Meßinstrument zur Aufspürung von Charakterunterschieden, dem CPI *(California Psychological Inventory)*, der dauerhaftere Wesensmerkmale erfaßt als der mehr dem aktuellen seelischen Zustand geltende MMPI, 230 Studenten der Universität Haifa, von denen die Hälfte im Kibbuz aufgewachsen war[34]. Er konnte keine Unterschiede feststellen. Sein Resümee fiel fast rüde knapp aus: »Sosehr sich die Kindererziehung im Kibbuz von der in der Stadt auch unterscheidet – sie schafft keinen ›neuen‹ Persönlichkeitstyp.«

Am eingehendsten und sorgfältigsten haben sich die Psychologen Albert I. Rabin (Michigan) und Benjamin Beit-Hallahmi (Haifa) mit den Konsequenzen der Kibbuz-Erziehung für den Charakter befaßt. Die Ergebnisse füllen ein ganzes Buch: »Twenty Years Later«[40]. Rabin hatte 1955 171 Kibbuz-Kinder aller Altersstufen psychologisch begutachtet und die Ergebnisse in seinem Buch »Growing Up in the Kibbutz«[39] festgehalten. 146 von ihnen spürten er und Beit-Hallahmi zwanzig Jahre später als Erwachsene wieder auf, testeten und interviewten sie gründlich –, und um etwaige Konsequenzen der Kibbuz-Erziehung genauer erkennen zu können, stellten sie ihnen eine Gruppe gleichaltriger jüngerer

Leute gegenüber, die in einem Moshav aufgewachsen waren. Der Moshav ist eine andere ländliche Siedlungsform in Israel, in vielem dem Kibbuz ähnlich, aber nicht als Kommune, sondern als Genossenschaft organisiert. Die Mitglieder des Moshav teilen mit denen des Kibbuz den gleichen kulturellen und ethnischen Hintergrund, das gleiche israelische Umfeld, die gleiche vorwiegend bäuerliche Beschäftigung, den gleichen Lebensstandard, weitgehend auch die gleichen Überzeugungen. Sie unterscheiden sich darin, daß bei ihnen die Kinder auf die herkömmliche Weise bei ihren Eltern aufwachsen. Wenn speziell die Kollektiverziehung besondere Folgen hinterläßt – der Vergleich beider Gruppen müßte sie an den Tag bringen.

Beide Erziehungsformen, so stellten Rabin und Beit-Hallahmi zunächst fest, bringen gleichermaßen »stabile, gut funktionierende Individuen« ohne erkennbare Pathologie hervor. Unterschiede zwischen beiden Gruppen waren mit bloßem Auge kaum zu erkennen. »Daß der Kibbuz eine andersartige ›Persönlichkeit‹ hervorbringt, müßte erst noch bewiesen werden«, schlossen sie mit der unter Wissenschaftlern üblichen Zurückhaltung.

Um so interessanter aber sind die wenigen feinen Unterschiede, die sie inmitten all der Ähnlichkeit dann doch fanden.

Die Kollektiverziehung, die Erziehung durch das Kollektiv im Kollektiv fürs Kollektiv, soll die Menschen unter anderem geselliger machen. Darum verbringen sie Kindheit und Jugend in einer stabilen Altersgruppe; diese soll für sie mindestens ebenso wichtig werden wie Eltern und Betreuer. Aber geselliger werden die Kibbuz-Kinder mitnichten. Sie haben später genauso viele Freunde, verbringen gern ebensoviel Zeit mit anderen wie die Kinder des Moshav. Aber: Nicht Moshavniks, sondern Kibbuzniks fühlen sich unsicherer und ängstlicher, wenn sie Fremde kennenlernen sollen. Und: Unter Kibbuzniks sind intime Freundschaften seltener. Die meisten Moshavniks wünschen sich wenige enge Freundschaften; die meisten Kibbuzniks viele oberflächlichere. Moshavniks sprechen mit ihren Freunden vorzugsweise über persönliche Probleme und auch die intimsten Einzelheiten; Kibbuzniks sprechen am liebsten über Kibbuz-Angelegenheiten, die Arbeit, Fragen der Kindererziehung.

Dieser andersartige Kontaktstil scheint überhaupt der Hauptunterschied zwischen ihnen zu sein, abgesehen von der rätselhaften Befähigung der Kibbuzniks fürs Soldatenleben und ihrer möglicherweise größeren Hilfsbereitschaft, für die in einigen Studien schwache Anhaltspunkte gefunden wurden.

Heißt das, daß die Produkte der Kollektiverziehung weniger tiefe Gefühle haben als andere Menschen, so wie Bettelheim es vermutete? Die Intensität von Gefühlen kann die Psychologie nicht messen. Was sie messen kann, ist, wieviel Gefühle einer ausdrückt – ob einer beispielsweise mehr oder weniger bereit ist zu sagen, er liebe einen bestimmten anderen Menschen mehr als irgend jemand sonst, oder er habe jemanden manchmal gründlich satt. Ob die Kollektiverziehung die Gefühle selber abflacht, muß darum im dunkeln bleiben. Klar aber scheint, daß sie ihren Ausdruck merklich bremst.

Dies war das Ergebnis einer Studie, die Eliahu Regev, Beit-Hallahmi und Ruth Sharabany 1980 durchführten[43]: Kibbuzniks bringen insgesamt wesentlich weniger Gefühle zum Ausdruck als Stadtkinder. Damit bekommt Bettelheims These von der emotionalen Verflachung der Kibbuzniks einige empirische Nahrung. Ob sie aber tatsächlich flachere Gefühle haben oder ob die rigorose und pausenlose soziale Kontrolle durch die Gruppe der Gleichaltrigen sie nur zu größerer Vorsicht und Zurückhaltung beim Zeigen ihrer Gefühle angehalten hat – das ist weiterhin sehr die Frage.

Die einzigen Menschen, denen Kibbuz-Kinder mehr Gefühle entgegenbringen als Stadtkinder, sind die Angehörigen ihrer Altersgruppe. Aber nun kommt etwas ans Licht, was den pädagogischen Zielen dieser Erziehung ins Gesicht schlägt. Während sich bei den Stadtkindern gegenüber der Altersgruppe positive und negative Gefühle etwa die Waage halten (die negativen überwiegen leicht), bedenken die Kibbuz-Kinder ihre Altersgruppe mit dreimal soviel negativen Gefühlen wie ihre Altersgenossen aus der Stadt.

Die Altersgruppe, die für so wichtig gehaltene *kita* des Kibbuz, scheint also weit entfernt, den Kindern die emotionale Geborgenheit zu geben, die sie ihnen geben sollte. Sie erntet weniger positive und mehr negative Gefühle von ihren Angehörigen als die Altersgruppe der Stadtkinder.

Dazu paßt, daß – wie eine soziologische Untersuchung von Ben Rafael 1975 ergab[7] – der zweithäufigste Grund für den Weggang aus dem Kibbuz Spannungen, Mangel an Freunden, Einsamkeit sind (der häufigste Grund ist der Wunsch nach größerer persönlicher Entfaltung und mehr Privatleben). Auch, daß die Altersgruppe keinen besonderen Zusammenhalt, keine besondere Solidarität entwickelt, wie ein amerikanisches Forscherteam 1974 feststellte. Achtzehn Jahre in der Altersgruppe: sie sind also keine Garantie für Solidarität und gegen Abneigung, Spannung, Einsamkeit. Viele scheinen sich an ihrem Ende zu sagen: Das reicht. Nähe produziert nicht unbedingt Zuneigung; sie bringt auch Haß hervor.

Regevs Studie zeigt noch etwas anderes, das allem zuwiderlief, was man hätte erwarten sollen. Für die Kibbuz-Kinder standen ihre *metaplot* und ihre *kita* durchaus nicht im Zentrum der Gefühle. Dort standen, kaum weniger als bei den Stadtkindern, die Familienangehörigen, vor allem die Eltern. Ihnen gelten fast viermal so viele Gefühle wie den anderen Bezugspersonen zusammen. Die ganze Kollektiverziehung ändert also nichts daran, daß sich die allermeisten Gefühle des Kindes mit seinen leiblichen Eltern beschäftigen.

Das war nicht die Absicht gewesen. Sehr wohl aber war es Absicht oder zumindest ein Hintergedanke gewesen, dank der Kollektiverziehung das Verhältnis zwischen Eltern und Kindern zu entspannen, den Generationskonflikt zu entschärfen. Sie sollten voneinander nur noch die Schokoladenseite kennenlernen. All die unangenehmen Aufgaben der Disziplinierung fallen ja den Betreuerinnen zu. Kinder und Eltern machen sich nur noch schöne Stunden gemeinsam, bei Spiel und Scherz. Erwartungsgemäß erleben Kibbuz-Kinder ihre Eltern tatsächlich als viel weniger streng und autoritär als ihre Betreuerinnen. Aber es nützt den Eltern wenig. Die Kinder der Stadt haben mehr positive Gefühle ihren (strengeren) Eltern gegenüber, die Kinder des Moshav bleiben als Erwachsene stärker an ihre Mütter gebunden als die des Kibbuz.

Rabin und Beit-Hallahmi haben ihre Kibbuzniks und ihre Moshavniks auch einige Schlüsselfiguren und Schlüsselbegriffe des Lebens im Semantischen Differential bewerten lassen. Das ist ein psychologisches Instrument, auf die Spur der Gefühlsbedeutungen zu kommen, die bestimmte Begriffe für die Menschen haben. Die fraglichen Begriffe müssen irgendwo zwischen zwei gegensätzlichen Adjektiven (hart/weich, heftig/sanft, glücklich/traurig, wertvoll/wertlos – insgesamt je zwanzig solcher Paare) untergebracht werden. Zu den getesteten Begriffen gehörten »Vater«, »Mutter«, »meine Kindheit«, »ich selber«.

Das Semantische Differential ist kein besonders zuverlässiger Test, und wären die durchschnittlichen Profile der Kibbuzniks und der Moshavniks nur hier und da und einmal in dieser, einmal in der anderen Richtung voneinander abgewichen, so hätte das wenig zu besagen gehabt. Doch seltsam: Die Moshavniks sahen alles – Vater, Mutter, ihre Kindheit, sich selber – durchweg einen Tick positiver als die Kibbuzniks: »gütiger«, »wertvoller«, »glücklicher«, »aktiver«, »fairer«. Es sieht also ganz so aus, als erlebten Kibbuzniks ihre Vergangenheit, Gegenwart und auch die erwartete Zukunft einen Hauch negativer. (Um einen Vergleich zu haben, habe ich einer kleinen – und nicht repräsentativen – deutschen Gruppe die gleichen Begriffe zur Einordnung im Semantischen Differential vorgelegt. Der Hauptunterschied war der, daß die Deutschen ihre Eltern, ihre Kindheit und sich selber etwas weniger »fair«, »aktiv« und »glücklich« fanden als die beiden israelischen Gruppen die ihren. Die größten Abstände überhaupt gab es beim Vater. Danach werden Väter in Deutschland als weniger »zart« und weniger »leicht« gesehen und vor allem als ein ganzes Stück »trauriger«.)

Alles dies zu bewerten ist schwer oder unmöglich. Es mag uns so scheinen, als sei es irgendwie besser, einen engen Freund zu haben als viele oberflächliche Kontakte – aber das könnte bloße Voreingenommenheit sein, kulturelle Konvention. Schon von Amerika aus, wo die leichte, vielseitige Geselligkeit einen höheren Rang hat als in Deutschland, nimmt sich der deutsche Hang zur eifersüchtig gehüteten Busenfreundschaft mit ihren intimen Herzensergießungen geradezu bizarr aus und keineswegs als das Normale und Erstrebenswerte. Finden wir die Gepflogenheiten der Amerikaner seicht, so sie die unseren irgendwie krankhaft. Es sind andere Stile. Welcher besser ist, steht in den Sternen.

Bei aller Vorsicht aber wird man so viel sagen dürfen: Die Erziehung im Kibbuz ist ein Erfolg in dem Sinn, in dem Martin Buber 1945 mit einem berühmten Wort den ganzen Kibbuz einmal einen Erfolg nannte: Sie ist nicht gescheitert[13]. Und das ist nicht wenig, denn dieser Ausgang war keineswegs von vornherein klar.

Schließlich betrat sie pädagogisches Neuland. Um so wichtiger zu sehen, daß sie keinen erkennbaren Schaden angerichtet hat. Aber besondere Vorteile scheint sie auch nicht gebracht zu haben. So anders als die herkömmliche Erziehung sie auch ist, wesentlich andere Persönlichkeiten bringt sie nicht hervor. Wo sie sich aber doch leicht unterscheiden, da nicht immer in der gewollten Richtung. Vor allem ist die Erziehung in der Gruppe keine Garantie dafür, daß man den Mitmenschen ohne Animosität gegenübersteht. Auch die Gefühlsbeziehungen zu den Eltern macht sie nicht geringer und auch nicht positiver.

Auch die Psychoanalyse hat sich früh für die Kibbuz-Erziehung zu interessieren begonnen. Nach Freuds Lehre beginnt der kleine Junge mit etwa vier Jahren seine Mutter oder Schwester sexuell zu begehren und den Vater als leidigen Rivalen zu erleben; dem Mädchen ergeht es ähnlich mit Vater oder Bruder. Es ist der berühmte ödipale Konflikt, der schwerwiegende seelische Folgen für das ganze Leben haben soll. Besonders dramatisch verläuft er nach der orthodoxen Lehre, wenn die Kinder ihre Eltern beim Liebesakt beobachten, der »Urszene«. Dazu gibt es im Kibbuz keine Gelegenheit, und überhaupt sind Kinder und Eltern dort ja weniger und weniger eng zusammen. Also wäre zu erwarten, daß ihr ödipaler Konflikt milder ausfällt oder ihnen gänzlich erspart bleibt. Und wenn das angeblich wichtigste unter allen charakterprägenden Erlebnissen im Kibbuz anders und glimpflicher verläuft, so müßte sich auch ein deutlich anderer Charakter einstellen. Früh haben denn auch Psychoanalytiker die Bedeutung des Kibbuz-Experiments für die Überprüfung der Lehre erkannt[42].

Aber auch sie konnten keine typischen Kibbuz-Persönlichkeiten, keine typischen Kibbuz-Neurosen ausmachen. Die großen Auswirkungen, die die Kibbuz-Erziehung nach orthodoxer Freudscher Lehre hätte haben müssen, sind nicht eingetreten. Das wirft ein zweifelhaftes Licht auf die Lehre. Wer der Psychoanalyse nicht traut, dem widerlegt hier denn auch nichts den Verdacht, der ganze »ödipale Konflikt« könnte das Hirngespinst des Jahrhunderts sein.

Dafür hat sich im Kibbuz unverhofft etwas ganz anderes herausgestellt. In den Altersgruppen wachsen Mädchen und Jungen gemeinsam auf. Bettelheim glaubte sie gequält von heimlichen sexuellen Begierden aufeinander, denen sie keinen Lauf lassen dürfen. Tatsächlich wurde Jugendlichen im Kibbuz sexuelle Betätigung verargt, jedenfalls bis Anfang der siebziger Jahre die fleischfarbene Morgenröte der sexuellen Revolution auch den Kibbuz erreichte. Liebe und Sex, meinte man, lenken nur ab von den Gemeinschaftsaufgaben, und die schienen wichtiger. Aber daß sich die Angehörigen einer Altersgruppe liebten und später untereinander heirateten, wäre sogar außerordentlich gern gesehen gewesen. Es geschah nur nie. Wer als Kind ständig miteinander gelebt und gespielt hatte, fand sich später sexuell nicht attraktiv. Ehen zwischen den Angehörigen einer Kinderaltersgruppe gibt es im Kibbuz nicht etwa nur selten, es gibt sie gar nicht, wie der Soziologe Joseph Shepher 1971 in einem aufsehenerregenden Forschungsbericht erstaunt feststellte[44,47]. Shepher hatte nicht nur eine Stichprobe untersucht, die dem üblichen Verdacht unterlegen hätte, sie sei irgendwie nicht repräsentativ. Er hatte die Heiratsregister aller Kibbuzim gesichtet. Seine Feststellung hat darum ein ziemliches Gewicht. Die wenigen Fälle, die zunächst Ausnahmen zu sein schienen, entpuppten sich bei näherem Zusehen als weitere Bestätigungen der Regel: Da war der eine erst spät zu einer *kita* gestoßen, die andere ganz früh schon ausgeschieden.

Damit hat der Kibbuz zur Klärung eines uralten Disputs beigetragen. Ende des vorigen Jahrhunderts hatte der finnisch-britische Sozialwissenschaftler Edward Westermarck die These vertreten, beim Menschen gebe es eine instinktive Inzestbarriere. Fast niemand folgte ihm, er wurde angegriffen und verspottet. Glaubte doch alle Welt ganz sicher zu sein: Menschen wollen den Inzest, und nur strengste soziale Verbote halten sie mühsam davon ab. Diese Meinung hatte Freud wie kein anderer genährt. Nun also bekommt offenbar doch noch Westermarck recht. Der Kibbuz, aber nicht nur er, lehrt: Die Menschen sind anscheinend mit einer Art »instinktivem« Programm ausgestattet, demzufolge sich sexuell nicht begehrt, wer als Kind bis zum fünften, sechsten Lebensjahr – eine Art »sensible Phase« dafür – miteinander aufgewachsen ist. Unter normalen Bedingungen verhindert solch ein Programm den Geschwisterinzest. Unter weniger normalen Bedingungen wird es überlistet: Wachsen Geschwister getrennt auf, so funktioniert die Sperre später nicht; wachsen Nicht-Verwandte wie Geschwister auf, so finden sie sich unnötigerweise später uninteressant. Dies ist der Fall der *kita.* (Der Inzest zwischen Müttern und Söhnen dagegen scheint dadurch verhindert, daß Frauen ihnen unterlegene Männer und Männer sehr viel ältere Frauen erotisch in der Regel wenig begehrenswert finden.) Die Menschen sind also wohl gar nicht von wilden, notgedrungen verdrängten Inzestwünschen besessen. Gesellschaftliche Verbote und natürliche Neigungen wirken nicht gegeneinander, sondern wie in so vielen Fällen in die gleiche Richtung. Das Inzesttabu gibt es nicht deswegen, weil sich die Menschen sonst nur zu gern dem Inzest hingäben; es unterstreicht vielmehr eine Vorkehrung, die schon die Natur getroffen hat, und verhindert, daß die variablen Erziehungspraktiken der Menschen die Natur hintergehen.

Die Gleichheit unter den Menschen, die im Kibbuz Wirklichkeit werden sollte, hieß von Anfang an ausdrücklich auch Gleichheit zwischen Männern und Frauen. Daß das Experiment in dieser Hinsicht schlicht fehlgeschlagen sei, kann man nicht behaupten. Aber anders ausgegangen als erwartet ist es. Es war ein gewaltiger Schock, als die fortbestehende Ungleichheit Mitte der siebziger Jahre in ihrem ganzen Ausmaß zum Vorschein kam. Feministinnen fanden und finden: geradezu eine Katastrophe. Was ist passiert?

In den ersten Jahrzehnten war das Leben im Kibbuz denkbar hart. Steinerne Einöden mußten bepflanzt, Sümpfe trockengelegt, Wüsten bewässert, Wege geschaufelt, Gräben ausgehoben werden, und das von Menschen, die körperliche Arbeit nicht gewöhnt waren, in einem Klima, das vielen anfangs höllisch vorkam. Dazu die ständige Bedrohung, die jeden Weg in die nächste Stadt zu einem lebensgefährlichen Abenteuer machte und den Siedlungen den Charakter von Wehrdörfern gab. Zelte oder Schuppen, von einem Palisadenzaun umgeben und einem Wachturm überragt, das stabilste Gebäude für die Kinder reserviert – ein Kibbuz in den Pioniertagen sah ein wenig aus wie ein Fort im Wilden Westen.

Wie im Wilden Westen herrschte Frauenmangel. Es waren vorwiegend junge Männer, die die Strapazen und Entbehrungen der heroischen Gründerjahre auf sich nahmen (was später viele gleichwohl als die glücklichste Zeit ihres Lebens taxieren sollten). Die Frauen, die kamen, wurden mit den leichteren Arbeiten betraut.

Essenkochen, Wäschewaschen war ihre Sache. Aber es gab nicht genug solcher »Dienstleistungs«-Arbeiten für alle Frauen, und so schufteten viele von ihnen wie die Männer in der »Produktion« – und legten sogar größten Wert darauf, denn sie waren gekommen, Land urbar zu machen, und das nicht vom Kochtopf aus. In den Gründerjahren, so schätzt man, verrichteten 50 bis 60 Prozent der *chaverot* (der Genossinnen) die gleichen Arbeiten wie die *chaverim* (die Genossen). Daß Männer ebensogut für die Kinder sorgen könnten, scheint damals niemandem in den Sinn gekommen zu sein. Vermutlich wäre es allen einfach als eine Vergeudung eines damals dringend benötigten Guts vorgekommen: der relativen Muskelkraft und physischen Robustheit der Männer.

In nichts wollte und sollte sich die *chavera* ansonsten vom *chaver* unterscheiden. Kosmetik war verpönt. Sie trug die gleichen unansehnlichen Arbeitsklamotten, die in den Gründerjahren wöchentlich ausgewechseltes Gemeineigentum waren. Sie mußte soviel arbeiten wie er und erhielt wie er keinen individuellen Lohn.

Die frühen Kibbuzniks waren als überzeugte Sozialisten gegen die bürgerliche Ehe, als strenge Moralisten gegen die freie Liebe. Die Zweisamkeit der Liebe störte den Gruppengeist nur. So hieß die Devise: ernste Beziehungen ja, aber so unauffällig wie möglich. Ehe, Hochzeit gab es nicht. Wenn ein Paar zusammenleben wollte, beantragte es einfach eine gemeinsame Wohnung. Irgendwann, wenn das Kollektiv es sich leisten konnte, wurde sie ihm ohne Zeremonie zugewiesen – und oft genug den Paaren noch ein Junggeselle als Untermieter ins einzige Zimmer einquartiert. Mann und Frau redeten sich mit Nachnamen an, trugen keine Eheringe, aßen und arbeiteten nicht zusammen, vermieden es in der Öffentlichkeit geflissentlich, ihre Zuneigung zu zeigen – es hätte ja bedeutet, das Kollektiv zu brüskieren, eins seiner Mitglieder den anderen vorzuziehen.

Auf Kinder waren diese Pioniere anfangs gar nicht eingestellt. Joseph Baratz, der 1909 in den Malariasümpfen südlich des Sees Genezareth den ersten aller Kibbuzim, Deganya, mitgegründet hatte, schilderte die damalige Verlegenheit so: »Als unser ältestes Kind geboren wurde, das erste in der Gruppe, fanden alle es reizend, und keiner wußte etwas mit ihm anzufangen... Meine Frau war froh, daß alle es mochten, aber sie mußte sich nun halb totrackern... Es war ein schwieriges Problem. Wie sollten die Frauen arbeiten und gleichzeitig Kinder versorgen?... Sollte sich eine Frau um alle Kinder kümmern? Das kam uns zunächst befremdlich vor. Wie konnte eine Frau ihr Kind einer andern anvertrauen?... Da sagte Joseph Bussell: ›Die Kinder sollen zwar ihren Eltern gehören, aber alle müssen sich in die Verantwortung für sie teilen.‹«[3] Das war die Geburtsstunde der Kollektiverziehung.

Im Schtetl, im osteuropäischen Getto, war die Frau Hausfrau und Mutter gewesen, anderes nicht. Religiöse Juden bedankten sich bei Gott, daß sie nicht als Frauen geboren worden waren. Damit sollte im Kibbuz aufgeräumt werden. So wurden alle objektiven Gründe, die die Frauen ans Haus gefesselt hatten, einer wie der andere liquidiert. Im Kibbuz war die Frau von Hausarbeit so gut wie ganz befreit: kein Einkaufen mehr, kein Essenkochen, kein Abwasch, keine große Wäsche, kein Bügeln, kein Flicken – alles das wurde Sache des Kollektivs. Kindererziehung, die Fürsorge für Kranke und Alte auch.

Frauen arbeiteten ausnahmslos, und zwar außer Haus, erhielten das gleiche wie die Männer, waren also materiell und auch in ihrem Ansehen von keinem Ehemann mehr abhängig. Politisch hatten sie die gleichen Rechte und Pflichten. Und daran hat sich bis heute nichts geändert.

Gleichzeitig drängte die Ideologie auf die Verwischung der Geschlechtsunterschiede, und die Erziehung schien dafür zu sorgen, daß die zweite, die von Anfang an im Kibbuz aufgewachsene Generation von ihnen dann gar nichts mehr wußte. Jungen und Mädchen spielten, lernten, duschten, schliefen gemeinsam, bedienten sich aus der gleichen Spielzeugkiste, trugen anfangs auch die gleiche Kleidung, hatten die gleichen Schulfächer, und ihre Erzieher gaben sich Mühe, sie mit keinen Rollenerwartungen zu bedrängen. Ermahnungen wie »Mädchen tun das nicht...«, »Ein richtiger Junge muß...« waren verpönt und unterblieben.

In den ersten elf, zwölf Lebensjahren ging und geht das auch problemlos. Kurz vor der Pubertät aber begannen sich Mädchen und Jungen voneinander abzusondern, und zwar spontan, von sich aus, ohne daß jemand sie dazu anhielt, ja entgegen den Forderungen und Wünschen ihrer Umwelt. Mädchen wollten auf einmal nicht mehr mit den Jungen gemeinsam duschen, wollten nicht, daß die

Jungen sie unbekleidet sahen, zogen sich im Dunkeln aus, oder ehe die Jungen zu Bett gingen – sie entwickelten, was ihren Körper anging, ein heftiges Schamgefühl, das ihnen niemand beigebracht hatte, das den Zielen und Erwartungen ihrer Erzieher sogar genau zuwiderlief. Vor allem die Mädchen meuterten so heftig, daß die gemeinsamen Duschen, teilweise auch die gemeinsamen Schlafräume abgeschafft werden mußten.

In den Jahren der Pubertät herrschte in den Häusern der Heranwachsenden Feindschaft zwischen den Geschlechtern. Jenseits des fünfzehnten Lebensjahres löste sich das, ebenso spontan, wieder auf. Weiter verbargen Jungen und Mädchen den nackten Körper voreinander, aber ohne ein Drama daraus zu machen; ihr Umgang wurde wieder »unverkrampft und freundlich« (Yonina Talmon).

Mädchen und Jungen lernen im Kibbuz keine doppelte Moral, die Mädchen verböte, was Jungen erlaubt ist. Kibbuz-Mädchen geben bemerkenswerterweise fast ebenso viele Sexualkontakte zu Protokoll wie Kibbuz-Jungen, ganz anders als Mädchen außerhalb des Kibbuz. (Die haben möglicherweise nicht weniger, scheuen sich jedoch, sie zuzugeben.) In diesem Bereich hat die Kibbuz-Erziehung also tatsächlich etwas bewirkt, hat sie eine größere Gleichheit hergestellt. Nur wiederum sonderbar: Die Kontakte der Mädchen haben eine andere Qualität als die der Jungen. Sie legen größeren Wert auf intensive Gefühlsbeziehungen zu ihrem Freund – auf Liebe, um es mit einem Wort zu sagen[2].

Als die Wildwestjahre im Kibbuz zu Ende gingen und nicht mehr der schiere Mangel herrschte, begannen sich die Frauen auch wieder um ihr Äußeres zu kümmern. Sie trugen wieder weibliche Kleidung, und auf ihren Wunsch hin wurden ihnen öfter neue Textilien zugeteilt als den Männern. Auch Make-up, weibliche Frisuren und bescheidener Schmuck kamen wieder auf. Heute sieht die Kibbuz-Frau aus wie ihre Schwester draußen, manchmal geradezu elegant.

Auch die Hochzeit kehrte wieder. Heute ist sie ein großes Fest für den gesamten Kibbuz, mit einer Braut in Weiß und oft Hunderten von geladenen Gästen, zu dem der Rabbi in den im übrigen nach wie vor unreligiösen Kibbuz gerufen wird (in Israel gibt es nur eine religiöse Trauung).

Sorgen und Hoffnungen der Kibbuzniks gelten vor allem ihren

Kindern. Die Geburtenrate ist hoch, höher als im übrigen Israel – kein Wunder, denn Kinder, viele Kinder zu haben, drei, vier, fünf, bringt den Eltern im Kibbuz keinerlei ökonomischen oder sonstigen Nachteil. Die Familie ist die wichtigste soziale Einheit des Kibbuz geworden, so wichtig, daß Singles hier kaum noch existenzfähig sind. Unverheirateten jungen Mitgliedern schafft der Kibbuz diskret oder auch nicht so diskret Gelegenheiten, mögliche Ehepartner kennenzulernen.

Ehepaare verbergen ihre Zusammengehörigkeit nicht mehr, und sie wirtschaften gemeinsam. Für den persönlichen Bedarf haben Kibbuzniks ein Privatbudget, innerhalb dessen sie Waren vom Kibbuz beziehen können, oft zum Großhandelswert; es beträgt für ein Ehepaar umgerechnet etwa 3000 Mark im Jahr. Die – wenige – Hausarbeit wird gleichmäßig aufgeteilt.

Was wünschen sich Kibbuzniks am meisten? Ein glückliches Familienleben (75 Prozent), Frieden (40), einen guten, befriedigenden Beruf (22). Familienglück steht auch für andere Israelis und für Amerikaner obenan – aber nur zu 72 und 60 Prozent; »draußen« ist dafür der Wunsch nach einem guten Beruf größer[38].

Kurz, der Kibbuz war wohl einmal angetreten, der Familie die Wichtigkeit zu nehmen, die sie in der bürgerlichen Gesellschaft hat, ihr vielleicht sogar ganz den Garaus zu machen. Heute ist er familienorientierter als die Gesellschaft ringsum.

Die israelische Journalistin Amia Lieblich interviewte Anfang der achtziger Jahre viele Mitglieder eines Kibbuz, Frauen und Männer, Alte und Junge, und montierte die so gesammelten ausführlichen Gespräche zu einem lesbaren und lesenswerten Buch, das anschauliche Einblicke in die Geistesverfassung heutiger Kibbuzniks gewährt[27]. Eine ihrer Gesprächspartnerinnen, eine dreiunddreißigjährige Journalistin, die ihrem Kibbuz zwar sehr gern angehörte, ihn aber gleichzeitig ungewöhnlich distanziert und kritisch beobachtete, erklärte die neue Familienbegeisterung mit einer Art sozialer Oszillationstheorie: Gesellschaften pendeln von einem Extrem ins andere. Sie hatte dies zu sagen: »Jetzt durchleben wir eine Phase intensiven Familienlebens – in jedem Raum die Heilige Familie. Wahrscheinlich ist es eine Reaktion gegen die Lebensweise unserer Eltern, wir fallen da von einem Extrem ins andere. Unsere Eltern hatten keinen Familiensinn, besonders unsere Väter nicht. Wer von uns hat in der Kindheit seinen Vater überhaupt mal gesehen? Der eine hatte im Ausland zu tun, der andere war bei der Polizei, der dritte bei der Palmach [einer Eliteeinheit der Militärorganisation vor der Staatsgründung], der vierte im Knast. Monate- und jahrelang waren sie gar nicht da. Der heutige Trend – den ganzen Tag über die eigenen Kinder anzuhimmeln, sie dicht unter den Fittichen zu behalten – ist also eine Reaktion auf jene Entbehrung. Wir haben die Mittellage noch nicht gefunden, unsere Kinder müssen diese Extreme wohl noch miteinander in Einklang bringen. Ich sehe auf vielen Gebieten den gleichen Trend, etwa in unserer Haltung gegenüber materiellen Gütern und Besitztümern; unsere Eltern hatten nichts und brauchten noch weniger, während wir unsere ganze Energie auf italienische Kacheln im Badezimmer und selbstgebackenen Kuchen verwenden. Hoffentlich finden unsere Kinder die glückliche Mittellage...«

Der amerikanische Anthropologe Lionel Tiger und der verstorbene israelische Soziologe Joseph Shepher haben eingehend erkundet, was unter diesen Umständen aus der Gleichheit der Frau geworden ist[53]. Sie untersuchten nicht nur eine Stichprobe (deren Repräsentativität immer angezweifelt werden kann). Sie analysierten die gesamten Zensusdaten zweier Kibbuz-Dachverbände. Ihre massiven Ergebnisse sind meines Wissens auch von denen nicht angezweifelt worden, die ihre Erklärungen empörend fanden.

Im Kibbuz, so stellten sie fest, gibt es erstens typische Frauen- und Männerberufe, sind zweitens Frauen in leitenden Stellungen seltener und nehmen drittens Frauen an der Politik viel weniger teil als Männer.

In den Fabriken arbeiten zu weit über 70 Prozent Männer, in der Landwirtschaft zu weit über 80 Prozent und auf dem Bau fast nur – obwohl doch die Arbeit in der »Produktion« heute längst nicht mehr soviel rohe männliche Körperkraft verlangt wie einst. Küche, Kleiderkammer und die Erziehungsberufe – die »Streichelfunktionen« – sind dagegen zu über 80 Prozent in weiblicher Hand. Nur wenige Berufe sind geschlechtsneutral, vor allem die des höheren Schulwesens. Die Polarisierung des Berufslebens ist im Kibbuz wahrscheinlich sogar stärker als im übrigen Israel und gewiß stärker als in der Bundesrepublik, wo etwa 30 Prozent der »Produktions«-Jobs von Frauen und über 30 der Dienstleistungsjobs von Männern besetzt sind.

Nur auf jedem zehnten leitenden Posten findet sich eine Frau, auf dem wichtigen des »Ökonomischen Managers« praktisch nie.

Frauen gehen seltener zu den Vollversammlungen des Kibbuz als Männer. Sie ergreifen dort seltener das Wort, und wenn, dann kürzer (aber oft auch präziser, weniger weitschweifig). Sie lassen sich seltener in die zahlreichen Komitees wählen. Am häufigsten findet man sie in denen für Erziehung und Soziales (den »Streichelkomitees«). Hier sind sie meist in der Mehrzahl. Den Vorsitz aber hat oft ein Mann.

Soweit die baren Fakten. Ob die Frauen mit diesem Stand der Dinge einverstanden oder gar zufrieden sind, ist bis heute unklar und strittig. Einige Untersuchungen, etwa die von Tiger/Shepher selbst, kamen zu dem Schluß: eher ja. Andere fanden: eher nein. Wahrscheinlich hängt viel davon ab, wie gefragt wird. Kibbuzniks wissen genau, daß sich Ideologie und Wirklichkeit in diesem Punkt gar nicht decken. Jede Frage, die sie auf diesen Abstand hinweist, wird eine Verlegenheit erzeugen, die sich in den Antworten dann leicht als Unzufriedenheit niederschlägt. Ob sie es auch anders machen würden, wenn sie noch einmal von vorn anfingen, ist dann aber eine andere Frage.

Jedenfalls sind die Frauen familiärer eingestellt als die Männer. Sie und nicht die Männer forderten die Einführung der »Stunde der Liebe«, um auch während der Arbeitszeit am Vormittag ihre Kinder einmal sehen zu können. Sie sind stärkere Verfechter der »Familienübernachtung« als die Männer, obwohl sie ihnen mehr Arbeit macht. (»Meine Frau sagt, die Kinder brauchen die Familienübernachtung, um glücklich zu sein«, berichtete mir ein Kibbuznik, während er im Speisesaal seinen Kindern ihre Lieblingsrohgemüse und Lieblingsquarks auf die Teller tat. »Ich selber weiß nicht. Ich sehe nicht, daß es ihnen schadet, wenn sie im Kinderhaus schlafen. Aber wenn meine Frau die Familienübernachtung will, werde ich auch dafür stimmen. Ich will vor allem, daß sie ein gutes Gefühl hat.«) Frauen scheinen ausgemacht gern viel und immer noch mehr für ihre Kinder zu tun; Männer haben offenbar keine so dringenden Bedürfnisse in dieser Richtung.

Ein Grund dafür, daß die Frauen mit diesem Stand der Dinge

Occams Rasiermesser

-
-

1 2 3 4 5 6

A B C D E F

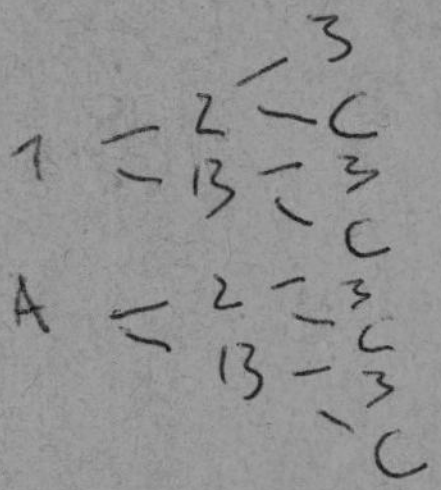

Privat

Wollenberger
Esther
Fichtenstr. 5
01097 Dresden

31.03.57

02.02.09

9.54 1062032

UMCKALOABO, LOE, 20 ML, N1, Spitzner
Arzneimittel Gmb (20-20-20)
- Rezeptende -

St. Pauli-Apotheke
02. Feb. 2009
Tannenstraße 17 · Dresden

Dr. med. Sören Löscher
FA f. Innere Medizin
Theresienstr. 11
01097 Dresden
Tel.: 0351/8043836

unzufrieden sein müßten, ist mit der Zeit auch wesentlich geringer geworden. Die Frauenberufe haben an Prestige gewonnen, als ein relativer Wohlstand einzog und die Serviceeinrichtungen nicht mehr so karg ausgestattet waren wie zuvor. Auch wurden die Frauenberufe professionalisiert. Im Durchschnitt haben Frauen heute eine höhere Qualifikation als Männer: Mädchen beenden die für alle obligate Oberschule öfter mit dem Pendant des Abiturs als Jungen und schließen öfter eine Fachhochschulausbildung an (die Jungen öfter ein Universitätsstudium).

Ein fortbestehender Grund für Unzufriedenheit ist jedoch, daß die Frauenberufe, die der Kibbuz zu bieten hat, in der Regel einseitiger sind als die Männerberufe. Verkäuferin, Designerin kann man im Kibbuz eben nicht werden, weil dort nichts verkauft oder entworfen wird. Normalerweise findet sich die Frau in Küche, Kleiderkammer, Kinderstube, wie gehabt, nur jetzt im größeren Maßstab als in der Familie: in Großküche, Wäscherei, Kinderhaus.

So besteht im Kibbuz also »Gleichheit« zwischen den Geschlechtern und besteht auch wieder nicht. Sie sind rechtlich und ökonomisch gleichgestellt, die objektiven Gründe für die Ungleichheit sind beseitigt – und trotzdem verhalten sie sich nicht gleich.

Woran mag das liegen? Eine ganze Reihe von gesellschaftlichen Gründen sind ins Feld geführt worden. In dem Maß, in dem sie nicht ausreichen, kommt man nicht umhin, andere Ursachen verantwortlich zu machen. Etwa auch biologische?

Biologie ist unter Soziologen und in der an der Soziologie orientierten Öffentlichkeit verpönt. Biologie, auf den Menschen und sein Verhalten angewandt, ist als »Biologismus« verrufen. Oberwasser hat sein Gegenstück, die »sozialisationistische« Weltanschauung. Für sie sind Geschlechtsunterschiede Rollenunterschiede. Schon das Wort »Rolle« sagt es: Geschlechtstypisches Verhalten ist niemandem von vornherein eigen, es ist ein Ergebnis seiner Sozialisation, er lernt es wie ein Schauspieler, und hinfort spielt er seine Rolle. Diese Grundüberzeugung muß Verwahrung gegen jeden Verdacht einlegen, es seien, den eigenen Absichten und Bemühungen zuwider, im Kibbuz schließlich Geschlechter-Vorlieben zum Vorschein gekommen, die für den Menschen die natürlicheren sind. Die Argumente sind etwa die folgenden.

»Nur kleinbürgerliche Träumer können glauben, daß die Ausbeutung des Menschen durch den Menschen und der Frau durch den Mann im kommunitären Sozialismus abgeschafft werden kann. Die Befreiung aller Art kann erst kommen, wenn weltweit der Sozialismus erreicht ist«, schrieb beispielsweise der Italiener David Meghnagi über das Geschlechterverhältnis im Kibbuz[29]. Er glaubt also nicht, daß der Mikrosozialismus irgend etwas beweisen könne; beweiskräftig scheint ihm allein der weltweite Makrosozialismus, den es nicht gibt. Es ist ein nicht gerade zwingendes Argument, auch wenn es sich dadurch abzusichern sucht, daß es alle Zweifler von vornherein Kleinbürger und Träumer schimpft. Wenn eine Sache schon in kleinem Maßstab unter gleich positiv gesinnten Menschen und nach Schaffung der bestmöglichen Voraussetzungen nicht wie erwartet funktioniert, wie dann jemals »weltweit«? Hier spricht reiner Wunderglaube.

»Verhaltensmuster, die seit Generationen bestehen, lassen sich nicht in ein paar Jahren überwinden.« Das ist der gemeinsame Nenner vieler Argumente, die auf spätere Zeiten vertrösten. So schnell geht es nicht, sagen sie; aber es wird schon noch werden. Allerdings verwickeln sie sich unbemerkt in einen Widerspruch. Sie implizieren ja, daß der einzelne seine Geschlechterrolle lernt, und zwar von den »Modellen«, den Vorbildern – also von allen jenen Menschen, die zu beobachten und zu imitieren er Gelegenheit bekommt, und das sind vor allem die Erwachsenen, mit denen er in seinen frühen, prägenden Jahren zu tun hat. Aber wenn er auf diese Weise zu seinem »Rollenverhalten« kommt, dann wäre das Verhalten seiner Elterngeneration ausschlaggebend, und wie sich frühere Generationen verhalten hätten, wäre gleichgültig, denn von denen konnte er nichts mehr lernen. Ohne es zu merken, tut das Argument zudem, als wäre ein imitiertes Verhalten, das auch schon in früheren Generationen geübt wurde, im Wesen dessen, der es übernimmt, irgendwie fester verankert. Auch wenn Generationen vor ihnen links gefahren sind: jene Schweden, die nach der Umstellung auf Rechtsverkehr Auto fahren gelernt haben, zieht keine innere Kraft je mehr nach links, dorthin, wo frühere Generationen einmal fuhren. Das Argument setzt eine mysteriöse Vererbung von Konventionen voraus, die es nun wirklich nicht gibt.

»Die eigene Kindheit ist am Ende eben doch stärker«, lautet das

Hilfsargument, das behauptet, die Menschen kehrten in ihrem eigenen Erwachsenenleben unentrinnbar zu jenen Verhaltensformen zurück, die sie in ihrer Kindheit einmal beobachtet und übernommen haben. Aber es hätte höchstens erklärt, warum die Gründergeneration zu der ungleichen Rollenverteilung zurückgekehrt ist. Diese aber ist gar nicht dazu zurückgekehrt. Das taten erst die Sabras, ihre in Israel geborenen, zum größeren Teil im Kibbuz aufgewachsenen Kinder. Sie waren es, die die Wende in großem Stil vollzogen, und sie handelten damit gegen ihre Kindheit.

Wenn die Macht der frühen Sozialisation so unentrinnbar wäre, wäre außerdem gar nicht einzusehen, wie irgend jemand es jemals schaffte, aufzubrechen und ganz anders zu leben, als er es einmal gelernt hat. Genau das aber haben die Gründer des Kibbuz getan.

»Wieder einmal eine Männerverschwörung gegen die Frauen.« Im Kibbuz haben Männer weder formal noch ökonomisch eine größere Macht. Jeden Versuch einer Machtusurpation könnten die Frauen jederzeit niederstimmen. Von keinem solchen männlichen Komplott ist berichtet worden. Berichtet worden ist dagegen vielfach, daß die Frauen der Motor waren bei der Rückwendung zur Familie. Auch daß die Männer sie nicht selten geradezu drängten, die politischen, die Gemeinschaftsaufgaben nicht zu vernachlässigen. Sogar Tigers und Shephers feministische Kritikerinnen schoben die Schuld kaum je den Männern zu.

»Die Außenwelt hat in den Kibbuz hineingewirkt: Fernsehen, Radio, Presse, Besucher, die Freiwilligen. Und der Kibbuz hat sich nur der Außenwelt ringsum angeglichen.« Das könnte durchaus geschehen sein. Nur sonderbar: Andere Bereiche des Kibbuz-Lebens sind gegen diese Einflüsse der Außenwelt resistent geblieben. Inmitten einer Welt, die dem Privatbesitz huldigt, behauptet sich der Kibbuz unverändert und unverdrossen als Kommune; inmitten einer Welt, in der einer den anderen auszustechen sucht, behauptet er sich als ein Ort der sozialen Gleichheit. Soll das Argument gelten, so müßte man annehmen, daß einige Lebensbereiche anfälliger sind für die Einflüsse der Außenwelt als andere – und hätte wider Willen dann doch einen biologischen Unterschied eingeführt.

»Die Kibbuzniks kehren zur traditionellen Familie zurück, weil sie deren Zuwendung in ihrer Kindheit selber entbehrt haben, aus

Protest.« Solche Entbehrungen mag es gegeben haben, und sie mögen die Rückkehr zum Familienleben mit inspiriert haben; aber nicht die Ungleichheit zwischen den Geschlechtern. Denn diese Entbehrungen trafen alle gleichermaßen, Jungen wie Mädchen, und es wäre nicht einzusehen, warum die Mädchen nun stärker »protestieren«. Übrigens ruft auch dieses Argument unbeabsichtigt wieder ein quasi-biologisches Apriori zu Hilfe: das Bedürfnis nach der Zuwendung einer Familie.

»Die Frauen haben sich vom aussichtslosen Wettbewerb mit den Männern zurückgezogen.« Das Argument ist unwillentlich ziemlich frauenfeindlich. Denn wenn Frauen im Kibbuz die gleichen Chancen haben, und die haben sie, so könnte ihr »Rückzug« nur bedeuten, daß es sehr wohl einen quasi-biologischen Geschlechtsunterschied geben muß: Frauen müßten dem Mann so unterlegen sein, daß es aussichtslos wäre, mit ihm konkurrieren zu wollen; oder aber sie müßten zumindest viel leichter resignieren als er. Für beides gibt es keinen Schimmer von Beweis.

»Irgendwie haben sie es jedenfalls so gelernt, wie es jetzt mit ihnen gekommen ist«, schallt es unbeirrt. Was tatsächlich gelernt wurde – ein glücklicher Zufall hat es gefügt, daß darüber nicht nur spekuliert werden muß.

Der amerikanische Anthropologe Melford Spiro war in den fünfziger Jahren einer der ersten, die über die Kibbuz-Familie schrieben. Der Gesichtswinkel seines Buches[49] war der des üblichen Kulturdeterminismus. Mitte der siebziger Jahre kehrte er nach Israel zurück, um zu studieren, wie sich das Experiment Kibbuz-Familie inzwischen weiterentwickelt hatte. Dabei wurde er an seinem eigenen früheren Kulturdeterminismus gründlich irre. Die »gesellschaftlichen« Erklärungen für die fortbestehende Ungleichheit fand er eine wie die andere unbefriedigend. Und aus seinen alten Protokollnotizen holte er jene hervor, die festhielten, wie die Frauen und Männer des Jahres 1975 zwanzig Jahre vorher als Kinder gespielt hatten. Seinerzeit hatte er diese Beobachtungen für unwesentlich gehalten. Jetzt erschienen sie ihm sehr wohl bedeutsam.

Jungen und Mädchen nämlich hatten sehr verschieden gespielt. Fast nur Jungs hatten die Schubkarre benutzt – und das, obwohl sie es nicht »am Modell« gelernt haben konnten, denn Gärtner und einziger erwachsener Benutzer einer Schubkarre war in jenem

Kibbuz damals eine Frau. Bei ihren Rollenspielen spielten die Mädchen am häufigsten die Rolle der Mutter und keine einzige andere Frauenrolle, obwohl sie damals, 1951, Frauen in noch viel mehr verschiedenen Rollen beobachten konnten, als das heute möglich wäre. Daß hier keine subtilen Rollenerwartungen seitens der Erzieher am Werk gewesen sein konnten, zeigte sich auch daran, daß auch die Jungen viel öfter Mutter spielten als Vater. Am häufigsten spielten Jungen jedoch die Rolle eines Tiers. Einigermaßen absurd anzunehmen, jemand hätte ihnen beigebracht, es sei besonders jungenhaft, ein Tier nachzumachen.

Im allgemeinen hatten die Jungen viel mehr »getobt« – sie waren mehr gerannt, gesprungen, geklettert. Die Jungen hatten rauher, heftiger und bewegter, die Mädchen sozusagen verhaltener, intimer gespielt. Nur Mädchen hatten manchmal einen bekümmerten Spielkameraden getröstet.

Ähnliche Unterschiede im Kinderspiel haben Anthropologen und Psychologen nun aber auf der ganzen Welt immer wieder beobachtet. Auch darum ist es unrichtig, die »biologische« Hypothese, es gebe angeborene Verhaltensunterschiede zwischen den Geschlechtern, eine »bloße vage Spekulation» zu nennen. Vielmehr stützt sie sich: auf Beobachtungen, die in verschiedenen Kulturen, also unter divergierenden gesellschaftlichen Einflüssen gesammelt wurden; auf die Kontinuität der Evolution (wenn in einer ganzen Tierklasse geschlechtsbezogene Verhaltensunterschiede bestehen, ist es nicht eben wahrscheinlich, daß es am puren kulturellen Zufall liegt, wenn sie sich auch bei einer Untergruppe finden); schließlich auf all das, was man inzwischen über die Zusammenhänge zwischen Geschlechtshormonen und geschlechtstypischem Verhalten weiß.

Um die Zeit der Geburt werden bei männlichen Säugetieren Androgene ins Blut ausgeschüttet, die das Gehirn erreichen und virilisieren. Daß es sich beim Menschen nicht anders verhält, beweisen einige kritische Experimente der Natur. Es kommt – sehr selten – vor, daß die Körpergewebe männlicher Föten die in das Blut ausgeschütteten männlichen Geschlechtshormone nicht im normalen Maß aufnehmen können. Diese Kinder werden intersexuell geboren und dann entweder als Mädchen oder als Jungen erzogen. Die als Jungen erzogen werden, unterscheiden sich von anderen

Jungen: Sie melden weniger Dominanzansprüche an und verausgaben sich weniger in sportlich-körperlicher Konkurrenz[31].

Eine erbbedingte Krankheit ist das sogenannte Adrenogenitale Syndrom: Infolge einer Hormonstörung erzeugen manche Mädchen vor der Geburt einen Überschuß an männlichen Geschlechtshormonen. Er vermännlicht sie, körperlich wie seelisch. Wird ihr Fall rechtzeitig erkannt, kann man die körperliche Vermännlichung durch eine geeignete Chemotherapie unterdrücken. Dann werden sie als »vollgültige« Mädchen groß. Dennoch verhalten sie sich knabenhafter als andere Mädchen, bevorzugen körperlich anstrengende Lauf- und Raufspiele, spielen weniger mit Puppen, weniger Mutter und Kind und sind stärker als andere Mädchen auf ihren Platz in der Rangordnung bedacht.

Seit einigen Jahren kommen auch immer mehr neuropsychologische und neurobiologische Unterschiede zwischen den Geschlechtern ans Licht[8]. Am erheblichsten, und bislang am besten erforscht, ist der Unterschied im räumlichen Vorstellungs-, Orientierungs- und Denkvermögen: also in der Fähigkeit, sich Figuren im Raum vorzustellen und im Geist mit diesen Vorstellungen zu arbeiten. Jungen und Männer sind darin sehr häufig besser als Mädchen und Frauen; diese wiederum lassen Jungen und Männer in manchen sprachlichen Aufgaben und in der Geschicklichkeit der Hände hinter sich. Der Befund wird heute damit in Verbindung gebracht, daß die beiden Hirnhälften, die erwiesenermaßen verschiedene Aufgaben erfüllen (bei Rechtshändern die linke eher sprachliche, die rechte eher räumliche), bei Männern und Frauen verschieden spezialisiert sind. Worin diese Verschiedenheit genau besteht, ist noch nicht klar. Vielleicht sind die Hirnhälften, und mit ihnen die Leistungen, für die sie zuständig sind, bei beiden Geschlechtern verschieden stark entwickelt. Vielleicht sind die beiden Hirnhälften bei Frauen in der Regel weniger einseitig spezialisiert. Es ist jedenfalls ein Unterschied, der sich früh zeigt und biologischen Ursprungs ist; möglicherweise geht auch er auf die vorgeburtlichen Geschlechtshormone zurück. Immer deutlicher wird auch ein anderer Unterschied. In den ersten Schuljahren sind Mädchen und Jungen im Rechnen mehr oder weniger gleich gut. Vom zwölften Lebensjahr an beginnen Jungen die Mädchen im mathematischen Denken zu überflügeln. Unter den mathematisch Hochbegabten sind ein paarmal so viele Jungen wie Mädchen, und je höher die Begabungsschicht ist, die man untersucht, desto größer wird das Ungleichgewicht zwischen den Geschlechtern. Die Versuche, diesen Unterschied ganz aus der unterschiedlichen Sozialisation der beiden Geschlechter zu erklären, sind fehlgeschlagen. Sie erklärt das Phänomen nur zum Teil, und wohl nur zu einem kleineren. Einiges deutet darauf hin, daß mathematisches Denken auf räumliches Denken angewiesen ist und daß die unterschiedliche Begabung beider Geschlechter für die höhere Mathematik somit ebenfalls auf die unterschiedliche Spezialisierung der beiden Gehirnhälften zurückgeht. Es wäre aber höchst verwunderlich, wenn dergleichen Unterschiede ohne Folgen für die spätere geschlechtliche Identität blieben.

So viele passende Unterstützung aus ganz verschiedenen Richtungen kann die Hypothese vom sozialen Nachahmungslernen nicht vorweisen. Es ist durchaus plausibel, daß das tatsächliche geschlechtstypische Verhalten mehr ist als das Ergebnis einer vorgeburtlichen hormonellen Typisierung; sicher wirken auch Erziehungseinflüsse, Erwartungen, Ermutigungen, Entmutigungen an ihm mit. Meist aber wird auch hier die Erziehung nur in die gleiche Richtung wirken wie die Natur (was die Verwechslungsgefahr groß macht).

Tiger und Shepher diskutieren alle Einwände und äußern am Ende eine ketzerische Vermutung. Es ist die Vermutung, die Frauen im Kibbuz seien vielleicht gar nicht als Opfer widriger Umstände zu betrachten. Es könne vielmehr sein, daß sie genau das tun, was sie tun wollen. Und daß sie anderes tun wollen als die Männer, erklären sie auf sehr behutsame Weise: Der Unterschied rühre daher, daß Frauen mehr als Männer ihren Kindern nahe sein wollen.

Auf ihre Weise und wider Willen bestätigt das auch die von Amia Lieblich interviewte Journalistin: »Vor einigen Jahren habe ich hier beim Lokalblatt gearbeitet, und mein Hauptziel war es, das Bewußtsein der Frauen für unsere unglückselige Stellung im Kibbuz zu wecken. Die Frauen hier sind so hilflos und frustriert, daß sie ihre Situation nicht mehr in der richtigen Perspektive sehen können. Die Situation ist aus dem Umstand zu erklären, daß alle hier viele Kinder haben wollen. Es ist dies eine Norm, die schon in der ersten Generation begann, trotz der äußersten Armut damals. Frauen kriegen Kinder, und dann müssen sie sich natürlich um sie kümmern; es ist ein Teufelskreis, der sie gefangenhält. Aber wenn man ihnen einen Ausweg bietet, eine Werkstatt oder einen Studientag, lehnen sie ihn ab, überzeugt, daß sie doch ihre Kinder nicht im Stich lassen können... Ich weiß nicht, warum es so ist. Zu Hause bleiben, saubermachen, kochen – mehr machen meine Freundinnen nicht. Im Kibbuz gibt es so viele Kurse, Aktivitäten und die verschiedensten Gelegenheiten, sich persönlich weiterzuentwickeln. Wenn man nicht gerade Englisch lernen will, dann kann man einen Nähkurs mitmachen oder töpfern lernen. Wir sind hier zweihundert Frauen, und ich höre, daß sich nur fünf für den Nähkurs angemeldet haben. Ich selber gehe zweimal die Woche zu Gymnastikkursen, und da sind nie mehr als acht Frauen, obwohl doch jeder weiß, wie wichtig es ist, den Körper fit zu halten. Ich weiß nicht, warum das so ist. Kinder können das nicht ganz erklären...«[27] Was ja heißt: Frauen setzen andere Prioritäten in ihrem Leben; sie sind nicht immer glücklich damit, denn das eine zu tun heißt immer, etwas anderes zu lassen; aber sie tun es, und zwar ohne dazu überredet oder gar gezwungen zu werden, und sie bleiben dann auch beharrlich dabei.

Immer noch schwankt der Feminismus zwischen zwei Ansichten. Die eine: Frauen seien genau wie Männer, nur seit Urzeiten benachteiligt. Die andere: Frauen seien ganz anders als Männer, und zwar besser. Die zweite impliziert eine Andersartigkeit, die – auch wenn man sich vor dem Wort hütet – nur »biologisch« gedacht werden kann.

In den Situationen, wo die erste Ansicht Oberwasser hat, gilt es als frauenfeindlich, auch nur in Erwägung zu ziehen, daß biologische, naturgegebene Unterschiede zwischen den Geschlechtern existieren könnten. Ein rechtschaffener Mensch nimmt alles, was darauf hindeutet, und es deutet ja eine Menge darauf hin, heute nur schaudernd zur Kenntnis. Daß alle leidigen Unterschiede gesellschaftliche Gründe haben, ist so sehr Allgemeingut geworden, daß sogar die Schlager davon singen und sagen. »Die Frau wird als Frau doch nicht geboren, die Frau wird zur Frau doch erst gemacht«, verkündet Milva in ihrer gestochen scharfen Aussprache. Herbert Grönemeyer respondiert, Männer würden »als Kind schon auf Mann geeicht«. Als Beweis muß immer wieder die eine oder andere Lesebuchgeschichte dienen, in der eine Frau als Heimchen vom Herd vorkommt; als wären die Menschen so beeinflußbar, daß jeder Windhauch sie gleich von ihrem elementaren Interesse abbringt.

Über die Richtigkeit einer Hypothese entscheidet nun aber nicht, ob man sie gern hört – »daß nicht sein kann, was nicht sein darf« ist keine Parole, mit der sich irgendein Sachverhalt aufklären ließe. Die Angst vor dem falschen Ergebnis, das seine Aufklärung liefern könnte, ist aber auch grundlos. Die Anerkennung verhaltensbiologischer Unterschiede führt keineswegs dazu, daß irgendein Geschlecht für schlechter gehalten und diskriminiert werden dürfte. Sie heißt insbesondere nicht, daß Frauen ein für allemal in Küche, Kleiderkammer, Kinderstube gehören.

Wer einen solchen Schluß zieht, macht einen Denkfehler, wie er ihm bei einem unkontroversen Merkmal niemals unterliefe. Ein unkontroverses Merkmal ist zum Beispiel die Körpergröße. »Männer sind größer gewachsen als Frauen«: kein Mann fühlt sich in irgendeinem Suprematiewahn bestätigt, keine Frau sich beleidigt, wenn jemand das ausspricht. Zwar hat man schon viele Frauen gesehen, die größer waren als so mancher Mann, und doch weiß man: Es ist eine statistische Aussage, und im Schnitt sind Männer tatsächlich größer, so ist es nun einmal. Es macht auch nichts, daß es so ist, denn es handelt sich da ja nicht um einen kategorialen Unterschied zwischen großen/männlichen und kleinen/weiblichen Menschen; es handelt sich um eine Frage der Verteilung auf einem Kontinuum der Körpergröße. Entlang dieses gesamten Kontinuums finden sich Menschen beider Geschlechter; nur decken sich die beiden glockenförmigen Verteilungskurven nicht ganz – die weibliche erreicht ihren Scheitelpunkt einige Zentimeter unterhalb der männlichen. Und die Differenz zwischen den kleinsten und den größten Angehörigen eines jeden Geschlechts ist ein paarmal so groß wie die durchschnittliche Differenz zwischen den Geschlechtern, die nur etwa zehn Zentimeter beträgt. Innerhalb eines jeden Geschlechts findet man also größere Unterschiede vor, als sie im Mittel zwischen den Geschlechtern bestehen.

Bei der Größe läßt sich niemand von diesem Umstand irre machen, bei anderen, weniger offensichtlichen und handfesten Merkmalen aber leicht. Sind Frauen treuer? Männer offener?

Frauen klatschsüchtiger? Männer verspielter? Über solche Fragen verwickeln wir uns immer wieder in die hitzigsten Diskussionen. Sie müssen ergebnislos bleiben, weil wir nur sehr ungefähre und verschwommene Vorstellungen davon haben, was unter Menschen die mittlere Treue, Offenheit, Klatschsucht und so weiter ist. Es fehlt uns das menschliche Normalmaß; und erst recht das Normalmaß der beiden Geschlechter.

In Ermangelung eines solchen Normalmaßes erfinden wir uns bei Bedarf eine Norm. Wir tun es, indem wir auf den einen oder anderen Einzelfall zurückgreifen, der uns einmal aufgefallen ist, und dabei lassen wir uns kräftig von unseren vorgefaßten Meinungen leiten. Dann fällt dem einen ein, wie die Kassiererin im Supermarkt gelegentlich mit einer Kundin ein paar Worte wechselt, und flugs erklärt er Frauen für klatschsüchtiger, nicht bedenkend, daß in der Situation an der Kasse so gut wie nie die Gegenprobe stattfinden kann, denn die Kunden sind überwiegend und die Kassierer fast immer weiblichen Geschlechts. Und während sich alle wissend zunicken, die ähnliche Beobachtungen gemacht und ähnliche Vorurteile bestätigt gesehen haben, nimmt eine oder einer seinen Mut zusammen und behauptet stracks das Gegenteil: Klatschsüchtiger seien die Männer. Aber auch er kann es nicht beweisen, sondern nur auf irgendein Beispiel verweisen, das nun ihm gerade vor Augen schwebt und von dem wiederum niemand weiß, ob es eine Verallgemeinerung verträgt. Suchte einer seine einschlägigen Erfahrungen wirklich systematisch und unvoreingenommen ab, so stieße er auf sehr klatschsüchtige und sehr verschwiegene Bekannte, Frauen wie Männer. Zu jedem Fall meldete sich prompt ein schlagendes Gegenbeispiel. Und diese Unterschiede, die es innerhalb jeden Geschlechts gibt, machen das Normalmaß praktisch unsichtbar. Auch wo es einen systematischen mittleren Unterschied zwischen den Geschlechtern gibt, wären wir außerstande, ihn mit bloßem Auge zu erkennen.

Scharf und bitter wird diese Diskussion immer dann, wenn es um sozial folgenreiche Merkmale geht, vor allem um Merkmale, die die Berufswahl (mit)bestimmen. Das ist verständlich: Der Verdacht, die Geschlechter könnten unterschiedlich begabt sein, hat schließlich zu Traditionen rabiater Diskriminierung geführt. Ganze Berufsgruppen wurden zur ausschließlichen Domäne eines

Geschlechts erklärt, das andere Geschlecht aus ihnen ferngehalten, meist zuungunsten der Frauen. »Frauen gehören nicht an die Werkbank, sondern an den Herd.« – »Ein rechter Mann wird doch nicht Stenotypist oder Kindergärtner.«

Aber es trifft einfach nicht zu, daß die Anerkennung naturgegebener Geschlechtsunterschiede zwangsläufig zu derartigen Diskriminierungen führt. Angenommen, es gibt wirklich Geschlechtsunterschiede beim Umgang mit technischem Gerät oder im Grad der Fürsorglichkeit, in der räumlich-mathematischen und in der sprachlichen Begabung. Mitnichten folgte daraus, daß die technischen Berufe den Männern, die Betreuungsberufe den Frauen vorbehalten bleiben müssen. Es bliebe eine Menge technisch unbedarfter Männer, die in Betreuungsberufen viel besser aufgehoben wären; und eine Menge Frauen, deren technisches Geschick manchen Mann in den Schatten stellte und die in einem Betreuungsberuf fehl am Platz wären. Darum sollte es grundsätzlich keine ausschließlichen Männer- und Frauenberufe geben.

Was man nicht erwarten kann, ist allein, daß in jedem Beruf beide Geschlechter in gleicher Zahl vertreten sind. Wenn unter den Männern mathematische Hochbegabung ein paarmal häufiger vorkommt als unter den Frauen, so kann es nicht ausbleiben, daß in den Berufen, die auf diese spezielle Fähigkeit angewiesen sind, also vor allem in der theoretischen Physik, in den quantitativ denkenden Ingenieurberufen oder in der Informatik Männer auch ein paarmal so häufig sind wie Frauen – und daß Frauen von vornherein weniger stark in diese Berufe streben. Wo ein öffentliches Interesse daran besteht, daß beide Geschlechter in ihrem tatsächlichen Verhältnis repräsentiert sind, können Quotenregelungen helfen, willkürliche und überholte Zugangsbeschränkungen rasch loszuwerden. Als generelle Lösung und als Dauerzustand aber müßten sie zu einem Zwang ausarten, der viele Menschen in Richtungen triebe, zu denen sie von sich aus niemals tendierten. Die allermeisten Menschen haben keine besondere Begabung für die höhere Mathematik, und sehr vielen ist sie schlicht ein Graus. Unter Männern sind Ausnahmen davon häufiger als unter Frauen. Es ist dies wahrhaftig kein gewaltiger Geschlechtsunterschied. Trotzdem hat er Konsequenzen. Wer sie beseitigen wollte, müßte eine Menge Menschen dazu zwingen, die verhaßte Mathematik zu ihrem Beruf zu machen.

Aus dem allem ergibt sich nur eine praktische Leitlinie: Nicht die Geschlechtszugehörigkeit sollte über den Berufsweg entscheiden, so müßte die Regel lauten, sondern nur die persönliche Neigung und Befähigung.

Doch auch wenn die biologische Hypothese falsch sein sollte, gibt das Experiment Kibbuz Sozialutopisten eine harte Nuß zu knakken. Wenn schon die großen Milieueinflüsse hier nicht gewirkt haben – die Ideologie, die Erziehung, die Herstellung günstiger objektiver Bedingungen –, wie kann man dann die Hoffnung auf andere Umweltvariablen setzen, die auf jeden Fall so fein sein müßten, daß niemand sie bisher auch nur zu identifizieren vermochte?

Eine Lektion bleibt zumindest: Wenn Menschen dazu gebracht werden sollen, sich anders zu verhalten, so reicht es entgegen der landläufigen Meinung nicht, die Rahmenbedingungen günstig einzurichten und von klein auf das Bewußtsein der Menschen zu bearbeiten. Es ist noch nicht einmal genug, sie für das Ziel zu gewinnen, ja zu begeistern. Irgend etwas könnte in ihnen stecken, das sie veranlaßt, dennoch andere Wege zu gehen. Das muß eine ungemütliche Erkenntnis sein für denjenigen, der am kulturdeterministischen Menschenbild hängt und den Menschen folglich als ein Wesen sieht, welches selber keine Richtung hat, sondern immer nur bewegt wird von den gesellschaftlichen Brisen; das nichts von sich aus ist, sondern nur ein Darsteller der Rollen, die ihm unbemerkt und ungewollt oktroyiert wurden.

Für solche unbeabsichtigten Aufklärungen sollten die Außenstehenden den Menschen im Kibbuz dankbar sein. Sie hatten die Phantasie, die viele haben: sich eine neue, radikal andere Lebensform auszudenken. Sie hatten dazu eine Tapferkeit und Hingabe, die wenige aufbringen: jene Phantasie ernstlich ins Leben zu tragen und sich auch durch große Widrigkeiten nicht von ihr abbringen zu lassen. Sie hatten die Flexibilität, sich veränderten Situationen zu stellen und anzupassen, ohne ihre Grundprinzipien preiszugeben. Sie haben schließlich die Genugtuung, daß aus ihrem Versuch, auch wenn er nun nicht in allen Punkten dem utopistischen Bilderbuch entspricht, etwas Lebensfähiges und Lebenswertes geworden ist.

# KAIN UND KONSORTEN

*Über die Wurzeln der Aggression*

Es war eine erregte und allgemeine Debatte damals, die Debatte um die Ursachen der menschlichen Aggression, die der Verhaltensforscher und nachmalige Nobelpreisträger Konrad Lorenz 1963 losgetreten hatte.

Schon der Titel seines Bestsellers war ein kleiner Skandal gewesen: »Das sogenannte Böse«... Sollte es etwa Gesichtspunkte geben, unter denen Aggression nur scheinbar böse war? Ja, war die ungewohnte Antwort des Ethologen. Daß es unter Tieren Aggressivität gebe, sei keine bloße boshafte Laune der Natur. Aggression im Tierreich gebe es, weil sie eine Funktion habe. Sie diene nützlichen Zwecken – zum Beispiel und vor allem verteile sie die Individuen einer Population über das zur Verfügung stehende Terrain, indem sie für Abstand sorge. Aber hieß das, daß auch die menschliche Aggression ihr Gutes haben könnte?

Verallgemeinerungen auf den Menschen sind in diesem Punkt immer besonders heikel gewesen. Der Mensch hat sich schließlich Lebensbedingungen geschaffen, unter denen seine natürlichen Anpassungen, sollten sie noch immer vorhanden sein, funktionslos geworden sein könnten, unsinnig, gefährlich.

Wie viele Debatten verlief auch jene irgendwo im Sand. Was aber ist aus ihren Argumenten geworden? Wie sieht die Wissenschaft die Dinge heute? Das folgende Dramolett gibt die Antwort. In Form eines Hearings stellt es die wesentlichen Aggressionstheorien dar, die bisher miteinander konkurriert haben. Die einzelnen Herren vertreten sinngemäß die Ansichten, die sie tatsächlich vertreten haben oder vertreten; alles Kursive sind sogar wörtliche Zitate. Keinem wurde ein Gedanke unterstellt, der nicht tatsächlich der seine war.

*

(Ein Kongreßsaal. Stühlescharren, Stimmengewirr)

VORSITZENDER: Meine Damen und Herren! (Es wird noch nicht ganz ruhig) Damen sehe ich nicht, also meine Herren! (Stille)

Hiermit erkläre ich das internationale und interepochale Hearing über die Wurzeln menschlicher Gewalttätigkeit für eröffnet. Ich begrüße die illustren Gelehrten, die von weither angereist sind, um ihre Theorien vorzustellen und uns Gelegenheit zu geben, sie miteinander zu vergleichen. Ganz besonders begrüße ich jene, die den unendlich weiten Weg aus dem Totenreich nicht gescheut haben. Es geht also um Aggression, ein Thema, das uns allen aus naheliegenden Gründen auf den Nägeln brennt, oder brennen sollte. Ich nehme an, daß wir uns hier nicht auf unfruchtbare semantische Erörterungen einlassen müssen, da alle Versammelten ja wohl ganz genau wissen, was unter Aggression zu verstehen ist... (Gemurmel, wachsende Unruhe)

ZURUFE: Was denn wohl? Das ist überhaupt nicht klar! Diskutieren!

VORSITZENDER: Ich verstehe unter Aggression jedenfalls den tätlichen Angriff auf einen anderen Menschen.

ZURUFE: Wenn ich jemanden mit dem Auto anfahre, ist das auch ein tätlicher Angriff, aber doch keine Aggression. Zur Aggression gehört, daß sie in voller Absicht geschieht.

– Es gibt auch eine rein verbale Gewalttätigkeit. Wer jemanden anschnauzt, ist sehr wohl aggressiv. Er greift jemanden seelisch an, will ihn seelisch verletzen.

– Ich verstehe nicht, wie man überhaupt die Verletzung zum springenden Punkt machen kann. Wer Aggression als absichtsvolle körperliche oder seelische Verletzung eines anderen definiert, schließt die instrumentale Aggression aus. Nämlich die Aggression, die man als Werkzeug einsetzt, um einen Vorteil für sich selber zu erlangen. Besitz, Ansehen, Macht, was weiß ich. Sie ist nicht auf Verletzung aus, sondern nimmt sie nur in Kauf. Ist das Ziel erreicht, erlischt sie. Wahrscheinlich ist die instrumentale Aggression sogar häufiger als die feindselige.

– Gibt es Aggression gegen Tiere? Oder nur gegen Artgenossen? Ist eine Fuchsjagd nicht eine verdammt aggressive Handlung?

– Ist nicht auch aggressiv, wer gar nichts tut, sondern nur Rachephantasien brütet?

– Ja, gehört zur Aggression denn nicht immer die Wut? Gibt es auch eine kalte, bloß berechnende Aggression?

– Sie mit Ihrer Wut! Ist es etwa eine Aggression, wenn man einen Angriff wütend zurückschlägt?
– Das Wort Aggression kommt doch von *ad-gredi*, an jemanden oder etwas herangehen. Also auch: etwas anpacken, etwas in Angriff nehmen, etwas durchsetzen. Wenn man sie so versteht, geht es gar nicht ohne Aggression. Immer packen wir etwas an. Wer sie abschaffte, brächte das Leben überhaupt zum Stillstand.
– Was ist der schlimmste Fall von Aggression, den wir uns heute vorstellen können, der GAU menschlicher Gewalttätigkeit? Nicht wahr, der Atomkrieg. Und nun stellen Sie sich einen Soldaten im Raketensilo vor, der den Schalter umlegt und damit eine Waffe auf den Weg schickt, die Hunderttausende zerfetzen, verbrennen, zerstrahlen wird. Er kennt die Opfer nicht. Er ist ihnen gegenüber nicht notwendig feindselig eingestellt. Er befindet sich weder im Zustand der Wut noch dem der Angst. Er sucht auch keinen persönlichen Vorteil, abgesehen vielleicht von dem mageren Vorteil, keine Scherereien mit dem Vorgesetzten zu bekommen. Ist das Umlegen des Schalters überhaupt eine aggressive Handlung? Gibt es heute nicht eine sozusagen unpersönliche, dienstliche Aggression? Hat bei der die Suche nach psychischen Motiven irgendeinen Sinn?

VORSITZENDER: Meine Herren! Ich nehme meine Ansicht zurück, der Begriff »Aggression« sei problemlos. Gestatten Sie trotzdem, daß ich die interessante Diskussion abbreche. Ich fürchte, wenn wir auf diese Weise weiterdiskutieren, weiß am Ende niemand mehr, was er einmal unter Aggression glaubte verstehen zu dürfen. Das wäre bedauerlich für den Fortgang dieses Hearings. Es übertriebe aber auch unsere Verlegenheit, glaube ich. Wie die meisten Begriffe, wird auch der Begriff Aggression zu den Rändern hin immer unschärfer. Wir sind nicht sicher, was er alles umfassen kann. Aber nicht strittig unter uns ist, was er ganz bestimmt umfaßt, was sozusagen den Prototyp von Aggression darstellt. Die willentliche körperliche oder seelische Schädigung eines Artgenossen würde jeder von uns eine Aggression nennen. Und damit wollen wir es bewenden lassen, damit wir nun endlich zur Sache kommen können.

Ich schlage vor, daß wir bei allem eine prototypische Aggression im Auge haben, warum nicht gleich die prototypischste: Kain.

Wie wir alle wissen, war der Bauer Kain neidisch auf seinen Bruder, den Hirten Abel. »Und es begab sich, da sie auf dem Felde waren, erhob sich Kain wider seinen Bruder und schlug ihn tot.« Es ist mir eine Ehre, das Wort als erstem einem aus dem siebzehnten Jahrhundert angereisten Gast zu erteilen, dem Philosophen und Staatstheoretiker Thomas Hobbes. Bitte.

HOBBES (grollend): *Sooft zwei Menschen ein und dasselbe wünschen, dessen sie aber beide nicht zugleich teilhaftig werden können, wird einer des andern Feind, und beide ... werden danach trachten, sich den andern entweder unterwürfig zu machen oder ihn zu töten... Allerdings, es ist merkwürdig, daß die Natur die Menschen so ungesellig gemacht und sogar einen zu des anderen Mörder bestimmt habe: und doch ergibt sich dies offenbar aus der Beschaffenheit ihrer Leidenschaften. Man denke nur, warum bemühen wir uns um Begleiter? Warum versehen wir uns mit Waffen, wenn wir eine Reise antreten? Warum verschließen wir Türen und Schränke, sobald wir uns schlafen legen? Warum gibt es Gesetze und Männer, die jede Gewaltsamkeit zu rächen befugt sind? Was hegen wir also für Gedanken von unseren Mitbürgern, Nachbarn und Hausgenossen?...* Edelmut und Güte sind so selten, daß man gar nicht mit ihnen zu rechnen braucht; das einzige, was den Menschen zurückhalten kann, ist Furcht, die Furcht vor Schaden oder Schande. *Die Leidenschaften der Menschen sind ebensowenig wie die daraus entstehenden Handlungen Sünde, solange keine Macht da ist, welche sie hindert; solange ein Gesetz noch nicht gegeben ward, ist es auch nicht vorhanden, und solange der Gesetzgeber nicht einmütig ernannt wurde, kann auch kein Gesetz gegeben werden. Doch wozu noch mehr Beweise... in einer Sache, für die sogar Hunde ein Gefühl haben – wer kommt, den bellen sie an, bei Tage jeden Unbekannten, des Nachts aber jeden.* Der Herr Vorsitzende hat uns vorgeschlagen, Kains zu gedenken. *Wie, hat nicht Kain seinen Bruder aus Neid ermordet? Würde er das wohl gewagt haben, wenn schon damals eine allgemein anerkannte Macht, die eine solche Greueltat hätte rächen können, dagewesen wäre?* Denn ich sage Ihnen, meine Herren: *Wenn keine Macht sie im Zaume hält, dann ist der Naturzustand der Menschen ein Krieg aller gegen alle.*

Ich habe im übrigen die Genugtuung, daß auch ein Dichter der jetzigen Zeit meine Philosophie in beredte Worte gefaßt hat. »Denn wovon lebt der Mensch?« Die Frage läßt Bertolt Brecht in seiner »Dreigroschenoper« beantworten: »Denn wovon lebt der Mensch? Indem er stündlich / Den Menschen peinigt, auszieht, anfällt, abwürgt und frißt. / Nur dadurch lebt der Mensch, daß er so gründlich / Vergessen kann, daß er ein Mensch doch ist. / Ihr Herren, bildet euch nur da nichts ein: / Der Mensch lebt nur von Missetat allein!«

Vorsitzender: Danke, Herr Hobbes. Das war ja ein düsteres Bild. Nackte Eigensucht als einziges menschliches Motiv, und nur Zwang kann sie in Grenzen halten. Wir wollen Ihre Theorien aus Respekt vor dem Alter hier nicht zur Diskussion stellen. Zumal da uns unser nächster Ehrengast, der mitten aus dem achtzehnten Jahrhundert herbeigeeilt ist, sowieso gleich ein ganz anderes Bild malen wird. Ich gebe das Wort dem Philosophen Jean-Jacques Rousseau. Bitte, Monsieur.

Rousseau (säuselnd): Herr Hobbes hat einiges nicht wohl bedacht. *Selbst der halsstarrigste Verleumder menschlicher Tugenden* kann doch nicht abstreiten, daß der Mensch sehr wohl fähig ist zum Mitleid. *Er ist nämlich ausgestattet mit einem angeborenen Widerwillen, seinesgleichen leiden zu sehen...* Vor allem aber meint Herr Hobbes, daß der Mensch in seinem Naturzustand von bösen Leidenschaften getrieben wird, während ich der Ansicht bin, daß diese erst *aus der Gesellschaft entspringen.* Der wilde Mensch, sage ich, war gut. Er lebte *verstreut in den unermeßlichen Wäldern, die die Erde damals bedeckten,* noch sprachlos und nackt und abgehärtet und recht gesund, und nur mit den Tieren wetteiferte er. *Da man weder Haus noch Hütte, noch eine andere Art von Eigentum hatte, so wohnte ein jeder, wo er hinkam, und oft nur auf eine Nacht. Weiber und Männer vermischten sich, wie sie sich begegneten und wie sie Gelegenheit und Lust hatten... Ebenso leicht gingen sie wieder auseinander.* Der wilde Mensch brauchte seinesgleichen nicht. So fehlte ihm auch *die Begierde, anderen Übles zuzufügen.* Und ich will Ihnen (immer fanatischer) jetzt verraten, was diesem paradiesischen Zustand ein Ende gemacht hat. *Der erste, welcher ein Stück Land einzäunte, sich in den Sinn kommen ließ zu sagen:* Dieses ist mein, *und einfältige Leute antraf, die es ihm glaubten, war der wahre Stifter der bürgerlichen Gesellschaft.* Kain war der Landbesitzer, Abel der nomadisierende Hirte; Kain und nicht Abel hat den ersten Mord vollbracht. *Wieviel Laster, wieviel Krieg, Mord, Elend und Greuel hätte verhüten können, wer dem ersten Landbesitzer die Pfähle ausgerissen, den Graben zugeschüttet und seinen Mitmenschen zugerufen hätte: Glaubt diesem Betrüger nicht; ihr seid verloren, wenn ihr vergeßt, daß die Früchte euch allen, der Boden aber niemandem gehört!*

VORSITZENDER: Danke, Herr Rousseau, für den eindrucksvollen Vortrag. Verstehe ich Sie recht, so war Ihr Wilder darum so edel, weil er anspruchslos und ganz für sich allein durch die Wälder streifte und darum gar keine Gelegenheit hatte, anderen etwas Böses zu tun. Aggression sei erst mit dem Landbesitz aufgekommen. Naja. Damals wußten Sie noch nichts von jenen indianischen Völkern, bei denen niemand Land besitzt und die dennoch Kriege führen. Das hört sich alles ein bißchen romantisch an, und heute haben wir eine ganz andere Vorstellung von den Jahrhunderttausenden, in denen der Mensch langsam zum Menschen wurde. Aber wir wollen auch Ihre These hier nicht weiter diskutieren, als stünde sie noch ernsthaft zur Diskussion, sondern springen gleich anderthalb Jahrhunderte weiter, bis an die Schwelle der Gegenwart. Das Wort erteile ich dem Begründer der Psychoanalyse, dem Wiener Arzt Dr. Sigmund Freud. Wenn ich bitten darf.

FREUD (wienerisch): *Wenn das Objekt Quelle von Lustempfindungen wird...*

VORSITZENDER: Objekt? Was für ein Objekt?

FREUD: ...wenn ein anderer Mensch meine Lust erregt, *so stellt sich eine motorische Tendenz heraus, welche denselben dem Ich annähern, dem Ich einverleiben will...*

VORSITZENDER: Soll das heißen, man holt ihn an sich heran, um ihn aufzufressen?

FREUD: Als Psychoanalytiker waren wir Hohn und Unverständnis von Anfang an gewöhnt, und wir haben derlei als Bestätigung für unsere Annahmen zu deuten gelernt. Immerhin bitte ich Sie, uns ausreden zu lassen. *Wir sprechen dann auch von der »Anziehung«, die das lustspendende Objekt ausübt, und sagen, daß wir das Objekt »lieben«. Umgekehrt, wenn das Objekt Quelle von Unlustempfindungen ist, bestrebt sich eine Tendenz, die Distanz zwischen ihm und dem Ich zu vergrößern... Wir empfinden die »Abstoßung« des Objekts und hassen es; dieser Haß kann sich dann zur Aggressionsneigung gegen das Objekt, zur Absicht, es zu vernichten, steigern...*

VORSITZENDER: Also doch. Wenn jemand Lustgefühle in uns erregt, dann gehen wir gern nah heran, und das nennen wir dann Liebe. Und wenn er Unlustgefühle hervorruft, dann suchen wir das Weite, oder wir werden aggressiv, und hinter dieser Aggression steht unser Wunsch, ihn zu vernichten. Also wir meiden oder attackieren, wer unsere Unlust erregt. Ja?

FREUD: Bitte schön, wenn Sie wollen. Das war aber nur unsere erste Theorie der Aggression. Um 1920 haben wir unsere Ansicht geändert. Wir müssen ein wenig ausholen, um begreiflich zu machen, worauf es uns ankommt. In unserer Theorie nehmen wir an, *daß es ein Bestreben des seelischen Apparates...*

VORSITZENDER: Apparats? Welches Apparats?

FREUD: ...also daß es ein Bestreben der Seele *sei, die in ihr vorhandene Quantität von Erregung möglichst niedrig oder konstant zu halten.* Diese zumeist aus dem Innern kommenden Nervenerregungen heißen wir Triebe. Sie treiben uns zu ihrer Beseitigung. Die Beseitigung erzeugt Lust. Doch, Lust ist nichts anderes als die Beseitigung solcher Erregungsspannungen. Die Triebe sind also immer darauf gerichtet, einen früheren Zustand wiederherzustellen, den Zustand, der herrschte, bevor die Erregungsspannung ihn störte. Darum dürfen wir sie konservativ nennen. Und nun möchte ich *einer weitausholenden Spekulation* nachgehen. Es war doch *gewiß das Leblose früher da als das Lebende,* das Anorganische früher als das Organische. So darf man von dem Organismus erwarten, daß er auch einen Trieb besitzt, in den früheren Zustand der Leblosigkeit zurückzukehren. Wir wollen ihn den Todestrieb nennen. Somit haben wir Veranlassung, zwei Gruppen von Trieben im Menschen anzunehmen: jene, *welche die Schicksale der das Einzelwesen überlebenden Keimzellen in acht nehmen,* also die Fortpflanzung sichern. Es sind dies die Sexual- oder Lebenstriebe. Und jene anderen, die *die Unbelebtheit wiederherstellen wollen – die Todestriebe.* Eros und Thanatos in ewigem Widerstreit. *Die eine Triebgruppe* (die Gruppe der Todestriebe) *stürmt nach vorwärts, um das Endziel des Lebens möglichst bald zu erreichen, die andere schnellt an einer gewissen Stelle dieses Weges zurück, um ihn ... nochmals zu machen und so die Dauer des Weges zu verlängern.* Um nun auf die Aggression zurückzukommen – sie ist das Werk der Todestriebe, die von der eigenen Person abgezogen und auf andere Objekte verschoben wurden.

VORSITZENDER: Kain wollte eigentlich Selbstmord begehen, hat dann aber statt dessen seinen Bruder erschlagen? Kann man so sagen?

FREUD: 1933 habe ich an Albert Einstein geschrieben: *Interessenkonflikte unter den Menschen werden prinzipiell durch die Anwendung von Gewalt entschieden.* Der Gegner soll ausgeschaltet, *am besten getötet werden...*

VORSITZENDER: Das hat Herr Hobbes auch schon gesagt.

FREUD: Und, zweitens: *Die Tötung des Feindes befriedigt außerdem* – außerdem! – *eine triebhafte Neigung.*

VORSITZENDER: Also sind die Menschen aus doppeltem Grund aggressiv. Erstens um eines Nutzenkalküls willen. Zweitens, weil auch noch ein Trieb sie dazu anhält. (Starke Unruhe)

BEMERKUNGEN: Ach du meine Güte! Das kann er doch nicht ernst meinen! Beweise!

ZURUFE: Dieser angebliche Todestrieb ist ja wohl *das bizarrste Monster aus Freuds gesamter Monstergalerie!* (William McDougall)
– Die Todestriebtheorie *widerspricht einfach allen biologischen Prinzipien.* (Ernest Jones)
– *Freuds gewundene Äußerungen über den Todestrieb können mit aller Sicherheit in den Mülleimer der Geschichte geworfen werden.* (Ernest Becker)
– *Mystik!* (Irenäus Eibl-Eibesfeldt)
– *Der einzige Beweis für den Todestrieb ist, daß Organismen sterben. Warum sterben sie? Wegen ihres Todestriebs. Das Argument dreht sich im Kreis. Wenn die Psychoanalyse eine wissenschaftliche Disziplin werden will, dann muß sie sich von den Lebens- und Todestrieben trennen!* (Paul Kline)

VORSITZENDER: Ihre Todestriebtheorie scheint ja nicht einmal bei Psychoanalytikern viel Anklang gefunden zu haben. Bleibt die These, daß Aggression dazu da sein soll, sozusagen der Lust den Weg freizumachen. Unser nächster Referent hat dazu 1939 eine explizite Hypothese vorgetragen. Das Wort hat der Psychologe John Dollard.

DOLLARD: Meine Herren, ich spreche hier nicht nur für mich allein, sondern für ein ganzes Team von Psychologen an der Yale-Universität. Wir haben in der Tat eine Hypothese vorgelegt, die sich von den wolkigen Sittengemälden, die uns bisher vorgesetzt wurden, wie wir hoffen, wohltuend unterscheidet. Und die sogar testbar sein sollte. Sie läßt sich in einem einzigen Satz zusammenfassen: *Aggression ist immer die Folge einer Frustration.* Sie haben sich nicht verhört: immer, immer! *Auftreten von aggressivem Verhalten setzt immer die Existenz einer Frustration voraus, und umgekehrt führt die Existenz einer Frustration immer zu irgendeiner Form der Aggression.*

VORSITZENDER: Würden Sie Aggression bitte doch einmal definieren?

DOLLARD: *Jede Verhaltenssequenz, deren Zielreaktion die Verletzung eines Organismus (oder Organismus-Ersatzes) ist.*

VORSITZENDER: Und Frustration?

DOLLARD: Ein Zustand, der eintritt, wenn eine Zielreaktion eine Interferenz erleidet.

VORSITZENDER: Also wenn jemand etwas tun möchte, und ein anderer kommt ihm in die Quere und hindert ihn daran?

DOLLARD: *Geht man von alltäglichen Beobachtungen aus, erscheint es plausibel, anzunehmen, daß die gewöhnlich beobachteten Formen aggressiven Verhaltens immer rückführbar sind auf ... irgendeine Art von Frustration. Jedoch ist es keinesfalls so offensichtlich, daß Aggression in irgendeiner Form und von einem gewissen Intensitätsgrad unausweichlich auftritt, wann immer eine Frustration vorausgeht. Häufig beobachtet man bei Erwachsenen und selbst bei Kindern, daß sie sich unmittelbar nach einer Frustration anscheinend mit der Situation abfinden und sich ihr anpassen ... Man darf jedoch nicht vergessen, daß eine der ersten Lektionen, die der Mensch aufgrund des sozialen Zusammenlebens lernt, darin besteht, seine offenen aggressiven Reaktionen unter Kontrolle zu bringen. Dies bedeutet jedoch nicht, daß solche Reaktionstendenzen dadurch beseitigt werden; vielmehr findet man, daß diese Reaktionen nicht zerstört werden, obgleich sie vorübergehend komprimiert, verzögert, entstellt, verschoben oder sonst irgendwie von ihrem unmittelbaren und logischen Ziel abgelenkt werden.* Unsere Frustrations-Aggressions-Theorie – wir nennen sie kurz F-A-Theorie – erlaubt es uns im Prinzip, genau vorherzusagen, wie stark die Bereitschaft zur Aggression sein wird. Nämlich: je größer die Frustration, desto stärker die Aggressionstendenz. Und die Größe der Frustration hängt von dreierlei ab: wie sehr mir daran gelegen war, wir sagen: wie sehr ich dazu instigiert war, das zu tun, woran ich gehindert wurde; wie stark die Verhinderung war; und ob mehrere solcher Verhinderungen zusammenkamen, denn Frustrationen summieren sich.

VORSITZENDER: Das hört sich ja nun wirklich mächtig wissenschaftlich an. Ich fühle mich instigiert, Sie um ein paar Beispiele für Frustrationen zu bitten.

DOLLARD: Das Leben in unserer Gesellschaft ist voll davon. Der Säugling wird oft jäh von der Mutterbrust entwöhnt. Das Sauberkeitstraining verläuft harsch. Das Erkundungsbedürfnis des Kleinkinds, seine Beweglichkeit wird oft eingeschränkt. Dem Kind wird das Onanieren verboten. Ihm wird die Geschlechtsrolle anerzogen, die seine Gesellschaft von ihm erwartet. Die Disziplin in der Schule. Die Rivalität unter Mitschülern. Die Monogamie. Die lange Berufsausbildung. Der Anblick von Bessergestellten. Kriege. Revolution. Naturkatastrophen. Krankheit. Tod.

VORSITZENDER: Na, da sind wir denn ja wohl immer in der einen oder anderen Weise frustriert, von der Wiege bis zur Bahre ohne Unterlaß. Aber warum sind wir dann nicht auch immer aggressiv?

MENNINGER: Karl Menninger, Psychoanalytiker aus Topeka, Kansas. Ich möchte zu diesem Punkt etwas beisteuern, das ich auch praktisch für sehr wichtig halte. *Aus der Beobachtung von kleinen Kindern und dem Persönlichkeitsprofil vieler Erwachsener, die mit ihrem Leben nicht zurechtgekommen sind, geht hervor, daß es gewisse auffällige und unbestreitbare Korrelationen zwischen dem Verhalten des Erwachsenen und den Traumata seiner frühen Kindheit gibt. Es stellt sich ganz einheitlich heraus: Die Unfähigkeit Erwachsener, alltägliche Frustrationen zu ertragen, hängt regelmäßig damit zusammen, daß sie in der Kindheit zu stark, zu rasch oder zu inkonsequent (wie im Fall des »verzogenen« Kindes) frustriert wurden und sich auf diese Weise aggressive Verhaltensmuster überstark entwickelten. Diese Kinder werden nicht nur von der Brust, sondern auch von den nachfolgenden Befriedigungen (zum Beispiel der Defäkation und dem Verschmieren ihres Kots) in einer Art entwöhnt, daß sie sich beraubt und betrogen fühlen*... Darum raten wir: Wenn ihr friedliche Kinder haben wollt, dann dürft ihr sie nicht frustrieren!

VORSITZENDER: Hierzu gleich eine Wortmeldung des Psychologen Paul Kline aus Exeter.

KLINE: Der verehrte Kollege Menninger sprach eben von auffälligen und unbestreitbaren Korrelationen zwischen frustrierenden Erziehungspraktiken beim Abstillen und bei der Sauberkeitsgewöhnung einerseits, der späteren Aggressivität andererseits. Ich habe sämtliche empirischen Studien gesichtet, die diese Zusammenhänge untersuchten, und ich muß, bei aller Sympathie für die Psychoanalyse, hier ein Märchen berichtigen: Diese Korrelation gibt es einfach nicht. *Zwar gibt es Beweise für die Existenz von Persönlichkeitsdimensionen, die dem sogenannten oralen und analen Charakter ähneln, aber es gibt keinerlei Beweis dafür, daß diese mit ... bestimmten Erziehungspraktiken in Verbindung stünden.* (Unruhe)

VORSITZENDER: Meine Herren! Bitte sehr! Darf ich aus dieser Bemerkung entnehmen, daß der Anwendung der Frustrations-Aggressions-Theorie bei der Kindererziehung kein Erfolg beschieden war? Möchte jemand dabei bleiben, daß unfrustrierte Kinder zu friedlichen Menschen heranwachsen? (Schweigen) Nein? Dann scheint das ja irgendwie entschieden zu sein. Aber wir wollen zur F-A-Theorie selber zurückkommen. Herr Dollard, wenn jedes Leben von Anfang bis Ende eine ununterbrochene Folge von Frustrationen ist und nach Ihrer Theorie jede davon zur Aggression führt, warum sind dann nicht alle Menschen ständig und im gleichen Maß aggressiv?

DOLLARD: *Wahrscheinlich sind diejenigen, die am stärksten dazu neigen, jede Frustration sofort mit offener Aggression zu beantworten, jene Menschen, die ... nicht gelernt haben, daß sich eine belohnende Alternativreaktion ergeben wird; oder sie leiden anhaltend durch ihnen selbst verborgene Quellen schwerer Frustration...*

VORSITZENDER: Wenn ich das einmal auf den Fall Kain anwenden darf. Er wäre aggressiv geworden, weil er frustriert war. Und er hätte keine mildere Aggression gewählt, sondern wäre gleich zu einem Brudermord »instigiert« gewesen, weil er entweder durch verschiedene andere Erlebnisse ganz besonders stark frustriert war, ohne selber etwas davon zu wissen, oder weil er nicht gelernt hatte, daß es glimpflichere Weisen gibt, seine Frustration loszuwerden. Was hat ihn frustriert? Daß Gott sein Opfer nicht so geschmeckt hat wie das seines Bruders Abel. Jetzt weiß ich, was mir an der F-A-Theorie nicht so recht gefallen will. Sie nennt einfach alles, was je zur Aggression führt oder führen könnte, Frustration. Damit lautet die Theorie eigentlich nur: Die Ursachen der Aggression sind alles, was zur Aggression führt, und wir sind so schlau wie vorher. Ja? Herr Berkowitz?

BERKOWITZ: Mein Name ist Leonard Berkowitz, Psychologe an

der Universität Wisconsin. Mir scheint die Theorie nicht völlig falsch, aber in der ursprünglichen Form nicht haltbar. *Das Vorhandensein einer Frustration führt nicht immer zu irgendeiner Form von Aggression, und aggressives Verhalten setzt nicht notwendig das Vorhandensein einer Frustration voraus.* Frustration ist nur ein Faktor unter mehreren, die zu Aggressionen führen können – können, wohlgemerkt, nicht müssen. Vor allem aber stört auch mich *die Vagheit des Begriffs Frustration.* Ist das immer eine äußere Behinderung? Oder auch das Ausbleiben einer gewohnten Belohnung? Diese Vagheit hat viel Verwirrung angerichtet. Ich selber neige zu der Ansicht, daß Frustrationen durchaus zu Aggressionen führen können, aber nicht direkt, sondern nur, insofern sie die Person wütend machen, wenn ich das einmal so simpel und salopp sagen darf. Die Emotion – die Erregung, der Zorn – stellt eine Zwischenvariable zwischen Frustration und Aggression dar.

Scott: Scott, Bowling Green, Ohio. Die F-A-Theorie ist nicht ganz falsch, aber stark übertrieben. Aus Tierexperimenten wissen wir doch ganz genau: Manchmal führt eine Frustration zur Aggression, manchmal aber nicht. Um nur kurz ein Experiment des Kollegen Tinbergen anzuführen: *Wenn sich einem Stichlingsmännchen, das sein Nest verteidigt, ein männlicher Artgenosse nähert, ist es zwar hochgradig erregt und aggressiv, aber auch stark motiviert, sein Nest weiter zu hüten. Der Stichling ist also offensichtlich frustriert, doch statt zu kämpfen, beginnt er vielleicht, mit dem Maul ein zweites Nest in den Sand zu graben. Hier führt die Frustration also nicht zur Aggression, sondern zu Nestbauverhalten.*

Vorsitzender: Ich glaube, wir können die F-A-Theorie hiermit verlassen. Es scheint etwas Wahres dran zu sein, aber die Universalerklärung für jede Aggression liefert sie jedenfalls nicht. Daß wir auch Aggression bei Tieren ins Auge fassen müssen, hat eben schon Herr Scott deutlich gemacht. Das Wort erteile ich nun einem der Pioniere der Verhaltensforschung, der 1963 mit seinem Buch »Das sogenannte Böse« die Aggressionsdebatte so befeuert hat wie kein zweiter. Konrad Lorenz, bitte!

Lorenz: Bisher haben wir die Ansichten von Philosophen und Psychologen gehört. Ich möchte das Phänomen der Aggression nun aber einmal aus der Sicht des Biologen angehen. Gestatten Sie mir, daß ich mich hier auf drei Punkte beschränke, die mir besonders wichtig sind. Punkt eins. Aus der Sicht ihres Opfers ist eine Aggression gewiß eine unerfreuliche und schmerzliche Tatsache. Das verstellt uns leicht den Blick dafür, daß Aggression, wenn auch nicht in jeder Form, ein biologisch sinnvolles Phänomen ist. Hätte Aggression keine sinnvolle Funktion, so hätte der Artenwandel sie ausgemerzt oder gar nicht erst entstehen lassen. Wir müssen immer nach den Zwecken fragen. Was sind die Zwecke der innerartlichen Aggression, über die wir hier sprechen? Gegenseitige Abstoßung verteilt die Tiere über den Lebensraum. *Wir dürfen als sicher annehmen, daß die gleichmäßige Verteilung gleichartiger Tiere im Raum die wichtigste Leistung der intraspezifischen Aggression ist.* Hierher gehören alle Formen der territorialen Aggression: Jedes Tier verteidigt sein Revier, also den Teil des Lebensraums, den es zu seinem Überleben benötigt; die Konkurrenten müssen andere Reviere aufsuchen. Innerhalb der Gruppe etabliert die Aggression Rangordnungen und erhält sie aufrecht. Die Rangordnung aber sorgt wiederum dafür, daß die Stärkeren die meisten Nachkommen haben, daß also die natürliche Zuchtwahl zu *besonders großen und wehrhaften Familien- und Herdenverteidigern führt* und daß die größte Bedeutung innerhalb der Gruppe den erfahrensten Tieren zukommt.

VORSITZENDER: Wollen Sie sagen, daß wir schlecht beraten waren, Aggression immer für etwas Böses zu halten?

LORENZ: *Sie ist durchaus nicht der Teufel, das vernichtende Prinzip, ... sondern ganz eindeutig Teil der system- und lebenserhaltenden Organisation aller Wesen, der zwar, wie alles Irdische, in Fehlfunktionen verfallen und das Leben vernichten kann, der aber doch vom großen Geschehen des organischen Werdens zum Guten bestimmt ist.* Damit aber bin ich schon bei Punkt zwei. Es haben sich vielfältige Tötungshemmungen entwickelt, die die Folgen der Aggressivität abmildern. Auch sind die innerartlichen Kämpfe zumeist so ritualisiert, daß sie nicht tödlich ausgehen. *Niemals haben wir gefunden, daß das Ziel der Aggression die Vernichtung der Artgenossen sei, wenn auch durch einen unglücklichen Zufall gelegentlich im Revier- oder Rivalenkampf ein Horn ins Auge oder ein Zahn in die Halsschlagader dringen kann und wenn auch unter unnatürlichen Umständen – ... zum Beispiel in Gefangenschaft – aggressives Verhalten vernichtende Wirkungen entfalten kann.*

VORSITZENDER: Sehen Sie beim Menschen etwa natürliche Tötungshemmungen?

LORENZ: Das Furchtbare ist, daß den Menschen eben keine *instinktive oder moralische Hemmung daran hindert*, Waffen, Fernwaffen zu gebrauchen. Seine natürlichen Hemmungen waren und sind auf den körperlichen Kampf, auf die *natürliche Bewaffnung abgestimmt*. Mit der kulturellen Entwicklung der Waffen haben sie nicht Schritt gehalten. Schon auf die Wirkung des Faustkeils waren sie nicht zugeschnitten. Ob Kain *betreten war, als der ... Bruder tot vor ihm lag? Wir dürfen es mit Sicherheit annehmen.*

Und nun zu Punkt drei. Herr Dollard sprach wie die meisten Psychologen immer von *Reaktionen*. Aggression aber ist keine bloße Reaktion, sie ist ein Trieb. *Gerade die Einsicht, daß der Aggressionstrieb ein echter, primär arterhaltender Instinkt ist, läßt uns seine volle Gefährlichkeit erkennen: Die Spontaneität des Instinktes ist es, die ihn so gefährlich macht. Wäre er nur eine Reaktion auf bestimmte Außenbedingungen, was viele Soziologen und Psychologen annahmen, dann wäre die Lage der Menschheit nicht ganz so gefährlich...* (Wachsende Unruhe im Publikum), *dann könnte man grundsätzlich die reaktionsauslösenden Faktoren erforschen und ausschalten. Aber wie viele andere Instinkte, quillt auch der Aggressionstrieb »spontan« aus dem Inneren des Menschen.* (Tumultartige Unruhe)

ZURUFE: Biologist! Dann können wir ja gleich einpacken! Dann hilft uns nichts! Beweise! Bringen Sie Beweise!

LORENZ: Sie wollen Beweise. Gut. Wenn ein Organismus längere Zeit nicht aggressiv war, staut sich sein Aggressionstrieb und erzeugt eine wachsende Appetenz auf aggressive Akte. Sein Schwellenwert für aggressionsauslösende Reize sinkt. Eventuell kommt es sogar zu dem, was wir in der Verhaltensforschung Leerlaufhandlungen nennen. Das Tier verhält sich ohne Anlaß aggressiv. Ich denke da zum Beispiel an die Stare, die schließlich sogar nach nichtexistenten Fliegen schnappen.

VORSITZENDER: Das ist aber ein Fall von Beuteverhalten und gar keine innerartliche Aggression. Außerdem sollten Sie wohl bei einer so wichtigen Frage nicht in Tieranalogien sprechen, von denen immer unsicher ist, in welchem Maß sie auf den Menschen übertragbar sind. Welche Beweise führen Sie an, daß sich ein spontaner menschlicher Aggressionstrieb staut und entladen muß?

Lorenz: Eine *sehr liebe Tante* von mir hat alle acht bis zehn Monate ihr Dienstmädchen hinausgeworfen. (Gelächter)

Vorsitzender: Anekdoten über Tanten werden, wenn ich das recht sehe, in der Wissenschaft nicht als Beweismittel anerkannt.

Lorenz (unbeirrt): In der Kriegsgefangenschaft habe auch ich manchmal einen Koller gekriegt. In einer Situation nämlich, in der man sich nicht mit Menschen auseinandersetzen kann, die nicht zum eigenen Freundeskreis gehören, kommt es soweit, daß man seinen besten Freund ohrfeigen könnte. Dagegen hilft nur, daß man *still aus der Baracke schleicht und einen nicht zu teuren, aber mit möglichst sinnfälligem Krach in Stücke springenden Gegenstand zuschanden haut.*

Vorsitzender: Ist das die Möglichkeit! Gibt's noch einen Beweis?

Lorenz: Die Ute-Indianer leiden *schwer an einem Übermaß aggressiver Triebe*. Als *Prärieindianer* haben sie ein wildes, fast *nur aus Krieg und Raub bestehendes Leben geführt*, das bei ihnen in wenigen Jahrhunderten die Herauszüchtung *größter Aggressivität* zur Folge hatte. Da sie diese heute nicht mehr ausleben können, *leiden sie so häufig* an Neurosen wie keine andere menschliche Gruppe sonst... *Gewalttätigkeit und Totschlag gegen nicht zum Stamme Gehörige sind an der Tagesordnung*.

Vorsitzender: Das wäre ja nun in der Tat ein schlagendes Beispiel. Aber hierzu haben wir nun gleich eine Wortmeldung von einem Ute-Experten.

Stewart: Omer Stewart, Anthropologe. Alles Märchen. Erstens sind die Ute keine Prärieindianer. Zweitens sind sie Büffeljäger gewesen, die zwar auch Kriege und Raubzüge unternahmen, aber nur im Rahmen des unter Bergindianern Üblichen. Drittens haben sie sich niemals besessen der Neigung hingegeben, Stammesfremde zu töten; vielmehr wurden sie in früher historischer Zeit zu einem freundlichen, kooperationswilligen Händlervolk. Viertens sind Neurosen bei ihnen kaum häufiger als bei anderen Stämmen. Fünftens gibt es bei ihnen heute zwar leider viele Verbrechen und Unfälle, aber der Grund dafür ist der gleiche wie bei anderen Indianern: übermäßiger Alkoholgenuß.

Vorsitzender: Sehe ich recht, möchte sich noch ein anderer Anthropologe zu Herrn Lorenz' These vom spontanen Aggressionstrieb äußern.

Sipes: Richard Sipes, Buffalo. Wenn sich ein Aggressionstrieb im Menschen staute, müßte er sich durch aggressive Handlungen abreagieren lassen. Herr Lorenz hat selber einmal empfohlen, daß die Leute Sport treiben sollen, um ihren Aggressionsstau loszuwerden. Je mehr Sport getrieben wird, um so weniger andere Aggressionen wären also zu erwarten. Ich habe zwanzig Naturvölker daraufhin untersucht. Das Ergebnis widerspricht Lorenz' Theorie. Sporttreibende Völker sind nicht die, die besonders wenige Kriege führen. Das genaue Gegenteil ist der Fall – je mehr kämpferischer Sport, desto mehr Krieg, desto mehr interne Aggressionen, Selbstverstümmelungen, Schwarze Magie gegen Stammesgenossen, Härte gegenüber Normverletzern. Ganz offenbar leitet der Sport keinen Aggressionstrieb ab.

Tinbergen: Verzeih, Konrad, in dieser Sache kann auch ich dir einfach nicht folgen. Ach so: Niko Tinbergen, Verhaltensforscher, Oxford. Als Freund und Kollege muß ich Konrad Lorenz widersprechen. Du *betonst unser Wissen* – ich möchte betonen, daß unsere Wissenschaften sehr viel eben noch gar nicht wissen. Du *benutzt den unglückseligen Begriff »Spontaneität des Instinktes«... Aber Kämpfe zwischen Tieren können von einer Vielzahl von Faktoren ausgelöst werden. Einige von ihnen sind innere, andere äußere*... Ich kann einfach nicht glauben, daß du nur die inneren siehst, daß du nicht genau weißt: Aggression wird auch von der Situation verursacht.

Wenn wir die Ursache der Aggression suchen, müssen wir aber nicht nur innere und äußere Variablen in Betracht ziehen und zwischen offensiver und defensiver Aggression unterscheiden. Wir müssen uns auch in drei Zeitmaßstäben bewegen. Wir müssen den Moment absuchen, die Sekunden und Minuten der Aggression. Wir müssen die Lebensgeschichte absuchen und fragen, wie ein Tier im Laufe seines Lebens dazu gekommen ist, sich aggressiv zu verhalten. Und wir müssen schließlich den Zeitmaßstab der Evolution anlegen und fragen, wie und warum sich bei einer Art bestimmte Formen aggressiven Verhaltens entwickelt haben. Konrad, du erweckst den Eindruck, als sähest du nur die momentanen und die evolutionären Ursachen; die dazwischen ignorierst du. Was wir brauchen, wäre *eine Embryologie des Verhaltens*. Bisher gibt es dazu aber höchstens Ansätze. Ich fürchte allerdings, Konrad, du wirst *trotz* (deiner) *verfrühten Siegesgewißheit und* (deiner) *Tatsachen-*

*irrtümer* in einem wichtigen Punkt recht behalten: *Unseren inneren Kampfdrang durch Erziehung auszumerzen, wird schwer, wenn nicht unmöglich sein.*

MONTAGU: Ashley Montagu, Anthropologe aus Princeton. Ich finde Herrn Lorenz' Theorie ganz und gar unerträglich. Es dürfte doch langsam dem Letzten klargeworden sein, daß der Mensch kaum angeborene Triebe oder Instinkte besitzt. Aber *in einer Welt, in der Feindseligkeit und Aggression zu jedermanns Natur zu gehören scheinen, in der individuelle und Gruppengewalt der unwiderlegliche Beweis für das Kainsmal zu sein scheinen, das jeder an seiner Stirn trägt, hört man wohl sehr gern, daß das so ist* und auch so sein muß. *Wenn einem die Aggressivität angeboren ist, kann sie einem schließlich nicht zum Vorwurf gemacht werden.* Herrn Lorenz' Theorie ist ein Ruhekissen. Sie predigt uns: der Aggressionstrieb ist angeboren, da kann man nichts machen, und er hat ja schließlich sogar seine guten Seiten. Sie will uns lehren, uns mit dem Unerträglichen abzufinden. Sie ist politisch zutiefst verwerflich. (Starke Unruhe. Teils wilder Beifall)

WIDERSPRUCH: Nun mal langsam! Demagogie! Schneidige politische Deklarationen dienen nicht der Wahrheitsfindung!

VORSITZENDER: Wenn wir Menschentiere von einem spontanen inneren Trieb zur Aggression gedrängt werden, wäre Aggression in der Tat unvermeidlich. Diese Frage ist so wichtig, daß dazu noch ein Experte angehört werden soll. Das Wort hat Professor Robert Hinde aus Cambridge.

HINDE: Die These, es gebe einen spontanen Aggressionstrieb, beruht auf einem Energiemodell der Motivation. Im Organismus soll sich irgend etwas aufstauen, das zwar nicht Energie im Sinne der Physik ist, aber gewisse Eigenschaften der physikalischen Energie hat. Derlei Energiemodelle sind überholt. Warum sie unbrauchbar sind, wird einem am ehesten klar, wenn man sich ansieht, wie ein Verhalten zu einem Ende kommen kann. *Wenn das Verhalten auf einer inneren Energiequelle beruht, so kann es nur dadurch zu einem Ende kommen, daß jene Energie durch Handlungen aufgebraucht wurde. Also müssen wir erwarten, daß jede Verhaltenssequenz beendet ist, wenn die entsprechende Energie abgeführt wurde. Aber was geschieht wirklich? Zum Beispiel dies: Wenn wir müde genug sind, suchen wir Geborgenheit, Ruhe und Dunkel, und wenn wir sie gefunden haben, schlafen wir ein. Auch kommt ein Verhalten oft dann zum Ende, wenn neue Reize wahrgenommen werden... – eine Tatsache, die sich mit Energietheorien ebenfalls nicht leicht vereinbaren läßt.* Ich muß aber auch davor warnen, »Hunger«, »Durst«, »Aggressivität« und so weiter zu verdinglichen. Es sind keine Dinge, die wir klar umrissen in der Natur vorfinden, es sind Konstrukte, die wir uns selber bilden. Wir wissen nur, daß manche Arten von Input zu manchen Arten von Output führen.

VORSITZENDER: Wollen Sie sagen, so etwas wie Aggressivität gibt es gar nicht?

HINDE: Nicht ganz. Wenn Zwischenvariablen wie »Hunger« oder »Aggressivität« einem bekannten inneren Zustand entsprechen und wenn dazu die verschiedenen Aggressionsformen miteinander und mit den mutmaßlichen Ursachen korrelieren, dann können solche Hilfsbegriffe sogar ganz nützlich sein. Aber wir dürfen nie vergessen, daß Aggressivität kein Ding ist, sondern ein Hilfsbegriff, von dem sich herausstellen könnte, daß er durchaus Verschiedenes zusammenfaßt. Das Energiemodell hat uns in die Irre geleitet. *Es behauptet eine einheitliche Ursache der Aggression, während alle Untersuchungen darauf hindeuten, daß Aggressivität eine viel komplexere Ursachenbasis hat.* Schmerz, Hunger, Angst, die Nähe von Rivalen, Frustration, Isolation – alles das und vieles mehr kommt als äußere Ursache in Frage, Gene, Hormone, Motive als innere. *Das Energiemodell behauptet, der Hang zur Aggression könne nur gesenkt werden, wenn man die Energie in der Aktion entlädt, eine Ansicht, für die es keine stichhaltigen Beweise gibt. Es behauptet, Isolierung erhöhe die Aggressivität – was in manchen Fällen zutrifft, in anderen aber nicht, und wo es zutrifft, sind andere Erklärungen wahrscheinlicher. Und schließlich behauptet es, daß die erhöhte Empfänglichkeit für aggressionsauslösende Reize unausweichlich von einer erhöhten Neigung begleitet wird, solche Reize aufzusuchen. Dafür gibt es bisher gar keinen Beweis.*

VORSITZENDER: Damit können wir Herrn Lorenz' Triebstau-Theorie nun aber wirklich verlassen. Auch wenn sie falsch ist, ist damit nicht widerlegt, daß die genetische Disposition eine Rolle spielt. Dazu Herrn Eibl-Eibesfeldt.

EIBL-EIBESFELDT: *Ich zweifle nicht im geringsten an der außerordentlichen Bedeutung, die gesellschaftliche Bedingungen für die Formung des Menschen haben, insbesondere seine Einstellung zur Aggression betreffend, doch halte ich alle Theorien, die dem Erbe als determinierendem Faktor nur eine geringe Rolle zusprechen, für einseitig.* Wir müssen die Kontinuitäten zwischen Tier und Mensch sehen; wir müssen erkennen, was an der Aggression universal menschlich ist und somit wahrscheinlich eine genetische Grundlage hat. Als Verhaltensforscher habe ich selber in vielen Kulturen unter anderem das Ausdrucksverhalten untersucht und konnte auf zahlreiche Universalien hinweisen.

*Bei vielen Tierarten wurde die innerartliche Aggression so ritualisiert, daß eine Beschädigung des Gegners vermieden wird. Das gilt grundsätzlich auch für die Innergruppen-Aggression des Menschen, die sich zu einem bedeutenden Anteil auf stammesgeschichtliche Anpassungen begründet und durch solche auch wirkungsvoll kontrolliert wird. Unter anderem verhindern uns angeborene Signale der Submission, daß Aggressionen zwischen Gruppenmitgliedern ins Destruktive eskalieren. Ein biologischer Normenfilter bestimmt gewissermaßen: »Du sollst nicht töten!« Die Zwischengruppen-Aggression des Menschen zielt dagegen in der Regel auf Vernichtung des Gegners ab. Dies ist ein Ergebnis der kulturellen Pseudospeziation, in deren Verlauf sich Menschengruppen von anderen über Sprache und Brauchtum absetzen, sich selbst als Menschen und andere als nicht vollwertige Menschen definieren... Im Verlauf der kulturellen Pseudospeziation hat der Mensch seinem biologischen Normenfilter, der zu töten verbietet, einen kulturellen Normenfilter überlagert, der zu töten gebietet. Das führt zu einem Normenkonflikt, den der Mensch als schlechtes Gewissen erlebt, sobald er bei Konfrontation den Feind auch als Mitmenschen wahrnimmt... Unser Gewissen bleibt damit unsere Hoffnung, und darauf basierend könnte eine vernunftgesteuerte Evolution zum Frieden führen.*

VORSITZENDER: Hierzu hat sich mehrfach ein Sachbuchautor geäußert. Jost Herbig, bittesehr.

HERBIG: *Ohne sich des ideologischen Charakters seiner Methode bewußt zu sein, reklamiert Eibl-Eibesfeldt für die eigenen – politischen und kulturkritischen – Ansichten wissenschaftliche Objektivität, während die Gegenposition als »Ideologie« abgetan wird.*

VORSITZENDER: Wo wäre in dem, was Herr Eibl hier vorgetragen hat, denn die Ideologie?

HERBIG: Sie schimmert überall hindurch. *Das Arsenal angeborener Verhaltensweisen ist groß und außerdem diffus genug,* so daß *an angeb-*

*lich »wissenschaftlichen« Beweisen für die politischen Überzeugungen des jeweiligen Autors nie Mangel* herrscht.

VORSITZENDER: Sie meinen, für jede politische Überzeugung ließe sich irgendeine angeborene Verhaltensweise finden, die man zu ihrer Begründung heranziehen kann, die »Biologisten« pickten sich immer nur jene heraus, die ihnen ideologisch in den Kram passen, und man könnte auch ganz andere Schlüsse begründen, wenn man aus dem »Arsenal« nur andere angeborene Verhaltensweisen herausgriffe. Sie sagen also nicht: Es ist falsch, es gibt die angeborenen Verhaltensweisen gar nicht, die etwa Herr Eibl herauspräpariert hat. Sie sagen nur: Er hat sich aus dem Arsenal einseitig bedient.

EIBL-EIBESFELDT: Ehe ich hier zum Buhmann gemacht werde, der nur die aggressive Seite des Menschen sieht, möchte ich doch darauf hinweisen, daß ich immer beides untersucht habe, Liebe und Haß, Krieg und Frieden. Gleich das erste Kapitel meines ersten Buchs zu diesem Thema heißt »*Die Bestia Humana – ein modernes Zerrbild vom Menschen*«. *Zerrbild* habe ich gesagt! *Uns Menschen sind* auch *bandstiftende und befriedende Verhaltensweisen angeboren, und wie jene der höheren Säuger leiten sie sich zumeist vom Repertoire der Mutter-Kind-Verhaltensweisen ab.*

HERBIG: Also können wir uns *auf der gleichen biologischen Grundlage* so und *auch anders verhalten. Entscheidungszentrale ist* nämlich *ein Gehirn, das kulturell geprägt wird und uns innerhalb eines weit gesteckten biologischen Rahmens die Freiheit der Entscheidung läßt.*

VORSITZENDER: Das sieht Herr Eibl auch nicht viel anders. Die Frage ist doch nur: wie weit ist der biologische Rahmen gesteckt? Wieviel Freiheit besitzt das Gehirn? Und das läßt sich gewiß nicht durch politische Deklarationen beantworten. In der folgenden Pause gibt es eine *Poster Session*, glaube ich. Der Psychoanalytiker und Sozialphilosoph Erich Fromm von der Frankfurter Schule möchte allen Interessierten seine Theorie vorstellen.

FROMM: Psychoanalyse ja, aber unsere Spielart ist *nicht die klassische Freudsche Theorie*, sondern *eine bestimmte Weiterentwicklung*, welche nicht auf der Freudschen Libido-Theorie beruht, *weshalb sie ohne die instinktivistischen Vorstellungen auskommt, die nach allgemeiner Ansicht gerade das Wesen der Freudschen Theorie ausmachen.*

VORSITZENDER: Nur zu! Lassen Sie uns schon Ihre Theorie hören.

FROMM: Unsere Theorie beginnt damit, daß wir zwei Arten von Aggression unterscheiden. *Die erste Art, die* [der Mensch] *mit allen Tieren gemein hat, ist ein phylogenetisch programmierter Impuls anzugreifen (oder zu fliehen), sobald lebenswichtige Interessen bedroht sind.* Sie ist zwar kein spontaner, sich selber aufladender Trieb, wie Herr Lorenz gesagt hat, aber doch ein *aggressiver Instinkt*, der *zur menschlichen Natur gehört*. Diese defensive Aggression ist im Grunde *gutartig*, und es ist nicht sie, die uns die größten Probleme bereitet.

Die zweite Art von Aggression ist die *bösartige*. Sie *ist spezifisch für den Menschen und fehlt praktisch bei den meisten Säugetieren; ... sie dient keinem Zweck, und ihre Befriedigung ist lustvoll.* Der Mensch *ist der einzige Primat, der seine Artgenossen ohne biologischen oder ökonomischen Grund tötet und quält und der dabei Befriedigung empfindet.* Wir wollen diese Art von Aggression Grausamkeit oder *Destruktivität* nennen. Die Destruktivität, also die bösartige Aggression um der Lust an der Aggression willen, ist das eigentliche Problem.

VORSITZENDER: Könnten Sie sie etwas näher charakterisieren?

FROMM: Sie kommt in mehreren Formen. Die wichtigsten sind zum einen der Sadismus, zum andern die Nekrophilie.

VORSITZENDER: Sprechen Sie von den sexuellen Perversionen? Lustgewinn durch das Zufügen von Schmerzen oder durch Geschlechtsverkehr mit einem Leichnam? Beides kommt zwar vor, aber so selten und so peripher, daß es mir schwerfällt, darin das Hauptproblem der Menschheit zu sehen.

FROMM: Unter Sadismus verstehen wir ganz allgemein *den leidenschaftlichen Drang nach unbeschränkter Macht über ein anderes empfindendes Wesen.* Nekrophilie ist für uns der *Drang, Leben zu zerstören*, und dazu *das Hingezogensein zu allem, was tot, verfault und rein mechanistisch ist.*

VORSITZENDER: Na, das ist aber ziemlich gewagt. Die Freude an der Dampflok das gleiche wie das ästhetische Vergnügen an gemalten Ruinenlandschaften oder die Gier auf ausgereiften Käse, und das alles irgendwie so was wie Leichenschändung... Übrigens zerstört der Nekrophile doch gar kein Leben. Aber sagen Sie: Wie wird der Mensch aggressiv oder destruktiv, und was wäre dagegen zu tun?

FROMM: Die gutartige defensive Aggression ist wie gesagt biologisch programmiert und darum nicht zu ändern. Man kann nur die Anlässe reduzieren, die sie auf den Plan rufen. *Die Haupt-*

*bedingung ist natürlich, daß sich weder einzelne noch Gruppen gegenseitig bedrohen. Das hängt davon ab, daß die materiellen Grundlagen so sind, daß sie allen Menschen ein menschenwürdiges Dasein gewährleisten und die Beherrschung einer Gruppe durch eine andere unmöglich oder nicht attraktiv machen. Diese Voraussetzung könnte in absehbarer Zeit dadurch geschaffen werden, daß wir unser Produktions-, Eigentums- und Konsumsystem durch ein besseres ersetzen.* Es muß also *das gesamte System, wie es in den letzten 6000 Jahren Geschichte bestanden hat, durch ein fundamental anderes ersetzt* werden.

Die bösartige lustvolle Aggression, die Destruktivität, hat dagegen nichts Biologisches, sondern entspringt einer Fehlentwicklung des Charakters. Den Charakter erwirbt sich der Mensch. Er ist das, was der Mensch an die Stelle der angeborenen tierischen Instinkte gesetzt hat: *die spezifische Struktur, in der die menschliche Energie organisiert ist... Er motiviert das Verhalten.* Dem Charakter entspringen die Leidenschaften. Das grundlegende Ziel des Menschen ist es, *zu voller Entwicklung und zu vollem Wachstum zu gelangen.* Wächst er unter günstigen Bedingungen heran, so werden sich in ihm lebensfreundliche und lebensfeindliche Tendenzen die Waage halten. Unter ungünstigen Bedingungen aber überwiegen die lebensfeindlichen Tendenzen, kommt es zu einem *lebensfeindlichen Syndrom*, wird der Charakter destruktiv, entwickelt sich eine sadistische oder nekrophile Charakterstruktur.

VORSITZENDER: Und welches wären ungünstige Bedingungen?

FROMM: *Ein Überblick über die Geschichte ebenso wie die Erforschung der einzelnen Individuen zeigt, daß das Vorhandensein von Freiheit und aktivierenden Reizen und das Fehlen ausbeuterischer Kontrolle sowie das Vorhandensein von auf die Entwicklung des Menschen ausgerichteten Produktionsmethoden dem menschlichen Wachstum förderlich sind und daß umgekehrt entgegengesetzte Bedingungen sich ungünstig auswirken.*

VORSITZENDER: Also versprechen Sie sich Abhilfe von der bösartigen wie der gutartigen Aggression dank einer sozialen Revolution. Dazu fällt mir ein, daß sich nach Ihrer Theorie zum Beispiel im unfreien und ausgebeuteten und unter menschenfeindlichen Produktionsbedingungen arbeitenden Proletariat des neunzehnten Jahrhunderts lauter Sadisten und Nekrophile befunden haben müßten. Mir ist kein Faktum bekannt, welches eine solche Annahme stützte. Ob Sie uns wohl verraten könnten, welches neben dem »Überblick über die Geschichte« die objektive empirische Basis für Ihre Theorie ist?

FROMM: *Wir bedienen uns der psychoanalytischen Methode, die die unbewußte innere Realität durch die Deutung der beobachtbaren und oft scheinbar unbedeutenden Daten aufdeckt.*

VORSITZENDER: Keine naturwissenschaftliche Methode also, sondern »Deutung«, und die ist immer subjektiv. Könnten Sie ein oder zwei Beispiele nennen?

FROMM: Stalin zum Beispiel war ein Sadist, ein nichtsexueller. Er hatte nämlich den *Wunsch, den Menschen zu zeigen, daß er absolute Macht und Gewalt über sie besaß... Leben und Tod hingen von seiner Laune ab.* Hitler dagegen hatte einen nekrophilen Charakter. Es erfreute ihn, wenn Feinde oder Gegner des Staates starben. *Ein anderes Merkmal von Hitlers Nekrophilie war seine* Langweiligkeit. *Seine Tischgespräche waren eine denkbar drastische Manifestation dieser Art von Leblosigkeit.* Außerdem war sein Lachen *nie frei, sondern eine Art Grinsen.* Und sein Gesicht zeigte *einen schnüffelnden Ausdruck..., so als ob er einen schlechten Geruch in der Nase hätte.*

VORSITZENDER: Ist das nicht ein Zirkelschluß? Stalin und Hitler waren gewalttätige Machthaber, weil sie die absolute Macht hatten und genossen... Im übrigen scheinen Sie Begriffe wie Sadismus und Nekrophilie rein metaphorisch zu gebrauchen. Alles mögliche Verhalten kommt Ihnen so vor, als lasse es sich mit Sadismus und Nekrophilie irgendwie vergleichen. Daß das von Ihnen anvisierte Verhalten irgend etwas mit wirklichem Sadismus und wirklicher Nekrophilie zu tun hat, geht aus Ihren Ausführungen nicht hervor. Langweiligkeit, Grinsen und ein schnüffelnder Ausdruck, von denen man noch nicht einmal weiß, ob sie dem Nekrophilen wirklich in erhöhtem Maße eigen sind – das sind ja wohl keine Beweise. Und auch sonst – ich weiß nicht. Ich glaube zum Beispiel nicht, daß sich Ihre Einteilungen wirklich halten lassen – hier angeborene und unabänderliche Instinkte, dort erworbener Charakter. Auch Angeborenes ist unter Umständen änderbar, auch der Charakter ist zu einem großen Teil angeboren. Aber vielen Dank, und da alle aus der Kaffeepause zurück sind, nehmen wir jetzt die eigentliche Diskussion wieder auf. Herr Wilson ist an der Reihe. Als Soziobiologe will er uns sicher belehren, daß die Gene den Menschen zur Aggression verdammen.

Wilson: Ach was. Alles Verhalten formt sich in der Interaktion von Erbe und Umwelt. Wir Soziobiologen befassen uns nur weniger mit seinen Nah-Ursachen; uns interessiert mehr, warum die Stammesgeschichte es überhaupt hervorgebracht und geduldet hat – also inwiefern es letztlich die biologische Tauglichkeit eines Individuums erhöht. *Die meisten Formen aggressiven Verhaltens unter Artgenossen sind Reaktionen auf eine Überbesetzung der Umwelt. Die Aggression ist für die Tiere ein Mittel, um lebensnotwendige Dinge, also in der Regel Nahrung und Schutz, die knapp sind oder es irgendwann im Laufe des Lebenszyklus zu werden drohen, unter ihre Kontrolle zu bringen.*

Vorsitzender: Damit bestätigen Sie einen Teil der Theorie, die Herr Lorenz vorgetragen hat.

Wilson: Allerdings. Die Aggressivität ist kein *bestialischer Trieb*, kein *teuflischer Makel*, auch keine *krankhafte Auswirkung des Aufwachsens in einer grausamen Umgebung*. Aber den anderen Teil kann ich nicht gutheißen. Was unsere eigene Stammesgeschichte uns hinterlassen hat, ist *eine angeborene Prädisposition zur Hervorbringung des kulturellen Apparats der Aggression*. Angeboren sind uns also keineswegs Verhaltensabläufe, sondern Lernregeln. Hier vor allem die, *die Handlungen von Fremden zutiefst zu fürchten und Konflikte mit ihnen durch Aggression zu lösen.*

Aber ich möchte bei dieser Gelegenheit nicht versäumen, einer landläufigen Ansicht zu widersprechen, der Ansicht nämlich, daß der Mensch ein besonders blutrünstiges Wesen sei. Das ist er nicht. *Neuere Studien über Hyänen, Löwen und Languren... haben ergeben, daß dort tödliche Kämpfe, Nachkommentötung und sogar Kannibalismus in einem Maße vorkommen, das alles, was man aus menschlichen Gesellschaften kennt, weit übersteigt*, die Opfer moderner Kriegsführung mitgezählt.

Vorsitzender: Ich halte fest, auch der Vertreter der Soziobiologie will nichts von Herrn Lorenz' Triebstau-Theorie wissen. Wenn ich ihn recht verstanden habe, zwingt uns kein innerer Trieb zur Aggressivität; von Natur aus haben wir nur eine Disposition zur Aggressivität, die sich aber nur äußert, wenn wir sozusagen eine entsprechende Lehre durchmachen und in eine auslösende Situation kommen. Sir Peter, Sie sehen so aus, als wollten Sie die Triebstau-Theorie mit einem pointierten Wort verabschieden.

MEDAWAR: Medawar, Biologe, London. *Verschiedene instinktive Verhaltensweisen enthalten aggressive Elemente: die Revierverteidigung zum Beispiel, die sexuelle Rivalität oder die Nahrungskonkurrenz. Aber »den Aggressionstrieb« gibt es einfach nicht. Und das Argument, Kriege seien die unausweichliche Konsequenz unseres Aggressionstriebs, denn »der Mensch sei nun einmal ein aggressives Tier« und man »könne die menschliche Natur nicht ändern«, ist abgeschmackt und ohne jede Substanz... Wo heute noch derlei Feststellungen auftauchen, markieren sie gewöhnlich ein ganz besonders niedriges Diskussionsniveau.*

VORSITZENDER: Bisher haben wir ja nicht sehr viel in der Hand behalten. In der Natur hat Aggression ihren Sinn; Frustration könnte vielleicht manchmal zu Aggressivität führen – das ist so ziemlich alles. Den endogenen Theorien der Aggression ist es schlecht ergangen. Versuchen wir es also einmal anders. Ich bitte wieder einen Psychologen um sein Statement, Professor Albert Bandura von der Universität Stanford.

BANDURA: Danke. Was wir bisher gehört haben, waren alles Triebtheorien der Aggression. Doktor Freud hat uns das Gerücht vom Todestrieb vorgetragen. Professor Lorenz glaubte einen spontanen Aggressionstrieb dingfest gemacht zu haben. Selbst Professor Dollards Frustrations-Aggressions-Theorie läßt sich am ehesten als eine Triebtheorie verstehen: Beliebige Frustrationen erzeugen einen Aggressionstrieb, der sich in beliebigen Aggressionen verausgaben muß. Alle diese Herren suchen die Ursachen der Aggression also im Innern. Und nun halten Sie sich fest, meine Herren. *Die Aggression hat ihren Ursprung gar nicht im Innern.* Aggression stammt von außen, aus der Gesellschaft. Aggression wird gelernt.

Welche Arten des sozialen Lernens gibt es?

Es gibt einmal das Lernen durch eigene Erfahrung. Das wird reguliert durch die unterschiedliche Belohnung oder Bestrafung bestimmter Handlungen. Wenn Kinder für Aggressionen gelobt und belohnt werden, werden sie darin bestärkt. In der Sprache der Lerntheorie: ihr aggressives Verhalten wird verstärkt. So zieht man aggressive Menschen heran.

Und es gibt das Lernen durch Nachahmung eines Modells. Das Modell – das Vorbild, wenn Sie so wollen – lehrt neue Verhaltensweisen, und es stärkt oder schwächt bestehende Hemmungen. Wenn das Kind andere bei Akten der Aggression beobachtet,

Eltern, Mitschüler, Film- und Fernsehhelden, gehen diese Formen der Aggression potentiell in sein eigenes Verhaltensrepertoire über, und die Wahrscheinlichkeit, daß sie auch angewendet werden, ist dann besonders hoch, wenn die beobachteten Aggressionen unbestraft blieben oder sogar gerechtfertigt oder verherrlicht wurden. Im Falle der Aggression spielt das soziale Lernen am Modell die größere Rolle. Der Mensch aber ist ein kognitiv so begabtes Wesen, daß bei ihm auch die im Geist vorweggenommene Belohnung eine große Rolle spielt. Das heißt, er ist aggressiv oft, weil er sich Vorteile von seinem Verhalten verspricht und sich gute Erfolgschancen ausrechnen kann.

Dies alles ist keine bloße Spekulation. Es ist auf ein solides empirisches Fundament gebaut. Zahlreiche Kollegen, ich selber auch, haben in den letzten Jahrzehnten eine Vielzahl von Studien im Labor und im Feld durchgeführt, die alle zeigten, wie sehr Modellimitation und Verstärkung das aggressive Verhalten formen. Bei einem typischen Versuch wurden Kindern Filme gezeigt, in denen sie ein »Modell« bei einer für sie neuartigen Aggression beobachten konnten. Wenn das »Modell« belohnt worden war, waren auch die Kinder im Anschluß aggressiver. Am aggressivsten aber waren sie, wenn sie selber ebenfalls zur Aggression ermutigt wurden.

VORSITZENDER: Wie wäre Gewalt also zu vermindern oder zu verhindern?

BANDURA: Das kann ich Ihnen sagen. Wer Aggression eindämmen will, muß verhindern, daß die Menschen durch soziales Lernen aggressive Verhaltensmuster erwerben. Kinder dürfen keine Gelegenheit bekommen, Aggressionen zu beobachten, vor allem keine erfolgreichen. Sie dürfen nicht belobigt oder sonstwie belohnt werden, wenn sie sich selber aggressiv verhalten. Aggression darf sich niemals lohnen. Von Bestrafungen verspreche ich mir weniger, denn die meisten Strafen sind selber wiederum Modelle von Aggression.

VORSITZENDER: Ich danke Herrn Bandura sehr für diese klaren Worte. Da sie auch empirisch wohlbegründet sind, dürfte es in Zukunft kaum mehr möglich sein, die sozialen Ursachen der Aggression zu ignorieren. Ich frage mich allerdings, ob die Theorie ausreicht. Sie zeigt, daß Aggressionsverhalten durch soziales Lernen veränderbar ist, aber nicht eigentlich, woher es kommt. Nur ein

Beispiel: Gewaltdarstellungen im Film scheinen also nicht etwa, wie die Katharsistheorie behauptet, einen inneren Aggressionsdrang abzuleiten und damit die Aggressivität im Leben zu senken; vielmehr scheinen sie die Gewalttätigkeit im Leben zu fördern. So weit reicht die Lerntheorie. Aber warum sehen sich die Leute das überhaupt an? Warum finden sie Gewaltdarstellungen spannender als Aufnahmen vom Pilzesammeln? Darauf gibt sie keine Antwort. Den Fall Kain erklärt sie auch nicht; also warum Gewalt auch unter Menschen vorkommt, die keine Gelegenheit hatten, sie irgendwo zu lernen. Die Lerntheorie zeigt ferner nicht, warum die Menschen, die heute doch alle etwa den gleichen »Modellen« ausgesetzt sind, trotzdem so verschieden aggressiv sind. Warum immer und überall Jungen und Männer im Schnitt aggressiver sind als Mädchen und Frauen. Kurz, sie ignoriert eventuelle endogene Ursachen eigentlich noch konsequenter, als die früheren Theorien die äußeren ignoriert haben. Hierzu ein Wort, Herr...?

HACKER: Friedrich Hacker, Psychiater, Kalifornien. *In der polarisierten Vereinfachung auf das Entweder-Oder von Biologie oder Sozietät... tritt jene Gewalt zutage, die es durch das Bedenken aller einander wechselseitig bedingenden Faktoren, durch Tolerieren der Komplexität und Betrachtung des Gesamtphänomens der Aggression zu verhindern gilt.*

VORSITZENDER: Ich ahne, was Sie sagen wollen. Wir sollen Einseitigkeiten meiden, sonst sind wir selber sozusagen aggressiv. Dieser Regel kann man immer unbesehen zustimmen. Biologie *oder* Sozietät – das ist sicher nicht die Frage; es müssen biologische *und* gesellschaftliche Ursachen in Betracht gezogen werden und wie sie sich gegenseitig bedingen. Bisher hatten wir: zwei Instinkttheorien der Aggression, die von Herrn Lorenz und in gewisser Weise auch von Herrn Freud; die Frustrations-Aggressions-Theorie von Herrn Dollard und Herrn Berkowitz; und Herrn Banduras Lerntheorie. Sehe ich recht, ist es keiner dieser Theorien so richtig gut ergangen. An jeder scheint etwas dran zu sein, aber die volle Wahrheit trifft offenbar keine. Damit will es die Psychologie doch sicher nicht bewenden lassen, oder? Bitte, Herr Kornadt, Saarbrücken.

KORNADT: *Man gewinnt* tatsächlich *den Eindruck, daß die empirische Forschung etwas richtungslos geworden ist und daß vor allem das theoretische Verständnis keine besonderen Fortschritte mehr gemacht hat.* Das hat auch unangenehme praktische Folgen. Jede der drei konkurrierenden Theorien gibt den Leuten nämlich einen anderen Ratschlag, wie Aggressivität zu vermeiden wäre. Die Triebtheorie sagt: *Man muß den Kindern Gelegenheiten zum Ausleben der Aggression (wenn auch in harmloser, vielleicht ritualisierter Form) bieten.* Die Frustrations-Aggressions-Theorie empfiehlt, *daß man Frustrationen vermeiden muß, damit kein Anlaß zum Lernen von Aggression entsteht,* impliziert aber auch, daß Aggression *nicht unterdrückt werden darf, weil dies wiederum eine aggressionssteigernde Frustration wäre.* Und die Lerntheorie rät: *Man darf gerade* keinerlei *Gelegenheit zum Aggressionsverhalten bieten,* und schon gar nicht zu erfolgreichem. Aus dieser Verlegenheit kann uns nur eine integrative psychologische Theorie helfen, die aus jeder der drei anderen Theorien das Richtige herausfiltert und es miteinander verbindet. Es kommt darauf an, *daß nicht nur ein Nebeneinander verschiedener theoretischer Prinzipien grundsätzlich eingeräumt wird, sondern daß auch erklärt wird,* wie *diese Prinzipien und ihre Wirkungsweise miteinander systematisch zusammenhängen.* Den theoretischen Rahmen dafür gibt es im übrigen längst. Es ist die Motivationstheorie, wie sie seit den frühen fünfziger Jahren von David McClelland für die Leistungsmotivation entwickelt wurde. Ihn und seine Kollegen interessierte, welche Bedingungen es sind, die manche Menschen – und auch manche Kulturen – stärker zur Leistung motivieren als andere.

Vorsitzender: Kein Mensch kann je ein Motiv sehen. Es läßt sich nur indirekt erschließen: Wir beobachten ein bestimmtes Verhalten, und wir schließen aus ihm auf einen bestimmten inneren Zustand. Sehe ich recht, ist Motivation eine Zwischenvariable: Auf der einen Seite haben wir physiologische Zustände und psychische Bedürfnisse, auf der anderen das Verhalten. Dazwischen nehmen wir psychische Zustände an, Motive wie Hunger, Durst, Angst, Liebe, Leistungswillen. Die Motivationstheorie reicht also von der Biologie bis zum Verhalten; sie setzt Biologie und Psychologie miteinander in Beziehung.

Kornadt: *Die neuere Motivationstheorie geht von einem intentionalistischen und interaktionistischen Grundkonzept aus: Nach ihr werden Ziele erwogen, gesetzt und angestrebt, Situationen werden interpretiert und aufgesucht oder gemieden, Reaktionen des Partners als Konsequenzen eigenen Handelns antizipiert beziehungsweise während der*

*Handlung – diese modifizierend – berücksichtigt; und Erfahrungen hierüber werden gespeichert und bilden als Teile generalisierter Zielsysteme beziehungsweise von Handlungsmustern einen Teil des überdauernden Motivs.* Die Motivationstheorie sieht also einmal die Person, zum anderen die Situation – und die Wechselwirkung zwischen beiden.

Ich und nicht nur ich finde, die Motivationstheorie läßt sich sehr schön auf die Aggression übertragen. Meine Theorie nimmt an, daß Aggression in der Tat eine biologische Basis hat, daß es ein überdauerndes psychisches Motiv oder besser Motivsystem der Aggression gibt und daß dieses zwei selbständige Komponenten hat: Aufsuchen und Meiden, Aggression und Aggressionshemmung. Genauer gesagt: *Die Motivation zu einer* bestimmten *situationsbezogenen Aggressionshandlung ist eine Funktion des überdauernden Aggressionsmotivs, der Erwartung, die in Frage stehende Aggressionshandlung in der Situation erfolgreich ausführen zu können, und des antizipierten Anreizes, den eine Erreichung des konkreten Aggressionsziels hat – sowie andererseits des überdauernden Motivs, Aggressionen zu vermeiden, und der Erwartung negativer Konsequenzen (Strafe; Schuld) der in Frage stehenden Handlung sowie des (negativen) Anreizes (oder der Bedeutung), den die antizipierten negativen Konsequenzen einer Erreichung des konkreten Aggressionsziels haben.*

Vorsitzender: Uff! Zu einem aggressiven Akt kommt es also, wenn alles in allem das Aggressionsmotiv stark und das Hemmungsmotiv schwach genug ist. Logisch.

Kornadt: Ja. Aber das Aggressionsmotiv ist kein fester Charakterzug, kein *trait*, und auch keine Augenblicksreaktion, kein *state*. Es ist als ein System zu verstehen, das ständig – und nicht unbedingt bewußt – viele Faktoren miteinander verrechnet, Gefühle, Überlegungen, moralische Werthaltungen, Vorbilder, Erwartungen, Gelegenheiten, Aussichten.

Vorsitzender: Gibt es dazu ein bißchen Empirie?

Kornadt: Wir arbeiten seit Jahren an einem Kulturvergleich. Frustrationen und Beeinträchtigungen machen die Menschen ärgerlich. Das ist überall so, und es ist wohl die biologische und letztlich vermutlich genetische Basis für das Aggressionsmotiv. Aber was dann mit dem Ärger geschieht: das ist von Mensch zu Mensch und von Kultur zu Kultur verschieden. Deutsche sind auch nach objektiven Kriterien äußerst aggressiv; Schweizer schon weniger; in

Japan ist die Aggressivität sonderbar gering, obwohl gewiß nicht weniger äußere Anlässe bestehen. Wir haben bisher vor allem untersucht, ob Mütter in den beiden Kulturen mit ihren kleinen Kindern irgendwie anders umgehen. Das Ergebnis: Ja, sie tun es. Konflikte werden in Japan anders gehandhabt als in Mitteleuropa. Provoziert ein deutsches Kind seine Mutter, so *gibt es nur Sieger und Verlierer; bestenfalls* wird *ein (meist fauler) Kompromiß* zwischen ihnen ausgehandelt. Der Konflikt eskaliert also und wird am Ende nicht aufgelöst; das Kind wird in der Regel zurückgewiesen oder ausgeschimpft und damit in seinem Selbstwertgefühl gekränkt. Japanische Mütter lassen es dagegen meist gar nicht zum Machtkampf kommen. Sie sind vor allem darauf bedacht, im Kind keine *negativen Gefühle entstehen* zu lassen. Sie wittern nicht prinzipiell Aufruhr, der nur unterdrückt werden kann, ärgern sich nicht so sehr über das Kind, gehen über die Provokation hinweg, einigen sich mit dem Kind oder geben seinen Wünschen schrittweise nach. So wachsen japanische Kinder von Anfang an in einem viel harmonischeren Klima auf, und dieser Umstand ist es wohl, der sie später weniger aggressiv macht. *Das Aggressionsmotiv kann trotz seiner biologisch bedingten universalen Ausgangsbasis nur schwach ausgebildet werden, wenn die aggressionsfördernden Sozialisationsbedingungen fehlen.*

VORSITZENDER: Ein interessanter Vergleich. Obwohl zu prüfen bleibt, ob das geringere Aggressionsniveau und der größere Harmoniebedarf in Japan nicht teilweise ebenfalls biologisch bedingt sind. Ehe wir zum Schluß kommen, soll nun aber auch das Volk noch das Wort erhalten. Es ist ja nicht so, daß der Nicht-Psychologe völlig rat- und fassungslos vor einem Phänomen wie der Aggression steht. Es gibt für vieles psychologische Alltagstheorien, die möglicherweise nicht richtig sind, in denen möglicherweise aber auch eine Weisheit steckt, zu der sich die Wissenschaft erst durchkämpfen muß. Herr Langfeldt aus Würzburg, Sie können uns sagen, wie sich das Volk aggressives Verhalten erklärt?

LANGFELDT: »Das Volk« ist zuviel gesagt. Der deutsche Normalbürger. Genauer: jüngere deutsche Frauen im Jahre 1988. Für die mit Abstand wichtigste Ursache aggressiven Verhaltens halten sie Frustrationen und frustrierende Bedingungen wie Überforderung und akute Schwierigkeiten. Die zweitwichtigste Ursache ist ein aggressiver Charakter. Die drittwichtigste ist eine Situation, die Aggressionen provoziert. Die viertwichtigste Ursache sind negative Gefühle – Unsicherheit, Unzufriedenheit und vor allem Angst. Die fünfwichtigste Ursache ist das Lernen am Modell.

Einiges ist auffällig an diesen Alltagstheorien. *»Angst« taucht als wichtige Bedingung auf. In psychologischen Theorien spielt sie – bei wenigen Ausnahmen – nur eine untergeordnete Rolle. Sind Wissenschaftler an dieser Stelle blind? In den Alltagstheorien wird »Lernen« als Bedingungskomplex relativ wenig genannt. Demgegenüber spielt (Nachahmungs-)Lernen in psychologischen Theorien eine herausragende Rolle. Sind Alltagstheoretiker an dieser Stelle blind? Alltagstheorien enthalten nahezu keine kognitiven Elemente, während kognitive Theorien immer bedeutsamer werden. Unterstellen Wissenschaftler in diesem Zusammenhang zuviel Rationalität?*

VORSITZENDER: Da wären also noch ein paar Fragen. In der Allgemeinheit, von der hier eben die Rede war, hat die Kontroverse, die auch in diesem Hearing wieder im Mittelpunkt stand, oft die Form von zwei einander entgegengesetzten Glaubenssätzen angenommen. Der eine sagt: Aggression – das ist ein biologischer Trieb. Der andere: Aggression wird uns von der Gesellschaft anerzogen. Das ist sicher eine falsche Alternative, und ich habe den Eindruck, daß alle unsere Wissenschaften noch weit entfernt sind, die Interaktion von inneren und äußeren Ursachen erklären zu können. Sie haben bisher nur Spuren.

Trotz aller Greuel scheint mir der Mensch alles in allem ein ziemlich friedfertiges Wesen zu sein. Was die Menschheit plagt, womit sie sich selber plagt, das ist das maschinelle Töten, die industrielle Menschenvernichtung – die sozusagen unpersönliche Aggression, die Aggression, bei der auf der einen Seite keine oder nur schwache aggressive Gefühle bestehen, auf der anderen aber der unbekannte Feind oder Gegner massenweise verstümmelt wird oder stirbt. Eine persönliche Aggression ist ein seltener und dramatischer Akt, und er wird unweigerlich mit fasziniertem Grausen beredet – ein Zeichen dafür, daß er eben nichts Selbstverständliches hat. Bei einem Akt dieser Art erwarten wir, dafür auch eine dramatische einzelne Ursache aufspüren zu können. Aber wenn dieses Hearing mit seinem verwirrenden Meinungsgeschwirr etwas gezeigt hat, dann ja wohl dies: Diese Ursache werden wir niemals finden. Und zwar darum nicht, weil es sie nicht gibt. Wir müssen mit dem Zusammenwirken vieler Ursachen rechnen. Herr Scott?

Scott: John Paul Scott, Psychologe. Das, Herr Vorsitzender, sollte man viel genauer sagen, als Sie es eben getan haben. Die Aggression können und müssen wir auf fünf Ebenen untersuchen. Die unterste ist die der Gene: Wie bestimmte genetische Ausstattungen zu bestimmten Graden an Aggressivität disponieren. Die nächste Ebene ist die physiologische, etwa die der Hormone. Darüber liegt die organismische; hier haben wir es dann zum Beispiel mit psychischen Zuständen, also mit Motiven zu tun. Damit verlassen wir das Individuum. Oberhalb der organismischen Ebene gelangen wir in die soziale; hier wissen wir etwa, daß der Zerfall sozialer Strukturen bei Tieren und wohl auch beim Menschen zu vermehrten Aggressionen führt. Die oberste Ebene schließlich ist die ökologische; hier haben wir in Betracht zu ziehen, wie weit Umstände wie Nahrungsknappheit oder zu große Bevölkerungsdichte zu einer verhängnisvollen Zunahme der Aggressionen führen. Dies sind die naheliegenden, die unmittelbaren, die proximaten Ursachenebenen, die untersucht werden müssen. Dazu aber müssen auch die verschiedenen historischen Ebenen in Betracht gezogen werden. Wir müssen nach der Ontogenese fragen: Wie hat sich aggressives Verhalten bei einem Einzelwesen entwickelt? Wir müssen nach der Geschichte der Kulturtradition fragen, die ja beim Menschen an der Verhaltensformung stark beteiligt ist. Und schließlich müssen wir nach der Phylogenese fragen, also nach der evolutionären Entwicklung der Aggression, nach ihren Zwecken und Funktionen. Früher habe ich mir die Einflüsse der verschiedenen Ebenen als Faktoren gedacht, die sich unabhängig voneinander auswirken. Heute meine ich, daß wir es auf jeder Ebene mit komplexen Regulationssystemen zu tun haben und daß diese Systeme über mehrere Ebenen hinweg Einfluß aufeinander nehmen. Das alles hört sich vielleicht noch etwas abstrakt an. Es ist auch keine Theorie, sondern eher ein Wegweiser für die künftige Forschung.

Vorsitzender: Danke sehr, Herr Scott. Wenn ich Ihre Worte gleich in einen praktischen Appell ummünzen darf, dann möchte ich sagen: Das Phänomen der menschlichen Aggression ist nicht die Domäne ausschließlich einer Disziplin. Es sind nicht die Sozialwissenschaften allein, die sich mit ihr befassen können. Aber es kann auch gar keine Rede davon sein, daß das Thema den Sozialwissenschaften entwunden und der Biologie zugeteilt werden müßte. Sehr wohl haben jene eine Menge dazu zu sagen – oder vielmehr zu ermitteln. Die Soziologie muß sich der Frage annehmen, welche gesellschaftlichen Strukturen Aggression fördern und wie sich deren Zerfall auf das Gewaltpotential auswirkt; auch, ob es eine Dichte des Zusammenlebens gibt, die Gewalttätigkeit brütet. Die soziale Lerntheorie muß weiter untersuchen, wie es auf die individuelle Aggressionsbereitschaft abfärbt, wenn man aggressiven »Modellen« ausgesetzt ist; sie muß wohl ihr Augenmerk weiter besonders auf die Medien richten – lohnend scheint mir etwa die Frage, ob die beständige Berieselung mit Akten symbolischer Aggression nicht zu einer seelischen Abstumpfung und Verhärtung führt, die der wirklichen Gewalttätigkeit den Boden bereitet; einige empirische Befunde deuten genau darauf hin. Die Sozialpsychologie muß sich weiter der Deindividuation zuwenden: dem Ausnahmezustand, in dem die Individualität von Tätern wie Opfern reduziert ist. Nur darf keine dieser Wissenschaften meinen, sie allein hätte den Schlüssel in der Hand. Alle sind befugt, alle sind aufgerufen. Die Genetik hat etwas über das in uns in verschiedenem Maß angelegte Gewaltpotential zu sagen, die Neurobiologie über die molekularen und zellulären Vorgänge, die das materielle Substrat aggressiven Verhaltens bilden, die Physiologie über die hormonelle Steuerung der Gewalt, die Ethologie über die Wirklichkeit inner- und zwischenartlicher Aggression, die Evolutionsbiologie und die Ökologie schließlich über den Platz der Aggression in der Natur, ihre Kosten und ihren Nutzen, ihren Sinn und ihren Unsinn.

So viel scheint klar: Es ist falsch, daß der Mensch ein von Natur aus zutiefst friedliches Wesen sei, das nur von bösen gesellschaftlichen Verhältnissen korrumpiert wurde. Seine Vergangenheit dürfte keine ganz und gar unblutige, aber auch keine besonders blutige gewesen sein; in einem Ausmaß, das mit seiner genetischen Mitgift, seiner Erziehung und einer Vielzahl von situativen Faktoren variiert, etwa seiner Frustration oder seiner Angst oder seinem Streß, hat er das Zeug, aggressiv zu agieren und zu reagieren. Es ist ebenso falsch, daß der Mensch von Natur aus zum Kriegführen verdammt sei. Analoges zum menschlichen Krieg – die gemeinschaftliche, systematische, massenhafte, anonyme Vernichtung von Artgenossen, die einen nicht unmittelbar persönlich bedrohen – ist in der ganzen Natur schwer zu finden; schon darum ist es unwahrscheinlich, daß der Krieg ein biologisches Fatum ist. Zwar beruht er unter anderem auch auf solchen menschlichen Verhaltensweisen, die stammesgeschichtliches Erbe sind; aber kein angeborener Trieb erzwingt den Krieg.

Die Zeit der grandiosen Vereinfachungen ist vorbei. Wenn noch einer auftreten sollte und erklärte, er habe sie nun aber doch noch gefunden, die eine wirkliche Ursache der Aggression – dann wissen wir von vornherein, daß er im Irrtum ist. Allerdings, bis das nötige Detailwissen beschafft und zusammengefügt ist, um zu einer großen Synthese schreiten zu können, wird noch so mancher Tag ins Land gehen, und einfach wird die Wahrheit nicht sein. Ich hoffe, die Menschheit wird sie erleben. Für Ihre vereinte Gedankenanstrengung danke ich Ihnen. Das Hearing ist hiermit geschlossen.

*

So weit die maßgeblichen Aggressionstheorien aus über drei Jahrhunderten. Und jetzt beobachtet ein Anthropologe der Ohio State Universität, Robert Knox Dentan, zufällig ein Experiment des Lebens, das die Probe aufs Exempel macht. Er reist in den sechziger Jahren auf die malaiische Halbinsel und studiert dort einige Jahre lang das Volk der Semai.

Bei den Semai, stellt er fest, ist jederlei Gewalt streng verpönt. Von klein auf werden die Kinder dazu angehalten, Konflikte ohne Gewalt zu lösen. Das Haupterziehungsmittel besteht darin, daß den Kindern immer wieder und gründlich Angst gemacht wird – vor den Gefahren des Lebens, aber auch vor der potentiellen Gefährlichkeit der Menschen. Der Ruf »fürchte! fürchte!« hallt durch ihre Kindheit – wenn sie auf einen Baum klettern, einen Fremden sehen, während eines Gewitters. Die Kinder werden so gut wie nie körperlich bestraft, lernen also am eigenen Leib keine Gewalt kennen. Streit zwischen Kindern lassen die Erwachsenen nicht zu; kaum je erleben die Kinder erwachsene Aggressionen. Und sobald sie selber einmal aggressiv werden, treten Erwachsene dazwischen und schleppen das wütende Kind zurück in sein Haus.

Gewaltlosigkeit ist in dieser Gesellschaft nicht nur das Ideal, sie ist eine Tatsache. Die Semai, so sieht es aus, haben den Stein der Weisen gefunden.

Aber nun kommt es. »Viele Leute, die die Semai kannten, waren felsenfest der Meinung, sie seien so unkriegerisch, daß sie niemals gute Soldaten abgäben. Interessanterweise irrten sie sich. Kommunistische Terroristen hatten Verwandte einiger zur Bekämpfung der Aufständischen eingesetzten Semai-Soldaten umgebracht. Herausgelöst aus ihrer gewaltfreien Gesellschaft und unter dem Befehl zu töten, scheinen sie von einer Art Wahnsinn befallen worden zu sein, den sie selber ›Blutrausch‹ nennen. Die typische Geschichte eines Veteranen geht so: ›Wir töteten, töteten, töteten. Die Malaien hielten schon einmal inne, um die Taschen der Leute zu durchwühlen und ihnen Uhren und Geld abzunehmen. Wir dachten nicht an Uhren oder Geld. Wir dachten nur ans Töten. Ja, wir waren wirklich trunken von Blut.‹ Ein Mann erzählte sogar, wie er das Blut eines von ihm Getöteten getrunken habe. Wenn sie über solche Erfahrungen redeten, scheinen die Semai versonnen, nicht unzufrieden darüber, daß sie so gute Soldaten waren, aber außerstande, ihr Verhalten zu erklären. Wieder zu Hause in der Semai-Gesellschaft, wirken sie so sanft und gewaltscheu wie die anderen… Ein Semai dort beantwortet Gewalt nicht mit Gewalt, sondern mit Passivität und Flucht.«

Die vorübergehende Gewalttätigkeit dieser Menschen kann auf keinen spontanen Trieb zurückgehen, denn unter normalen Umständen hätte sie sich niemals geäußert – sie hätten ein gewaltloses Leben verbracht, zufrieden mit seiner Gewaltfreiheit, so wie vor jenem Anfall von »Blutrausch« und hinterher ebenso.

Aber auf ihre Erziehung läßt sich der jähe Ausbruch von Gewalt ebenfalls nicht zurückführen – es war ja eine konsequente Erziehung zur Gewaltlosigkeit gewesen, ohne gewalttätige Vorbilder, die hätten nachgeahmt werden können, ohne jede Belobigung oder Belohnung von Gewalt.

Ob man den Zustand, in dem die Semai gewalttätig wurden, als Frustration bezeichnen kann, ist auch zweifelhaft – wenn man nicht alles, was zur Aggression führt, als Frustration bezeichnen will.

Ein Aggressions- und ein Aggressionshemmungs-Motiv mögen

bei den Semai gut und gerne aufgebaut worden sein. Was aber hat die Gewichte zwischen ihnen dann so unvorhersehbar und jäh verschoben?

Daß die Ursache irgendwo in der Geschichte der Semai zu finden wäre, ist ebenfalls nicht vorstellbar.

Auch genetische und physiologische Ursachen scheiden aus. Sicher, das Verhalten der Semai im Krieg muß im Rahmen dessen gelegen haben, was die genetische Blaupause vorsieht, also sozusagen im Rahmen des genetisch Menschenmöglichen; aber die Wirkursache ist dort kaum zu suchen. Sicher, das kriegerische Verhalten muß auch ein physiologisches Substrat gehabt haben; aber physiologische Prozesse werden jenen Blutrausch nicht bewirkt haben.

Woher dann also jener Ausbruch, jener Blutrausch? Sollten die Theorien etwas übersehen haben? Es hat ganz den Anschein.

Wenn von exogenen Ursachen die Rede war, dann entweder von den Frustrationen, die von anderen Menschen ausgehen; von der Erziehung zur Aggressivität oder vom sozialen Lernen durch Beobachtung und Nachahmung; von großen gesellschaftlichen oder ökologischen Krisen wie Ordnungszerfall oder Bevölkerungsdichte; von der Gewaltgeschichte der eigenen Kultur. Bei allem blieb etwas Kleines unbeachtet, vielleicht weil es zu unscheinbar war: die jeweilige Situation. Die Situation hatte die Semai immer an der Aggression gehindert und dann plötzlich zum Töten ermuntert; sie hatten sich über ihre Erziehung hinweggesetzt. Solange sie sich in einer Situation befanden, in der Aggressivität unzweckmäßig und unerwünscht war, waren sie die friedlichsten Menschen der Welt. Als die soziale Situation Aggressivität von ihnen verlangte, wurden sie plötzlich zu Bestien – um sofort wieder in die frühere Friedlichkeit zurückzufallen, sobald die Situation es aufs neue angeraten sein ließ. In beiden Zuständen fühlten sie sich offenbar durchaus wohl.

Ein zweites Experiment, das Licht auf dieses Phänomen wirft, veranstaltete nicht die Natur, sondern Philip Zimbardo, Psychologe an der Universität Stanford. Es war eines der großen realistischen Experimente, die die Psychologie heute nur noch ungern und selten unternimmt.

Zimbardo rekrutierte durch eine Zeitungsannonce einundzwanzig Studenten für eine ein- bis zweiwöchige »Studie des Gefängnislebens«. Er überzeugte sich davon, daß die Ausgewählten gesund, emotional stabil, reif und gesetzestreu waren, und teilte sie durch den Wurf einer Münze in zwei Gruppen: Zehn Studenten wurden »Häftlinge«, elf »Gefängniswärter«. Die »Häftlinge« wurden nachts von einem echten Polizisten »verhaftet«, durchsucht, fotografiert, entlaust, mit Handschellen gefesselt und mit verbundenen Augen in den Keller des psychologischen Instituts der Stanford-Universität geschafft. Dort wurden sie in gleichartige Kittel mit einer Nummer auf dem Rücken gesteckt, mußten eine Kette um ein Fußgelenk tragen und eine Nylonhaube auf dem Kopf. Für jede Verrichtung, vom Gang zur Toilette bis zum Briefeschreiben, mußten sie eine Genehmigung einholen. Ihr Essen war mies. Die »Gefängnis«-Regeln waren unter anderen diese: »Während der Ruhezeiten, nach Ausschalten des Lichts, während der Mahlzeiten und außerhalb des Gefängnishofs ist den Häftlingen das Sprechen verboten. – Die Häftlinge haben alle Mahlzeiten einzunehmen und dürfen außerhalb dieser nicht essen. – Die Häftlinge dürfen Wände, Fenster, Türen und anderes Gefängnis-Eigentum nicht verändern, beschmieren, beschädigen. – Die Häftlinge haben die Wärter mit ›Herr Besserungsbeamter‹ anzureden...«

Die »Wärter« trugen Khaki-Uniformen, reflektierende Sonnenbrillen, hinter denen ihre Augen unsichtbar waren, Knüppel, Handschellen, Pfeifen, die Zellenschlüssel. Sie hatten nur den Auftrag, für »Ruhe und Ordnung« zu sorgen, und durften dabei improvisieren.

Nachdem ein Aufstand mit Feuerlöschern niedergeschlagen war, wurden die »Häftlinge« schnell immer passiver – sie fühlten sich ohnmächtig, isoliert, frustriert und niedergedrückt und schickten sich in ihre Lage.

Die »Wärter« dagegen – Zimbardo fand es »bemerkenswert, wie bereitwillig alle in ihre Rolle schlüpften«. Binnen kurzem wurden sie immer aggressiver, ja brutal. Etliche überboten sich darin, gemeine und grausame Schikanen zu ersinnen: ließen die »Häftlinge« mitten in der Nacht zu stundenlangen unsinnigen Zählappellen antreten, zwangen sie, die Klos mit den Händen zu säubern, befahlen ihnen, sich gegenseitig unflätig zu beschimpfen, steckten sie in Einzelhaft. Einige genossen die ihnen zuteil gewordene Macht sehr und gaben sie am Ende des Versuchs nur ungern wieder ab. Auch die nicht zu den ausgemacht Grausamen gehörten, machten willig mit und schienen, wenn sie sich relativ »human« verhielten, weniger von Rücksicht auf die »Häftlinge« bewegt als von dem Wunsch, einen guten Eindruck zu machen.

Vielleicht wird man sagen: Sie spielten ja alle nur eine Rolle, und suchten sie eben gut zu spielen. Aus ihren Aufzeichnungen aber ging hervor, daß bald Ernst wurde, was als ein Spiel begonnen hatte. Einige »Häftlinge« brachen nach wenigen Tagen zusammen und mußten vorzeitig entlassen werden. So starke echte Leidenschaften wurden geweckt, daß das ganze Experiment nach sechs Tagen abgebrochen werden mußte.

Die Versuchspersonen waren wohlgemerkt alles ausgeglichene, intelligente, zur Rücksichtnahme erzogene Studenten einer amerikanischen Eliteuniversität, die der reine Zufall der Gruppe der »Wärter« oder der »Häftlinge« zugewiesen hatte. Die Gruppe der »Wärter« enthielt keineswegs die von vornherein härteren Menschen und die Gruppe der »Häftlinge« nicht die weicheren. Die Situation machte sie je nachdem hart oder weich, wenn auch mit Unterschieden: Einige »Wärter« taten sich durch besondere Härte hervor, andere waren nur Mitläufer; einige »Häftlinge« hielten ihre Lage nicht aus, andere – es waren die Autoritärsten – wurden einigermaßen mit ihr fertig. Der Normalmensch, folgt daraus, und wir wissen es auch so sehr genau, ist sehr wohl zu Aggressivität und Brutalität fähig – er muß nur in die Situation versetzt werden, wo sie ihm abverlangt werden. Eine besondere Erziehung zur Aggressivität ist nicht nötig; und auch eine besondere Erziehung zur Friedfertigkeit wird ihn nicht davon abhalten.

Zimbardo verfolgte mit diesem Experiment ein spezielles Interesse. Er wollte studieren, was die Sozialpsychologie »Deindividuation« nennt. Deindividuation, so definiert er, »ist jener subjektive Zustand und Prozeß, bei dem der Einzelne sich von den anderen nicht unterschieden fühlt. In diesem Zustand achtet man weniger auf sich selber und kümmert sich weniger um das, was die anderen von einem denken. Dieser Zustand kann durch Bedingungen herbeigeführt werden, in denen sich der Einzelne anonym und ohne Verantwortung fühlt, durch Bedingungen, in denen der Einzelne ganz in der unmittelbaren Gegenwart befangen ist und sich um Vergangenheit und Zukunft nicht schert; und durch Bedingungen, in denen ein Überangebot an Sinnesreizen, Drogen, starke Emotionen oder körperliche Anstrengung das rationale Denken überwältigen.«

Soldaten und Polizisten werden vorsätzlich deindividuiert und anonymisiert: Bei Einsätzen agieren sie gemeinschaftlich, sind uniformiert, stecken in Rüstungen, hinter Schilden, unter Helmen und sind persönlich kaum erkennbar. Sie sind, mit einem Wort, vermummt. Neben dem praktischen bringt es ihnen einen psychischen Vorteil. Sie befinden sich darüber hinaus in einer Situation herabgesetzter persönlicher Verantwortlichkeit; die Verantwortung liegt »oben«, bei dem jeweiligen Befehlshaber, und sie entsprechen ja nur der menschlichen Neigung zur Konformität: zu tun, was andere von ihnen erwarten, nicht aufzufallen. In der Kampfsituation sind sie außerdem noch stark erregt und nicht zum Denken aufgelegt. Und auch ihr Gegenüber wird deindividuiert und anonymisiert. Das dann ist die Situation, die aus normalen Bürgern Berserker macht.

Man kann nicht sagen, daß ihre Situation eine der reduzierten »Menschlichkeit« sei; menschlich, sehr menschlich, ist auch die Fähigkeit, sich als Individuum zu suspendieren, und nur für unentwegte Romantiker ist »menschlich« gleichbedeutend mit »friedlich und gütig«. Es ist dieser Zustand der Deindividuation, in dem der Mensch seine schlimmsten Brutalitäten verübt. Er ist von seiner Natur nicht zur Aggressivität verurteilt. Er besitzt aber von Natur aus, in unterschiedlichem Maß, eine Disposition zur Aggressivität, und diese kommt im Zustand der Deindividuation am sichersten und krassesten zum Ausdruck.

Das wirksamste Mittel zur Verhinderung von Aggressionen wäre es, Situationen zu verhindern, in denen Menschen ihre Individualität preisgeben.

# GRAMMATIK AUS DEM NICHTS

*Über taubstumme Kinder*
*und Kreolsprachen*

Vor zweieinhalb Jahrtausenden fand am Nil ein Experiment statt. Ein klassischer Forschungsbericht hält fest, was es klären sollte, wie es verlief und welches sein Ausgang war. Es schreibt Herodot: »Die Ägypter hielten sich bis auf die Zeit des Königs Psammetich [664–610] für das älteste Volk. Seitdem aber Psammetich Ermittlungen darüber angestellt, welches die ältesten Menschen wären, glauben sie, die Phryger wären noch älter als sie, sie selbst aber älter als alle übrigen. Nachdem Psammetich sich lange vergebens bemüht hatte, das ausfindig zu machen, versuchte er es auf folgende Weise. Zwei neugeborene Kinder beliebiger Eltern gab er einem Hirten mit zu seiner Herde und befahl ihm, sie auf die folgende Weise aufzuziehen: In ihrer Gegenwart sollte niemand ein Wort sprechen, er sie ganz allein in eine Kammer legen, zu bestimmter Zeit Ziegen zu ihnen bringen und, wenn sie sich an deren Milch sattgetrunken, sie wieder allein lassen. Das tat und befahl Psammetich aber, weil er hören wollte, welches Wort die Kinder zuerst aussprechen würden, wenn sie über das erste Lallen hinaus wären. Und das gelang ihm auch. Denn nachdem der Hirt es zwei Jahre so gemacht hatte und er eines Tages die Kammertür öffnete, kamen ihm beide Kinder mit ausgestreckten Armen entgegen und riefen *bek bek*. Zuerst sagte er nichts davon, als er aber, wenn er sich nach ihnen umsah, immer dasselbe Wort hörte, teilte er es dem Könige mit und führte dann auf dessen Wunsch ihm die Kinder vor. Als Psammetich es nun auch selbst gehört hatte, erkundigte er sich danach, ob ›bek bek‹ in irgendeiner Sprache etwas bedeutete, und erfuhr nun, daß die Phryger das Brot ›bekos‹ nannten. Infolgedessen erkannten die Ägypter an, daß die Phryger noch älter seien als sie selbst. So habe ich die Sache von den Hephaistos-Priestern in Memphis gehört.«[7]

So weit Herodot über die psycholinguistische Forschung im alten Ägypten.

Im Mittelalter soll dieser Versuch noch einmal stattgefunden haben. Sein königlicher Held ist der Stauferkaiser Friedrich II.

Die Quelle ist dessen Chronist Salimbene von Parma. Salimbene war dem Kaiser nicht wohlgesonnen; er wollte ihn als ruchlosen Experimentator anschwärzen. Vielleicht hat er ihm nur Herodots alte Geschichte in die Schuhe geschoben. Wie auch immer, in diesem Fall sollen die Kinder gestorben sein, ehe sie die vermeintliche Ursprache über die Lippen brachten.

Natürlich lernen wir unsere jeweilige Sprache. Aber lernen wir alles an ihr? Oder kommen wir mit einem Vorwissen auf die Welt, welches uns Lernarbeit abnimmt? Ist der kindliche Spracherwerb mehr ein Sprachwachstum? Der Verdacht wirkt zunächst unerhört. Trotzdem spricht einiges dafür, daß es so ist. Vor allem dieses: Kinder – selbst die weniger intelligenten – lernen ihre Muttersprache in einem gesetzmäßig ablaufenden Prozeß; mühelos, unaufhaltsam, wie automatisch wächst ihnen Sprache zu. Und sie lernen sie vollständig, mit allem Drum und Dran und mit allen ihren Schikanen, obwohl um sie herum gar nicht immer perfekt gesprochen wird, obwohl sie zuweilen sogar mit einer sehr dürftigen Kollektion von Sprachmustern konfrontiert werden. Was die Sprache angeht, leben sie im Zustand einer gewissen, manchmal erheblichen Stimulusarmut. Der Linguist Noam Chomsky brachte sie so auf den Punkt: »Die Disparität zwischen Kenntnis und Erfahrung ist vielleicht das verblüffendste Faktum der menschlichen Sprache. Es zu erklären, ist das zentrale Problem der Sprachtheorie.«[4] Das Kind, das eine Sprache erwirbt, scheint von vornherein etwas über sie zu wissen, was es nicht erst lernen muß und was es auch gar nicht lernen könnte. »Nativisten« wie Chomsky sind überzeugt, daß dieses sprachliche Voraus-Wissen dem Kind nicht anders als genetisch vermittelt sein kann: Im Gehirn befindet sich ein spezielles und nur dem Menschen eigenes Sprachorgan.

Anders als Psammetich vor 2500 Jahren, interessiert heutige Linguisten in diesem Zusammenhang die Ebene des Wortschatzes und auch die lautliche Ebene wenig und um so mehr die der Grammatik. Sprachliches Voraus-Wissen heißt hier soviel wie grammatisches Voraus-Wissen. Da die Sprachen an der Oberfläche sehr verschieden sind, und da offenbar jedes Menschenkind jede Sprache erwerben kann, und zwar mit annähernd gleicher Leichtigkeit, muß man die hypothetische genetische Grammatik auf einer tieferen Ebene suchen. Die genetisch vermittelte Infrastruktur der

Grammatik muß so allgemein sein, daß sie die Grundlage für jede natürliche Sprache bilden kann. Es wäre offensichtlich von erheblichem Interesse, herauszufinden, ob sich durch die verschiedenen konkreten Sprachen hindurch eine ihnen allen zugrundeliegende Universalgrammatik erkennen läßt und welche Merkmale sie umfaßt.

Aber wie sie finden? Am aufschlußreichsten wäre es natürlich, wenn man beobachten könnte, welche Sprachfähigkeit Kinder ganz aus sich heraus entwickeln, ohne jeden sprachlichen Input. Aber Experimente im Stil von Psammetich gibt es glücklicherweise nicht mehr. Wie der Fall der Wilden Kinder und der Wolfskinder zeigt, führten sie vermutlich auch zu nichts: Bleibt den Kindern in der sensiblen Phase jeglicher sprachliche Input vorenthalten, so bringen sie selber gar keine Sprache hervor und lernen auch später keine mehr, oder nur noch ganz wenig. Man brauchte also ein weniger rigides Experiment: Die Kinder müßten unter kommunizierenden Menschen aufwachsen und dennoch irgendwie von deren normaler Sprache abgeschnitten sein. Zwei solche Experimente haben sich selber veranstaltet.

Manche Kinder haben das Unglück, taub geboren zu werden oder noch vor jedem Erwerb einer Sprache zu ertauben. Sie hören niemals ein Wort, können sich Laute überhaupt nicht vorstellen. In den Vereinigten Staaten hat einer von vierhundert Menschen vor dem Spracherwerb das Gehör verloren. Neunzig Prozent dieser Kinder wachsen in Familien auf, in denen normal gesprochen wird. Sie bleiben dort von jeder lautsprachlichen Kommunikation ausgeschlossen und lernen statt einer Lautsprache schließlich meist eine Zeichensprache, vor allem ASL *(American Sign Language)*, heute meist Ameslan genannt. Der Unterricht in Ameslan beginnt aber erst im fünften oder sechsten Lebensjahr und manchmal erst im Erwachsenenalter. Des öfteren bringen ihnen die Eltern schon vorher etwas Ameslan bei. Manche Schulbezirke Amerikas aber hingen, oder hängen noch, an der Theorie, daß die Kinder vorher auf gar keinen Fall irgendeinen Unterricht in einer Zeichensprache erhalten sollten. Die Überlegung dahinter ist die, daß manche Kinder trotz ihrer Gehörlosigkeit noch die Lautsprache lernen werden, indem sie sie den Erwachsenen von den Lippen ablesen; das aber werden sie nur versuchen, wenn sie sehr stark motiviert sind, und stark genug motiviert sein werden sie nur, wenn sie sich auf keine andere Weise verständlich machen können. Die Versuche, ihnen Lautsprache beizubringen, setzen ein, wenn sie etwa drei Jahre alt sind; sofern sie dabei überhaupt Fortschritte machen, sind diese außerordentlich langsam. Somit wird diesen Kindern vorsätzlich einige Jahre lang jede Sprache vorenthalten. Sie wachsen fast so sprachlos auf wie die Kinder in Psammetichs Versuch. Zwar umgibt sie Sprache, aber sie hören sie nicht, und in einer Ersatzsprache werden sie vorerst nicht unterrichtet – ihre Eltern können auch gar keine und werden dazu angehalten, keinerlei Versuche in dieser Richtung zu unternehmen. Allenfalls improvisieren sie gelegentlich die eine oder andere ausdrucksvolle Handbewegung.

Mitte der siebziger Jahre nun haben in Philadelphia drei Psycholinguistinnen – Heidi Feldman, Susan Goldin-Meadow und Lila Gleitman – sechs solcher sprachlos aufwachsenden Kinder, zwei Mädchen und vier Jungen, über mehr als ein Jahr hinweg systematisch beobachtet[5]. Alle paar Wochen gingen sie zu den Kindern nach Hause und spielten mit ihnen; eine Stunde lang zeichnete eine Videokamera dabei alle Aktionen der Kinder auf. Das jüngste war zu Beginn der Beobachtung sechzehn Monate alt, das älteste bei deren vorläufigem Abschluß fünfzig Monate.

Dabei zeigte sich nun das folgende. Diese Kinder, die keinen oder nur den allerdürftigsten sprachlichen Input erhielten, entfalteten nicht nur einen fast normalen Mitteilungsdrang, sondern fanden – man darf wohl sagen: erfanden – auch Mittel und Wege, sich mitzuteilen. Und diese Mittel und Wege waren sich ähnlich, obwohl die Kinder keinerlei Kontakt untereinander hatten.

Jedes Kind für sich erfand eine Sprache aus Handzeichen, und zwischen diesen Sprachen gab es ebenso Übereinstimmungen wie zwischen ihnen insgesamt und der normalen gesprochenen Kindersprache. Heidi Feldman schreibt in einem längeren Aufsatz mit dem Titel *»Beyond Herodotus«* aus dem Jahre 1978: »Alle unsere Versuchspersonen entwickelten die Fähigkeit, mithilfe von Handzeichen zu kommunizieren. Alle begannen sie, wie es auch Kinder mit intaktem Gehör tun, einfach auf Leute und Dinge ihrer Umwelt zu zeigen, während sie den Blick ihrer Zuschauer suchten (das heißt, sie zeigten nicht, wenn niemand zusah)... Diese Zeichensprache geht bei Kindern mit gesundem Gehör zurück, wenn ihre Lautsprache in Erscheinung tritt. Als aber unsere Versuchspersonen älter wurden, vollzogen sich zwei auffallende Änderungen in ihren Kommunikationsversuchen. Sie fingen an, die Hinweisgesten in Kombination miteinander zu verwenden, und zwar in einer Art, die eindeutig semantische Beziehungen zwischen dem ausdrücken sollte, was die Hinweisgesten bezeichneten. Und darüberhinaus begannen sie bildhafte Gesten für Bewegungen zu erfinden, die Prädikate verschiedener Art zu vertreten schienen. Diese Gesten, die wir Charakterisierungszeichen nannten, wurden bald mit den Hinweisgesten kombiniert, und zwar auf strukturierte Weise. Eine derart ausführliche Elaboration der Zeichensprache ist für sprechende Kinder nicht typisch. Als Beobachter konnten wir nicht umhin, diese Zeichen und Zeichenkombinationen als Kommunikationsakte zu verstehen – als Kommentare über die Welt, als an den Zuhörer gerichtete Fragen, Bitten, Aufforderungen. Alles in allem kann kein Mensch, der diese Kinder beobachtet, ernstlich bestreiten, daß sie es in ihren Zeichensprachen zu erheblichem kommunikativen Geschick gebracht haben.«

Die Beurteilung dieser gestischen Mitteilungsversuche als Quasi-Sprache hängt natürlich weitgehend davon ab, wie die einzelnen Handbewegungen von den Beobachtern ›kodiert‹ werden. In diesem Fall wurden sie doppelt kodiert: von jemand, der die Kinder kannte und bei der Aufzeichnung zugegen gewesen war, und von einem fremden Auswerter, der nur die Videoaufzeichnungen zu sehen bekam. Die Übereinstimmungen zwischen beiden Kodierern waren hoch, über 85 Prozent. Wenn die beiden Beobachter so sicher waren, die Kinder verstanden zu haben, und wenn sie die Gestenfolgen so übereinstimmend interpretierten, dann vor allem deswegen, weil es keine isolierten einzelnen Gesten waren, die sie zu verstehen hatten, sondern Äußerungsversuche in ihrem natürlichen Kontext, der die Zahl der möglichen Auslegungen stark einschränkte.

Die selbsterfundene Zeichensprache der gehörlosen Kinder ist wie die gesprochene menschliche Sprache auf drei Ebenen organisiert. Die unterste ist die der *Phoneme*, der Laute; in der Zeichensprache besteht sie aus einzelnen Bewegungen. Diese einzelnen Bewegungen treten zu stereotypen Verbindungen zusammen und bilden somit Zeichen, die den *Morphemen* der Lautsprache entsprechen, also den kleinsten bedeutungstragenden Elementen. Und

Handzeichen wie Morpheme lassen sich auf einer dritten Ebene zu *Sätzen* zusammenstellen. In der gesprochenen Sprache wird das Ende eines Satzes durch den Tonfall und eine Veränderung im Sprechtempo angezeigt; in der spontanen kindlichen Gestensprache kehrten die Hände in eine neutrale Position vor dem Körper zurück, wenn eine Reihe miteinander verketteter Zeichen zu Ende war.

Die Hinweisgesten waren sozusagen die Substantive der gehörlosen Kinder. Hörende Kinder müssen für jede Sache, beziehungsweise für jede Klasse von Dingen, von der sie sprechen wollen, ein anderes Substantiv lernen. Gehörlose Kinder können für alles die gleiche Hinweisgeste verwenden. Man könnte darum meinen, daß in ihren Zeichensprachproduktionen viel mehr Substantive vorkommen als in der Lautsprache ihrer gesunden Altersgenossen. Das aber ist nicht der Fall. Auf ihre Weise »sprechen« sie von den gleichen wenigen Dingen, von denen auch hörende Kinder sprechen: von unbelebten Gegenständen ihrer nächsten Umgebung, von Leuten, Körperteilen, Tieren, von Eßbarem, von Kleidungsstücken, Fahrzeugen – besonders gern von allem, was sich bewegt oder bewegen läßt. Von Möbelstücken oder Orten aber sprechen sie kaum und von der eigenen Befindlichkeit nie.

Diese Substantive verbanden die Kinder mit anderen Handzeichen ihrer eigenen Erfindung, die ihre Beobachter als Prädikate verstanden: etwa hämmernde Handbewegungen, um »schlagen« auszudrücken, rotierende Fäuste mit der Bedeutung »radfahren«, einer Geste des Darbietens mit der Bedeutung »geben«, flatternde Armbewegungen für »fliegen«, Wackelbewegungen an einem imaginären Lenkrad für »autofahren«, auf dem Boden hüpfende Handteller für »tanzen«. Wie bei Kindern mit gesundem Gehör wurden solche Charakterisierungsgesten, die Handlungen oder Bewegungen bezeichneten, eher verwendet als attributive Prädikate wie »...ist groß« (Arme, Augenbrauen und Blick nach oben), und ihre Zahl blieb höher. Wie in der gesprochenen Kindersprache waren Zeichen für seelische oder körperliche Zustände wie »...freut sich«, »...ist traurig«, »...tut weh« äußerst selten.

Die gestischen Äußerungen dieser gehörlosen Kinder waren sehr kurz. Das Gros bestand aus einem oder seltener zwei Zeichen. Dabei hätte man erwarten können, daß ihre Äußerungen länger ausfallen.

Denn sie brauchten, wenn sie in einer einzigen Äußerung von verschiedenen Dingen sprechen wollten, nur hintereinander auf diese Dinge zu zeigen, während ihre sprechenden Altersgenossen im gleichen Fall verschiedene Substantive kennen und nennen müßten. Die gedrängte Äußerungslänge der sprechenden wie der signalisierenden Kinder scheint also darauf zurückzugehen, daß ihr Gedächtnis wie ihre Informationsverarbeitungskapazität beschränkt ist und sich nach einem biologischen Reifungsplan langsam erweitert. Sowohl bei sprechenden wie bei signalisierenden Kindern nimmt die Äußerungslänge langsam zu. Aber die Äußerungen in der selbsterfundenen Zeichensprache sind im Durchschnitt kürzer, und zwischen gesunden und gehörlosen Kindern nimmt der Abstand in der Äußerungslänge mit zunehmendem Alter nicht ab, sondern immer weiter zu. Während gesunde Kinder aus dem Ein-Wort-Stadium zum Zwei-Wort-Stadium und dann schnell zu längeren Sätzen übergehen, bleiben die meisten Zeichenäußerungen der gehörlosen Kinder auf ein und zwei Zeichen beschränkt. Die mittlere Äußerungslänge normal sprechender Vierjähriger liegt etwa bei 5, bei den taubstummen Vierjährigen dagegen noch unter 1,5. Aber gelegentlich tauchen auch bei ihnen Sätze aus sechs, ja sogar aus neun Zeichen auf. Der längste aufgezeichnete Satz hatte dreizehn Zeichen. Die selbsterfundene Zeichensprache wirkt also noch telegrafischer als die der gesunden Kinder. Äquivalente für Konjunktionen, Präpositionen oder Fallendungen tauchten auch später bei ihnen nicht auf. Irgendwelche Zeiten der Verben wurden nicht gekennzeichnet.

Die quasi-substantivischen Hinweisgesten kamen in vier unterschiedlichen semantischen Relationen vor, die Heidi Feldman als Kasus etwa im Sinne der Kasusgrammatik bezeichnet. Erstens können diese Gesten den- oder dasjenige bezeichnen, der eine Handlung ausführt: Dann stehen sie im Agentiv oder Täter-Kasus. Zweitens können sie der- oder dasjenige sein, dem die Handlung angetan wird: In diesem Fall stehen sie im Patiens-Kasus. Drittens können sie der- oder dasjenige sein, auf den sich etwas zubewegt: das ist dann der Empfänger- oder Rezipienten-Kasus. Und viertens können sie den Ort bezeichnen, an dem sich die Handlung abspielt oder abspielen soll: der Lokativ oder Orts-Kasus. Ein Prädikat wie »schlafen« kann nur ein Substantiv im Täter-Kasus bei sich führen:

»Mutter schlafen«. Ein Prädikat wie »geben« kann drei Substantive in drei Kasus bei sich haben: Bruder (Agentiv) gibt (Akt) Ball (Patiens) Schwester (Empfänger). Alle sechs beobachteten Kinder verfügten über den Täter-, den Patiens- und den Empfänger-Kasus. Der Orts-Kasus dagegen war sehr selten und fehlte bei einigen Kindern ganz. Der in der Lautsprache relativ früh auftretende Instrumental (»mit dem Schlüssel«) kam in der spontanen Zeichensprache gar nicht vor.

Da die Länge der Äußerung begrenzt ist, müssen die Kinder etwas weglassen. Die Handlung, also das Prädikat, also die Charakterisierungsgeste wird unter dem Zwang zur Kürze so gut wie nie ausgelassen. Ebenfalls relativ unentbehrlich scheint der Patiens zu sein. Demgemäß bestehen die meisten Zwei-Zeichen-Äußerungen aus einem Zeichen für den Patiens und einem für die Handlung. Wie in der gesprochenen Kindersprache des Zwei- und Dreiwort-Stadiums fehlte den Äußerungen der Taubstummen dagegen sehr häufig der Täter, das Subjekt.

Und ganz wie in der gesprochenen Sprache schien die Reihenfolge der einzelnen Zeichen den Beobachtern nicht zufällig oder beliebig. Die Kinder neigten dazu, immer wieder die gleichen Reihenfolgen zu verwenden. Bei allen Kindern kam der Patiens – also das Ding, dem etwas angetan wurde – vor dem Empfänger. Das Grundmuster einer Zeichenäußerung schien Patiens – Handlung – Empfänger zu sein. Das wären drei Elemente. Da ihnen mehr als zwei Mühe machen, müssen die Kinder eins davon einsparen. Am häufigsten waren die Zwei-Zeichen-Folgen Patiens – Empfänger *(Ball Schwester)*, Patiens – Handlung *(Ball geben)* und Handlung – Empfänger *(geben Schwester)*. Das heißt, die typische Zwei-Zeichen-Äußerung beginnt entweder mit dem Patiens und fügt diesem die Handlung oder den Empfänger an; oder sie beginnt mit der Handlung, gefolgt vom Empfänger. Dies ist das syntaktische Grundschema. Täter und Ort gehören nicht dazu; sie sind zusätzliche Verfeinerungen, die nicht sein müssen.

Die komplexeste der registrierten Äußerungen stammte von einem vierjährigen Jungen namens David, der in der Gruppe der gestisch beredteste war. Als er das Bild einer Schneeschaufel sah, machte er eine Folge von einundzwanzig Zeichen, und zwar diese: *Schaufel – schippen.* (Worauf die Hände ihre neutrale Position einnahmen, von den Beobachtern interpretiert als »Satz zu Ende«). Dann: *Schaufel – stiefelanziehen – draußen – Keller – Schaufel – schippen – stiefelanziehen.* (Satz zu Ende.) *David.* (Satz zu Ende.) *Schippen – draußen – Schnee – Schaufel – Schnee.* (Satz zu Ende.) *Schippen – ja.* (Satz zu Ende.) *Schaufel – Keller – schippen – Keller.* Was der Junge sagen wollte, scheint ziemlich klar: Er wollte erzählen, wie er mit der Schaufel aus dem Keller selber Schnee schippte. Seine Zeichenfolge übersetzten die Beobachterinnen etwa so in die folgenden sechs lautsprachlichen Sätze. *Schaufel – schippen:* »Die Schaufel ist zum Schippen da.« *Schaufel – stiefelanziehen – draußen – Keller – Schaufel – schippen – stiefelanziehen:* »Wenn ich mit der Schneeschaufel zu tun habe, ziehe ich mir die Stiefel an, hole die Schaufel aus dem Keller, gehe nach draußen und schippe.« *David:* »Ja, ich.« *Schippen – draußen – Schnee – Schaufel – Schnee:* »Ich schippe, wenn draußen Schnee liegt, dann schippe ich den Schnee.« *Schippen – ja:* »Ich schippe, doch, mache ich.« *Schaufel – Keller – schippen – Keller:* »Die Schaufel ist im Keller, womit ich dann schippe ist im Keller.«

Ich weiß nicht, ob alle diese Übersetzung überzeugend finden. Ich selber habe jedenfalls sehr stark den Eindruck, daß der Junge nicht einfach ein paar ihm in den Sinn kommende gestische Begriffe von sich gegeben hat, sondern daß er durch die Art ihrer Verknüpfung eine Bedeutung ausdrücken wollte, die er im Kopf hatte und die über die Bedeutungen der einzelnen Begriffe hinausging. Dann hätte er in der Tat eine Art Syntax eingesetzt, und es wäre eine selbsterfundene Syntax gewesen.

Die Linguistinnen achteten besonders auch darauf, ob die scheinbaren syntaktischen Regelmäßigkeiten nicht doch auf irgendein Vorbild zurückgehen konnten, von dem die Kinder sie übernommen hatten. Sie kamen zu dem Schluß, daß solche Vorbilder eindeutig nicht vorhanden waren. Ihre Mütter machten zwar gelegentlich ebenfalls Handzeichen, meist unabsichtlich; aber 75 Prozent ihrer Charakterisierungsgesten sahen anders aus als die ihrer Kinder. Wenn sie überhaupt Zeichen miteinander verbanden, so fast nie in einer Art, der sich ein propositionaler Inhalt entnehmen ließ. Sie nahmen öfter die Gegenstände selber zu Hilfe, über die sie etwas mitteilen wollten, wie jemand, der bei einer Charade schummelt. Verglichen mit der ihrer Kinder, war ihre Zeichensprache ungeschickt und primitiv. Wenn hier jemand von jemandem gelernt hatte, dann eher die Mütter von den Kindern.[6]

Die Kinder, die sich diese Zeichensprache erfanden, hatten also keine Vorbilder, von denen sie lernen konnten, was eine Sprache ist und kann und wie eine Sprache die innere Wirklichkeit organisiert. Es fehlte ihnen nicht nur das Vorbild, es fehlten ihnen auch die Partner. Niemand lobte sie, wenn sie etwas auf ihre Weise gut gesagt hatten. Niemand antwortete ihnen auf ihre Weise, und schon gar kein überlegener Zeichen-Sprecher. Sie waren ganz auf sich gestellt. Es ist also sehr wohl denkbar, daß in den übereinstimmenden Regelmäßigkeiten ihrer spontan hervorgebrachten und spontan immer komplexer werdenden Zeichensprache genetische Dispositionen zum Ausdruck kamen. Einige dieser Dispositionen waren wohl nicht sprachspezifisch; zum Beispiel die Disposition, die Handlungen und Bewegungen der Menschen, Tiere und Gegenstände interessanter und kommunikationswürdiger zu finden als ihre Attribute. Sprachspezifisch dagegen scheint die Disposition zu sein, die Kommunikationen auf drei Ebenen entsprechend der Phonem-, Morphem- und Satzebene zu organisieren, die Satzbedeutung mit Hilfe der Reihenfolge der Zeichen herzustellen und einzelne Elemente nach bestimmten Regeln wegzulassen. Sprachanfänger, so der Schluß, müssen über ererbte Dispositionen verfügen, die sie veranlassen, sprachliches oder quasi-sprachliches Material auf bestimmte Weise zu organisieren. Der Mensch scheint genetisch darauf vorbereitet, eine der natürlichen menschlichen Sprachen zu lernen.

Dies war das eine Experiment, das sich sozusagen von selber veranstaltet hat. Das zweite ereignete sich in einem gänzlich unvermuteten Winkel der Sprache, in dem niemand nach dergleichen Aufschlüssen gesucht hätte. Die Rede ist von der Hypothese eines Linguisten an der Staatsuniversität Hawaii in Manoa, Derek Bickerton. Bickerton ist Kreolist – Fachmann für Kreolsprachen, besonders für das lokale Hawaii-Kreolenglisch.

Die etwa dreißig Kreolsprachen, die heute in verschiedenen Gegenden der Welt gesprochen werden, entstanden etwa zwischen 1500 und 1900. Sie sind ein Produkt des europäischen Kolonialismus. Die einstigen Kolonialherren – vor allem Engländer, Franzosen, Niederländer, Portugiesen und Spanier – eröffneten an abgelegenen Küsten Afrikas und Südamerikas, auf abgelegenen Inseln der Karibik und des Indischen und Pazifischen Ozeans Plantagen, sehr oft für den Anbau von Zuckerrohr, für die sie große Mengen billiger Arbeitskräfte benötigten. Wo nicht genügend lokale Plantagenarbeiter zur Verfügung standen, wurden sie aus anderen Teilen der Welt herbeigeschafft. Zuerst waren es vor allem westafrikanische Sklaven, dann auch solche aus Ostafrika; später wurden auch Inder und Ostasiaten rekrutiert. Diese Sklaven- und Arbeiterheere lebten und schufteten unter härtesten Bedingungen. Ihre durchschnittliche Lebenserwartung nach der Deportation an ihre Arbeitsstelle betrug nur noch sieben Jahre; das heißt, nach durchschnittlich sieben Jahren waren sie verbraucht oder von Krankheiten dahingerafft.

Eins der Probleme dieser Arbeiterheere, subjektiv sicher nicht eins der drückendsten, war ein sprachliches. Sehr oft verschlug es Angehörige verschiedener Sprachgemeinschaften an einen Ort. Dort lebten und arbeiteten sie nun auf Dauer zusammen und mußten sich untereinander und mit ihren Herren und Aufsehern und Vorgängern verständigen. In solchen Fällen entsteht eine improvisierte Behelfssprache, die allgemein ein Pidgin genannt wird.

Ein Pidgin nimmt seinen Wortschatz in der Regel aus der Sprache der jeweiligen Kolonialherren. Es sind jene Wörter, von denen jeder hoffen kann, daß sein Leidensgefährte sie ebenfalls aufgeschnappt hat. Lautlich bleibt jeder Pidgin-Sprecher seiner eigenen Muttersprache nahe; er kann gar nicht anders, denn verschleppt wurden vor allem arbeitsfähige Erwachsene, die weit über jenes Alter hinaus waren, in dem man sich noch geschmeidig an eine neue Aussprache anpassen kann. Und grammatisch schließlich versuchte jeder Pidgin-Sprecher die ihm geläufigen Regeln aufs äußerste zu reduzieren, so wie jeder von uns es unwillkürlich tut, wenn er mit jemandem spricht, der kaum Deutsch kann. Das heißt, ein Pidgin enthält nur einen äußerst eingeschränkten Wortschatz, den es zumeist aus der Sprache der jeweiligen Kolonialherren bezieht; seine lautliche Qualität schwankt je nach der Herkunft seiner Sprecher; und grammatische Regeln enthält es nur in Ansätzen und ohne jede Verbindlichkeit – seine Grammatik ist rudimentär und fließend. Unter anderem besteht es nur aus Hauptsätzen. Es kennt keine stabile Wortfolge. Es enthält keine Artikel, keine Präpositionen, keine Hilfsverben. Es verfügt über keine verbindlichen Mittel, bei Verben die Zeit, die Modalität und den Aspekt auszudrücken. Es markiert keine Kasusbeziehungen. Es ist eben tatsächlich eine improvisierte und provisorische Behelfssprache, die nur für die allernotdürftigste Kommunikation taugt.

Literarisierte Pidgin-Sprecher kennen wir alle aus Romanen von Joseph Conrad oder Herman Melville. Etwa den gutmütigen Wilden Queequeg, der von einer »fernen Insel im Südwesten« stammt und mit dem Erzähler auf die Jagd nach dem Wal Moby Dick geht. Er spricht ein synthetisches Primitiv-Englisch, das vielleicht Melville erfunden hat. Es geht etwa so: »*Who-e debel you? You no speak-e, dam-me, I kill-e. Speak-e! tell-ee me who-ee be, or dam-me, I kill-e!*«

Das neueste Pidgin ist das Hawaii-Pidgin, das sich dort um 1880 unter Landarbeitern chinesischer, japanischer, koreanischer, philippinischer und puertoricanischer Herkunft entwickelte. Ein paar Sätze in dem alten Hawaii-Pidgin, nur zur Illustration. Ein Sprecher koreanischer Herkunft: »*And a too much children, small children, house money pay*« *(And I had too many children, small children, I had to pay the rent)*. Ein Sprecher japanischer Herkunft: »*Before mill no more Filipino no thing*« *(Before the mill was built, there were no Filipinos here at all)*. Ein ehemaliger Busfahrer chinesischer Herkunft, die Möglichkeiten seines Pidgin bis zur Neige und noch ein Stück weiter ausschöpfend: »*Sometime good road get, sometime, all same bend get, enguru* [= Ecke] *get, no? Any kind same. All same human life, all same*« *(Sometimes there is a good road, sometimes there are bends, corners, aren't there. It is inevitably the same. Human life is just like that)*.

Was aber geschieht nun, wenn Kinder in einer solchen Pidgin-Umgebung aufwachsen? Was geschieht, wenn ein solches Pidgin zur Muttersprache wird? Dann kreolisiert es: Es gerinnt sozusagen, wird von einer primitiven Sprache im Fluß zu einer nun nicht mehr behelfsmäßigen Sprache mit einer festen Grammatik. Auf diese Weise sind die Kreolsprachen entstanden – erstarrte Pidgins. Aber das Pidgin erstarrt nicht nur; das Kreol ist auch wesentlich reicher an grammatischen Formen als das Pidgin. Auf Hawaii wurde das alte Pidgin zwischen 1900 und 1920 von einem auf dem Englischen beruhenden Kreol abgelöst. Bis vor ein paar Jahren konnte man hier neben den Sprechern des neueren Kreol noch ein paar Sprecher des alten Pidgin finden. Sie sprachen immer noch ihr Pidgin, obwohl neben diesem seit Jahrzehnten ein sehr viel leistungsfähigeres Kreol existierte. Dieses war die Sprache ihrer Kinder und Enkel. Hawaii war damit der einzige Ort der Welt, an dem man bis vor ein paar Jahren noch ein Pidgin und das aus ihm hervorgegangene Kreol studieren und beide Sprachen miteinander vergleichen konnte. Das Kreol verfügt über grammatische Möglichkeiten, die dem Pidgin noch völlig abgingen. Ein einziges Beispiel, erst auf deutsch: »Nach getaner Arbeit gehen die Männer ihren Garten bestellen und Kartoffeln und Kohl pflanzen, und nach einer Weile setzen sie sich hin und erzählen sich Geschichten.« Auf englisch ginge das etwa so: *When work is finished, the men go to take care of their gardens, planting potatoes and cabbage, and after a while they sit down to tell each other stories.* Nun im Hawaii-Pidgin: »*No* [= nun] *the men, ah – pau* [= beenden] *work – they go make garden. Plant this, ah, cabbage, like that. Plant potato, like that. And then – all that one – all right, sit down. Make lilly bit story.*« Und schließlich das gleiche im daraus entstandenen hawaiischen Kreol-Englisch: »*When work pau, da guys they stay go make garden for plant potato an cabbage an after little while they go sit down talk story.*«

Die große Frage ist nun die: Woher nehmen die Kinder der Pidgin-Sprecher die festen und reicheren grammatischen Regeln, die das Pidgin in ihrem Mund zu einem Kreol erweitern? Das Pidgin enthielt sie ja gerade nicht – aus ihm können sie nicht kommen. Aus den Sprachen der Kolonialherren kommen die meisten ganz offenbar auch nicht, denn sie unterscheiden sich von ihnen. Können sie aus den Muttersprachen ihrer Pidgin sprechenden Eltern kommen, die sich zu Hause mit ihnen vielleicht nicht im Pidgin, sondern in ihrer angestammten Sprache unterhalten haben? Im Prinzip schon; nur dürften die Lebensumstände dieser Sklaven und Arbeiter einer solchen, fast möchte man sagen bürgerlichen Sprachtradierung meist nicht günstig gewesen sein. Die Eltern werden sehr oft selber keine gemeinsame Muttersprache gehabt haben, in der sie sich untereinander verständigen konnten. Da sie selber den ganzen Tag über, zwölf Stunden und zu Erntezeiten noch viel mehr, arbeiten mußten, wuchsen ihre Kinder gemeinsam unter der Obhut von ein paar alten, sonst nicht mehr arbeitsfähigen Frauen auf, bis sie mit etwa fünf Jahren selber zur Arbeit auf die Felder – Unkraut jäten – geschickt wurden. Es ist also nicht sehr wahrscheinlich, daß die Kinder intensiv mit den Muttersprachen ihrer Eltern in Berührung kamen. Der normale Strom der Sprachtradierung von Generation zu Generation war in ihrem Fall wohl oft unterbrochen. Woher also nahmen sie den relativen grammatischen Formenreichtum des Kreol?

Derek Bickerton ist der Meinung, daß es in den neuen Kreolsprachen grammatische Formen gibt, die in keiner der Sprachen vorkamen, aus denen sich das ursprüngliche Pidgin rekrutiert hat. Und die auch nicht aus anderen »Kontaktsprachen« stammen können. So weit besagt sein Argument nur, daß Kinder imstande sind, den ihnen vorgesetzten Sprachschrott zu einer regelrechten Sprache umzugestalten. Das wäre, für sich genommen, bereits eine erstaunliche und bemerkenswerte Leistung. Aber Bickertons Argument geht noch weiter. Er betont, was schon vor ihm oft bemerkt wurde und was er glaubt im einzelnen nachweisen zu können: daß diese spontan neuerfundenen Grammatiken der verschiedenen Kreolsprachen viele Ähnlichkeiten aufweisen, höchst eigenwillige Lösungen, von denen es schwerfällt anzunehmen, daß sie sich dem bloßen Zufall verdanken. Diese Übereinstimmungen zwischen den an vielen Orten der Welt jeweils neuerfundenen Grammatiken, so lautet seine Hypothese, könnten sehr wohl der Ausdruck eines universalen, genetisch vermittelten Syntaxprogramms sein. In den Sprachproduktionen der Pidgin-Kinder verriete sich dann, was er das »sprachliche Bioprogramm« nennt, eine angeborene Kerngrammatik, die den Kindern zu Hilfe kommt, wenn ihre Umwelt grammatisch versagt.

Aber sie versagt beim Pidgin nicht jedesmal im selben Maß. Die Pidgins sind nicht alle gleich defekt. Manche lehnen sich recht stark an eine Sprache der Kolonialherren an; in solchen Fällen werden die Kinder mit elaborierten grammatischen Regeln konfrontiert, die sie dann auch übernehmen. Andere Pidgins sind so geartet, daß ihnen keinerlei Syntaxreglement zu entnehmen ist. Je defekter sie aber sind, je geringer und widersprüchlicher der grammatische Input ist, dem die Kinder ausgesetzt sind, desto mehr müssen sie sich auf ihre innere Anleitung verlassen, desto deutlicher und reiner also müßte in dem von ihnen geschaffenen Kreol jenes hypothetische sprachliche Bioprogramm zutage treten. Es überbrückt in solchen Fällen den Abstand zwischen Input und Output, die Disparität zwischen Erfahrung und Wissen.

Bickerton hat sich überlegt, ob es irgendein Maß für die Mangelhaftigkeit eines Pidgin geben könnte. Der normale Hergang der Dinge war der: Ein paar Europäer ließen sich irgendwo nieder, um eine Plantage aufzuziehen. Sie engagierten Arbeitskräfte, die alles vorbereiten mußten: Rodungen und Wege und einen Hafen anlegen und so weiter. Es waren relativ wenige, und da sie intensiv der Sprache der Kolonialherren ausgesetzt waren, lernten sie diese wohl recht gut. Nach einigen Jahren war es dann soweit: Für die Landarbeit wurden Sklaven oder Arbeiter in großen Mengen herbeigeschafft. Je länger sich dieser Tag hinauszögerte, desto mehr Hilfskräfte lernten die Herrensprache immer perfekter, und je langsamer dann die Arbeitermassen eintrafen, desto größer waren die Chancen der Herrensprache, sich durchzusetzen, desto weniger mangelhaft also war das Pidgin, das auf dieser Pflanzung gesprochen wurde. Aber wenn die Vorbereitungszeit kurz war und sehr schnell Arbeiter in Massen herbeigeschafft wurden, kamen die Neueingetroffenen mit der Herrensprache direkt und indirekt kaum in Berührung und waren auf ihre eigenen Mittel und Wege angewiesen. In solchen Fällen wurde ein besonders defektes Pidgin gesprochen. Und wo das Pidgin besonders defekt war, mußten die Kinder, die es in ein Kreol verwandelten, in besonderem Maß ihr sprachliches Bioprogramm zu Hilfe nehmen.

Das in diesem Sinn dem Bioprogramm nächste Kreol glaubt Bickerton im Saramaccanischen aufgefunden zu haben. Die Saramaccaner gehören zu den sogenannten Buschnegern im heutigen Surinam. Es sind Nachfahren jener afrikanischen Sklaven, die wahrscheinlich 1668 von den Plantagen in den Urwald am Saramacca-Fluß flohen, dort sehr eigene, sehr »wilde« Lebensformen bewahrten und auch ihre eigene Kreolsprache, die sich von dem in Surinam gesprochenen nationalen Kreol, dem Sranantongo oder Taki-Taki, unterscheidet. Die in den Busch geflohenen Sklaven waren alle noch in Afrika geboren, hatten von dort also sehr verschiedene Muttersprachen mitgebracht, die ihnen zur Verständigung untereinander wahrscheinlich nur wenig nützten. Keiner von ihnen hatte länger als zehn Jahre auf der Plantage gelebt, so daß man annehmen kann, daß sie von den Sprachen ihrer Kolonialherren, dem Portugiesischen und dem Englischen, noch nicht sehr viel angenommen hatten. In der Zeit nach ihrer Flucht lebten sie und dann ihre Kinder und Enkel fast hundert Jahre lang völlig isoliert im Urwald. Keine Kontaktsprache konnte ihnen in dieser Spanne als Vorbild dienen. Bei der Erfindung der saramaccanischen Grammatik, so meint Bickerton, wären die Kinder also in ganz besonderem Maß auf die Grammatik angewiesen gewesen, die ihnen quasi von selber im Kopf wuchs. Ein Satz im heutigen Saramaccanisch: *»Di womi da di mii di njanjan«* – Der Mann gab dem Kind zu essen.

Bickerton weist nach, daß die verschiedenen Kreolsprachen sich grammatisch in etlicher Hinsicht ähneln. Sie bestehen vorwiegend aus Substantiven und Verben (übrigens wie die spontane Zeichensprache der taubstummen Kinder) und deren Modifikatoren. Adverbien fehlen ihnen ganz, Präpositionen besitzen sie nur sehr wenige. Die Substantive werden nicht flektiert, Fälle also nicht markiert. Sie erhalten eine Art Artikel, um ein bestimmtes Exemplar seiner Klasse zu kennzeichnen (»die Schlange, die den Mann gebissen hat«); generische Substantive und Substantive bleiben ohne Artikel (»Schlangen sind gefährlich«). Ebenfalls ohne Artikel bleiben verneinte Substantive, also solche, denen im Deutschen ein »kein« voraufginge, Bezeichnungen für nicht vorhandene Dinge (»Schlange ist hier nicht«). Fragen bilden die Kreolsprachen nicht wie das Deutsche durch Veränderung der Wortstellung, wie das Englische mit »to do« oder »to have«, wie das Lateinische durch bestimmte Fragepartikeln, sondern allein durch eine besondere, steigende Satzmelodie: *You can fix this?* Zusätzlich zu dem verneinten Verb verwenden sie oft ein verneintes Subjekt: *No dog did not bite no man* im Guyana-Kreol. Diese mehrfache Negation scheint übrigens einer weitverbreiteten Phase im kindlichen Spracherwerb zu entsprechen, die mit etwa dreieinhalb bis vier Jahren durchmessen wird *(Keiner mag mich nicht)* und in der manche ihr Leben lang hängen bleiben.

Die verblüffendsten Übereinstimmungen aber zeigten sich darin, wie sechs von Bickerton analysierte, weit auseinanderliegende Kreolsprachen das Verbum konjugieren. Es handelt sich um das Saramaccanische mit seinem halb englisch-, halb portugiesischstämmigen Wortschatz; das Sranantongo in Surinam, das Guyana-Kreol und das Hawaii-Kreol, die ihren Wortschatz aus dem Englischen bezogen haben; sowie das Haiti-Kreol und das Kleinantillen-Kreol, deren Wortschatz auf das Französische zurückgeht.

Keine dieser Sprachen flektiert das Verbum. Aber jede von ihnen hat Mittel, mit denen sich die Zeit, die Modalität und der Aspekt anzeigen läßt. Diese Mittel bestehen in jedem Fall darin, daß dem Verb eine unveränderliche Partikel vorangestellt wird, die als eine Art Hilfsverb fungiert.

Die unkonjugierte Form eines Handlungsverbs bedeutet in allen drei Sprachen Gegenwart und Vergangenheit, bei Zustandsverben – also Verben wie »lieben«, »wissen«, »wünschen« – nur die Gegenwart. Vergangenheit und Gegenwart werden also bei Handlungsverben nicht immer unterschieden. Der Bezugspunkt ist nämlich nicht, wie im Denken der europäischen Sprachen, die objektive Gegenwart, also das heutige Kalenderdatum und die jetzige Uhrzeit, sondern die subjektive Gegenwart, und das ist die Zeit, von der gerade berichtet wird. Wir können uns in diesen Sachverhalt hineindenken, wenn wir uns vergegenwärtigen, daß manchmal auch Sprecher europäischer Sprachen von der Vergangenheit in der Gegenwart sprechen: »Heute mittag kam ich in Zürich an. Ich gehe durch die Schalterhalle, da fällt mir ein...« Man stellt sich dabei das Vergangene so lebhaft vor, als sei es Gegenwart; oder möchte andere für Vergangenes so interessieren, als passierte es eben jetzt – ein in seiner Durchschaubarkeit etwas billiges Stilmittel. In den Kreolsprachen ist es obligatorisch.

Sie können indessen durchaus eine Vergangenheitsform bilden, und zwar durch eine vorangestellte unveränderliche Partikel. Vergangenheit ist alles, was der Zeit, in der der Bericht spielt, vorausgegangen ist.

Zweitens wird die irreale Modalität von der realen unterschieden und durch eine vorangestellte Partikel markiert. Irreale Vorgänge sind künftige, mögliche oder imaginäre. Wollte man diese Grammatiken partout im Lichte unserer eigenen erklären, so könnte man also sagen, daß diese Sprachen auch den Konjunktiv markieren und im übrigen unter dem Konjunktiv auch das Futur und den Irrealis mitumgreifen.

Und drittens unterscheiden diese Sprachen zwei Aspekte:

einmalige Handlungen und ein Geschehen von Dauer. Handlungsverben, die ein einmaliges punktuelles Ereignis benennen, bleiben unmarkiert; sollen sie einen andauernden Zustand oder eine wiederholte Handlung anzeigen, so wird ihnen eine Partikel vorangestellt.

Für diese drei Möglichkeiten je ein Beispiel aus drei Kreolsprachen.

Die unmarkierte Grundform bedeutet also bei Handlungsverben die Zeit, von der gerade die Rede ist, gleich ob sie in der Gegenwart oder der Vergangenheit liegt. In Sranantongo: *a waka*. In Hawaii-Kreol: *he walk*. In Haiti-Kreol: *li maché*. Zu deutsch: »Er geht« oder »Er ging«. Bei Zustandsverben bedeutet diese Form nur die Gegenwart. In Sranantongo: *a lobi*. In Hawaii-Kreol: *he love*. In Haiti-Kreol: *li rêmê*. Zu deutsch: »Er liebt.«

Neben dieser Grundform gibt es eine Vergangenheitsform, die eine Handlung vor die gerade in Rede stehende Zeit zurückverweist. In Sranantongo: *a ben waka*. In Hawaii-Kreol: *he bin walk*. In Haiti-Kreol: *li té maché*. Entsprechend bei Zustandsverben: *a ben lobi* in Sranan, *he bin love* in Hawaii-Kreol, *li té rêmê* in Haiti-Kreol. Zu deutsch etwa: »Er war gegangen« und »Er liebte«.

Des weiteren gibt es eine irreale Form, die angibt, was sein könnte, sein sollte, sein wird, aber jedenfalls nicht ist; bezeichnet wird also die Modalität. In Sranantongo: *a sa waka*. In Hawaii-Kreol: *he go walk*. In Haiti-Kreol: *l'av maché*. Bei Zustandsverben ist sie wie bei Handlungsverben: *a sa lobi* in Sranan, *he go love* in Hawaii-Kreol, *l'av rêmê* in Haiti-Kreol. Zu deutsch: »Er wird/würde/könnte gehen« beziehungsweise »er wird/würde/könnte lieben«.

Die Handlungsverben können ein drittes Element führen, das die Handlung als eine von Dauer ausweist, ihren durativen Aspekt zum Ausdruck bringt. Die Zustandsverben können das logischerweise nicht, denn sie bezeichnen ja ohnehin schon eine andauernde Handlung. In Sranantongo: *a e waka*. In Hawaii-Kreol: *he stay walk*. In Haiti-Kreol: *l'ap maché*. Zu deutsch etwa: »Er geht die ganze Zeit über« oder mit einer bekannten Autoreklame »Er läuft und läuft und läuft«. Das Englische mit seinen *progressive forms* zur Kennzeichnung des durativen Aspekts einer Aussage kann dieser kreolischen Form näherkommen als das Deutsche: *»He is walking«*.

Diese verschiedenen Partikeln können in allen untersuchten Sprachen miteinander kombiniert werden. Immer ist dabei die

Reihenfolge die gleiche: erst die Zeit, dann die Modalität, dann der Aspekt. Die Vergangenheitspartikel steht also vor der Irrealispartikel und die Irrealispartikel vor der Durativpartikel. In allen untersuchten Sprachen haben diese Kombinationen die gleichen Bedeutungen. Das ergibt dann Formen wie *a ben sa e waka* in Sranan, *he bin go stay walk* in Hawaii-Kreol und *li t'av ap (= te av ap) maché* in Haiti-Kreol, zu deutsch etwa: »Er wäre fortgesetzt gelaufen.«

Solche Ähnlichkeiten zwischen den Kreol-Sprachen nehmen sich in der Tat erstaunlich genug aus. Es gab zwei traditionelle Theorien, die sie erklären sollten.

Die eine besagt, daß alle Kreols aus einem einzigen afro-portugiesischen Pidgin entstanden sind, das im fünfzehnten und sechzehnten Jahrhundert in Westafrika entstand und sich von dort aus ausbreitete. Bickerton hält dieses Proto-Kreol für ein reines Hirngespinst. In Hawaii müßten zu Anfang dieses Jahrhunderts alle Kinder der Pidgin-Sprecher, nicht aber diese selber, von irgend jemandem in ihm unterrichtet worden sein – eine phantastische Vorstellung.

Die zweite Theorie besagt, daß neben den Herrensprachen die Muttersprachen der Pidgin-Sprecher ihre Spuren in den Kreols hinterlassen haben. Dagegen spricht, daß dort, wo man das noch beobachten konnte, also wiederum in Hawaii, die Muttersprachen sehr wenig Spuren im entstehenden Kreol hinterlassen haben. Und daß die Sprecher der in Frage kommenden Sprachen meist einfach nicht zahlreich genug vertreten waren. So soll die kreolische Art, beim Verb Zeit, Modalität und Aspekt zu kennzeichnen, auf ein ähnliches System in der westafrikanischen Sprache Fon zurückgehen. Aber es gab nie mehr als eine halbe Million Fon-Sprecher, und verschwindend wenige von ihnen gelangten nach Amerika – in Haiti waren es 0,2 Prozent. Warum sich gerade die Grammatik irgendeiner winzigen Minderheit durchgesetzt haben soll, ist unklar.

Bickerton meint, die herkömmlichen Theorien krankten beide daran, daß meistens nicht nachgewiesen werden konnte, daß die in ihrem Sinne richtigen Sprecher in der richtigen Zahl im richtigen Moment am richtigen Ort waren.

Handelt es sich bei den grammatischen Übereinstimmungen zwischen den verschiedenen Kreols um ein beliebiges Sammelsurium von Ähnlichkeiten? Nein, sagt Bickerton. Sie hängen alle zusammen. Was sie seiner Meinung nach zusammenhält, ist die Tatsache, daß sie alle von einer einzigen sehr einfachen Grammatik herstammen, die sich im Samaraccanischen am unverfälschtesten verwirklicht. Er hat eine generative Grammatik für das Samaraccanische geschrieben, die mit sehr wenigen Wortklassen und grammatischen Prozessen auskommt. Sie kennt nur Nomina, Verben, Fragewörter, Adjektive, Zahlwörter, hilfsverbähnliche Partikeln und andere Modifikatoren für die Nomen und Verben, aber keine Adverbien, keine Complementizer (wie »daß«, »um – zu«) und kaum Präpositionen. Insgesamt besteht sie aus bloßen acht Ersetzungsregeln und einer einzigen Transformationsregel.

Die Zahl der semantischen Unterschiede, die der Mensch machen kann, ist unbegrenzt. Grammatisiert werden davon nur wenige. In den Grammatiken der Kreolsprachen ist die Zahl dieser semantischen Unterschiede noch einmal stark eingeschränkt. Immer scheint es sich um binäre Unterscheidungen zu handeln: Ein Wesen oder Ding ist ein bestimmtes oder unbestimmt; eine Handlung spielt in der Berichtszeit oder davor; eine Handlung ist wirklich oder vorgestellt; eine Handlung ist ein punktuelles Ereignis oder dauert an. Es sieht also ganz so aus, als seien manche Unterscheidungen für das menschliche Denken notwendiger als andere. Die Kerngrammatik wäre dann jene, die die denknotwendigsten Unterscheidungen in grammatische Regeln umsetzt. Jedenfalls ist Bickerton fest davon überzeugt, daß die grammatischen Unterscheidungen, die sein einfachstes Kreol zieht, in keiner Sprache unterschritten werden können und tatsächlich auch nirgends unterschritten werden. Sie lassen sich modifizieren und ausbauen, und sie werden in allen Sprachen auf verschiedenste Weise ausgebaut; aber es gibt keine Grammatik, die auf irgendeine der Grund-Unterscheidungen, die die Kerngrammatik trifft, wieder verzichtete.

Darin unterscheidet sich Bickertons Hypothese von der anderer Nativisten. Chomsky zum Beispiel nimmt viele Kerngrammatiken an, relativ komplexe – und sogar widersprüchliche – grammatische Vorschriften, über die das Kind potentiell verfügt und in denen es durch schrittweise Entscheidungen, die es aufgrund der erfahrenen, der tatsächlich gehörten Grammatik trifft, nach und nach Werte zuweist (»Parameter setzt«), bis aus den angeborenen Kerngrammatiken die Grammatik seiner Muttersprache herausmodelliert ist. Für Chomsky bestünde der Grammatikerwerb also im wesentlichen darin, daß das Kind aus einer Vielzahl angeborener grammatischer Strukturen eine Auswahl trifft und diese mit konkretem Inhalt füllt. Bickerton dagegen: »Die einzige Kerngrammatik, die im Laufe der Kreolisierung in verschieden starkem Ausmaß aktualisiert wird, stellt die Gesamtheit des vor jeder Erfahrung bestehenden linguistischen Wissens dar, und sie ist so geartet, daß ihr Besitzer bei nur minimaler Erfahrung alle jene Regeln, Strukturen und Merkmale konstruieren oder kalkulieren kann, die in der Kerngrammatik nicht ausdrücklich vorgesehen sind.«

Bickerton ist der Ansicht, daß noch sehr viel Arbeit geleistet werden muß, bis den Kreolsprachen die universalmenschliche Ur- oder Kerngrammatik extrahiert ist und seine Sprachbioprogramm-Hypothese es verdient, zu einer regelrechten Theorie befördert zu werden.

1984 hat er die Hypothese in der Zeitschrift »The Behavioral and Brain Sciences« zur Diskussion gestellt[3]. Es ging dabei ungewöhnlich heftig zu, aber insgesamt war mein Eindruck, daß sie aus dem Fegefeuer relativ wohlbehalten hervorgegangen ist. Die Haupteinwände der Kreolisten waren: daß Bickerton die Ähnlichkeiten zwischen den Kreols übertrieben habe (doch seine Hypothese arbeitet zwar mit solchen Ähnlichkeiten, setzt aber keineswegs eine Gleichheit zwischen den verschiedenen Kreol-Grammatiken voraus – gleich müßten nur zwei ausschließlich aus zwei gleich extrem defekten Pidgins hervorgegangene Kreols sein); und daß das eine oder andere grammatische Merkmal des einen oder anderen Kreols doch auf eine Kolonial- oder (afrikanische) Muttersprache zurückgehen könne. Der psychologische Haupteinwand war: Es sei nicht erwiesen, daß die mutmaßlich in den Kreols zutage tretende Kerngrammatik nur von einem sprachspezifischen Programm hervorgebracht werden kann und nicht von allgemeinen, auch anderen Zwecken dienlichen kognitiven Prozessen. Meiner Meinung nach ist es sehr schwer zu sagen, welche allgemeinen kognitiven Prozesse es sein könnten, die für Phänomene wie die Reihenfolge Zeit – Modus – Aspekt verantwortlich sind. Aber vielleicht gibt es sie, vielleicht lassen sie sich eines Tages identifizieren. Wie ich es sehe, ist das Kreolmaterial bisher nicht geeignet, die alte Streitfrage zwischen Piaget und Chomsky, die Streitfrage »Allgemeiner Problemlösungsapparat« gegen »Sprachorgan« zu entscheiden.

Die Hypothese nimmt sich elegant und plausibel aus. Sie hat den einen großen Schönheitsfehler, daß kein Wissenschaftler je ein Kreol *in statu nascendi* beobachtet hat. Die Schaffung der Kreolsprachen durch die Kinder der Pidgin-Sprecher hat sich weit weg von Akademia abgespielt, zeitlich wie räumlich, und dazu unter ganz besonders schlecht dokumentierten Umständen. Welche Art von sprachlichem Input diese Kinder hatten, läßt sich also grundsätzlich nur vermuten. Darum fürchte ich, daß die Hypothese einen etwas prekären Status behalten muß, bis die Geschichte der Sprachwissenschaft eines Tages den Gefallen tut, an irgendeinem Ort der Welt – oder vielleicht des Weltraums – Sprecher verschiedenster Muttersprachen zusammenzuwürfeln, so daß man systematisch beobachten könnte, was sie untereinander sprechen, was ihre Kinder zu hören bekommen und was diese dann daraus machen.

# ZEIT SCHIMP SPRECHEN

*Über Sprachversuche*
*mit Menschenaffen*

Das Paradies war auch der Ort, wo die Menschen mit den Tieren sprechen konnten. Die Sehnsucht ist sicher so alt wie sie, und auch ihr Gegenteil – der Stolz, daß wir nicht sind wie die Tiere, daß wir etwas viel Besseres sind, und der Beweis ist: Wir haben die Sprache und sie nicht.

Nun könnten wir seit Darwin wissen, wie sehr wir den Tieren rückwärts verbunden sind und daß es auch bei unserer späten Sonderentwicklung nur mit natürlichen Dingen zuging. Und seit sich die Hiobsbotschaften aus unserem Biotop Erde häufen, wird uns langsam klar, daß die darwinistische Biologie mehr als eine entrückte akademische Theorie war, daß wir bis heute unauflösbar tief in den Zusammenhang der Natur eingebunden sind, den sie postuliert hatte. So konnte es nicht ausbleiben, daß die Frage noch einmal gestellt wurde: Haben Tiere wirklich keine Sprache? Kein einziges Tier? Kein bißchen? Und da es das Paradies nicht gibt und wir im Schweiß unsres Angesichts schuften müssen, um uns einen dürftigen Abklatsch zu schaffen, war abzusehen, daß es Jahre fleißiger, geduldiger, listiger Arbeit brauchen würde, einem Tier seine etwaige Sprachfähigkeiten zu entlocken – und daß alle Arbeit am Ende auch umsonst sein könnte.

Bei welchen Tieren sollte der Versuch gemacht werden? Vielleicht bei den Meeressäugern mit ihrem teils relativ großen Gehirn (Experimente mit Delphinen und Seelöwen sind tatsächlich im Gang). Aber am ehesten wäre natürlich bei unseren nächsten Verwandten etwas zu finden, bei den Menschenaffen, den Pongiden. Die Entwicklungslinien von Mensch, Schimpanse und Gorilla haben sich nach neueren Berechnungen erst vor 4,5 bis 5 Millionen Jahren getrennt; in ihren Genen und ihrer Blutchemie unterscheiden sich Menschen und Schimpansen nur minimal. (Dieser Umstand mag jetzt im übrigen ihr endgültiges Todesurteil sein. In ihrem afrikanischen Lebensraum von der vordringenden Landwirtschaft und der Wilderei sowieso hart bedrängt, sind sie heute das ideale Versuchstier der AIDS-Forschung, die Geld hat und sich viel leisten kann, auch wertvolle Schimpansen zu »terminalen« Experimenten.)

Unsere Einstellung zu diesen Verwandten ist ambivalent. So lange sie uns fern und gleichgültig sind, kommen sie uns einfach »possierlich« vor, vor allem die Jungtiere mit ihren endlosen schlauen Faxen. (Von dem Stolz und der Unabhängigkeit der erwachsenen Tiere, die sie als Haustiere völlig ungeeignet machen, wissen wir meist weniger.) Aber wenn wir dem Gedanken unserer verwandtschaftlichen Verbundenheit ernstlich nähertreten sollen, schaudert's viele denn doch: Diese clownhaften Karikaturen unserer selbst, das sollen Verwandte sein?

Schimpansen (und die anderen Menschenaffen) sind so putzig, Schimpansen sind so unheimlich: Auch die Pongidenforschung bekommt diese Ambivalenz zu spüren. In Amerika zumindest hat die Öffentlichkeit regen Anteil an den Sprachversuchen mit Menschenaffen genommen, hat sich mitgefreut über alle Erfolge, hat höhnisch über die Mißerfolge triumphiert.

Das erste Experiment fand in den späten dreißiger Jahren statt, als das Psychologen-Ehepaar Winthrop und Luella Kellog einen kleinen Schimpansen namens Gua bei sich zu Hause aufzog, zusammen mit ihrem gleichaltrigen Sohn. Das Ziel war, beider Entwicklung zu vergleichen, nicht die Erkundung der Sprachfähigkeit, die in dem Schimpansenkind stecken mochte. Tatsächlich sprach Gua nicht, aber verstand nach einigen Jahren einen Haufen gesprochener englischer Wörter.

Das zweite Experiment galt ausdrücklich der Sprache. Ein anderes amerikanisches Psychologenehepaar, Keith und Katherine Hayes, zog in den späten vierziger Jahren ein Schimpansenmädchen namens Viki wie ein Kind zu Hause auf und versuchte, ihm wie einem Kind das Sprechen beizubringen. Trotz aller Mühsal lernte es jedoch nur vier Wörter zu sagen, und auch die nur undeutlich: *momma*, *poppa*, *up* (hochnehmen) und *cup* (Trinkgefäß).

Als in den sechziger Jahren ein drittes Psychologenehepaar, Beatrix und Allen Gardner von der Universität Nevada in Reno, einen Film über Vikis vergebliche Mühen sah, kam ihnen eine Idee, eine bahnbrechende. Was, wenn es Viki gar nicht an Sprachfähigkeit gefehlt hatte, sondern nur ihre Sprechwerkzeuge nicht darauf eingerichtet waren, menschliche Lautsprache zu artikulieren? Dann käme man vielleicht mit einer anderen als einer Lautsprache weiter. Die Gardners beschlossen, einen Versuch mit Ameslan zu machen, der Zeichensprache der amerikanischen Taubstummen.

Ameslan (auch ASL genannt, *American Sign Language*) ist kein in Gebärden übersetztes Englisch, sondern eine echte eigene Sprache, mit einem eigenen »Wortschatz« von etwa viertausend Zeichen, eigenen grammatischen Regeln und einer über hundertjährigen Geschichte. Einige seiner Zeichen sind bildhaft – das Zeichen »Kamm« oder »kämmen« etwa wird gemacht, indem der Zeichen-Sprecher mit den Fingern über die Haare streicht. Die große Mehrheit seiner Zeichen aber bilden nichts ab, stellen nichts dar. Es sind willkürliche, pure Konventionen, wie die Wörter der Lautsprachen. Das Schütteln einer Hand etwa heißt *schnell*, ein an die Nase geführter Daumen *Käfer*, Handgelenk am Kinn *schmutzig*.

Die Gardners »adoptierten« 1966 ein in der Wildnis geborenes, etwa einjähriges Schimpansenmädchen, nannten sie Washoe (nach dem County, in dem Reno liegt und das seinen Namen von dem ehemals dort ansässigen Indianerstamm hat) und zogen sie wie ein menschliches Kind auf. Washoe hatte fast immer menschliche Gesellschaft, lebte in einem Wohn-Trailer, schlief in einem Bett, benutzte Toilette und Dusche, putzte sich die Zähne, zog sich selber an und aus, hatte Spielzeug, Bilderbücher, Illustrierte und TV – ihre Lieblingssendung war ein Kochkurs, »The Galloping Gourmet«.

Ihre menschlichen Gefährten waren gehalten, keinerlei Lautsprache mit ihr zu sprechen, sondern immer nur Ameslan, und sie versuchten ihr deren Zeichen beizubringen, wie man einem Kind Sprache beibringt: Sie machten sie ihr vor und halfen ihr zuweilen nach, indem sie ihre Hände in die richtige Position brachten. Damit ihr ein Zeichen gutgeschrieben wurde, mußte sie es mindestens zwei Wochen lang jeden Tag spontan (also von sich aus) und sinngemäß richtig anwenden. Nach diesen Kriterien beherrschte Washoe in knapp fünf Jahren 132 Zeichen und verstand ein paarmal so viele. Es waren nicht nur Zeichen für konkrete Dinge *(Kuh, Blume, Hammer)* und Handlungen *(gehen, beißen, kitzeln)*, sondern auch für Begriffe, die eine gewisse Abstraktionsfähigkeit voraussetzen, da sie sich nicht auf die sichtbare Außenseite der Dinge beziehen, sondern auf deren verborgene Eigenschaften und Beziehungen: die Possessivpronomen *mein* und *dein*, Eigenschaftswörter wie *komisch*, *dumm*, Verneinungen wie *nein*, *genug*, *kann-nicht*. Mit diesen Zeichen »sagte« Washoe Sätze, wie man sie von einem Schimpansenkind erwarten würde: *gib-mir süß*, *bitte kitzeln*, *Zeit Washoe trinken*, *komm Weiser-G* (Doktor Gardner) *raus schnell raus*... (Die wörtliche Übersetzung von Ameslan wirkt auch bei menschlichen Ameslan-Sprechern immer »telegrafischer« als das Original, welches die Bedeutung der Gebärden durch ihr Tempo, ihren genauen Ort, ihren Nachdruck vielfältig moduliert.)

Damit auch »harte Daten« anfielen, wurde Washoes Vokabular in regelmäßigen Abständen doppelblind getestet. Sie spähte in eine Art Kamin, in den in zufälliger Folge Dias projiziert wurden. Diese zeigten ihr bislang unbekannte Exemplare von bekannten Klassen von Gegenständen, etwa Schuhen oder Hunden oder Bäumen. Washoe mußte »sagen«, was sie da sah, und zwei Beobachter, die selber weder die Dias noch einander sehen konnten, schrieben Washoes Wörter auf. Wenn sie das Richtige gesagt hatte und beide Beobachter darin übereinstimmten, wurde die betreffende Vokabel gezählt. Washoes Trefferquote bei diesen Tests lag um 80 Prozent.

Da, so schien es, war also ein gewisser Erfolg, und er war an etlichen »harten Daten« festgemacht und nicht an dem, was die Wissenschaft so verachtet, nicht immer zu Recht, »bloßen Anekdoten«. Zwar konnte sich niemand mit Washoe auf die Terrasse setzen und über Gott und die Welt konversieren; damit hatte aber auch niemand gerechnet, und immerhin schien sie jenes Sprachstudium erreicht zu haben, das Kinder mit etwa sechzehn bis achtzehn Monaten durchmachen, kurz bevor ihre Sprache sich dann schnell und unaufhaltsam mächtig zu erweitern beginnt; in einiger Hinsicht entsprach ihre Sprache sogar der eines zwei- bis dreijährigen Menschenkindes.

Als es zu schwierig wurde, erfahrene Helfer zu finden, die mit der einerseits umgänglicher, andererseits anspruchsvoller und selbständiger werdenden Schimpansin umgehen konnten, beendeten die Gardners das »Washoe-Projekt«[12]. Einige Jahre später aber nahmen sie vier weitere Schimpansenkinder auf – Moja, Pili, Tatu und Dar – und kamen mit ihnen zu ganz ähnlichen Ergebnissen.

Gleichzeitig mit ihnen hatte in Kalifornien der Psychologe

David Premack einem Schimpansenmädchen namens Sarah Sprachunterricht erteilt. Premack benutzte nicht Ameslan; die Wörter seiner Sprache bestanden aus – nicht bildhaften – Plastikchips, die Sarah auf einer Tafel anordnen mußte. Mehr an den Voraussetzungen dessen interessiert, was wir Intelligenz nennen, als an der Sprache selber, gelang es Premack, Sarah auch Symbole beizubringen, die ihr abstraktere Aussagen ermöglichten: vor allem Symbole für *gleich* und *verschieden*, mit denen sie allerlei schwierige Kategorisierungsaufgaben löste, und ein Symbol für die logische Implikation, mit der sie *wenn-dann*-Aussagen bilden konnte.[29]

In den siebziger Jahren dann erfanden in Atlanta, Georgia, der Psychologe Duane Rumbaugh und seine Frau Sue Savage-Rumbaugh eine weitere Sprache, »Yerkish« genannt, die als erste eine junge Schimpansin namens Lana lernte. Ihre »Wörter« waren die Felder einer mit verschiedenen unbildhaften Symbolen versehenen Tastatur, die mit einem Smarties und ähnliches spendierenden Automaten und einem Computer verbunden war. Die Inszenierung bot gewisse Vorteile: Lana »sprach« auch, wenn kein Mensch in der Nähe war, der ihr etwas hätte »vorsagen« können, und der Computer zeichnete sämtliche Äußerungen garantiert unparteiisch auf.[32] Yerkish hatte anfangs auch eine einfache Grammatik: Der Computer akzeptierte eine Äußerung nur, wenn bestimmte festgelegte Wortfolgen eingehalten wurden. Später wurde sie fallengelassen.

Aus Kalifornien kam noch viel verheißungsvollere Kunde. Dort hatte die Psychologie-Doktorandin Francine Patterson einem Zoo ein kleines Gorilla-Kind abgetrotzt. Nach einigen Jahren Ameslan-Unterricht berichtete Patterson wahre Wunderdinge von Koko[25,26]: Sie beherrschte nicht nur viel mehr Zeichen als ihre Vorgänger die Schimps (inzwischen sollen es über 1000 sein[17]), sie sprach auch über Vergangenes, Gegenwärtiges und Künftiges. Koko log, wenn sie sich Unannehmlichkeiten entziehen wollte, sie scherzte, sie reimte sogar.

Einer der überlieferten Dialoge mit ihr geht so. Koko: *Durstig trinken Nase.* »Deine Nase durstig?« Koko: *Durstig.* Helferin (holt Apfelsaft): »Wo wollen das?« Koko: *Nase.* »Okay.« Koko: *Auge.* »In dein Auge?« Koko: *Ohr.* »In dein Ohr«. Koko (lacht): *Trinken* (und öffnet den Mund)[26].

Koko schimpfte auch, und zwar kräftig. Als Schimpfwort gebrauchte sie das Wort *Vogel*, so wie auch Menschen manche Tiernamen als Schimpfwörter gebrauchen, das Wort *Nuß* (da hatte sicher das englische *nuts* ihrer Betreuer abgefärbt), mit Vorliebe aber die Wörter *schmutzig* und *Klo* – wie auch andere der in menschlicher Gemeinschaft lebenden Menschenaffen war sie immer überaus auf Sauberkeit bedacht, und alles Unsaubere war für sie schlecht. Traut man diesem Zeugnis, so wäre die deutsche Art des Fluchens (die Fäkalsprache) ursprünglicher als die angelsächsische mit ihren sexuellen Anzüglichkeiten und Aggressionen.

Die Gorilla-Dame konnte sogar wahlweise grob oder höflich sein. Als eine Lehrerin von ihr eines Tages mit einer neuen kurzen Frisur erschien, entschied sie sich zunächst für die diplomatische Sprache: »Wie sehe ich aus?« Koko: *Haar gut.* »Danke.« Koko: *Ich Gorilla gut.* »Was ist an meinem Gesicht sonst noch gut?« Koko: *Ich Gorilla höflich.* Ein paar Tage später wurde sie deutlicher: Koko: *Haar du.* »Ich habe es schneiden lassen. Es ist kürzer als deins, glaube ich.« Koko: *Komisch du.* Noch ein paar Tage später ließ sie dann alle Rücksicht fahren: *Haar du.* »Was hältst du davon?« Koko: *Teufel.* »Es sieht aus wie der Teufel?« Koko: *Haar Klo.* »Es wächst wieder.« Koko: *Gut. Komisch.* »Sieht es jetzt komisch aus?« Koko: *Haar Klo. Kokos Haar gut.*[17] Auch um Definitionen ihrer Wörter ließ sie sich bitten. »Was ist verrückt?« Koko: *Ärger Überraschung.* »Was ist ein Teufel?« Koko: *Teufel trinken.* »Sag noch etwas über Teufel.« Koko: *Rauchen.* »Was ist ein Engel?« Koko: *Gut Koko lieb.*[17]

Und der tiefsinnigste Dialog mit einem Tier ist wohl der: »Wie fühlen sich Gorillas, wenn sie sterben? Glücklich, traurig, ängstlich?« Koko: *Schlafend.* »Wohin gehen Gorillas, wenn sie sterben?« Koko: *Bequemes Loch adieu.* »Wann sterben Gorillas?« Koko: *Ärger alt.*[26] (Ihr Wissen um Gräber, vermutet Patterson, hatte Koko aus einer der Illustrierten bezogen, die sie sich reichlich zu Gemüte führte.)

So schien die Forschung Ende der siebziger Jahre an einigen Orten und unter allgemeinem Beifall langsam voranzukommen. Dann geschah etwas, was das Klima völlig veränderte. Es geschah der Fall Nim.

An der Columbia-Universität in New York hatte sich der Psychologe Herbert Terrace 1973 einen neugeborenen Schimpansen-

Jungen beschafft, den er dem Linguisten Noam Chomsky zu Ehren Nim Chimpsky taufte und in Ameslan unterrichten ließ. Nim lernte 125 Zeichen, blieb aber hinter Terraces ehrgeizigen Erwartungen zurück und erwies sich auch sonst als eine so große Last, daß Terrace den Versuch nach knapp vier Jahren abbrach. Eine Computerauswertung von Nims Äußerungen brachte Terrace zu dem Ergebnis, daß sie nicht als grammatikalische Sätze qualifizierten. Sein Schluß, den er seit 1979 nicht müde wird zu wiederholen: Menschenaffen können keine neuen Sätze bilden. Sie »können Vokabularien aus visuellen Symbolen lernen. Es gibt jedoch keinen Beweis dafür, daß Menschenaffen diese Symbole kombinieren können, um neue Bedeutungen hervorzubringen.«[42] Mithin: Menschenaffen haben keine Sprachfähigkeit, und wenn es bei den früheren Versuchen so aussah, als hätten sie sehr wohl eine zumindest rudimentäre, so sei das Täuschung gewesen.

Zwar wurde sofort eingewandt, daß das Experiment Nim unter sehr ungünstigen Bedingungen stattgefunden hatte. Dem kleinen Schimp wurde zuteil, was Terrace selber einen »zermürbenden Stundenplan« nannte[43]. An fünf Tagen jede Woche verbrachte er sechs Stunden in einem völlig kahlen, fensterlosen, knapp sechs Quadratmeter großen Unterrichtsraum, und während nebenan Versuchsratten quietschten, versuchten sechzig wechselnde Lehrer, von denen viele selber nur die notdürftigsten Ameslan-Kenntnisse besaßen, und dazu weit über hundert Job-Applikanten, die nach einem Mal genug hatten, ihm Ameslan beizubringen[43].

Aber damals war es, als sei Terraces Fehlanzeige ein Signal, auf das man sehnlich gewartet hatte, um die genierliche Verwandtschaft endlich hinauswerfen zu können. Plötzlich hatten nun viele Leute alle erdenklichen Zweifel und Einwände. Im Handumdrehen geriet die ganze Sprachforschung an Pongiden in Verruf. Es versiegten prompt die Forschungsmittel. Die früheren Experimente wurden mit einer Giftigkeit angegriffen und zerpflückt, welche unter Naturwissenschaftlern, die sonst auch die erheblichsten Meinungsverschiedenheiten in verhaltenem Ton auszutragen pflegen, höchst ungewöhnlich war. Sue Savage-Rumbaugh, die eher zu Untertreibungen neigt, erinnerte sich: »Nach der Veröffentlichung von Terraces Studie änderte sich die Einstellung dramatisch. Was immer auch vorgebracht wurde, wie sorgfältig die

Daten auch zusammengetragen worden waren, allgemein reagierte man jetzt mit Gleichgültigkeit und Unglauben. Dabei waren weder die allzu bereitwillige Aufnahme am Anfang noch die gedankenlose Ablehnung später in der Sache gerechtfertigt. Die Tatsachen liegen irgendwo in der Mitte.«[35]

Das war 1986, als die Köpfe wieder einigermaßen abgekühlt waren. Damals aber wußte der »Spiegel« dem deutschsprachigen Publikum noch zu melden: Die Forschungsfehde sei entschieden, die vermeintlich sprechenden Menschenaffen hätten nur einen Zirkustrick vorgeführt, das »Bewußtsein von der Gemeinschaft aller Kreaturen« habe sich wieder in Rauch aufgelöst[1].

Der Dämpfer wirkt bis heute, und vielleicht tut er dieser Forschung sogar gut. Es findet nur noch wenig statt auf diesem Gebiet, aber was neu in Angriff genommen wird, ist nun um größte Hieb- und Stichfestigkeit bemüht. Niemand würde heute mehr auf den Gedanken kommen, einen Menschenaffen einfach so gut es geht in einer Sprache zu unterrichten und dann mitzuteilen, was er gelernt hatte und was nicht (»Anekdoten«). Heute würden von Anfang an raffinierte Kontrollen eingebaut, um andere, einfachere Erklärungen auszuschließen.

Washoe und die anderen Schimps der Gardners befinden sich in der Obhut von deren einstigem Assistenten Roger Fouts im Psychologie-Institut der Central Washington University in Ellensburg, in Käfigen im ersten Stock eines Universitätsgebäudes. Man hört, es gehe ihnen dort gut, sie »sprächen« auch weiter, aber große Versuche werden mit ihnen nicht mehr angestellt.

Koko muß wohl für die Wissenschaft verloren gegeben werden. Francine Patterson hat sich mit ihrer verwöhnten Ziehtochter und einem jungen männlichen Gorilla namens Michael auf eine alte Farm in Kalifornien zurückgezogen; sie hofft auf Nachkommenschaft, bisher vergebens, und träumt von ausreichenden Geldmitteln, um mit den beiden Tieren auf ein abgeschiedenes Freigelände in einem warmen Land umzusiedeln. Alle Brücken zur Universität hat sie abgebrochen. (Manchmal entwickeln die Menschen, die mit diesen Tieren zu tun haben, eine sehr starke Beziehung zu ihnen, die sich mit der kühlen Distanz der Wissenschaft nur noch schlecht vertragen will.) Pattersons früherer Mitarbeiter und Ko-Autor

Eugene Linden berichtet, schon 1980 sei sie unter dem Berg der von ihr gesammelten Daten begraben gewesen[19]. Was auch immer sie vielleicht noch auswertet und berichtet: kein Skeptiker wird ihr Glauben schenken wollen. All die verheißungsvollen Spuren – das lügende, das scherzende, das schimpfende, das diplomatische Tier – werden eines Tages noch einmal verfolgt werden müssen, vorsichtiger, genauer, »kontrollierter«. Heute sind sie für Skeptiker nichts als falscher Zeichengebrauch, bloße Fehler, die nur beweisen, daß es mit Kokos Sprachmächtigkeit eben gar nicht weit her ist. Bei den strikt wissenschaftlichen Tests wird geprüft, ob die Tiere die Zeichen sinngemäß richtig anwenden. Sagt eines dann *Ohr* oder *Nase*, wo nur *Mund* richtig ist, so gilt die Antwort schlicht als falsch; ein sprachspielerischer Umgang mit den Zeichen fällt zwangsläufig durch dieses Sieb. Das alles heißt nicht, daß Pattersons Berichten nicht zu trauen wäre; nur ihre wissenschaftliche Beweiskraft ist gering.

Neu begonnen wurde ein Projekt an der Universität Tennessee in Chattanooga. Dort bringt die Psychologin H. Lyn Miles dem Orang-Utan Chantek seit einigen Jahren Ameslan und dazu den Umgang mit Geld bei. Chantek beherrscht 130 Zeichen. »Er spricht von abwesenden Dingen und Orten, verallgemeinert die Bedeutung seiner Zeichen über ihren besonderen Kontext hinaus, benutzt seine Zeichen, um andere zu täuschen, um auf Dinge seiner Umwelt hinzudeuten, um Dinge zu klassifizieren und neue Zeichen-Befehle auszuführen.«[21]

Für Schwung sorgt derzeit aber vor allem Kanzi. Kanzi ist ein Bonobo. Die wenigen Bonobos, die es noch gibt, leben tief in den Regenwäldern von Zaire. Sie sind etwas kleiner und schwärzer als normale Schimpansen, ihnen äußerlich aber sonst sehr ähnlich, obwohl sie eindeutig eine eigene Art bilden, von der Hauptlinie der Schimpansen seit 1,5 Millionen Jahren getrennt. Wenn sie möglicherweise auch nicht intelligenter sind, so haben sie doch ein beständigeres, engeres, menschenähnlicheres Familienleben[20,40]. Erforscht sind sie kaum. Der Zufall verschlug einige in das Sprachforschzentrum in Atlanta, einen Ort, wo die Versuchstiere unter nahezu idealen Umständen leben: in Häuschen inmitten eines riesigen, abgeschiedenen Waldareals.

Dort versuchten Sue Savage-Rumbaugh und ihre Mitarbeiterinnen einer erwachsenen Bonobo-Frau Yerkish, also den Umgang mit den einst für Lana ersonnenen und seitdem weiterentwickelten Tastatursymbolen beizubringen, mit wenig Erfolg, denn wie erwachsene Menschen lernen auch erwachsene Menschenaffen kaum noch Sprache. Aber was das Bonobo-Weib nicht begriff, erfaßte ihr kleiner Stiefsohn Kanzi, der während der Lektionen auf ihr herumturnte. Ohne irgendwelchen Sprachunterricht, gleichsam nebenbei und automatisch wie ein Menschenkind, lernte Kanzi in siebzehn Monaten 46 Symbole sicher zu gebrauchen und 66 richtig zu verstehen. Nicht nur darin unterschieden er und seine Stiefschwester Mulika (die sich später in einen Sack verhedderte und vor Angst starb) sich von gewöhnlichen Schimpansen, die keinerlei Sprache ohne intensives Training erwerben. Kanzi hat auch ein für Schimpansen unerhörtes und ebenfalls spontan entstandenes Verständnis für gesprochenes Englisch und versucht selber eine Lautsprache hervorzubringen, auch wenn wenig Verständliches dabei herauskommt[34]. Neben seinen behenden Kommunikationsfertigkeiten nehmen sich die der anderen Menschenaffen geradezu schwerfällig aus. Vermutlich wird es ein aufgeweckter Schüler wie er sein, bei dem man eines Tages versucht, was bisher noch nirgends versucht wurde: bis an die Grenze der Sprachfähigkeit seiner Art zu gelangen.

Im Laufe der sogenannten Affensprachkontroverse sind eine Reihe von Argumenten auf den Tisch gekommen, die dagegen sprechen, die Äußerungen von Washoe, Sarah, Lana, Nim und den anderen als etwas der Menschensprache Ähnliches auszulegen. Einige sind eher marginaler Art, zwei kommen zum Kern der Sache.

Das marginalste, dennoch aber rabiateste Argument hört auf den Namen »Kluger Hans«. Hans war das Pferd des Herrn Wilhelm von Osten, das um die Jahrhundertwende ein perplexes deutsches Publikum und auch seinen Herrn selber damit beeindruckte, daß es scheinbar rechnen konnte: Es klopfte die Lösungen der ihm ins Ohr gesprochenen Rechenaufgaben mit dem Huf auf den Boden. Der Psychologe Oskar Pfungst konnte das Rätsel schließlich lösen: Hans versagte, wenn sein Herr die Lösung selber nicht wußte; er benutzte irgend etwas in dessen Gesichtsausdruck oder Körperhaltung als Signal, mit dem Klopfen anzufangen und aufzuhören.

Seitdem plagt die betroffenen Wissenschaften die Furcht, einem »Kluger-Hans«-Effekt aufzusitzen: die Furcht, daß wir alle ständig und unbewußt Signale aussenden, die unseren Gesprächspartnern, ob Mensch oder Tier, die richtigen Antworten verraten. Am wuchtigsten hat das Anthropologen-Ehepaar Thomas Sebeok und Jean Umiker-Sebeok den »Kluger-Hans«-Verdacht vorgebracht: Die Forscher »haben allgemein versäumt, ihre persönlichen Einstellungen, Gefühle und Erwartungen und die Rolle, die diese bei ihren Interaktionen mit den Versuchstieren spielen, zu überprüfen. So strotzt die Affen-›Sprach‹-Forschung von Persönlichkeiten, die im Einklang mit den hehrsten Beweggründen und den raffiniertesten Methoden zu handeln meinen, in Wirklichkeit jedoch an den läppischsten Zirkusakten mitgewirkt haben.«[41]

Das Argument hat Eindruck gemacht, stand aber immer auf schwachen Füßen. In keinem einzigen Fall wurde nachgewiesen, daß ein »Kluger-Hans«-Effekt tatsächlich im Spiel war und zu den positiven Ergebnissen beigetragen hat. Immer hieß es nur: Es könnte doch aber vielleicht so gewesen sein. Daß es so war, ist jedoch aus mehreren Gründen unwahrscheinlich.

Premack hat mit Sarah einen Versuch gemacht, der ausdrücklich jeden »Kluger-Hans«-Effekt hätte ans Licht bringen müssen, aber nicht den geringsten Hinweis darauf ergab[30]. Er entwarf zwei Tests in mehreren Versionen, einen mutmaßlich leichten und einen schweren, und ließ sie auf zweierlei Art geben. Einmal gab sich der Tester alle Mühe, jederlei Zeichen, das der Schimpansin seine Erwartungen verraten konnte, zu unterdrücken. Das andere Mal gab er sich ebenso große Mühe, der Schimpansin massive Signale zukommen zu lassen. Beide Male aber war das Ergebnis das gleiche: Den einfachen Test absolvierte die Schimpansin mit Leichtigkeit, den schwierigen schaffte sie nicht. Wenn es ein unbewußtes »Vorsagen« gegeben haben sollte, hatte es ihr nicht geholfen, wie ihr auch das absichtliche »Vorsagen« nicht half.

Für unbewußte Erwartungen und Signale des Trainers war bei den Blindversuchen der Gardners und bei Lanas Umgang mit der Computertastatur schlechterdings kein Raum, und die Sebeoks konnten dies nur durch eine Unterstellung wegerklären, die man eigentlich nicht vorbringt, wenn man wie sie mit keinerlei Beweis aufwarten kann: Es sei vielleicht ja auch schlichtweg Betrug im

Spiel gewesen, die Tester hätten die Dias ja vielleicht doch gekannt oder gesehen oder sich untereinander abgesprochen.

Schließlich aber ist es auch von vornherein unwahrscheinlich. Hans reagierte mit einem einzigen Verhalten (Hufklopfen) auf ein einziges Signal; die Menschenaffen aber brachten Hunderte von Zeichen im richtigen Zusammenhang hervor, hätten also auch Hunderte von verschiedenen – unbewußten, also jedenfalls überaus schwachen – Signalen erhalten und selber unterscheiden müssen, eine Leistung, die keinem Menschen gelänge und weit erstaunlicher wäre als ihre bescheidene Sprachfähigkeit.

Die anderen Argumente?

Erstens, die Menschenaffen sprächen überhaupt nur wenig, müßten zu jeder Äußerung extra veranlaßt werden, und wenn sie dann etwas sagten, machten sie meist einfach die ihnen vorgemachten Zeichen nach, während Kindersprache nur wenige Imitationen enthalte (erst 20, später nur noch 2 Prozent). Es scheint dies Nims spezielles Problem gewesen zu sein. Daß seine Unterrichtsbedingungen seinem Sprechen tatsächlich nicht förderlich waren, ist inzwischen bewiesen. Nach seiner unrühmlichen Entlassung aus New York kam er für eine Weile zum Institut für Primatenstudien in Oklahoma, wo seine Sprachgewohnheiten weiter beobachtet wurden. Unter den weniger rigiden Umständen dort sprach er über doppelt soviel, 60 Prozent seiner Äußerungen (gegenüber 14 in New York) waren spontan und nur noch 6 Prozent (gegenüber 14) Imitationen[24]. Zumindest die Zeichen, die Washoe beim Vokabeltest gemacht hatte, konnten auch keine Imitationen gewesen sein: Niemand »sprach« in dieser Situation mit ihr. Im Film sieht man auch, wie Washoe mit sich selber sprach *(schnell; leise)*. Für Kanzi gibt es nun sogar harte Zahlen: 70 bis über 90 Prozent seiner Äußerungen waren spontan und selten mehr als 10 Prozent Imitationen[34]. Und Fouts hat bei den fünf Schimpansen in seinem Institut mit der Videokamera beobachtet, wie sie immer wieder mit sich selber sprachen – am häufigsten gebrauchten sie bei diesen Selbstgesprächen die Zeichen *Versteckspiel* und *schmutzig*[7].

Zweitens, die Tiersprache wimmele von Wiederholungen, wie in Nims längster Äußerung: *geben Apfelsine ich/mir geben essen Apfelsine ich/mir essen Apfelsine geben ich/mir essen Apfelsine geben ich/*

*mir du*. So ist es; die Tiere wiederholen reichlich, um ihren Bitten Emphase zu verleihen. Aber auch Kinder wiederholen sich dauernd[44].

Drittens, die Pongiden benutzten die Sprachzeichen selten oder nie untereinander. Wo man die entsprechenden Gelegenheiten schuf, in Atlanta oder bei den Schimps unter der Obhut von Roger Fouts, taten sie es aber doch, wenn auch wahrscheinlich längst nicht in dem Maße, in dem Kinder untereinander von dem ihnen neu zugewachsenen Werkzeug Sprache Gebrauch machen. In Ellensburg hat Washoes Adoptivsohn Loulis, mit dem lange Zeit kein Mensch Ameslan sprechen durfte, von seiner Mutter und den anderen Ameslan-kundigen Schimps dort im Laufe der Jahre 51 Zeichen gelernt[8].

Viertens, Ameslan-Sprecher modulierten ihre Zeichen und fügten ihnen so Bedeutung hinzu, die Tiere aber nie. Vielleicht hat Nim es wirklich nicht getan, vielleicht haben seine Lehrer es nur nicht bemerkt oder nicht für registrierenswert gehalten. Die anderen Tiere aber machten von dieser Möglichkeit sehr wohl Gebrauch. Es ist zum Beispiel dokumentiert, wie Washoe Fragen bildete: Sie sah ihrem Gesprächspartner in die Augen und zog das letzte Zeichen in die Länge (*du GEHEN* – fragender Blick). Nicht anders machen es menschliche Ameslan-Sprecher.

Fünftens, die Schimpansen machten einen zu stereotypen Gebrauch von ihren Kenntnissen – es mangele ihren Äußerungen an Kreativität.

Nun sind aber zahlreiche Fälle von beachtlicher Kreativität berichtet worden. Vor allem legten die Tiere die auch den Menschen in hohem Maße eigene Fähigkeit an den Tag, Altbekanntes zu benutzen, um Neues damit zu sagen. In kindlicher Manier überdehnten die Schimpansen zum Beispiel manche ihrer Zeichen. So nannte Kanzi auch den Rasensprenger *Regen*, und das Wort *Hamburger*, das er für kleine gebratene Fleischportionen gelernt hatte, wandte er von sich aus auf alles Fleisch an, ob klein oder groß, roh oder gebraten.

Als Roger Fouts mit Washoe in Oklahoma einmal auf dem kleinen See herumruderte, der die Schimpansen-Insel umgab, sahen sie ein Paar angriffslustiger Schwäne. Fouts fragte sie, was er sie oft fragte: »Was (ist) das?« Sie signalisierte: *Wasser Vogel*, als hätte sie sich in Ermangelung eines Zeichens für »Schwan« hilfsweise ein zusammengesetztes Zeichen erfunden[6]. Zu dieser »Anekdote« meint Terrace, Washoe habe keineswegs den Begriff *Wasservogel* gebildet, sondern nur einerseits das Wasser, andererseits den Vogel auf dem Wasser bezeichnet; nur zufällig sei dabei etwas herausgekommen, was wie ein zusammengesetztes Substantiv der menschlichen Sprachen aussah: »Daß Washoe Kombinationen wie *Wasservogel* ›geschaffen‹ habe, ist nicht belangvoller als die Auskunft, ein Schimpanse habe eine Zeile aus einem Shakespeareschen Sonett hervorgebracht, indem er auf eine Maschine eintrommelte, deren Tasten zufällig verschiedene Wörter erzeugen.«[43] Indessen, Terrace hatte nicht genau gelesen: Washoe hatte die Schwäne nicht nur jenes eine Mal als *Wasservogel* bezeichnet, sondern nannte sie von nun an ständig so und gebrauchte das Doppelzeichen später auch für Enten und Sumpfhühner.

Vor allem aber ist der Fall *Wasservogel* nicht der einzige seiner Art. Immer wieder wurde von den sprechenden Menschenaffen ein ähnlicher Erfindungsgeist berichtet. Washoe selber nannte Kautabak einmal *Rauch-Schnur-Futter*. Lucy, eine in einer menschlichen Familie aufgezogene junge Schimpansin (die heute mühsam lernt, sich auch in der Wildnis zu behaupten), nannte ein Radieschen, nachdem sie hineingebissen hatte, *Weinen-Wehtun-Frucht* und eine Wassermelone *Bonbon-Getränk* oder *Getränk-Obst*[6]. Koko soll eine große Fülle solcher quasi metaphorischer Neuprägungen eingefallen sein: *Barfußkopf* für einen Mann mit Glatze, *Giraffenvogel* für einen Strauß, *Weißtiger* für ein Spielzeugzebra, *Flaschenstreichholz* für ein Feuerzeug, *Augenhut* für eine Maske, *Salatgras* für Petersilie, *Obstbonbon* für eine eingefrorene Banane, *Schmutz-*(oder *Scheiß-*)*Orange* für eine Zitrone[25,26].

Alles dies sind bisher jedoch »Anekdoten«, und denen traut die Wissenschaft nicht. Die Frage der Kreativität wartet also noch auf die harten Daten.

Sechstens, die meisten Zeichen der Pongiden seien Bitten um irgend etwas, meist um irgendein Futter, das sie anders nicht bekommen können. In seiner extremen Form heißt das Argument: Der vermeintliche Sprachgebrauch der Menschenaffen sei keineswegs symbolisch, sondern rein instrumentell (Mark Seidenberg und Laura Petitto, ehemals Assistenten von Terrace); oder: »Die

Affen fuchteln nur mit den Armen herum, bis sie kriegen, was sie wollen« (Terrace selber).

Etwas Wahres ist an der Beobachtung: Die Sprache der Tierkinder wirkt ziemlich egoistisch, vermutlich mehr als die Kindersprache (eine genaue Vergleichsbasis fehlt). Meist wollen sie etwas haben oder etwas erreichen. Aber es gibt auch eine Fülle anderer Beobachtungen. Tatus Lieblingswendung war *das schwarz* – gewiß keine Forderung, sondern ein Kommentar. Kanzi benennt auch Dinge richtig, die er im Augenblick gar nicht haben will. Er häuft etwa, ganz für sich, Tannennadeln (die er schon hat) auf das Tastensymbol *Tannennadel*, Kiesel (die er schon hat) auf das Symbol *Stein*. Auch das: Kommentare, nicht Wünsche. Und vor allem: fast alle seine Zeichen lernte er zu verstehen, ehe er sie zu irgendeiner Bitte gebrauchte[34].

Die marginalen Argumente tragen also alle nicht weit. Wie steht es aber mit den beiden zentralen?

Das erste ist jenes, das Terrace nicht müde wird vorzutragen – Affen können keine Sätze bilden, haben keine Grammatik und damit nichts, was den Namen Sprache verdient.

Wie jeder weiß, ist die menschliche Sprache mehr als ein »Lexikon« von Wörtern. Zu jeder Sprache gehört auch ein System von Regeln, die Wörter aufeinander zu beziehen – eine Grammatik. Als Anordnung aufeinander Bedeutung deren die die durch ein erhält erst grammatikalische ist Satz seiner Summe und Wörter. Mit Grammatik: Ein Satz ist mehr als die Summe seiner Wörter und erhält seine Bedeutung erst durch deren grammatikalische Anordnung. Unter dem Eindruck von Noam Chomskys Syntaxtheorie hat sich die Linguistik viele Jahre lang für wenig anderes interessiert als für Grammatik. Es war, als sei die Sprache Syntax und nichts weiter. Entsprechend herablassend hat sich Chomsky selber über die Sprachexperimente mit den Pongiden vernehmen lassen: Einzig die menschliche Sprache besitze eine Syntax, und nur die Menschen verfügten über einen angeborenen Syntaxapparat; Affen, die zu sprechen versuchten, seien so wenig im Besitz einer Sprache, wie Kinder, die ein wenig mit den Armen flattern, Vögel seien[2]. Eins der wichtigsten Kennzeichen einer Syntax ist für Chomsky ihre Rekursivität: die Möglichkeit, bei der Bildung eines

Satzes die gleiche Regel immer wieder anzuwenden und die so gebildeten Satzteile in den entstehenden Satz einzubetten: »Lana ißt den Apfel, den Sue holt, die das Kleid trägt, das...« Ihre Rekursivität verleihe der Syntax ihre ungeheure Produktivität; sie erlaube die Bildung beliebig langer Sätze.

So ist die Frage natürlich schnell entschieden. Kein Tier hat jemals zu erkennen gegeben, daß es über eine rekursive Syntax verfügt. Wenn nur Symbolsysteme mit einer rekursiven Syntax Sprache sind, dann allerdings hat kein Tier Sprache, und wir können die Sache vergessen. Jeder kann irgendwo eine Grenze ziehen und sagen: Oberhalb, das ist Sprache, und darunter gibt es nur Armgefuchtel. Alles, was an den sprechenden Tieren interessant sein könnte, sogar für Linguisten, hat er damit freilich wegdefiniert. Sein Menschenstolz ist vielleicht gestärkt. Alles Aufschlußreiche hat er verpaßt.

Zweifellos können Menschenaffen lernen, die Zeichen in einer bestimmten Reihenfolge anzuordnen; Lanas Computer akzeptierte ihre Sätze nur, wenn sie pedantisch einer vorgegebenen Ordnung genügten. Aber eine auswendig gelernte Reihenfolge ist keine Grammatik. Zweifellos können Menschenaffen auch neue Sätze bilden: Sie können ihre Zeichen zu Aussagen zusammensetzen, die ihnen niemand je vorgemacht hat. Wenn sie *gib-mir Apfel* sagen können und ein neues Zeichen für *Erdbeere* lernen, können sie auch *gib-mir Erdbeere* sagen, ohne daß ihnen dieser Satz erst andressiert werden muß. Insoweit hat Terrace offensichtlich unrecht. Aber eine neue Zeichenkombination bilden zu können, ist auch noch kein Beweis für eine Grammatik.

Haben Nim und Genossen wenn auch keine Menschensyntax, so doch ein wenig Grammatik? Terrace hat fast 20000 seiner Zeichenkombinationen in den Computer gefüttert und diesen nach Regelmäßigkeiten in der Reihenfolge der Zeichen suchen lassen. Das Ergebnis: Manche Folgen waren häufiger als andere, der reine Zufall schien also nicht zu herrschen; und die Kombinationen waren auch zu zahlreich, als daß Nim sie hätte auswendig lernen können. Trotzdem schloß Terrace aus, daß Nim irgendeine grammatische Regel befolgt hatte. Es war dem Material nämlich nicht anzusehen, daß Nim irgendwelche grammatischen Klassen kannte. Hätte Nim zum Beispiel immer *Nim kitzeln* gesagt, wenn er selber jemanden kitzeln wollte, aber *kitzeln Nim*, wenn er gekitzelt werden wollte, und andere Namen- und Handlungszeichen ähnlich positioniert, so hätte er bewiesen, daß er »Agenten« und »Rezipienten« unterscheiden und aus diesem Wissen eine einfache Grammatik bauen kann. Es wäre noch nicht notwendig eine syntaktische Grammatik gewesen, die mit abstrakten Satzkonstituenten wie Nominalphrase, Verbalphrase oder Präpositionalphrase arbeitet, aber eine semantische Grammatik, die zum Beispiel bestimmt, daß ein Zeichen dann, wenn es einen Handelnden meint, vor dem Zeichen für die Handlung zu stehen hat, daß dasselbe Zeichen aber dahinter stehen muß, wenn es den »Behandelten« bezeichnet.

Nun aber konnte gerade Terraces Methode diesem Fall nicht auf die Spur kommen. Wenn Nim bald so und bald so gesagt hätte, hätte der Computer nämlich nur auswerfen können: Reihenfolge zufällig, also keinerlei Grammatik. Um festzustellen, ob Nim derlei semantische Unterschiede machte und durch die Reihenfolge der Wörter ausdrückte, hätte auch der Kontext jeder Äußerung berücksichtigt werden müssen; der aber war nicht festgehalten. Premack hat in einem Versuch nachgewiesen, daß Schimpansen sehr wohl in der Lage sind, »Agenten«, »Objekte«, »Instrumente« und »Handlungen« zu unterscheiden, also eigentlich auch im Besitz einer simplen semantischen Grammatik sein könnten[30].

Washoe und die anderen Gardner-Schimps fallen für diese Frage aus, da die genaue Reihenfolge ihrer Zeichen zwar festgehalten, aber nicht statistisch ausgewertet wurde. Einen gewissen Hinweis darauf, daß Washoe grammatisches Denken vielleicht nicht ganz unerreichbar war, glauben die Gardners entdeckt zu haben: Washoe konnte Fragen richtig beantworten, die mit »was«, »wer«, »wessen« und »wo« begannen: *Was willst du? Wer kommt? Wo ist der Lutscher? Wessen Hut das?* Jede Frage fragt auch nach einer anderen Satzkonstituente – das »was« nach einer Handlung, das »wer« nach einem »Agenten«, das »wo« nach einem Lokativ, das »wessen« nach einem Besitzer. Konnte Washoe diese grammatischen Kategorien unterscheiden? Die Gardners meinen, ja – sonst hätte sie ja nicht richtig antworten können[11]; außerdem seien Washoes Antworten manchmal sachlich falsch, aber grammatisch richtig gewesen, etwa wenn sie auf eine Wer-Frage den falschen Namen nannte, aber immerhin einen Namen und nicht etwa einen Lokativ.

Terrace dagegen zog es vor, Washoes richtige Antworten für eine reine, wenn auch beachtliche Gedächtnisleistung zu halten, für die sie keinerlei grammatische Kategorien nötig gehabt hätte[42].

Zu einem Teil mag es immer auch eine Frage der »Modalität« sein, wenn die Tiere etwas nicht so konnten wie menschliche Sprecher. Englisch ist eine Sprache, die in extremem Maß auf eine die Wortstellung regelnde Grammatik angewiesen ist. Bei »synthetischen« Sprachen wie Latein, die durch Flexionsendungen klarmachen, in welchen Beziehungen die Wörter eines Satzes zueinander stehen, ist die Wortstellung dagegen fast beliebig. Ameslan ist eine Sprache, die längst nicht soviel Gewicht auf orthodoxe Wortstellungen legt wie Englisch. Auch haben Zeichensprachen vielleicht etwas, das zu kürzeren Sätzen einlädt. Die taubstummen Kinder, die sich selber eine Zeichensprache erfanden, blieben bei einer durchschnittlichen Äußerungslänge von 1,5 Wörtern, wo sich die Äußerungen normal sprechender Kinder immer und immer weiter verlängerten. Terrace zitiert mehrere englische Texte und die wörtlichen Rückübersetzungen ihrer Ameslan-Fassungen. Auf deutsch nähmen sie sich etwa so aus: »Vor einer Weile meinte ich, daß der Regen aufhören würde, aber jetzt regnet es stärker denn je. Der Wind hat gedreht. Jetzt kommt er aus dem Norden, und die Temperatur sinkt. Wenn es noch viel kälter wird, wird er zu Schnee. Ich will, daß der Regen aufhört.« Dasselbe in Ameslan: »Eben denken ich Regen vielleicht aufhören. Jetzt schlimmer. Wind drehen (Pause) jetzt blasen von Norden und Temperatur sinken. Passieren Temperatur sinken (Pause) wird anfangen schneien. Ich will Regen verschwinden.« Sue Savage-Rumbaugh fiel auf, daß Kanzis Äußerungen auf der Tastatur mehr Bitten enthielten als seine anderen gestischen oder stimmlichen Kommunikationsakte. Auch das führt sie nicht auf ein Defizit seiner Zeichensprache zurück, sondern auf die Modalität: Es sei umständlich, zu jedem Sprechen eigens zur Tastatur hinüberzugehen oder sie unterwegs gar erst aufzuklappen; also tue er es nur, wenn er unbedingt muß, vor allem wenn er dringend etwas will.

Vielleicht aber hat Terrace recht, und auch die einfachste Grammatik ist zu hoch für die Tiere. Vielleicht findet man doch noch etwas Schimpansen-Grammatik; viel wird es jedenfalls nicht sein.

Die Sprachwissenschaft ist sich bis heute nicht klargeworden, ob Kinder in ihrer Zwei- und Drei-Wort-Phase eigentlich eine syntaktische oder eine semantische oder gar keine Grammatik haben. Genau diese Phase aber scheint es zu sein, die die Schimps erreichen und in der sie dann stecken bleiben. Obwohl auch ihre Äußerungen manchmal länger werden und die Begabteren von ihnen dabei durchaus manchmal neue Informationen hinzufügen, besteht der typische Affensatz aus ein, zwei oder drei Wörtern und nicht mehr; alle weiteren fügen nicht Information, sondern nur Emphase hinzu. Kurz Satz, Grammatik nix – für kurze Sätze ist eine Grammatik indessen auch gar nicht nötig, ihre Bedeutung wird auch ohne Regeln für die Wortfolge klar, und wo sie es einmal nicht wird, hilft der Zusammenhang Mißverständnisse zu vermeiden. Wer will, mag solchen grammatiklosen Kurzsätzen die Bezeichnung Sprache versagen; ausdrücken läßt sich mit ihnen jedenfalls eine ganze Menge. Vielleicht hat Sue Savage-Rumbaugh bei Kanzi den Punkt entdeckt, wo Grammatik dann wirklich nützlich und bald unentbehrlich wird[34]: wo der Sprecher von sich selber absieht und Aussagen über mehrere andere macht, wo er nicht mehr *du Kanzi kitzeln* sagt, was in jeder Wortfolge richtig ankäme, vor allem wenn er die Worte mit den passenden Gebärden unterstreicht, sondern *Jack Jill kitzeln*, was ohne grammatische Regel hoffnungslos mehrdeutig bleiben muß. Dann wäre – hübscher Gedanke – die Geburtsstunde der menschlichen Grammatik die, in der ein Mensch die erste Aussage machte, welche sich nicht auf ihn selber bezog: die Geburtsstunde der Objektivität.

Die Sprachforscherin Katherine Nelson schrieb einmal: Das Wesen der Sprache sei gar nicht die Grammatik, es sei die Übersetzung von Bedeutungen – von dem, was einer über Menschen, Dinge, Ereignisse und ihre Beziehungen zueinander weiß – in Worte[23]. Um Sprache zu haben, muß man zunächst Begriffe bilden, und dann muß man in der Lage sein, an diese Begriffe willkürliche Symbole zu heften – also etwa jeden plötzlichen Lichtstrahl in den Wolken in eine Kategorie zu tun und deren Begriff mit einem völlig unblitzhaften, an sich sinnlosen Geräusch wie *lampo* zu etikettieren. Dahin zielt denn auch das radikalste und vernichtendste Argument gegen die Behauptung, diese Tiere hätten durchaus eine wenn auch bescheidene Sprachmächtigkeit unter Beweis gestellt. Es lautet in seiner extremen Form: Die Zeichen, die diese Tiere gebrauchen, haben für sie keinerlei Bedeutung. Was ihre Lehrer in Sätze wie *bitte Maschine gib Trinken* übersetzen, seien für sie bloße Ketten von Nonsens-Symbolen, so als müßte ein Mensch an einem Getränkeautomaten vier Knöpfe drücken, um zu seiner Dose zu kommen.

Der Fall scheint hoffnungslos. In das Bewußtsein anderer Lebewesen läßt sich nicht hineinsehen. Wir glauben es besser zu wissen – aber wer einem kritischen Marsianer unwiderlegbar beweisen müßte, daß die der Frau Meier dort aus dem Mund strömenden Laute für sie irgendeine Bedeutung haben und nicht nur andressierte Zungenschläge sind, wäre übel dran. Wenn man die Tiere ihre Zeichen passend gebrauchen sieht, scheinen sie sehr wohl Bedeutungen mit ihnen zu verbinden. Aber der Schein ist noch kein Beweis.

Manche Denkleistung, die Premack seiner Schimpansin entlockte, wäre allerdings kaum erklärlich ohne die Annahme, daß die Symbole, mit denen sie dabei umging, für sie eine Bedeutung hatten, und zwar ungefähr jene, die auch Menschen mit ihr verbinden. Bei einem dieser Tests wurden Sarah zum Beispiel jeweils zwei für sie neue Sätze vorgelegt, und sie mußte entscheiden, ob diese *gleich* oder *verschieden* waren. Sind die Sätze *Apfel ist rot* und *rot Farbe-von Apfel* gleich oder verschieden? Zwei ihrer Symbole sind gleich, eines ist verschieden; ihre Reihenfolge ebenfalls. Äußerlich also sind sie keineswegs gleich. Wie soll Sarah auf die richtige Antwort *gleich* gekommen sein wenn nicht durch den Vergleich der Bedeutungen beider Sätze, denn nur in dieser Hinsicht sind sie ja gleich? Wie soll sie die Sätze *Apfel ist rot* und *Apfel ist rund*, die sich äußerlich ähnlicher sind als die vorigen, demgegenüber als *verschieden* bezeichnet haben wenn nicht durch den Vergleich ihrer Bedeutungen? Ihre Antworten waren fast immer richtig, auch dann, wenn sie selber aus sechs Wortsymbolen einen zweiten Satz bilden mußte, der dasselbe bedeutete wie der erste, wenn sie zum Beispiel den Satz *eckig Form-von Bonbon* vorgelegt bekam und dazu die Symbole *rot, Bonbon, süß Apfel, eckig ist,* aus denen sie den Satz *Bonbon ist eckig* bildete[30].

Das Verdienst, diese schwierigste aller aufgeworfenen Fragen frontal angepackt zu haben, kommt jedoch Sue Savage-Rumbaugh zu. Sie machte 1981 ein Experiment[33]. Ihre Versuchstiere waren zwei junge Schimpansen namens Sherman und Austin, die Unterricht in Yerkish erhielten, den abstrakten geometrischen Lexigrammen auf den Computertasten. Wie andere Schimps gingen sie sicher mit den Symbolen um, wenn sie etwas verlangten, waren aber ohne spezielles Training unsicher, wenn sie die Dinge nur benennen sollten. Nicht auszuschließen also, daß sie die Tasten nur berührten, wie man an einem Automaten den einen Knopf drückt, um Cola, den anderen, um Limonade zu erhalten – man kann die Maschine richtig bedienen, ohne mit den Knöpfen irgendeine Bedeutung zu verbinden. Nun aber wurde den beiden schrittweise beigebracht, die Symbole von drei Nahrungsmitteln *(Apfelsine, Brot, Kuchen)* einem Symbol für *Futter* zuzuordnen, die Symbole für *Stock, Schlüssel, Münze* einem anderen *(Werkzeug)*. Und als sie das schließlich konnten, gab man ihnen Symbole, die sie noch nie irgendwie kategorisiert hatten, solche für Schwämme, Bananen, Magneten, Kartoffeln und vieles andere, und forderte sie auf, auch sie als Futter oder Werkzeug zu bezeichnen. Sie konnten es auf Anhieb überwiegend richtig (und ohne daß der Trainer im Raum war). Eine solche Aufgabe aber war nur zu lösen, wenn die Lexigramme für sie etwas symbolisierten, wenn sie Bedeutungen trugen. Sherman und Austin hatten Operationen vollbracht, die man sich nur als begriffliche Operationen denken kann.

Die schlichte Frage, ob die Menschenaffen denn nun Sprache haben oder nicht, ist also nicht mit Ja oder Nein zu beantworten. Wer ein bis zur Mitte gefülltes Wasserglas halbleer nennt, wird nein sagen; wer es halbvoll nennt, ja. Die Gardners vermeiden das Wort Sprache ganz, wie auch das pejorative Wort Menschenaffe, und sprechen nur von ihren »zeichengebrauchenden Schimps«. Die Frage ist damit allerdings nicht aus der Welt. Die Grundvoraussetzung aller Sprache scheinen diese Tiere jedenfalls mitzubringen: Sie können die verschiedensten Dinge und Zustände mit willkürlichen Symbolen belegen und auf einer begrifflichen Ebene damit umgehen. Sie hätten intellektuell anscheinend auch das Zeug zu einer primitiven semantischen Grammatik, machen – verwunderlicherweise – davon aber in der Natur keinen erkennbaren Gebrauch, und wie weit Menschen ihnen einige grammatische Kenntnisse beibringen können, ist bisher unklar geblieben. Unter günstigen Umständen gleicht ihr Sprachstand dem eines anderthalb- bis dreijährigen Kindes. Wie weit sie im äußersten Fall gelangen können, ist vorerst offen.

David Premack ist der Platz der Menschensprache in der Evolution im Verlauf seiner Versuche mit den Schimpansen immer rätselhafter geworden[30]. Auf der einen Seite sieht er, zu welchen Intelligenzleistungen diese Tiere imstande sind – und daß diese Fähigkeiten ausreichten, sie auch mit einer einfachen Sprache auszustatten, einer Sprache mit einigen hundert Wörtern und einer schlichten semantischen Grammatik (um die verborgeneren Regeln einer syntaktischen Grammatik zu erschließen, meint er, reichen ihre induktiven Fähigkeiten allerdings nicht). Der Besitz einer Sprache muß einem Lebewesen einen erheblichen evolutionären Vorteil bringen – zum Beispiel könnte es gemeinsam mit anderen genaue Jagdpläne schmieden. Nur: Schimpansen haben keine natürliche Schimpansensprache, ihre Fähigkeiten liegen brach und können ihnen nur durch mühsames Training entlockt werden. Was hat sie auf diesen Vorteil verzichten lassen? Andererseits die Menschen: sie wären mit einer einfachen Sprache mit einer einfachen Grammatik bestens bedient gewesen. Ihre heutige Sprache scheint Premack in evolutionärer Hinsicht viel zu kompliziert und aufwendig; weniger hätte ihnen vollauf gereicht im Konkurrenzkampf der Natur. Welcher Selektionsdruck also kann ein Luxusgut wie die rekursive Syntax hervorgebracht haben? Kann es je einen Vorteil mit sich gebracht haben, sagen zu können »Sei auf der Hut vor der kleinen Bestie, deren Vorderhuf Otto spaltete, als er, nachdem er seinen eigenen Speer im Lager vergessen hatte, ihr mit dem stumpfen Speer, den er von Fritz ausgeliehen hatte, einen blitzschnellen Hieb zu versetzen in der Lage war«? Die Menschenaffen haben, findet Premack, sehr viel weniger Sprache und die Menschen sehr viel mehr, als nach einer evolutionären Kosten-Nutzen-Rechnung zu erwarten wäre – und genau darin bestehe das Rätsel der Sprache, wie es sich nach den Pongidenexperimenten stellt. (Es löst sich zum Teil, wenn man bedenkt, daß sich die Evolution des Menschen nicht nur in der Konkurrenz zu anderen Tieren, sondern auch in der Konkurrenz verschiedener menschlicher Populationen untereinander vollzogen haben wird. In dieser konnte es schon einen Vorteil bedeuten, die agilere, ausdrucksfähigere Sprache zu besitzen.)

Zu tiefen Gesprächen mit Menschenaffen wird es wohl nie kommen können, obwohl ihnen manche interessante Erfahrung und Einsicht zuzutrauen ist. Nur in Romanen wie Michael Crichtons – von Koko inspiriertem – »Congo«[3] werden sich je Menschenaffen den Menschen als orts- und milieukundige Führer, Berater und Dolmetscher zur übrigen Gorillawelt zur Verfügung stellen und fließend mit ihnen parlieren.

Wir sind nicht wie sie, aber sie stecken in uns. Indem wir ihre Fähigkeiten und deren Grenzen erkunden – und nur darin liegt der Sinn dieser Experimente –, lernen wir, auch die wahren und tiefen Voraussetzungen unserer Sprache zu durchschauen.

# BESICHTIGUNG DER ALTEN GRÄBEN

*Statt eines Nachworts*

Vorgenommen hat sich der Sachbuchautor Jost Herbig eine Menge. In seinen zum ehrenwerten semipopulären Genre zählenden Bänden »Im Anfang war das Wort« und »Nahrung für die Götter« will er zum einen die soziale Vorgeschichte der Menschheit rekonstruieren, die Entwicklung von der Jäger-und-Sammler-Gruppe bis zu den ersten Staatsbildungen. Zum andern möchte er gar zu gern allem »Biologismus« den Todesstoß versetzen: den Versuchen, den einen oder anderen Aspekt heutigen menschlichen Sozialverhaltens auf biologische Gegebenheiten zurückzuführen. Genauer: Die Vorgeschichte, wie Herbig sie erzählt, soll demonstrieren, welch dümmliche und gefährliche, glücklicherweise aber ganz und gar haltlose Position die der »Biologisten« ist.

Die doppelte Absicht hat einen seltsamen Zwitter hervorgebracht. Der sachliche Hauptteil ist sorgfältig erarbeitet und diskutabel auch noch dort, wo er erkennbar tendenziös ist; im Schlußkapitel gar, das eine ungewöhnlich verständige Skizze unserer heutigen Situation enthält und in dem auch sein Stil plötzlich an Sicherheit und Drive gewinnt, ist Herbig ganz in seinem Element. Der pamphletistische Refrain hingegen beruht auf solider Unkenntnis und ist entschieden zu kurz gedacht.

Offenbar hat Herbig schon der ferne Anblick seines Gegners so erschreckt und entgeistert, daß er es für überflüssig erachtete, diesem die Ehre näherer Aufmerksamkeit zu erweisen. Immer wieder kanzelt er die Meinungen seiner Gegner von vornherein als »Wahn«, »Irrglauben«, »Phantasmagorie« ab, hält er es für unnötig, sie seinen Lesern erst einmal so weit vorzustellen, daß sie sich selber eine Meinung bilden könnten. Und während der sachliche Teil auf Hunderten von paläontologischen, archäologischen und ethnologischen Forschungsberichten beruht, stammt Herbigs Bild der Verhaltensbiologie aus einem halben Dutzend Quellen, zumeist Bestsellern älteren Datums. Hubert Markl, Christian Vogel, um nur zwei naheliegende Autoren zu nennen, die sich in den letzten Jahren in Deutschland genau zu seinem Thema geäußert haben: sie kommen nicht vor; oder halt, sie kommen doch vor, aber wie? »Beiläufig« ist gar kein Wort. Christian Vogel (zwei Erwähnungen) tritt einmal als Lieferant für ein Darwin-Zitat auf, das Herbig wohl nicht bei Darwin selber nachschlagen mochte, das andere Mal als einer der Gewährsleute für die Feststellung, ein gerader Weg habe vom Sozialdarwinismus zu den KZs geführt; seine Erwägungen zur Evolution menschlichen Sozialverhaltens, die doch eigentlich Herbigs Thema ist, werden indessen nicht diskutiert, der Leser erfährt nicht einmal, daß es sie gibt. Auch auf Hubert Markls ausführliche Überlegungen zu dem, was doch sein Thema ist, geht Herbig inhaltlich mit keinem Wort ein. Auch Markl (drei Erwähnungen) ist einmal nur Lieferant eines fremden Zitats, ein andermal eines flüchtig angedeuteten Neben-Nebengedankens. An der einzigen Stelle, die das Wort »vorkommen« verdient, hat sich Herbig aus Markls extensiven, wohlabgewogenen und behutsamen Schriften gerade ein Aperçu herausgepickt, mit dessen Hilfe er ihn, den Evolutionsbiologen, als seinen kulturistischen Bundesgenossen ausgeben kann. Markl merkte an, daß es möglicherweise interessanter und wichtiger sei, zu untersuchen, warum sich der Mensch teilweise von biologischen Zwängen befreien konnte, als die verbliebenen Zwänge ans Licht zu bringen. Im gleichen Kapitel des gleichen Buches aber formuliert Markl auch seine Grundüberzeugung: »Die Individualisation des Menschen ... [findet] in einem kontinuierlichen... komplexen Interaktionsprozeß genetischer, foetaler, kultureller und persönlich erfahrener Einflüsse [statt], deren Ergebnis eine einzigartige Person mit einer einzigartigen Kombination art-, kultur- und individualtypischer Verhaltensfähigkeiten, Verhaltensbeschränkungen und Verhaltensneigungen ist.« Wenn Herbig diesen – mir aus der Seele gesprochenen – Satz in vollem Umfang unterschriebe, hätte er andere Bücher schreiben müssen.

Am Ende meint Herbig, den Biologismus erledigt, die Biologie aus der Kultur verbannt zu haben. Was da ramponiert am Boden liegt, ist jedoch nur sein Pappkamerad.

Die Polemik rührt indessen an viele grundsätzliche Fragen, und Herbig steht mit seinen Mißverständnissen und Fehlschlüssen wahrhaftig nicht allein da. Darum verdient der Fall nähere Aufmerksamkeit.

Der Kern von Herbigs Botschaft lautet: »Seit 30000 Jahren wird das menschliche Verhalten nicht mehr durch angeborene Verhaltensweisen und Denkstrukturen gesteuert.« Es orientiere sich seitdem vielmehr ausschließlich an »kulturellen Normen und Weltbildern«, und das waren bis in die Neuzeit religiöse Weltbilder.

Daß der Mensch – übrigens seit viel mehr als 30000 Jahren – eine Kultur besitzt, die ihn von der genetischen Verhaltenssteuerung in gewissem Maß befreit hat, hat Herbig nun aber nicht entdeckt und muß er niemandem sagen. Selbst die eingefleischtesten Biologisten haben es immer für die bare Selbstverständlichkeit gehalten. Sie haben – mit unterschiedlichen Akzenten – nur behauptet, daß unsere Emanzipation längst nicht vollständig war.

Die Frage ist also keineswegs, ob es kulturbestimmtes Verhalten gibt. Die Frage ist, ob unsere genetische Mitgift das Verhalten trotzdem immer noch beeinflußt, was sie beeinflußt und in welchem Maß. Auf der anderen Seite wollen die Kultur- und Sozialwissenschaften und mit ihnen die *communis opinio* bis heute nicht wahrhaben, daß die Biologie überhaupt ein Wort mitzureden hat. Jede solche Andeutung setzt sich zumindest hierzulande prompt dem Verdacht aus, reaktionär oder gar faschistisch zu sein.

Es ist nicht unverständlich; schließlich sind hierzulande verdrehte biologische Ideen zur Rechtfertigung schlimmster Politik herangezogen worden. Aber diese traurige Tatsache kann eine empirische Wissenschaft nicht für alle Zeit unter Tabu stellen. Auch die Biologie darf die opportunistischen nazistischen Verirrungen des verehrten Konrad Lorenz nicht vergessen, die zu erläutern seine Größe leider nie ausreichte; sie kann sich dafür aber auch nicht jedesmal entschuldigen.

Wohl wahr, einige heimische Vertreter der Biologie treten gern in der Rolle des politischen Predigers auf. Natürlich ist es ihr gutes Recht, wie es jedermanns gutes Recht ist, ihre Ideen dann politisch zu kritisieren. Wenn mir selber dabei manchmal unwohl ist, dann unter anderem, weil sie in dieser Rolle zwangsläufig mehr sagen, als ihre Wissenschaft erlaubt, der Leser aber nur schwer erkennen kann, wo die Wissenschaft aufhört und die Ideologie beginnt – und weil die ideologischen Blößen leicht dazu benutzt werden können, den Beitrag, den die Biologie zum Verständnis menschlichen Verhaltens geleistet hat und noch leisten kann und muß, ja das biologische Denken überhaupt in Mißkredit zu bringen.

Die »Biologisten«, meint Herbig, wollten uns weismachen, der Mensch sei durch Kampf und Krieg zu dem geworden, der er heute ist, und diese Geschichte verurteile ihn unrettbar zur Gewalttätigkeit. Er selber dagegen schildert den Sozialverband, in dem der Mensch den weitaus größten Teil seiner eigenen Stammesgeschichte verbracht hat, den der Jäger und Sammler, in ganz anderen Farben. Nicht Mord und Raub sei ihr tägliches Geschäft gewesen, sagt Herbig, sondern im Gegenteil die friedliche Zusammenarbeit.

Wie das Leben unserer Vorfahren wirklich war, weiß natürlich mit Sicherheit niemand. Die kargen und zufälligen Relikte, die jene Jahrhunderttausende hinterlassen haben, erlauben keine sicheren Aussagen, sondern nur mehr oder weniger plausible Spekulationen. Daß das Leben der Jäger und Sammler jedenfalls dort, wo die Erde dünn genug besiedelt war, ein relativ friedliches gewesen sein dürfte, ist nun aber mitnichten eine ketzerische neue Wahrheit, sondern heute die nahezu einhellige Vermutung der Sachverständigen.

Wenn einige Autoren aus dem weiten und offenen Land der Biologie im Kampf den wichtigsten Selektionsfaktor der jungen Menschheit gesehen und das gewalttätige Erbe betont haben, das wir zu tragen hätten, verdient das durchaus, kritisch unter die Lupe genommen zu werden. Das Gegenteil kann Herbig jedoch ebensowenig beweisen; wie sie kann auch er nur Indizien anbieten und ausdeuten. Und dabei übertreibt er die Friedfertigkeit der Jäger und Sammler mindestens ebensosehr, wie einige »Biologisten« deren kämpferisches Wesen übertrieben haben mögen. Fünf Beispiele.

1. Herbig verwahrt sich emphatisch gegen die Hypothese, der Neandertaler sei von den nachfolgenden Populationen blutig ausgerottet worden – eine Meinung, die seit längerem sowieso kaum noch jemand vertritt. (Die heute tatsächlich erwogene Hypothese, er habe aufgrund seines geringeren Sprachvermögens in der Konkurrenz mit den überlegenen Neuzuwanderern nicht bestehen können, diskutiert er gar nicht.) Richtig überzeugt hat sie überhaupt nur einer vorgetragen, der Dramatiker und Sachbuchautor Robert Ardrey. Er war in mancher Hinsicht Herbigs Pendant: ein Mann,

der eine bestimmte Vision unserer Vorgeschichte hatte und sich Fakten suchte und notfalls zurechtbog, sie zu untermauern. (Nur schreiben konnte er besser.) Herbigs Bücher sind, obwohl dieser nur en passant vorkommt, eigentlich ein verspäteter Anti-Ardrey. 1976, in seinem letzten Buch, beschrieb Ardrey, wie ihm eines Tages die Erleuchtung kam: »Wir haben ihm den Garaus gemacht. Kein Volk kann in einer Zeitspanne, die für die Evolution nur ein Augenblick ist, durch Entmutigung, Hybridisierung, Flucht und Abwanderung, die Begegnung mit fremden Krankheiten oder durch ein Nichtbestehen der Konkurrenz mit einer besser angepaßten Art vom Erdboden verschwinden. Der Neandertaler hatte Zehntausende von Jahren jede Not überlebt, in die ihn die launischen Anwandlungen der Natur nur stürzen konnten. Was er nicht zu überleben vermochte, das waren wir.«

Wie friedlich oder unfriedlich Neandertaler und Cro-Magnon-Menschen miteinander umgingen, weiß niemand. Sicher ist nur, daß beide Populationen einige Jahrtausende lang den gleichen Lebensraum bewohnten und daß die eine von ihnen vollständig verschwand. Herbig aber macht aus diesem Nebeneinander stracks ein »friedliches« Miteinander und gleich darauf gar einen »freundschaftlichen« und verwandtschaftlichen Verkehr.

2. Um zu demonstrieren, wie wenig der Jäger und Sammler auf Naturbeherrschung und Naturausbeutung aus war, erwähnt Herbig die Riten neuzeitlicher australischer Aborigines, deren Zweck nicht darin besteht, die Natur zur Hergabe von mehr Gütern zu bewegen, sondern die nur den Wechsel der Jahreszeiten feierlich begleiten. Aber auch diese feierliche Begleitung verfolgt einen instrumentellen Zweck: Die Natur, so der zugrundeliegende Glaube, stelle ihr Wirken ein, wenn der Mensch sie durch jene Riten nicht stütze. Diese sollen zwar nichts vermehren, aber sie sollen durchaus etwas bewirken: daß die Natur überhaupt weitermacht.

3. Beim feierlichen Potlatch, den einige nordamerikanische Indianerstämme periodisch veranstalteten, verschenken die Häuptlinge oft großsprecherisch alle ihre Kostbarkeiten oder vernichten sie sinnlos vor den Augen der versammelten Gäste. Je mehr einer weggibt, um so größer sein Ruhm. Herbig zitiert eine Untersuchung, derzufolge diese scheinbar sinnlosen Entäußerungen sehr wohl einen guten ökonomischen Sinn haben: Sie gleichen größere

Reichtums-Unterschiede zwischen Nachbardörfern aus und regen die Produktion an. Das mag so sein; nur sind objektive Folge und subjektives Motiv durchaus zweierlei. Die Teilnehmer selber werden es nicht gewußt haben; sie handelten nicht um des lieben Ausgleichs willen, sie handelten aus nackter, unbändiger Ruhmsucht.

4. Warum hat der Mensch den aufrechten Gang angenommen? Eine gängige Theorie besagt, es sei die Anpassung eines ursprünglichen Waldbewohners an die Savannen Ostafrikas gewesen: Aufrecht gehend, hatte der Hominide die Hände frei, im Gehen Körner aus den hochstehenden wilden Gräsern zu sammeln. Eine andere Theorie meint, er habe sich im Interesse einer Arbeitsteilung zwischen den Geschlechtern aufgerichtet: Wenn die Männer Nahrung über weite Strecken tragen konnten, konnten ihre Frauen an einem Lagerplatz bleiben und sich um den Nachwuchs kümmern. Herbig diskutiert beide nicht. Dafür inspirieren ihn die zufällig erhaltenen Fußstapfen zweier ungleich großer Vertreter der Gattung *Homo* – ein größerer und ein kleinerer, die nebeneinanderher gegangen sein müssen – zu der Vision eines zutiefst altruistischen Wesens: Der Frühmensch habe die Hände frei haben wollen zum »Tragen von Nahrung, um andere zu versorgen. Zusammenarbeit und Teilen stehen am Beginn der Evolution des Menschlichen.« Mag sein, oder auch nicht – die Theorie ist gefälliger, aber keinen Deut sicherer als ihr Gegenstück, der Frühmensch habe seine Hände frei haben wollen für Raub und Mord.

5. Aus der ganzen Zeit der Menschwerdung haben sich Werkzeuge erhalten, die auch Waffen gewesen sein könnten; und eine ganze Menge frühmenschlicher Knochenfunde weisen Beschädigungen auf, die sehr wohl von Waffen herrühren mögen – beispielsweise die wie zerschmettert aussehenden Australopithecinen-Schädel, die sich in südafrikanischen Höhlen fanden. Herbig hat recht, wenn er darauf hinweist, daß nicht zweifelsfrei erwiesen ist, ob die Beschädigungen tatsächlich auf menschliche Gewalt zurückgehen. Aber – ganz einfach – falsch ist seine Folgerung: »Die Behauptung, Mord, Totschlag und Kannibalismus seien Todesursache der Australopithecinen gewesen, ist ganz einfach falsch.« »Nicht erwiesen« ist mit Verlaub nicht dasselbe wie »der Unrichtigkeit überführt«.

Daß der Krieg der Vater aller Dinge sei, ist ganz und gar nicht die Auffassung der modernen Biologie. Damals, in den ersten Jahrzehnten der Evolutionstheorie, konnten sich Darwin und seine Anhänger zwar die natürliche Selektion, die die Entwicklung voranbringt, nur als einen blutrünstigen »Kampf ums Dasein« vorstellen, in dem sich die Kräftigsten und Grausamsten am besten behaupteten. Seit langem nun schon aber gehört es zum ABC der Evolutionsbiologie, daß die biologische *fitness* (Tauglichkeit), die von der Evolution belohnt wird, nicht in Stärke und Rücksichtslosigkeit, sondern allein im differentiellen Reproduktionserfolg besteht: Jedes genetisch verankerte Merkmal, das seinem Träger mehr überlebende und ihrerseits reproduktionsfähige Nachkommen beschert als seinem nicht damit ausgestatteten Populationsgenossen, breitet sich aus, während jene, denen das betreffende Merkmal fehlt, weniger werden. Unter bestimmten raren Bedingungen kann es die schiere Kampfkraft sein, die den größeren Fortpflanzungserfolg bringt; im allgemeinen aber werden ganz andere Anpassungen prämiiert. Dem »Kampf ums Dasein« in einem anderen Sinn als dem eines Fortpflanzungswettbewerbs mit allen Mitteln hat die Biologie lange den Abschied gegeben.

Und ebenfalls Geschichte, wenn auch jüngere, ist Konrad Lorenz' Aggressionstheorie, die er 1963 in seinem Bestseller »Das sogenannte Böse« verkündete und die damals die Öffentlichkeit aufwühlte. Sie malte die Lage des Menschen in so eindrucksvoll düsteren Farben, weil sie eine Triebstau-Theorie war. Ihr zufolge sollte sich in Mensch wie Tier spontan eine aggressive Triebenergie ansammeln, die sich periodisch in Akten beliebiger Gewalttätigkeit entladen muß und auch den Menschen immer wieder zu Ausbrüchen sinnloser Aggression hinreißt. Es schien, von Lorenz damals beobachtet, Fälle tierischen Verhaltens zu geben, in denen ein Ausbleiben normaler Kampfsituationen den Schwellenwert der aggressionsauslösenden Reize senkte – die Buntbarsche etwa, die schließlich sogar ihre eigenen Weibchen angriffen, wenn ihnen die normalen »Feinde«, die männlichen Reviernachbarn, vorenthalten blieben. Selbst das ließ sich jedoch nicht replizieren. Und in der Annahme, daß sich daraus ein allgemeiner, staubarer, der »Abfuhr« bedürftiger Aggressionstrieb ableiten ließe, ist die Biologie Lorenz nie gefolgt. Man kann sie heute nicht vorführen, als spielte sie in der Verhaltensbiologie noch irgendeine Rolle.

Zur gleichen Zeit wie Lorenz' Aggressionstheorie entstand hingegen eine andere biologische Theorie, die Zukunft haben sollte: William Hamiltons Theorie der »Gesamtfitness«. Die Frage war: Wie kann unter Bedingungen, die den individuellen Reproduktionserfolg belohnen, ein Lebewesen je auf individuelle Vorteile verzichten? Wenn eine genetische Mutation ein Merkmal entstehen läßt, das seinen Träger zu altruistischem Verhalten bewegt, also etwa dazu, sein Futter mit einem Artgenossen zu teilen oder ihn zu verteidigen – beeinträchtigt es damit nicht seinen eigenen Fortpflanzungserfolg und wird somit sofort wieder ausgeschieden werden? Wie also kann unter den Bedingungen von Mutation und Selektion jemals prosoziales Verhalten entstehen? Es ist eine wirkliche biologische Frage, und zwar eine schwerwiegende. Hamiltons Antwort: Altruistisches Verhalten kann immer dort entstehen, wo das, was der Einzelne an individueller »Fitness« opfert, der »Gesamtfitness« seiner Gene dennoch zugute kommt und zu ihrem Erfolg beiträgt. Wer einen Blutsverwandten unterstützt, fördert seine eigenen Gene auch dann, wenn er seinen eigenen Fortpflanzungserfolg mindert. Seitdem zerbricht sich die Evolutionsbiologie über altruistisches Verhalten weit mehr den Kopf als über aggressives.

Herbig bleibt seinen Lesern jede ernsthafte Erörterung dieser Überlegungen schuldig. Dabei sind sie nicht nur für »irgendwelche Tiere« relevant, sondern auch für den Prozeß der Menschwerdung. Die menschliche Kultur, welche uns mit der Zeit in gewissem Maß von den Verhaltensimperativen der Gene befreit hat, welche uns heute sogar dazu bringen kann, ohne jede bewußte oder unbewußte Rücksicht auf unsere Gene altruistisch zu handeln, ist der Fähigkeit zur prosozialen Kooperation ja nicht vorausgegangen, sie ist erst ihr Produkt. Diese muß sich zu einer Zeit herausgebildet haben, als es für die werdende Menschheit noch keine kulturelle Evolution gab, sondern nur eine rein genetische.

Herbigs zweiter Band profitiert davon, daß die Zeit, von der er berichtet – die Anfänge von Kunst und Landwirtschaft – mehr Indizien hinterlassen hat. Wer sich die Erfindung der Landwirtschaft, die große »Agrarrevolution« immer als einen abrupten Umbruch vorgestellt hat, kann sich hier eines besseren belehren lassen: Es war ein Vorgang, der sich über mehrere tausend Jahre hinzog und gleichsam absichtslos geschah. Keine Menschenhorde hat eines Tages beschlossen, nicht mehr nomadisch umherzuziehen, sondern ein Stück Land zu umfrieden und dort künftig Getreide anzubauen und Tiere zu züchten; vielmehr siedelten sich auf verlassenen Lagerplätzen zuweilen kolonisierende Pflanzen an, deren Eßbarkeit mit der Zeit entdeckt wurde. Kehrte die Gruppe auf ihren Wanderungen dann eines Tages zur gleichen Lagerstätte zurück, so fand sie dort eine neue »Ernte« vor.

Herbigs Gegner hat nunmehr einen Namen: Es ist der »biologische Fatalist«. Als seinen Prototyp hat er ausgerechnet Hoimar v. Ditfurth ausersehen, den Autor von »So laßt uns denn ein Apfelbäumchen pflanzen«. Dessen pessimistische Prognose aber beruhte nun gerade auf einer ökologischen und militärischen Inventur, nicht auf biologischem Schicksalsglauben. Von inneren biologischen Zwängen handelte nur der Passus, in dem v. Ditfurth darauf hinwies, daß die biologisch bedingte Begrenztheit unseres Verstandes es uns schwermache, das volle Ausmaß unserer Gefährdung zu erfassen. Er führte Gründe dafür an; Herbig verschweigt sie.

Als »Eckpfeiler« des verabscheuten »biologischen Fatalismus« bezeichnet Herbig die »evolutionäre Ethik« und die »evolutionäre Erkenntnistheorie« – jene, weil sie den Menschen wegen seiner angeborenen Verhaltensprogramme für »zivilisationsunfähig« erkläre, diese, weil sie uns für außerstande halte, »die Folgen unseres Handelns zu ermessen«.

Seltsamerweise erwähnt und diskutiert Herbig keine einzige der wissenschaftlichen Arbeiten zu der Frage, ob die menschliche Moral von stammesgeschichtlichen Anpassungen eingefärbt sei, etwa die von Norbert Bischof oder Hans Kummers Arbeiten über Primatenmoral. Sein Hauptzeugnis ist ein Vortrag des Freiburger Biologen Hans Mohr. Was sagte Mohr wirklich? Er beschrieb zwar einige der schweren Probleme, zu denen unser im Pleistozän entstandenes Verhaltensrepertoire in der modernen Welt führe, verurteilte uns aber mitnichten zur »Zivilisationsunfähigkeit«. Der Vortrag gipfelte vielmehr in einem unfatalistischen, geradezu pathetischen Bekenntnis zur menschlichen Vernunft, die sich über angestammte Verhaltensmuster hinwegsetzen könne und müsse. So ist der Fatalist (v. Ditfurth) kein Biologe oder »Biologist« und der Biologe (Mohr) kein Fatalist.

Verzwickter steht es um Herbigs Umgang mit der evolutionären Erkenntnistheorie. Sie besagt, daß der Erkenntnisapparat des Menschen wie der aller Lebewesen eine biologische Geschichte hat – und daß sich sowohl seine Grenzen wie seine Tüchtigkeit aus dieser erklären lassen.

Unsere Sinne erschließen uns nur einen Ausschnitt der Welt, nämlich jenen, der für unsere Ahnen einmal überlebenswichtig war, also den irdischen Mesokosmos. Zu Mikro- und Makrokosmos, zur Welt des ganz Kleinen und des ganz Großen, haben wir keinen unmittelbaren sinnlichen Zugang, und es fehlen uns dafür die unmittelbaren Anschauungsformen. Den Raum können wir zum Beispiel nur dreidimensional denken – das vierdimensionale Raum-Zeit-Kontinuum, das das All sein soll, hat selbst Einstein nur errechnen, nicht aber sich vorstellen können; daß es irgendwie »gekrümmt« sei, ist keine Beschreibung, sondern nur eine Metapher für das Unvorstellbare. Die Sinne liefern uns kein Bild der Welt, wie sie »an sich« ist, sie interpretieren uns die Welt. Unser Auge übertreibt Kanten und die Bewegungen vor unbewegtem Hintergrund. Unser Ohr registriert Änderungen in den Geräuschen und überhört gleichmäßige Töne nach kurzer Zeit, wenn sie nicht ungewöhnlich laut sind. Unser Tastsinn meldet uns gleichfalls vor allem Berührungen, die sich ändern: Das Haar, das hinter den Hemdkragen gefallen ist, stört uns; das Hemd selber merken wir nicht. Nichts in der Welt ist an sich »grün« – grün ist die Qualität, die wir einem bestimmten elektromagnetischen Frequenzbereich verleihen. Nichts in der Welt ist an sich »bitter« – bitter ist die Qualität, mit der wir uns im Laufe unserer Stammesgeschichte vor bestimmten Alkaloid-Molekülen zu warnen gelernt haben.

Doch wenn wir auch ein sehr parteiisches, art-eigentümliches Bild der Außenwelt erhalten – ganz falsch kann es nicht sein. Wessen »Weltbildapparat« nämlich ein in einem lebenswichtigen Punkt falsches Bild vermittelte, der hätte in dieser Welt nicht bestehen können. Hätte es unseren Ahnen hohe Klippen als niedrig gemeldet, so wären sie zu Tode gestürzt, und es gäbe uns nicht.

Herbig nun glaubt die evolutionäre Erkenntnistheorie mit dem Einwand aus den Angeln heben zu können, die Menschheit der Vorgeschichte habe sich nicht an angeborenen, sondern an religiösen, also kulturellen Weltbildern orientiert, die doch objektiv unrichtig waren. Der Einwand aber trifft mit voller Wucht daneben. Kein Anhänger der evolutionären Erkenntnistheorie hat je behauptet, die verschiedenen Theorien, die sich der Mensch über das Naturgeschehen mache, ob nun magisch-mythisch-religiös oder pseudo-wissenschaftlich oder wirklich wissenschaftlich, seien ein Werk der Gene und müßten darum richtig sein. Die ganze evolutionäre Erkenntnistheorie spielt eine Etage tiefer, nicht bei den Theorien, sondern bei den Wahrnehmungen und den grundlegenden Denkformen. Sollte aber Herbig nur meinen, die Langlebigkeit der Religionen habe bewiesen, daß die Menschen auch mit falschen Weltbildern existenzfähig sind und daß die evolutionäre Erkenntnistheorie in diesem einen Punkt korrekturbedürftig ist, so stäche auch das nicht. So wie Nonnenlikör den Schnupfen nicht kuriert, dieser aber meist einige Tage nach der Einnahme weicht, so bewirkt auch der Regenzauber zwar nicht wirklich Regen, aber es regnet öfters trotzdem, vor allem wenn er kurz vor der Regenzeit ergeht. Die Theorie schadet also den Überlebenschancen nicht; und vielleicht hat sie ungewollt und beiläufig sogar evolutionär nützliche Folgen, zum Beispiel indem der gemeinsame Ritus den Zusammenhalt und die Zusammenarbeit ihrer Anhänger festigt.

Aber evolutionäre Erkenntnistheorie hin oder her, es sind einfach empirische Tatsachen: daß wir uns Kausalitäten mit Vorliebe linear denken und Mühe haben, die komplexen Wirkungssysteme zu erfassen, in die wir eingebunden sind; daß wir uns auch Entwicklungen linear denken und exponentielle Zu- oder Abnahmen nur schwer begreifen; daß große Zahlen für uns immer nur »viel« bedeuten; daß wir die Größe von Katastrophen, in die viele Menschen verwickelt sind, in unseren Gefühlen nicht maßstäblich abbilden können; daß wir um der Konformität mit unserer Bezugsgruppe willen unbemerkt unsere Urteile beugen... Viele dieser Beschränkungen können wir durch bewußte Anstrengung und durch die Hilfsmittel von Wissenschaft und Technik überwinden. Aber es ist besser, nicht einfach zu leugnen, daß es sie zunächst einmal gibt.

Bis entschlüsselt ist, wie genau einzelne Gene einzelne Verhaltensweisen beeinflussen, wird noch viel Zeit vergehen. Aber es hieße sich für dumm verkaufen, bis dahin alle indirekten Aufschlüsse in den Wind zu schlagen, nach dem Motto: Ich glaube es erst, wenn du mir das betreffende Gen zeigst. *Daß* Gene Verhalten bestimmen können, steht fest. Bei der Hyperurikämie etwa führt ein »kleiner«, rezessiver Gen-Defekt zu einer Veränderung des Harnsäurestoffwechsels. Die Folge ist nicht nur ein Überschuß an Harnsäure. Die Folgen sind auch: Bewegungsunruhe, Selbstverstümmelungszwang, Schwachsinn.

Gene bauen unsere Sinnesorgane auf und bestimmen, welche Ausschnitte der Welt wir wahrnehmen, und wie wir sie wahrnehmen. Gene enthalten den Bauplan für unseren Denk- und Gedächtnisapparat. Gene steuern Wachstum, Reifung und Altern. Gene beeinflussen unsere unterschiedlichen Anfälligkeiten für viele somatische und psychische Krankheiten. Gene bewirken Unterschiede zwischen einzelnen Individuen und einzelnen Populationen, sorgen für die Unterschiede zwischen Jung und Alt, Groß und Klein, Dick und Dünn, Schön und Häßlich (und was uns so scheint), Dumm und Klug, Krank und Gesund. Gene sind der Hauptfaktor bei der Festlegung der Charakterstruktur. Gene statten uns mit Gefühlen, mit Leidenschaften, mit Motiven aus, und diese sind zum Teil irrational und nur schwer belehrbar. Möglicherweise gehören zu diesen Motiven alte Bekannte aus dem Sozialleben verwandter Tierarten: die Bereitschaft, Kinder und andere Angehörige zu schützen und zu versorgen; die Bereitschaft, eine Rangordnung zu bilden; die Bereitschaft, sich territorial zu verhalten; die Bereitschaft, nicht zur eigenen Gruppe gehörige Artgenossen mit Argwohn zu beobachten, der bis zur Feindseligkeit gehen kann. Und dazu möglicherweise einige typisch menschliche Akquisitionen, etwa das Bedürfnis, Geben und Nehmen im Gleichgewicht zu halten: Wer etwas nimmt, ist dem Geber »verpflichtet«, und das um so mehr, je mehr den seine Gabe gekostet hat. Und das alles soll ohne Folge für unser heutiges soziales Verhalten sein? Ohne Folge für die Kulturen, die wir uns entwerfen und einrichten?

Vieles davon räumt Herbig durchaus ein, meist um es dann sofort herunterzuspielen. Beispiel: Rechtsidee und Kosmologie seien Ergebnisse kultureller Entwicklungen, »die zwar auf angeborenen Elementen beruhen, aber nicht von diesen determiniert werden«. Oder: »Unser Arsenal an angeborenen Verhaltensweisen hat sich tatsächlich in Anpassung an Kleingruppen entwickelt« – doch dienten diese Verhaltensweisen nur als »Instrumente«, während kulturelle Ordnungen die »Partitur« lieferten (ich selber sähe es eher umgekehrt). In solchen Sätzen bricht sich die Wahrheit Bahn, daß weder der Einzelne noch die Kultur unabhängig ist von dem biologischen Erbe; daß dieses nicht außer Kraft gesetzt, sondern nur kulturell überformt ist. Aber dann wieder heißt es apodiktisch: »*Natur* [prägt] weder unser Erkennen noch unser Verhalten.« Das Verhalten »beruhe« auf biologischen Gegebenheiten, werde aber von ihnen nicht »determiniert«; eine »erste Natur« hätten wir zwar, aber sie »präge« uns nicht... An solchen Stellen verläuft sich der Kasus in semantischer Haarspalterei.

Um ein Bild des kanadischen Psycho- und Physiologen Donald Hebb zu gebrauchen, der manche zukunftsträchtige Idee hatte: Erbe und Umwelt verhalten sich wie Breite und Länge einer Fläche; eine Fläche ohne Breite oder ohne Länge gibt es nicht. Für Aussagen wie »Menschliches Verhalten wird von genetischen Programmen regiert« oder »Genetische Verhaltensprogramme gibt es beim Menschen nicht mehr« sollte langsam kein Platz mehr sein. Im Fall des Menschengeschlechts findet seit Jahrmillionen eine Koevolution von Natur und Kultur statt, die sorgfältig entziffert werden muß. Das Individuum konstituiert sich in einer beständigen Auseinandersetzung genetischer Programme mit der Umwelt, darunter deren kulturellen Einflüssen. Diese Wechselwirkungen wollen von Fall zu Fall genau ergründet sein. Aus starren Verhaltensprogrammen sind beim Menschen Verhaltensvorschläge geworden – aber unsere Freiheit ist nicht unbegrenzt, wir lernen nicht alles, und nicht alles gleich leicht. Wir können jenen Vorschlägen zuwiderhandeln; aber es könnte uns manchmal sehr schwer fallen und Kosten verursachen. Der Mensch ist von Natur aus ein kulturbedürftiges Wesen – aber eine nicht auf typisch menschlichem Handeln, Fühlen und Denken beruhende Kultur wäre ihm nie beizubringen.

Einmal verrät Herbig versehentlich mehr, als er will: dort, wo er Mythen und Religionen »tief« nennt, die schöpferische Entwicklungsleistung der Natur aber »trivial«. Wer so gering von der lebendigen Natur denkt, wird allerdings einiges daransetzen, sie abzuschütteln – und die Biologie, die nur das »Triviale« erkundet, wird er für eine niedere Wissenschaft halten. Es ist eine häufige perspektivische Täuschung. In der Natur ist unendlich mehr »Information«, und das heißt Ordnung, Gestalt geworden als in aller kulturellen Weisheit zusammengenommen. Wer vor der Aufgabe stünde, auf der einen Seite die belebte Natur, auf der anderen die menschlichen Mythen zu erfinden, dem ginge es genau umgekehrt wie Herbig. Ihm erschiene die Natur tief und die Mythen trivial.

Wirkliche Erkenntnisfortschritte wird es nur geben, wenn Natur- und Kulturwissenschaften endlich zu einem *joint venture* zusammenfinden. Bücher wie die von Herbig zementieren leider nur noch einmal den alten Graben.

# ANHANG

# BIBLIOGRAPHIE

## TARZANS ARME VETTERN
## ÜBER WILDE KINDER UND WOLFSKINDER

1. Blumenbach, Johann Friedrich: *Von* Homo sapiens ferus *Linn. und namentlich vom Hammelschen wilden Peter.* In: Johann Friedrich Blumenbach: Beiträge zur Naturgeschichte, 2. Teil. Dieterich, Göttingen 1811, Seite 10–44

2. Curtiss, Susan / Victoria Fromkin / Stephen Krashen / David Rigler / Marilyn Rigler: *The Linguistic Development of Genie.* In: Language, 50(3)/1974, Seite 528–554

3. Curtiss, Susan R.: *Genie – A Linguistic Study of a Modern-Day »Wild Child«.* Academic Press, New York NY 1977

4. Davis, Kingsley: *Extreme Social Isolation of a Child.* In: American Journal of Sociology, 45/1940, Seite 554–565

5. Davis, Kingsley: *Final Note on a Case of Extreme Isolation.* In: American Journal of Sociology, 52/1947, Seite 432–437

6. Dennis, Wayne: *The Significance of Feral Man.* In: The American Journal of Psychology, 54/1941, Seite 425–433

7. Feuerbach, Paul J. Anselm Ritter von: *Kaspar Hauser – Verbrechen am Seelenleben des Menschen* (1832). In: Hörisch (Hrsg.) 1979 (q.v.), Seite 119–203

8. Gesell, Arnold: *Wolf Child and Human Child – The Life History of Kamala, the Wolf Girl.* Methuen, London 1941

9. Hassenstein, Bernhard: *Verhaltensbiologie des Kindes.* Piper, München [4]1987

10. Hegel, Georg Wilhelm Friedrich: *Vorlesungen über die Philosophie der Geschichte* (1822ff.). In: G.W.F. Hegel: Werke, Band 12. Suhrkamp, Frankfurt 1970

11. Herodotos von Halikarnassos: *Das Geschichtswerk.* Insel-Verlag, Leipzig 1956

12. Hörisch, Jochen (Hrsg.): *Ich möchte ein solcher werden wie… – Materialien zur Sprachlosigkeit des Kaspar Hauser.* Suhrkamp Taschenbuch Verlag, Frankfurt 1979

13. Hubel, David H. / Torsten N. Wiesel: *The Period of Susceptibility to the Physiological Effects of Unilateral Eye Closure in Kittens.* In: Journal of Physiology, 206(2)/Februar 1970, Seite 419–436

14. Hubel, David H. / Torsten N. Wiesel: *Brain Mechanisms of Vision.* In: Scientific American, 241(3)/September 1979, Seite 130–144

15. Kipling, Rudyard: *The Jungle-Book.* Macmillan, London 1894. Deutsch: Rudyard Kipling: *Das Dschungelbuch.* Haffmans, Zürich 1987

16. Koehler, Otto: *»Wolfskinder«, Affen im Haus und Vergleichende Verhaltensforschung.* In: Folia Phoniatrica, 4/1952, Seite 29–53

17. Lane, Harlan: *The Wild Boy of Aveyron.* Allen & Unwin, London 1977

18. Lewis, Jonathan K. / Gene P. Sackett: *Toward an Ontogenetic Monkey Model of Behavioral Development.* In: Joan S. Lockard (Hrsg.): The Evolution of Human Social Behavior. Elsevier, New York NY 1980, Seite 107–123

19. Malson, Lucien / Jean Itard / Octave Mannoni: *Les enfants sauvages – Mythe et réalité.* Union Générale d'Editions, Paris 1964. Deutsch: Lucien Malson / Jean Itard / Octave Mannoni: Die wilden Kinder. Suhrkamp, Frankfurt 1972

20. Pines, Maya: *The Civilizing of Genie.* In: Psychology Today, September 1981, Seite 28–34

21. Rauber, August: *Homo sapiens ferus oder die Zustände der Verwilderten und ihre Bedeutung für Wissenschaft, Politik und Schule.* [2]1888

22. Singh, J. A. L.: *The Wolf-Children of Midnapore.* In: Robert M. Zingg (Hrsg.): Wolf Children and Feral Man, 4th Contributions of the University of Denver, New York / London 1942. Deutsch: J. A. L. Singh: Die »Wolfskinder« von Midnapore, Vorwort von Adolf Portmann. Quelle & Meyer, Heidelberg 1964

23. [Sleeman, Sir William H.:] *Wolves Nurturing Children In Their Dens.* In: The Zoologist. 3. Serie, 12(135)/1888, Seite 87–98

24. Tinland, Franck: *L'Homme sauvage – Homo ferus et Homo sylvestris – De l'animal à l'homme.* Payot, Paris 1968

25. Vogel, Christian: *Die biologische Evolution menschlicher Kulturfähigkeit.* In: Hubert Markl (Hrsg.): Natur und Geschichte. Oldenbourg, München 1983, Seite 101–127

26. Zimmer, Dieter E.: *Kinder der Wildnis.* In: Zeitmagazin, 38/13. September 1985, Seite 49–63; 39/20. September 1985, Seite 55–63

27. Zingg, Robert M.: *Feral Man and Extreme Cases of Isolation.* In: The American Journal of Psychology, 53(4)/1940, Seite 487–517

### DER MENSCH UND SEIN DOUBLE
### ÜBER ZWILLINGE UND ZWILLINGSFORSCHUNG

1. Arvey, Richard D. / Thomas J. Bouchard, Jr. / Nancy L. Segal / Lauren M. Abraham: *Job Satisfaction – Environmental and Genetic Components.* In: Journal of Applied Psychology [in Vorbereitung, 1988]

2. Benbow, Camilla Persson: *Sex differences in mathematical reasoning ability in intellectually talented adolescents – Their nature, effect, and possible causes.* In: Behavioral and Brain Sciences, 11(2)/1988, Seite 169–183 (Diskussion Seite 183–232)

3. Bertelsen, A. / Bent Harvald / Mogens Hauge: *A Danish Study of Manic-Depressive Disorders.* In: British Journal of Psychiatry, 130/1977, Seite 330–351

4. Bouchard Jr., Thomas J. / Matthew McGue: *Familial Studies of Intelligence – A Review.* In: Science, 212/29. Mai 1981, Seite 1055–1059

5. Bouchard Jr., Thomas J.: *Twins – Nature's Twice-Told Tale.* In: 1983 Yearbook of Science and the Future. Encyclopedia Britanica, Chicago IL 1982, Seite 68–81

6. Bouchard Jr., Thomas J.: *Twins reared apart and together – What they tell us about human individuality.* In: Sidney W. Fox (Hrsg.): Individuality and Determinism. Plenum Press, New York NY 1984, Seite 147–184

7. Bouchard Jr., Thomas J. / Nancy L. Segal: *IQ and environment.* In: Benjamin B. Wolman (Hrsg.): Handbook of Intelligence. Wiley, New York NY 1985, Seite 391–464

8. Bouchard Jr., Thomas J. / David T. Lykken / Nancy L. Segal / Kimerly J. Wilcox: *Development in Twins Reared Apart – A Test of the Chronogenetic Hypothesis.* In: A. Demirjian (Hrsg.): Human Growth – A multidisciplinary review. Taylor & Francis, London 1986, Seite 299–310

9. Bouchard Jr., Thomas J.: *Diversity, Development and Determinism – A Report on Identical Twins Reared Apart.* In: Manfred Amelang (Hrsg.): Bericht über den 35. Kongreß der Deutschen Gesellschaft für Psychologie in Heidelberg 1986. Verlag für Psychologie / Hogrefe, Göttingen 1987, Band 2, Seite 417–432

10. Bouchard Jr., Thomas J.: *The Hereditarian Research Program – Triumphs and Tribulations.* In: S. Modgil / C. Modgil (Hrsg.): Arthur Jensen – Consensus and controversy. Falmer International, London 1987, Seite 55–75

11. Ditfurth, Hoimar v.: *Die Marionetten der Gene?* In: Geo, 5/Mai 1983, Seite 38–54

12. Eckert, Elke D. / Leonard L. Heston / Thomas J. Bouchard, Jr.: *MZ twins reared apart – preliminary findings of psychiatric disturbances and traits.* In: Twin Research, 3/1981, Seite 179–188

13. Eckert, Elke D. / Thomas J. Bouchard / Joseph Bohlen / Leonard L. Heston: *Homosexuality in Monozygotic Twins Reared Apart.* In: British Journal of Psychiatry, 148/1986, Seite 421–425

14. Farber, Susan L.: *Identical Twins Reared Apart – A Reanalysis.* Basic Books, New York NY 1981

15. Feest, Christian F.: *Alkohol bei den Indianern Nordamerikas.* In: Gisela Völger (Hrsg.): Rausch und Realität – Drogen im Kulturvergleich, 2 Bände. Rautenstrauch-Joest-Museum für Völkerkunde, Köln 1981, Band 1, Seite 162–168

16. Galton, Francis: *The History of Twins, as a Criterion of the Relative Powers of Nature and Nurture.* In: Fraser's Magazine, New Series, 12/1875, Seite 566–576

17. *Ginny and Gracie Go to School – Linguistic Progress with the "idioglossa" twins.* In: Time, 10. Dezember 1979

18. Goodwin, Donald W.: *Alcoholism and Genetics.* In: Archives of General Psychiatry, 42(2)/1985, Seite 171–174

19. Gorney, Cynthia: *The Twins – Identical Brothers Who Grew Up Apart, One Raised as a Nazi, One as a Jew.* In: The Washington Post, 10. Dezember 1979, Seite B1

20. Gottesman, Irving I. / James Shields: *Schizophrenia and Genetics – A Twin Study Vantage Point*. Academic Press, New York NY 1972

21. Hanson, B. R. / Franz Halberg / N. Tuna / Thomas J. Bouchard / David T. Lykken / G. Cornelissen / Leonard L. Heston: *Rhythmometry reveals heritability of circadian characteristics of heart rate of human twins reared apart*. In: Cardiologia, 29(5–6)/1984, Seite 267–282

22. Harris, Carole S.: *The case of the vanishing twin*. In: Science 83, März 1983, Seite 84

23. Holden, Constance: *Twins Reunited*. In: Science 80, November 1980, Seite 55–59

24. Jackson, Donald Dale: *Reunion of identical twins, raised apart, reveals some astonishing similarities*. In: Smithsonian Magazine, Oktober 1980, Seite 49–56

25. Juel-Nielsen, Niels: *Individual and environment – A psychiatric-psychological investigation of MZ twins reared apart*. In: Acta Psychiatrica Scandinavica, Suppl. 183, 1965. Reprint (with epilogue): International University Press, New York NY 1980

26. Kaprio, Jaakko / Markku Koskenvuo / Heimo Langinvainio / Kalle Romanov / Seppo Sarna / Richard J. Rose: *Genetic Influences on Use and Abuse of Alcohol – A Study Of 5638 Adult Finnish Twin Brothers*. In: Alcoholism, 11(4)/1987, Seite 349–356

27. Karcher, Helmut L.: *Wie ein Ei dem andern – Alles über Zwillinge*. Piper, München 1975

28. Knobloch, William H. / Nancy M. Leavenworth / Thomas J. Bouchard / Elke D. Eckert: *Eye findings in twins reared apart*. In: Ophthalmic Paediatrics and Genetics, 5(1–2)/1985, Seite 59–65

29. Lang, John S.: *The case of the identical firemen*. In: U.S. News & World Report, 13. April 1987, Seite 63–64

30. Loehlin, John C. / Robert C. Nichols: *Heredity, Environment, and Personality*. University of Texas Press, Austin TX 1976

31. Lykken, David T.: *Presidential Adress*. Society for Psychophysiological Research, Washington, D.C., Oktober 1981

32. Lykken, David T.: *Research with twins – The concept of emergenesis*. In: Psychophysiology, 19/1982, Seite 361–373

33. McGue, Matthew / Thomas J. Bouchard, Jr.: *Intelligence*. In: P. McGuffin / R. M. Murray / A. M. Reveley (Hrsg.): Psychiatric Genetics. Livingstone, London 1987

34. McGue, Matthew / Thomas J. Bouchard, Jr.: *Genetic and Environmental Determinants of Information Processing and Special Mental Abilities – A Twin Analysis*. In: R. J. Sternberg (Hrsg.): Advances in the Psychology of Human Intelligence, Band 5 (in Vorbereitung; 1988?)

35. McLaughlin Abbe, Kathryn / Frances McLaughlin Gill: *Twins on Twins* Potter, New York NY 1980

36. Newman, Horatio Hackett / F. N. Freeman / K. J. Holzinger: *Twins – A Study of Heredity and Environment*. University of Chicago Press, Chicago IL 1937

37. Plomin, Robert / Denise Daniels: *Why are children in the same family so different from one another?* In: Behavioral and Brain Sciences, 10(1)/März 1987, Seite 1–16, (Diskussion Seite 16–59)

38. Reed, T. Edward / Harold Kalant / Robert J. Gibbins / Bushan M. Kapur / James G. Rankin: *Alcohol and acetaldehyde metabolism in Caucasians, Chinese and Amerinds.* In: Canadian Medical Association Journal, 115(6)/1976, Seite 851–855

39. Reed, T. Edward: *Racial Comparisons of Alcohol Metabolism – Background, Problems, and Results.* In: Alcoholism, 2(1)/1978, Seite 83–87

40. Rosen, Clare Mead: *The Eerie World of Reunited Twins.* In: Discover, September 1987, Seite 36–46

41. Scarr, Sandra / Patricia L. Webber / Richard A. Weinberg / Michele A. Wittig: *Personality resemblance among adolescents and their parents in biologically related and adoptive families.* In: Journal of Personality and Social Psychology, 40/1981, Seite 885–898

42. Schepank, Heinz / Annelise Heigl-Evers (Hrsg.): *Ursprünge seelisch bedingter Krankheiten, Band II: Ergebnisse.* Verlag für Medizinische Psychologie, Göttingen 1981

43. Schuckit, Marc A.: *Biological Vulnerability to Alcoholism.* In: Journal of Consulting and Clinical Psychology, 55(3)/1987, Seite 301–309

44. Segal, Nancy L.: *Cooperation, Competition, and Altruism Within Twin Sets – A Reappraisal.* In: Ethology and Sociobiology, 5/1984, Seite 163 bis 177

45. Segal, Nancy L.: *Twin Survivors of the Holocaust.* In: Twins, November–Dezember 1985, Seite 27–31

46. Segal, Nancy L.: *Monozygotic and Dizygotic Twins – A Comparative Analysis of Mental Abilities Profiles.* In: Child Development, 56/1985, Seite 1051–1058

47. Shields, James: *Monozygotic Twins Brought Up Apart and Brought Up Together.* Oxford University Press, London 1962

48. Shields, James: *MZA Twins – Their Use and Abuse.* In: Twin Research – Psychology and Methodology. Liss, New York NY 1978, Seite 79–93

49. Tellegen, Auke / David T. Lykken / Thomas J. Bouchard, Jr. / Kimerly J. Wilcox / Nancy L. Segal / Stephen Rich: *Personality Similarity in Twins Reared Apart and Together.* In: Journal of Personality and Social Psychology [in Vorbereitung; 1988]

50. Torgersen, Svenn: *The Nature and Origin of Common Phobic Fears.* In: British Journal of Psychiatry, 134/1979, Seite 343–351

51. Torgersen, Svenn: *Genetic Factors in Anxiety Disorders.* In: Archives of General Psychiatry, 40/1983, Seite 1085–1089

52. Vogel, Friedrich: *The genetic basis of the normal human electroencephalogram (EEG).* In: Human Genetics, 10/1970, Seite 91–114

53. Wallace, Marjorie: *The Silent Twins.* Chatto & Windus, London 1986. Deutsch: Die schweigsamen Zwillinge. Orlanda, Berlin 1987

54. Watson, Peter: *Twins – A investigation into the strange coincidences in the lives of separated twins.* Hutchinson, London 1981

55. Wilson, Ronald S.: *The Louisville Twin Study – Developmental Synchronies in Behavior.* In: Child Development, 54(2)/1983, Seite 298–316
56. Zerbin-Rüdin, Edith: *Vererbung und Umwelt bei der Entstehung psychischer Störungen.* Wissenschaftliche Buchgesellschaft, Darmstadt 1974
57. Zimmer, Dieter E.: *Zwillinge.* In: Zeitmagazin, 3/15. Januar 1982, Seite 4–21.
58. Zimmer, Dieter E.: *Zwillinge.* In: Zeitmagazin, 47/18. November 1988, Seite 54–73

## EIN PARADIES WIRD GESCHLOSSEN
## ÜBER SAMOA, MARGARET MEAD UND DEREK FREEMAN

1. Boas, Franz: *The Mind of Primitive Man.* Macmillan, New York NY 1911
2. Eibl-Eibesfeldt, Irenäus: *Krieg und Frieden aus der Sicht der Verhaltensforschung.* Piper, München 1975
3. DeVore, Irven: *The Evolution of Human Society.* In: J. F. Eisenberg / W. S. Dillon (Hrsg.): Man and Beast. Smithsonian Annual III, Smithsonian Institute, Washington DC, Seite 297–311
4. Fortune, Reo F.: *Arapesh Warfare.* In: American Anthropologist (New Series), 41/1939, Seite 22–41
5. Freeman, Derek: *Margaret Mead and Samoa – The Making and Unmaking of an Anthropological Myth.* Harvard University Press, Cambridge MA 1983. Deutsch: Liebe ohne Aggression. Kindler, München 1983
6. Goodall, Jane: *The Chimpanzees of Gombe – Patterns of Behavior.* Harvard University Press, Cambridge MA 1986
7. Heinz, H. J.: *Territoriality among the Bushmen in General and the !ko in Particular.* In: Anthropos, 67/1973, Seite 405–416
8. König, Herbert: *Der Rechtsbruch und sein Ausgleich bei den Eskimo.* In: Anthropos, 20/1925, Seite 276–315
9. Lee, Richard B. / Irven DeVore: *Man the Hunter.* Aldine, Chicago IL 1968, Seite 3–12
10. Lee, Richard B.: *!Kung Spatial Organization – An Ecological and Historical Perspective.* In: Richard B. Lee / Irven DeVore (Hrsg.): Kalahari Hunter-Gatherers. Harvard University Press, Cambridge MA 1976, Seite 3 ff.
11. Lelaula, Lelei: *Coming of Age in Anthropology.* In: The Periodical Report. Januar–Februar 1983, Seite 7 und 9
12. Lewis, Oscar: *Pedro Martinez – A Mexican Peasant and His Family.* Random House, New York NY 1961. Deutsch: Pedro Martinez – Selbstporträt eines Mexikaners. Econ, Düsseldorf 1965
13. Mead, Margaret: *Coming of Age in Samoa.* Morrow, New York NY 1928. Deutsch: Kindheit und Jugend in Samoa. In: Jugend und Sexualität in primitiven Gesellschaften, Band 1. Deutscher Taschenbuch-Verlag, München 1970
14. Mead, Margaret: *Growing up in New Guinea.* Morrow, New York

NY 1930. Deutsch: Kindheit und Jugend in Neuguinea. In: Jugend und Sexualität in primitiven Gesellschaften, Band 2. Deutscher Taschenbuch-Verlag, München 1970

15. Mead, Margaret: *Sex and Temperament.* Morrow, New York NY 1935. Deutsch: Geschlecht und Temperament in drei primitiven Gesellschaften. In: Jugend und Sexualität in primitiven Gesellschaften, Band 3. Deutscher Taschenbuch-Verlag, München 1970

16. Mead, Margaret: *Cultural Determinants of Behavior.* In: Anne Roe / George Gaylord Simpson (Hrsg.): Behavior and Evolution. Yale University Press, New Haven CT 1958, Seite 480–503

17. Mead, Margaret: *Blackberry Winter.* Morrow, New York NY 1972. Deutsch: Brombeerblüten im Winter. Rowohlt Taschenbuch Verlag, Reinbek 1978

18. Montagu, Ashley (Hrsg.): *Man and Aggression.* Oxford University Press, Oxford 1968

19. Nansen, Fridtjof: *Eskimoleben.* Globus, Berlin 1923

20. Redfield, Robert: *Tepoztlán, a Mexican Village – A Study of Folk Life.* University of Chicago Press, Chicago IL 1930

21. Schindler, Helmut: *Territorialität und Aggression – Eine Erwiderung.* In: Anthropos, 69/1974, Seite 275–278

22. Schmidbauer, Wolfgang: *Territorialität und Aggression bei Jägern und Sammlern.* In: Anthropos, 68/1973, Seite 548–558

23. Sterba, James P.: *Debunking a Myth.* In: The Wall Street Journal, 15. April 1983, Seite 14 und 15

24. Wendt, Albert: *Margaret Meads Samoa – Eine Anklage.* In: Frankfurter Hefte, 38(9)/September 1983, Seite 45–53

25. Zimmer, Dieter E.: *Adam und die Detektive.* In: Die Zeit, 19/6. Mai 1983, Seite 33–35

26. Zimmer, Dieter E.: *Ein Paradies wird geschlossen.* In: Der Rabe, 5/1984, Seite 83–92

### IMMER GRÖSSER, IMMER SCHNELLER GROSS
### ÜBER DEN JAHRHUNDERTTREND

1. Amundsen, Darrel W. / Carol Jean Diers: *The Age of Menarche in Classical Greece and Rome.* In: Human Biology, 41(1)/1969, Seite 125–132

2. Amundsen, Darrel W. / Carol Jean Diers: *The Age of Menarche in Medieval Europe.* In: Human Biology, 45(3)/1973, Seite 363–369

3. Boas, Franz: *Changes in bodily form of descendants of immigrants.* Government Printing Office, Washington DC 1910

4. Bogin, Barry / Robert B. MacVean: *The Relationship of Socioeconomic Status and Sex to Body Size, Skeletal Maturation, and Cognitive Status of Guatemala City Schoolchildren.* In: Child Development, 54(1)/1983, Seite 115–128

5. Calhoun, Daniel: *The Intelligence of a People.* Princeton University Press, Princeton NJ 1973

6. Daw, S.F.: *Age of Boy's Puberty in Leipzig, 1727–1749, as Indicated by Voice Breaking in J. S. Bach's Choir Members.* In: Human Biology, 42(1)/1970, Seite 87–89

7. Dobzhansky, Theodosius / Gordon Allen: *Does Natural Selection Continue to Operate in Mankind?* In: American Anthropologist, 58/1956, Seite 591–604

8. Eveleth, Phyllis B. / James M. Tanner: *Worldwide Variation in Human Growth.* Cambridge University Press, Cambridge 1976

9. Falkner, Frank / James M. Tanner: *Human Growth,* Band 1 bis 3. Plenum Press, New York NY 1978/79

10. Gupta, P.P. / S.N. Mehrotra / J.N. Balla / V.N. Tripathi: *Growth and Development in Urban Slums.* In: Indian Pediatrics, 22(1)/1985, Seite 828 bis 839

11. Hagen, Wilhelm K.: *Zum Akzelerationsproblem.* In: Deutsche Medizinische Wochenschrift, 86/1961, Seite 220–223

12. Hartmann, W.: *Beobachtungen zur Acceleration des Längenwachstums in der zweiten Hälfte des 18. Jahrhunderts.* Dissertation, Universität Frankfurt 1970

13. Haug, Herbert: *Der Einfluß der säkularen Akzeleration auf das Hirngewicht des Menschen und dessen Änderung während der Alterung.* In: Gegenbaurs Morphologisches Jahrbuch, 130/1984, Seite 481–500

14. Himes, John H.: *Secular Changes in Body Proportions and Composition.* In: Roche (Hrsg.) 1979 (q. v.), Seite 28–58

15. Howe, Paul E. / Maria Schiller: *Growth responses of the school child to changes in diet and environmental factors.* In: Journal of Applied Physiology, 5/195 2, Seite 51–61

16. Hulse, Frederick S.: *Exogamie et heterosis.* In: Archives Suisses d'Anthropologie Générale, 22(2)/1957, Seite 103–125

17. Jensen, Arthur R.: *Straight Talk About Mental Tests.* The Free Press (Macmillan), New York NY 1981

18. Jürgens, Hans W.: *Bisheriger Verlauf der Akzeleration.* (Manuskript 1988)

19. Kiil, Vilhelm: *Stature and growth of Norwegian men during the past two hundred years.* In: Skrifter utgitt av det Norske Videnskaps Akademi, 2(6)/1939, Seite 1–175

20. Koch, Ernst Walther: *Über die Veränderungen menschlichen Wachstums im 1. Drittel des 20. Jahrhunderts – Ausmaß, Ursachen und Folgen für den Einzelnen und für den Staat.* Barth, Leipzig 1935

21. Lenz, Widukind / B.W. Ort: *Das Wachstum von Hamburger Schülern in den Jahren 1877 und 1957.* In: Die Medizinische, 47/21. November 1959, Seite 2265–2271

22. Loehlin, John C. / Gardner Lindzey / James N. Spuhler: *Race Differences in Intelligence.* Freeman, San Francisco CA 1975

23. Malina, Robert M.: *Secular Changes in Size and Maturity – Causes and Effects.* In: Roche (Hrsg.) 1979 (q. v.), Seite 59–102

24. Marshall, W. A.: *Geographical and Ethnic Variations in Human Growth.* In: British Medical Bulletin, 37(3)/1981, Seite 273–279

25. Martorell, Reynaldo / Hernán L. Delgado / Victor Valverde / Robert E. Klein: *Maternal Stature, Fertility and Infant Mortality*. In: Human Biology, 53(3)/1981, Seite 303–312

26. Matsumoto, K.: *Secular acceleration of growth in height in Japanese and its social background*. In: Annals of Human Biology, 9(4)/1982, Seite 399 bis 410

27. Meredith, Howard V.: *Findings from Asia, Australia, Europe, and North America on Secular Change in Mean Height of Children, Youths, and Young Adults*. In: American Journal of Physical Anthropology, 44(2)/1976, Seite 315–326

28. Paigen, Beverley / Lynn R. Goldmann / Mary M. Magnant / Joseph H. Highland / A. Theodore Steegman, Jr.: *Growth of Children Living Near the Hazardous Waste Site, Love Canal*. In: Human Biology, 59(3)/1987, Seite 489–508

29. Poirier, Frank E.: *Fossil Evidence – The Human Evolutionary Journey*. Mosby, St. Louis MO [2]1977

30. Roche, Alex F. (Hrsg.): *Secular Trends in Human Growth, Maturation, and Development*. Monographs of the Society for Research in Child Development, 44(3–4), University of Chicago Press, Chicago IL 1979

31. Roche, Alex F.: *Secular Trends in Stature, Weight, and Maturation*. In: Roche (Hrsg.) 1979 (q. v.), Seite 3–27

32. Schell, Lawrence M. / Denise C. Hodges: *Variation in Size at Birth and Cigarette Smoking During Pregnancy*. In: American Journal of Physical Anthropology, 68(4)/1985, Seite 549–554

33. Steegmann Jr., A. Theodore / P. A. Haseley: *Stature Variation in the British American Colonies – French and Indian War Records, 1755–1763*. In: American Journal of Physical Anthropology, 75(3)/1988, Seite 413–421

34. Takahashi, Eiji: *Growth and Environmental Factors in Japan*. In: Human Biology, 38(1)/1966, Seite 112–130

35. Takahashi, Eiji: *Secular Trend in Milk Consumption and Growth in Japan*. In: Human Biology, 56(3)/1984, Seite 427–437

36. Tanner, James M.: *Growth at Adolescence*. Blackwell, Oxford 1955, [2]1962

37. Tanner, James M.: *Earlier Maturation in Man*. In: Scientific American, 218(1)/1968, Seite 21–27

38. Tanner, James M. / Phyllis B. Eveleth: *Variability Between Populations in Growth and Development in Puberty*. In: S. R. Berenberg (Hrsg.): Puberty – Biologic and Psychosocial Components. Stenfert Kroese, Leiden 1975, Seite 256–273

39. Tanner, James M.: *A Concise History of Growth Studies from Buffon to Boas*. In: Falkner / Tanner (Hrsg.) 1978 ff. (q. v.), Band III, Seite 515–591

40. Tanner, James M.: *Foetus into Man – Physical Growth from Conception to Maturity*. Open Books, London 1978

41. van Wieringen, J. C.: *Secular Growth Changes*. In: Falkner / Tanner (Hrsg.) 1978, (q. v.), Band II, Seite 445–473

42. Walter, Hubert: *Socioeconomic Factors and Human Growth – Obser-*

*vations from School Children in Bremen.* In: O.G.Eiben (Hrsg.): Growth and Development – Physique. Akadémia Kiadó, Budapest 1977, Seite 49 bis 61

43. Widdowson, Elsie M.: *Mental Contentment and Physical Growth.* In: The Lancet, 1/1951, Seite 1316–1318

44. Ziegler, Eugen: *Secular changes in the stature of adults and the secular trend of the modern sugar consumption.* In: Zeitschrift für Kinderheilkunde, 99/1967, Seite 146–166

45. Ziegler, Eugen: *Zuckerkonsum und pränatale Akzeleration.* In: Helvetica Paediatrica Acta, 31(4–5)/1976, Seite 347–363

### WAS UNS ANGST MACHT
### ÜBER DIE MONSTER DER LEINWAND

Bartholomew, David u.a.: *E. T. the Extra-Terrestrial.* In: Cinefantastique, 13(2–3)/1982, Seite 12–27

Borges, Jorge Luis / Margarita Guerrero: *El libro de los seres imaginarios.* Kier, Buenos Aires 1967. Deutsch: Einhorn, Sphinx und Salamander. Hanser, München 1982

Giesen, Rolf: *Special Effects – Die Tricks im Film – Vom Spiegeleffekt bis zur Computeranimation.* Edition Achteinhalb Lothar Just, Ebersberg 1985

Hogan, David J.: *The making of »The Thing«, and Rob Bottin's eyepopping, razzle-dazzle makeup effects.* In: Cinefantastique, 13(2–3)/1982, Seite 48 bis 75

Jones, Alan: *The Dark Crystal.* In: Cinefantastique, 13(4)/1983, Seite 32–55

King, Stephen: *Danse Macabre.* Everest, New York 1981

Manthey, Dirk (Hrsg.): *Die Science-Fiction-Filme.* Zweiter Kino Verlag, Hamburg 1983

Mode, Heinz: *Fabeltiere und Dämonen in der Kunst – Die fantastische Welt der Mischwesen.* Kohlhammer, Stuttgart 1977

Nicholls, Peter: *Fantastic Cinema – An Illustrated Survey.* Ebury Press, London 1984

Tinland, Franck: *L'Homme sauvage.* Payot, Paris 1968

Zimmer, Dieter E.: *Warum uns Monster so lieb sind.* In: Zeitmagazin, 16/12. April 1985, Seite 50–59

### DIE FARM DES NEUEN MENSCHEN
### ÜBER DEN KIBBUZ ALS VERHALTENSLABORATORIUM

1. Amir, Yehuda: *The Effectiveness of the Kibbutz-Born Soldier in the Israel Defense Forces.* In: Human Relations, 22(4)/1969, Seite 333–344

2. Antonovsky, Helen F. / Ilana Shoham / Sophia Kavenaki / Moshe Lancet / Baruch Modan: *Gender Differences in Patterns of Adolescent Sexual Behavior.* In: Journal of Youth and Adolescence, 9(2)/1980, Seite 127–141

3. Baratz, Joseph: *Kefar al gedot haj-Jarden*. Englisch: A Village by the Jordan. Ichud Habonim, Tel Aviv 1960. Deutsch: Josef Baras: Siedler am Jordan. Vandenhoeck & Ruprecht, Göttingen 1963

4. Barkai, Haim: *Der Kibbutz – ein mikrosozialistisches Experiment*. In: Heinsohn (Hrsg.) 1982 (q.v.), Seite 19–59

5. Beit-Hallahmi, Benjamin / Albert I. Rabin: *The Kibbutz as a Social Experiment and as a Child-Rearing Laboratory*. In: American Psychologist, Juli 1977, Seite 532–541

6. Beit-Hallahmi, Benjamin / Baruch Nevo / Albert I. Rabin: *Family and Comunally Raised (Kibbutz) Children 20 Years Later – Biographical Data*. In: International Journal of Psychology, 14/1979, Seite 215–223

7. Ben Rafael, E. / A. Tagliacozzo / V. Kraus: *Warum Jugendliche den Kibbutz verlassen*. In: Heinsohn (Hrsg.) 1982 (q.v.), Seite 263–276

8. Benbow, Camilla Persson: *Sex differences in mathematical reasoning ability in intellectually talented preadolescents – Their nature, effects, and possible causes*. In: Behavioral and Brain Sciences, 11(2)/1988, Seite 169–183 (Diskussion Seite 183–232)

9. Bettelheim, Bruno: *The Children of the Dream*. Macmillan, New York NY 1969. Deutsch: Bruno Bettelheim: Die Kinder der Zukunft. Molden, Wien 1971

10. Bischof, Norbert: *Die biologischen Grundlagen des Inzesttabus*. In: Bericht über den 27. Kongreß der Deutschen Gesellschaft für Psychologie in Kiel 1970. Hogrefe, Göttingen 1973, Seite 115–142

11. Blumberg, Rae Lesser: *Kibbutz Women – From the Fields of Revolution to the Laundries of Discontent*. In: Lynn Iglitzin / Ruth Voss (Hrsg.): Women in the World. Santa Barbara CA 1976, Seite 39–44

12. Bowes, Alison: *Women in the Kibbutz Movement*. In: Sociological Review (New Series), 26/1978, Seite 237–262

13. Buber, Martin: *Pfade in Utopia* (1945). Lambert Schneider, Heidelberg 1950

14. Dar, Yehezkel: *Homogeneity and Heterogeneity in Education*. Dissertation, Hebrew University, Jerusalem 1980

15. Devereux, Edward C. / Ron Shouval / Urie Bronfenbrenner / Robert R. Rodgers / Sophie Kav-Venaki / Elizabeth Kiely / Esther Karson: *Socialization Practices of Parents, Teachers, and Peers in Israel – The Kibbutz versus the City*. In: Child Development, 45/1974, Seite 269–281

16. Diamond, Stanley: *Kibbutz and Shtetl – The History of an Idea*. In: Social Problems, 5(2)/1957, Seite 71–99

17. Fox, J. R.: *Sibling Incest*. In: British Journal of Sociology, 13/1962, Seite 128–150

18. Fox, Nathan: *Attachment of Kibbutz Infants to Mother and Metapelet*. In: Child Development, 48/1977, Seite 1228–1239

19. Furby, Lita: *Inequalities in Personal Possessions – Explanations for and Judgments about Unequal Distribution*. In: Human Development, 22(3)/1979, Seite 180–202

20. Furby, Lita: *Collective Possession and Ownership – A Study of Its Judged

*Feasability and Desirability*. In: Journal of Social Behavior and Personality, 8(2)/1980, Seite 165–184

21. Gerson, Menachem: *Family, Women, and Socialization in the Kibbutz*. Lexington / D.C.Heath, Lexington MA 1977, Seite 9–20

22. Heinsohn, Gunnar (Hrsg.): *Das Kibbutz-Modell*. Suhrkamp, Frankfurt 1982

23. Hertz, Rosanna: *Family in the Kibbutz – A Review of Authority Relations and Women's Status*. In: Marriage and Family Review, 5(2)/1982, Seite 29–50

24. Lanir, Joseph: *The Kibbutz Movement – Survey and Data*. Yad Tabenkin / The Research Institute of the United Kibbutz Movement, Ramat-Efal ²1987

25. Leviatan, Uri: *Factors that Determine Attachment of the Kibbutz-Born to Kibbutz-Life and Reasons for their Departure*. The Kibbutz University Center, University of Haifa, Haifa 1975

26. Leviatan, Uri: *Work and Aging in the Kibbutz*. In: Aging and Work, 6(3)/1983, Seite 215–226

27. Lieblich, Amia: *Kibbutz Makom – Report from an Israeli Kibbutz*. Pantheon, New York NY 1981

28. Liegle, Ludwig: *Familie und Kollektiv im Kibbuz*. Beltz, Weinheim ⁴1977

29. Meghnagi, David: *Il Kibbutz*. Barulli, Rom 1974

30. Meier-Cronemeyer, Hermann: *Kibbutzim – Geschichte, Geist und Gestalt*. Literatur und Zeitgeschehen. Hannover 1969

31. Meyer-Bahlburg, H.F.L.: *Androgens and Human Aggression*. In: Paul F. Brain / David Benton (Hrsg.): The Biology of Aggression. Sijthoff & Noordhoff, Alphen 1981, Seite 263–290

32. Nadler, Arie / Elana Romek / Ariella Shapira-Friedman: *Giving in the Kibbutz – Pro-Social Behavior of City and Kibbutz Children as Affected by Social Responsibility and Social Pressure*. In: Journal of Cross-Cultural Psychology, 10(1)/1979, Seite 57–72

33. Nathan, Michael: *Sex Roles in the Kibbutz*. In: K. Bartolke u.a. (Hrsg.): Integrated Cooperatives in the Industrial Society – The Example of the Kibbutz. Van Gorcum, Assen 1980, Seite 95–106

34. Nevo, Barukh: *Personality Differences Between Kibbutz Born and City Born Adults*. In: Journal of Psychology, 96(2)/1977, Seite 303–308

35. Opielka, Michael / Wolfgang Trede: *Seele in guter Gesellschaft – Über das Gelingen und Scheitern kollektiver Sozialisation im Kibbuz – Ein kritisch-ökologischer Versuch*. Eigenverlag, Tübingen 1983

36. Oz, Amos: *Where the Jackals Howl, and other stories*. Chatto & Windus, London 1980

37. Oz, Amos: *Makom aher*. Sifriat Poalim, Tel Aviv 1966. Englisch: Elsewhere, Perhaps. Harcourt Brace Jovanovich, New York NY 1973

38. Pirojnikoff, Leo A. / Ilana Hadar: *Self-Perception Differences Among Kibbutz and City Adults in Israel and Jewish and Non-Jewish Adults in the United States*. In: Journal of Psychology, 84/1973, Seite 105–110

39. Rabin, Albert I.: *Growing Up in the Kibbutz*. Springer Publications, New York NY 1965

40. Rabin, Albert I. / Benjamin Beit-Hallahmi: *Twenty Years Later – Kibbutz Born Children Grown Up*. Springer Publications, New York NY 1982

41. Rosner, Menachem / Michal Palgi: *Family, Familism & the Equality Between the Sexes*. The Kibbutz University Center, University of Haifa, Haifa 1980

42. Rapaport, David: *The Study of the Kibbutz Education and its Bearing on the Theory of Development*. In: American Journal of Orthopsychiatry, 28/1958, Seite 587–597. Deutsch: David Rapaport: Die Kibbuz-Erziehung und ihre Bedeutung für die Entwicklungspsychologie. In: Psyche, 12/1959, Seite 353–366

43. Regev, Eliahu / Benjamin Beit-Hallahmi / Ruth Sharabany: *Affective Expression in kibbutz-communal, kibbutz-familial, and city-raised children in Israel*. In: Child Development, 51(1)/1980, Seite 232–237

44. Shepher, Joseph: *Mate Selection Among Second Generation Kibbutz Adolescents and Adults – Incest Avoidance and Negative Imprinting*. In: Archives of Sexual Behavior, 1(4)/1971, Seite 293–307

45. Shepher, Joseph: *The Message of the Kibbutz in an Age of Pervasive Technology*. In: Avraham Yassour (Hrsg.): Kibbutz Members Analyze the Kibbutz. Institute for Cooperative Community, Cambridge MA 1977, Seite 1–8

46. Shepher, Joseph / Lionel Tiger: *Female Hierarchies in a Kibbutz Community*. In: Lionel Tiger / Heather T. Fowler (Hrsg.): Female Hierarchies. Beresford Book Service, Chicago IL 1978, Seite 225–248

47. Shepher, Joseph: *Incest – A Biosocial View*. Academic Press, New York NY 1983

48. Shur, Shimon / Benjamin Beit-Hallahmi / Joseph Raphael Blasi / Albert I. Rabin: *The Kibbutz – A Bibliography of Scientific and Professional Publications in English*. Norwood, Darby PA 1981

49. Spiro, Melford E.: *Kibbutz – Venture in Utopia*. Harvard University Press, Cambridge MA 1956

50. Spiro, Melford E.: *Children of the Kibbutz*. Harvard University Press, Cambridge MA 1958

51. Spiro, Melford E.: *Gender and Culture – Kibbutz Women Revisited*. Duke University Press, Durham NC 1979

52. Talmon-Garber, Yonina: *Family and Community in the Kibbutz*. Harvard University Press, Cambridge MA 1972

53. Tiger, Lionel / Joseph Shepher: *Women in the Kibbutz*. Harcourt Brace Jovanovich, New York NY 1975

54. Yinon, Yoel / Nili Freedman: *The Social Needs of Kibbutz and Urban Israeli Youth*. In: Journal of Social Psychology, 103/1977, Seite 319–322

55. Yinon, Yoel / Irit Sharon / Zoya Azgal / Illit Barshir: *Helping Behavior of Urbanites, Moshavniks, and Kibbutzniks*. In: Journal of Social Psychology, 113(1)/1981, Seite 143–144

56. Zimmer, Dieter E.: *Die Farm des neuen Menschen.* In: Zeitmagazin, 42/12. Oktober 1984, Seite 34–49; 43/19. Oktober 1984, Seite 51–60; 44/26. Oktober 1984, Seite 52–62

## KAIN UND KONSORTEN
## ÜBER DIE WURZELN DER AGGRESSION

Bandura, Albert: *Aggression – A Social Learning Analysis.* Prentice-Hall, Englewood Cliffs NJ 1973

Berkowitz, Leonard: *Aggression – A Social Psychological Analysis.* McGraw-Hill, New York NY 1962

Berkowitz, Leonard: *The Frustration-Aggression Hypothesis Revisited.* In: Leonard Berkowitz (Hrsg.): Roots of Aggression – A Re-Examination of the Frustration-Aggression-Hypothesis. Atherton Press, New York NY 1969

Dentan, Robert Knox: *The Semai – A Nonviolent People of Malaya.* Holt, Rinehart and Winston, New York NY 1968

Dollard, John / Leonhard W. Doob / Neal E. Miller / O.H. Mowrer / Robert S. Sears: *Frustration and Aggression.* Yale University Press, New Haven CT 1939. (Deutsch: Frustration und Aggression. Beltz, Weinheim 1970

Eibl-Eibesfeldt, Irenäus: *Liebe und Haß – Zur Naturgeschichte elementarer Verhaltensweisen.* Piper, München 1970

Eibl-Eibesfeldt, Irenäus: *Krieg und Frieden aus der Sicht der Verhaltensforschung.* Piper, München 1975

Freud, Sigmund: *Triebe und Triebschicksale* (1915): In: Studienausgabe, Band III, S. Fischer, Frankfurt 1975, Seite 75–102

Freud, Sigmund: *Jenseits des Lustprinzips* (1920). In: Studienausgabe, Band III, S. Fischer, Frankfurt 1975, Seite 211–272

Freud, Sigmund: *Warum Krieg?* (1933). In: Studienausgabe, Band IX, S. Fischer, Frankfurt 1974, Seite 271–286

Fromm, Erich: *The Anatomy of Human Destructiveness.* Holt, Rinehart and Winston, New York NY 1973. Deutsch: Anatomie der menschlichen Destruktivität. Deutsche Verlags-Anstalt, Stuttgart 1974

Hacker, Friedrich: *Aggression – Die Brutalisierung der modernen Welt.* Molden, Wien 1971

Herbig, Jost: *Nahrung für die Götter – Die kulturelle Neuerschaffung der Welt durch den Menschen.* Hanser, München 1988

Hinde, Robert Aubrey: *Biological Bases of Human Social Behaviour.* McGraw-Hill, New York NY 1974

Hobbes, Thomas: *Leviathan or the Matter, Forme and Power of a Commonwealth Ecclesiasticall and Civil* (1651). Deutsch: Leviathan. Reclam, Stuttgart 1970

Kornadt, Hans-Joachim: *Grundzüge einer Motivationstheorie der Aggression.* In: Reinhard Hilke / Wilhelm Kempf (Hrsg.): Aggression – Naturwissenschaftliche und kulturwissenschaftliche Perspektiven der Aggressionsforschung. Huber, Bern 1982, Seite 86–111

Kornadt, Hans-Joachim / Gisela Trommsdorf: *Aggressivitätsgenese im Kulturvergleich.* In: Wolfgang Schönpflug (Hrsg.): Bericht über den 36. Kongreß der Deutschen Gesellschaft für Psychologie in Berlin 1988. Hogrefe, Göttingen 1988, Seite 314

Kornadt, Hans-Joachim: *Frühe Mutter-Kind-Beziehungen im Kulturvergleich.* In: Gisela Trommsdorf (Hrsg.): Sozialisation im Kulturvergleich. Enke, Stuttgart (in Vorbereitung; 1988)

Langfeldt, Hans-Peter / Maria Langfeldt-Nagel: *Alltagstheorien aggressiven Verhaltens – Ihre Rekonstruktion, Beschreibung und Interpretation.* Poster, 36. Kongreß der Deutschen Gesellschaft für Psychologie, Berlin 1988

Lorenz, Konrad: *Das sogenannte Böse.* Borotha-Schöler, Wien 1963

Medawar, Peter B. / Jean S. Medawar: *Aristotle to Zoos – A Philosophical Dictionary of Biology.* Harvard University Press, Cambridge MA 1983. Deutsch: Von Aristoteles bis Zufall. Piper, München 1986

Menninger, Karl: *Love Against Hate.* Harcourt Brace Jovanovich, New York NY 1942. Deutsch: Liebe und Haß. Klett-Cotta, Stuttgart 1985

Montagu, Ashley (Hrsg.): *Man and Aggression.* Oxford University Press, Oxford 1968

Rousseau, Jean-Jacques: *Discours sur l'origine et les fondements de l'inégalité parmi les hommes* (1754). Deutsch: Abhandlung über den Ursprung und die Grundlagen der Ungleichheit. Schriften, Band I, Hanser, München 1978, Seite 165–302

Scherer, Klaus R. / Ronald P. Abeles / C. S. Fischer: *Human Aggression and Conflict – Interdisciplinary Perspectives.* Prentice-Hall, Englewood Cliffs NJ 1975

Scott, John Paul: *Aggression.* University of Chicago Press, Chicago IL [2]1975

Sipes, Richard G.: *War, Sports and Aggression – An Empirical Test of Two Rival Theories.* In: American Anthropologist, 75(1)/1973, Seite 64–86

Stewart, Omer C.: *Lorenz / Margolin on the Ute.* In: Ashley Montagu (Hrsg.) 1968, Seite 221–228

Svare, B. D. (Hrsg.): *Hormones and Aggressive Behavior.* Plenum Press, New York NY 1983

Tinbergen, Niko: *On War and Peace in Animals and Man.* In: Science, 160/1968, Seite 1411–1418

Wilson, Edward O.: *On Human Nature.* Harvard University Press, Cambridge MA 1978. Deutsch: Biologie als Schicksal. Ullstein, Frankfurt 1980

Zimbardo, Philip G.: *The Human Choice – Individuation, reason, and order vs. deindividuation, impulse, and chaos.* In: W. J. Arnold (Hrsg.): Nebraska Symposium on Motivation. University of Nebraska Press, Lincoln NB 1969

Zimbardo, Philip G.: *A Pirandellian Prison.* In: New York Times, 8. April 1973

Zimmer, Dieter E.: *Hearing über die Wurzeln der Aggression.* In: Die Zeit, 13/20. März 1987, Seite 37–40

GRAMMATIK AUS DEM NICHTS

ÜBER TAUBSTUMME KINDER UND KREOLSPRACHEN

1. Bickerton, Derek: *Roots of Language*. Karoma, Ann Arbor MI 1981

2. Bickerton, Derek: *Creole Languages*. In: Scientific American, 249(1)/Juli 1983, Seite 108–115

3. Bickerton, Derek: *The language bioprogram hypothesis*. In: The Behavioral and Brain Sciences, 7(2)1984, Seite 173–188 (Diskussion Seite 188 bis 221)

4. Chomsky, Noam: *Die formale Natur der Sprache*. In: Eric H. Lenneberg: Biological Foundations of Language. Wiley, New York NY 1967. Deutsch: Biologische Grundlagen der Sprache, Suhrkamp, Frankfurt 1972, Seite 483 bis 539

5. Feldman, Heidi / Susan Goldin-Meadow / Lila Gleitman: *Beyond Herodotus – The Creation of Language by Linguistically Deprived Deaf Children*. In: Andrew Lock (Hrsg.): Action, Gesture and Symbol – The Emergence of Language. Academic Press, London 1978, Seite 351–414

6. Goldin-Meadow, Susan / Carolyn Mylander: *Gestural Communication in Deaf Children – Noneffect of Parental Input on Language Development*. In: Science, 221/22. Juli 1983, Seite 372–374

7. Herodotos von Halikarnassos: *Das Geschichtswerk*, Teil II. Insel, Leipzig 1956

ZEIT SCHIMP SPRECHEN

ÜBER SPRACHVERSUCHE MIT MENSCHENAFFEN

1. Anonym: *Affen – Lug und Trug nach Menschenart*, In: Der Spiegel, 31/28.8.1986, Seite 146–148

2. Chomsky, Noam: *Human Language and Other Semiotic Systems*. In: Sebeok / Umiker-Sebeok (Hrsg.) 1980 (q. v.), Seite 429–440

3. Crichton, Michael: *Congo*. Knopf, New York NY 1980

4. De Luce, Judith / H.T. Wilder (Hrsg.): *Language in Primates*. Springer, New York NY 1983

5. Drumm, Patrick / Beatrix T. Gardner / R. Allen Gardner: *Vocal and Gestural Responses of Cross-Fostered Chimpanzees*. In: American Journal of Psychology, 99(1)/1986, Seite 1–29

6. Fouts, Roger S.: *Capacities for Language in Great Apes*. In: Russell H. Tuttle (Hrsg.): Socioecology and Psychology of Primates. Mouton, den Haag 1975, Seite 371–390

7. Fouts, Roger S. / Mark Bodamer: *Preliminary Report to the National Geographic Society on: »Chimpanzee Intra-Personal Signing«*. In: Friends of Washoe, 6/7(4/1)1987, Seite 4–12

8. Fouts, Roger S. / Deborah H. Fouts / Thomas E. Van Cantfort: *The Infant Loulis Learns Signs from Cross-Fostered Chimpanzees*. In: Gardner / Gardner / Van Cantfort (Hrsg.) 1988 (q. v.)

9. Gardner, Beatrix T. / Emil W. Menzel, Jr.: *Project Nim – Who Taught Whom?* In: Contemporary Psychology, 26(6)/1981, Seite 425–426 [Diskussion: Herbert S. Terrace: Evidence for sign language in apes – What the ape signed or how well the ape was loved?; in: Contemporary Psychology, 27(1)/1982, Seite 67–68. Beatrix T. Gardner: Comparative psychology and language acquisition; in: Contemporary Psychology, 27(1)/1982, Seite 68. Mark S. Seidenberg: Where is Washoe, now that we really need her? In: Contemporary Psychology, 27(2)/1982, Seite 155. Herbert S. Terrace: Seeing the trees instead of the forest; in: Contemporary Psychology, 27(2)/1982, Seite 155–156. Beatrix T. Gardner: Facts, figures and warts; in: Contemporary Psychology, 27(2)/1982, Seite 156]

10. Gardner, R. Allen / Beatrice T. Gardner: *Teaching Sign Language to the Chimpanzee Washoe.* In: Bulletin D'Audio Phonologie, 4(5)/1974, Seite 145–173

11. Gardner, Beatrice T. / R. Allen Gardner: *Evidence for Sentence Constituents in the Early Utterances of Child and Chimpanzee.* In: Journal of Experimental Psychology – General, 104(3)/1975, Seite 244–267

12. Gardner, R. Allen / Beatrice T. Gardner: *Comparative Psychology and Language Acquisition.* In: Annals of the New York Academy of Sciences, 309/1978, Seite 37–76

13. Gardner, R. Allen / Beatrix T. Gardner: *A Vocabulary Test for Chimpanzees* (Pan troglodytes). In: Journal of Comparative Psychology, 98(4)/1984, Seite 381–404

14. Gardner, Beatrix T. / R. Allen Gardner: *Signs of Intelligence in Cross-Fostered Chimpanzees.* In: Philosophical Transactions of the Royal Society of London, B, 308/1985, Seite 159–176

15. Gardner, R. Allen / Beatrix T. Gardner / Thomas E. Van Cantfort (Hrsg.): *Teaching Sign Language to Chimpanzees.* Central New York University Press, New York NY 1988 (in Vorbereitung)

16. Gleitman, Lila R. / E. Wanner: *Language Acquisition – The State of the Art.* In: Language Acquisition – The State of the Art. Cambridge University Press, Cambridge 1983

17. *Gorilla* – Journal of the Gorilla Foundation, 11(1)/1987

18. Lieberman, Philip: *The Biology and Evolution of Language.* Harvard University Press, Cambridge MA 1984

19. Linden, Eugene: *Silent Partners – The Legacy of the Ape Language Experiments.* Times Books (Random House), New York 1986

20. MacKinnon, John: *The Ape Within Us.* Holt, Rinehart and Winston, New York NY 1978

21. Miles, H. Lyn: *Cognitive Development in a Signing Orang Utan.* In: Primate Report, 14/Juli 1986, Seite 179–180

22. Menzel Jr., Emil W.: *Communication about the environment in a group of young chimpanzees.* In: Folia primatologica, 15/1971, Seite 220–232

23. Nelson, Katherine: *First steps in language acquisition.* In: Journal of the American Academy of Child Psychiatry, 16/1977, Seite 563–583

24. O'Sullivan, Chris / Carey Page Yeager: *Communicative Context and*

*Linguistic Competence – The Effects of Social Setting on a Chimpanzee's Conversational Skill.* In: Gardner / Gardner / Van Cantfort (Hrsg.) 1988 (q.v.)

25. Patterson, Francine: *Conversations with a Gorilla.* In: National Geographic, Oktober 1978, Seite 438–465

26. Patterson, Francine / Eugene Linden: *The Education of Koko.* Holt, Rinehart and Winston, New York NY 1981

27. Pfungst, Oskar: *Das Pferd des Herrn von Osten (der kluge Hans) – Ein Beitrag zur experimentellen Tier- und Menschen-Psychologie.* J. A. Barth, Leipzig 1907 (Englisch: Clever Hans. Holt, New York NY 1911)

28. Plooij, Frans X.: *Some Basic Traits of Language in Wild Chimpanzees?* In: Andrew Lock (Hrsg.): Action, Gesture and Symbol – The Emergence of Language. Academic Press, New York NY 1978

29. Premack, David: *Intelligence in Man and Ape.* Erlbaum, Hillsdale NJ 1976

30. Premack, David: *Gavagai! or the Future History of the Animal Language Controversy.* MIT Press, Cambridge MA 1986

31. Ristau, C. A. / D. Robbins: *Language in the Great Apes – A Critical Review.* In: Advances in the Study of Behavior, 12/1982, Seite 141–253

32. Rumbaugh, Duane M. (Hrsg.): *Language Learning by a Chimpanzee – The Lana Project.* Academic Press, New York NY 1977

33. Savage-Rumbaugh, E. Sue: *Can Apes Use Symbols to Represent Their World?* In: Thomas A. Sebeok / R. Rosenthal (Hrsg.): The Clever Hans Phenomenon – Annals of the New York Academy of Sciences, 364/1981, Seite 35–59

34. Savage-Rumbaugh, Sue / Kelly McDonald / Rose A. Sevcik / William D. Hopkins / Elizabeth Rubert: *Spontaneous Symbol Acquisition and Communicative Use by Pygmee Chimpanzees* (Pan paniscus). In: Journal of Experimental Psychology – General, 115(3)/1986, Seite 211–235 [Diskussion: Mark S. Seidenberg / Laura A. Petitto: Communication, Symbolic Communication, and Language; in: Journal of Experimental Psychology, 116(3)/1987, Seite 279–287. E. Sue Savage-Rumbaugh: Communication, Symbolic Communication, and Language; in: Journal of Experimental Psychology – General, 116(3)/1987, Seite 288–292. Katherine Nelson: What's in a Name?; in: Journal of Experimental Psychology – General, 116(3)/1987, Seite 293–296]

35. Savage-Rumbaugh, E. Sue: *Ape Language – From Conditioned Response to Symbol.* Columbia University Press, New York NY 1986

36. Savage-Rumbaugh, Sue / Mary Ann Romski / William D. Hopkins / Rose A. Sevcik: *Symbol Acquisition and Use in Three Species,* Pan troglodytes, Pan paniscus, *and* Homo sapiens *– Environmental and Species Variables.* In: Understanding Chimpanzees, Chicago Academy of Sciences' Conference, 9. November 1986 (in Vorbereitung)

37. Schulz, Friedhelm: *Das sprachliche Potential von Pongiden und menschlicher Primärspracherwerb.* Dissertation, Universität Frankfurt 1981

38. Sebeok, Thomas A. / Jean Umiker-Sebeok (Hrsg.): *Speaking of Apes –*

*A Critical Anthology of Two-Way Communication with Man.* Plenum Press, New York NY 1980

39. Seidenberg, Mark S. / Laura A. Petitto: *Signing Behavior in Apes – A Critical Review.* In: Cognition, 7/1979, Seite 117–215

40. Susman, Randall L. (Hrsg.): *The Pygmee Chimpanzee.* Plenum Press, New York NY 1984

41. Umiker-Sebeok, Jean / Thomas A. Sebeok: *Clever Hans and Smart Simians – The Self-Fulfilling Prophecy and Kindred Methodological Pitfalls.* In: Anthropos, 76/1981, Seite 89–165

42. Terrace, Herbert S. / Laura A. Petitto / Richard J. Sanders / Thomas S. Bever: *Can an Ape Create a Sentence?* In: Science, 206/1979, Seite 891–902

43. Terrace, Herbert S.: *Nim – A Chimpanzee Who Learned Sign Language.* Columbia University Press, New York 1979

44. Van Cantfort, Thomas E. / James B. Rimpau: *Sign Language Studies with Children and Chimpanzees.* In: Sign Language Studies, 34/1982, Seite 15 bis 72

45. Zimmer, Dieter E.: *Ich Gorilla gut.* In: Zeitmagazin, 44/28. Oktober 1988, Seite 41–58

## BESICHTIGUNG DER ALTEN GRÄBEN
## STATT EINES NACHWORTS

Ardrey, Robert: *The Hunting Hypothesis.* Collins, London 1976. Deutsch: Der Wolf in uns. Krüger, Frankfurt 1977

Bischof, Norbert: *On the phylogeny of human morality.* In: Gunther S. Sten, (Hrsg.): Morality as a Biological Phenomenon. Dahlem Konferenzen, Life Sciences Research Report 9, Abakon, Berlin 1978, Seite 53–73

Ditfurth, Hoimar v.: *So laßt uns denn ein Apfelbäumchen pflanzen – Es ist soweit.* Rasch und Röhring, Hamburg 1985

Hebb, Donald: *A Textbook of Psychology.* Saunders, Philadelphia PA 1958

Herbig, Jost: *Im Anfang war das Wort – Die Evolution des Menschlichen.* Hanser, München 1984

Herbig, Jost: *Nahrung für die Götter – die kulturelle Neuerschaffung der Welt durch den Menschen.* Hanser, München 1988

Lamprecht, Jürg: *Paarbruch bei Cichliden – Zur Spontaneität der Aggression.* In: Naturwissenschaften, 59(6)/1972, Seite 275–276

Leakey, Richard E. / Roger Lewin: *Origins.* Rainbird, London 1977. Deutsch: Wie der Mensch zum Menschen wurde. Hoffmann und Campe, Hamburg 1978

Lorenz, Konrad: *Durch Domestikation verursachte Störungen arteigenen Verhaltens.* In: Zeitschrift für angewandte Psychologie und Charakterkunde, 59/1940, Seite 2–81

Lüning, Jens: *Leben in der Steinzeit.* In: Hubert Markl (Hrsg.): Natur und Geschichte. Oldenbourg, München 1983, Seite 129–145

Markl, Hubert: *Wie unfrei ist der Mensch? Von der Natur in der Geschichte.*

In: Hubert Markl (Hrsg.): Natur und Geschichte. Oldenbourg, München 1983, Seite 11–50

Markl, Hubert: *Evolution, Genetik und menschliches Verhalten.* Piper, München 1985

Mohr, Hans: *Biologische Wurzeln der Ethik?* Juristische Studiengesellschaft Karlsruhe, Schriftenreihe, Heft 157. Müller, Heidelberg 1983

Mohr, Hans: *Biologische Grenzen des Menschen.* In: Zeitwende, 56(1)/1985, Seite 1–16

Poirier, Frank E.: *Fossil Evidence – The Human Evolutionary Journey.* Mosby, St. Louis ²1977

Vogel, Christian: *Die biologische Evolution menschlicher Kulturfähigkeit.* In: Hubert Markl (Hrsg.): Natur und Geschichte. Oldenbourg, München 1983, Seite 101–127

# REGISTER

Aborigines 313
Adoptionsuntersuchungen 70–72, 88, 94–95, 96
Aggression 217–255, 312, 314–315
Agrarrevolution 316–317
Akzeleration, säkulare 15, 133–152
»Alien« 167
Alkoholismus 87–90, 231
Allele 64
Altersgruppe 181, 191–192, 195–196
Altruismus 316
Amala (Wolfsmädchen) 34–36
Ameslan 261, 285, 289, 291, 295, 300
Angstneurose 84–86
Anna (Wildes Kind) 23–24
Arapesh 123–125
Ardrey, Robert 127, 312–313
ASL (American Sign Language) 261, 285, 289, 291, 295, 300
Äußerungslänge 264–266, 300–301
Austin (Schimpanse) 302–303
Australopithecus 314

Bach, Johann Sebastian 136
Baker, Rick 165
Bandura, Albert 241–243
Baratz, Joseph 187, 197–198
Barkai, Chaim 177
Basilisk 156
Begriffsbildung 301–303
Behaviorismus 115, 116
Beit-Hallahmi, Benjamin 186, 189–191
Ben Rafael, E. 191–192
Berkowitz, Leonard 227–228
Berufszufriedenheit 80
Bettelheim, Bruno 186, 189, 191, 194
Bickerton, Derek 268–280
Biologismus 7–10, 92, 203, 230, 236, 309–312, 317
Bischof, Norbert 317
»Blade Runner« 167
Blumenbach, Johann Friedrich 28
Boas, Franz 114, 116, 145
Bonobo 291–292
Boocock, Eric 55–58
Bottin, Rob 168
Bouchard, Thomas J., Jr. 51–53, 97
Brecht, Bertolt 220–221
»The Brood« 161
Buber, Martin 193
Buntbarsch 315
Buschmann 128

Carpenter, John 167–168
Chadwick, Edwin 140
Chantek (Orang-Utan) 291
Chimäre 158
Chomsky, Noam 260, 278–279, 280, 289, 297
Chronogenetik 92
Cohen, Larry 159, 160–161
Cooper, Merian C. 158
CPI (California Psychological Inventory) 189
Crichton, Michael 305
Cro-Magnon-Mensch 151–152, 313
Cronenberg, David 161
Cuba 139
Curtiss, Susan R. 22–23

Dante, Joe 155
Dar, Yehezkel 187
Darwin, Charles 53, 114, 310, 315
Davis, Kingsley 24
Deindividuation 254–255
Dentan, Robert Knox 250–251
Depression 84

Deprivation, soziale 21–47, 59–60, 185
Determinismus, genetischer 9, 42–43, 68–70, 82–83, 104–106, 114–115, 311, 319–321
Determinismus, kultureller 10, 16–17, 42–43, 83, 90, 92, 104 bis 106, 114–115, 117, 185, 187, 203, 206, 214, 311, 320–321
De Vore, Irven 128
Dick, Philip K. 167
Differential, semantisches 192–193
Dina Sanichar (Wolfsjunge) 33
»Das Ding aus einer anderen Welt« 167–168
Disney, Walt 155, 165
Distanz Mensch–Schimpanse, genetische 65, 283
Ditfurth, Hoimar v. 317
dizygote Zwillinge 62, 64
Dollard, John 224–227, 241
Douglas, Gordon 158
»Dune der Wüstenplanet« 158

Eibl-Eibesfeldt, Irenäus 128, 224, 234–236
Eineiigkeit 62–64
»Der Elefantenmensch« 159–160
Elektroenzephalogramm 74
Endogamie 145–146
Emergenesis 82
Erblichkeit 8, 67–68, 71–72, 77, 83–92, 104, 149–150
Erkenntnistheorie, evolutionäre 317–319
Ernährung 137
Eskimo 125, 148
»E.T.« 163, 164–165, 167
Eugenik 114, 115
Extraversion 77–78, 95
Eysenck, Hans Jürgen 78

Faktorenanalyse 77–78, 86
Familiengröße 147
Feldman, Heidi 262–265
Fels Research Institute 135
Feuerbach, Anselm von 38
Filmmonster 155–169
*folk*-Kultur 125–126
Fon 277
»Formicula/Them!« 158
Fortune, Reo F. 124–125
Fouts, Roger 290, 294, 295–296
Frankenstein, Victor 157, 159
Freeman, Derek 112–121, 130
Freud, Sigmund 194, 195, 222–224, 236, 241
Friedrich II. 259–260
Fromm, Erich 236–239
Frustrations-Aggressions-(FA-) Theorie 225–228

Galton, Sir Francis 53, 114
Gardner, Beatrix T. und R. Allen 284–286, 290, 299, 303
Gehirnlateralisierung 76, 208
Gehirnvolumen 150, 152
Genom 8, 9, 16, 45, 63–66, 81–83, 92, 97–98, 139, 145–146, 149–150, 260, 319–320
Genie (Wildes Kind) 21–23, 27
Gesamtfitness 316
Geschlechtshormone 207–208
Geschlechtsreife 136–139
Geschlechtsunterschiede 196–214, 243
Gesell, Arnold 35
Gewaltdarstellungen im Film 241–243
Gibbons, June und Jennifer 60
Giger, H.R. 167
Gleichheit 16–17, 185–188, 203
Gleitman, Lila 262
»Godzilla« 157, 158
Goethe, Johann Wolfgang 47
Goldin-Meadow, Susan 262
Goodall, Jane 128–129
Gorilla 283, 287–288, 290–291, 305
Grammatik 260, 263–280, 287, 297 bis 301, 303, 304
»Gremlins« 155–156
»Greystoke« 25, 37

Grönemeyer, Herbert 210
Gua (Schimpanse) 284

Hacker, Friedrich 243
Hamilton, William 316
Hawai-Kreol 268, 270–271, 275–277
Hawai-Pidgin 270–271
Harlow, Harry F. 43–44
Harryhausen, Ray 159
Haskin, Byron 168–169
Hauser, Kaspar 38–41
Hayes, Keith und Katherine 284
Hebb, Donald 321
Hegel, Georg Wilhelm Friedrich 25
Heinz, H.J. 128
Herbig, Jost 235–236, 309–322
Herodot 259, 261
Heterosis 145–146
Hinde, Robert 233–234
Hitchcock, Alfred 159
Homo (sapiens) ferus 21–47
Hobbes, Thomas 220–221, 224
Horner, Leonard 140
Horst-Werner (»Wolfsjunge«) 26
Hubel, David H. 45–46
Hudson, Hugh 25
Hulse, Frederick 145–146
Hume, David 17
Hyperurikämie 320

Idioglossie (Privatsprache) 59–60
»Das Imperium schlägt zurück« 162
Indianer 89–90, 231
innerfamiliäre Umwelteinflüsse 94–97
Intelligenz (IQ) 74–76, 93, 95, 142, 150–151, 187
Interaktionismus 9–10, 43, 130, 209, 240, 248–249, 310, 321
»The Invasion of the Body Snatchers« 166–167
Inzest 194–196
Isabelle (Wildes Kind) 24
Itard, Jean Marie 30–31
»It's Alive« 160–161

Java-Mensch 152
Jim Twins 51–52
Juel-Nielsen, Niels 57, 73
Jugendkriminalität 120, 184
Jürgens, Hans W. 135, 143

Kain 219–220, 221, 223, 227, 230, 233, 243
Kalzium 144, 148–149
Kamala (Wolfsmädchen) 34–36
Kamin, Leon 83
Kanzi (Bonobo) 291–292, 294, 295, 297, 300, 301
Karlsschule 141
Kaspar-Hauser-Experimente 43–44
Katharsistheorie 243
Kaufman, Philip 166–167
Kellog, Winthrop N. und Luella A. 284
Kennedy, Grace und Virginia 59
Kephalindex 133
Kershner, Irvin 162
Kibbuz 173–214
Kindchenschema 155–156, 160–161, 164
Kinderarbeit 141, 142, 272
Kindererziehung 44, 46, 118–121, 180–182, 189–196, 226, 246, 250
»King Kong« 158
Kinomonster 155–169
Kipling, Rudyard 25
Kleinantillen-Kreol 275
Kline, Paul 226–227
»Kluger-Hans«-Effekt 292–294
Koko (Gorilla) 287–288, 290–291, 296, 305
Kollektiverziehung 180–182, 190 bis 194, 198
König, Herbert 125
Konkordanz 83–84, 90–91
Kornadt, Hans-Joachim 243–244
Körpergewicht 74, 150
Körpergröße 74, 133–150, 211
Körpersprache 163–165
Korrelation 80, 95
Kreolsprachen 268–280

»Der Krieg der Sterne« 159
»Der Krieg der Welten« 168–169
Kubrick, Stanley 163
Kulturdeterminismus 42–43, 83, 90, 92, 104–106, 114–115, 117, 185, 187, 203, 206, 214, 311, 320–321
Kummer, Hans 317
Kurzsichtigkeit 142

Lana (Schimpansin) 287, 292–293, 298
Landwirtschaft 316–317
Lang, Fritz 162
Langfeldt, Hans-Peter 246–247
Lee, Richard B. 128
Lelaula, Lelei 122
Lerntheorie, soziale 241–243
Levey, Gerald 53–54
Lewis, Oscar 126
Lewontin, Richard 83
Lieblich, Amia 200–201, 209–210
Linden, Eugene 290–291
Linné, Karl v. 27
Loehlin, John C. 78
Lorenz, Konrad 46, 217, 228–234, 237, 240, 241, 311, 315
Loulis (Schimpanse) 295
Lucas, George 159
Lucy (Schimpansin) 296
Lykken, David T. 81–83
Lynch, David 158, 159

McLaughlin, Kathryn und Frances 58
Mahre, Phil und Steve 58
Malson, Lucien 42
Man Singh (Wolfsjunge) 33
Manu 116
Markl, Hubert 309–310
Marriott, Thomas 55–58
Mathematik 76–77, 208–209, 213
Mead, Margaret 111–125, 127
Medawar, Sir Peter 241
Meghnagi, David 204
Melville, Herman 270
Menarche 136, 139
Menninger, Karl 226
Menschenaffen 15–16, 27, 65, 128 bis 129, 155, 283–305
Meßfehler 93–94
»Metropolis« 162
Mexiko 125–127, 134
Mikrosozialismus 177, 204
Milieutheorie siehe Kulturdeterminismus
Miles, H. Lyn 291
Milva 210
MMPI (Minnesota Multiphasic Personality Inventory) 186, 189
Mohr, Hans 317
Moloch 162
Monboddo, Lord (James Burnet) 28
monozygote Zwillinge 62–64
Montagu, Ashley 127, 233
Moshav 190–193
Mowgli 25, 37

Nansen, Fridtjof 125
Nativismus 260–261, 278
Neandertaler 312–313
Nekrophilie 237
Nelson, Katherine 301
Neuguinea 116, 123–125, 139
Nevo, Baruch 189
Newman, Horatio H. 73
Newman, Mark 53–54
Nichols, Robert C. 78
Nim (Schimpanse) 289, 294–295, 298–299

O'Brien, Willis 158
ödipaler Konflikt 144, 194–196
Onanie 143–144
Osten, Wilhelm von 292
Oz, Amos 180

Pärchenzwillinge 64
Pascal (Wolfsjunge) 34
Patterson, Francine (»Penny«) 287 bis 288, 290–291
Persönlichkeitsunterschiede 77–83, 186, 189–194

Petersen, Wolfgang 156
Petitto, Laura 296
Pfungst, Oskar 292
Phobien 57, 84, 86–87
Pidgin 269–273, 277, 280
Polanski, Roman 160
Polkörperchen-Zwillinge 64–65
Pongiden siehe Menschenaffen
Potlatch 313–314
Prägung (Nachfolge-) 46
Premack, David 287, 293, 299, 302, 304
Pritchard, Mary 121–122
Privatsprache siehe Idioglossie
Protein 148–149
Psammetich I. 26, 259, 260
Psoriasis 68–70
Psychoanalyse 194–196, 222–224, 226–227, 236–239
Psychologie und Presse 12

»Q« 159

Rabin, Albert I. 186, 189–190
Rambaldi, Carlo 164
Ramu (Wolfsjunge) 33–34
räumliche Intelligenz 76
Récamier, Julie 30
Redfield, Robert 125–126
Regev, Eliahu 191–192
Rhesusaffe 43–44
Ritterrüstungen 151
Roberts, Charles 140
»Robinson Crusoe« 37
Rollenverhalten 203–204, 214, 226
Romero, George 159
»Rosemary's Baby« 160
Rousseau, Jean-Jacques 25, 123, 128, 221–222
Rumbaugh, Duane 287
Sadismus 237
säkulare Akzeleration 15, 134–150
Salimbene von Parma 260
Samoa 111–123
Sarah (Schimpansin) 287, 293, 302
Saramaccanisch 273–275, 278
Satyr 155
Savage-Rumbaugh, Sue 287, 289 bis 290, 291–292, 300, 301, 302 bis 303
Scarr, Sandra 96
Schimpansen 65, 129, 155, 283–305
Schindler, Helmut 127
Schizophrenie 83, 84
Schmidbauer, Wolfgang 127
Schuppenflechte siehe Psoriasis
Scott, John Paul 228, 248
Scott, Ridley 167
Sebeok, Thomas 293
Sehphysiologie 45–46
Seidenberg, Mark 296
Selektion, natürliche 152
Semai 250–251
sensible Phase 37–38, 45–46, 195, 261
Sharabany, Ruth 191
Shepher, Joseph 195, 201–209
Sherman (Schimpanse) 302–303
Shields, James 73
»Sindbads siebente Reise« 159
Singh, J. A. L. 34
Sipes, Richard 232
Sleeman, Sir William H. 32–33, 42
Somatomedine 145
soziales Lernen 42–43, 241–243
Soziobiologie 239–240
spiegelbildliche Zwillinge 57
Spielberg, Steven 155, 158, 163–165
Spiro, Melford 206
Sport 144, 232
Spracherwerb, kindlicher 23, 36, 37, 286, 294, 295, 297, 300–301
sprachliche Intelligenz 76
Sprachversuche mit Menschenaffen 15–16, 283–305
Sranan(tongo) 273, 275–276
Stewart, Omer 231
Stöhr, Oskar 54–55
Stress 137, 138

Tacitus 143
Takahashi, Eiji 148

Taki-Taki 273
Talmon-Garber, Yonina 189, 199
Tanner, James M. 136
Tarzan 25, 37
Taubstumme 30, 261–268, 274, 300
Tellegen, Auke 78
Tepoztlán 125–127
Terrace, Herbert 288–289, 296, 297, 298–299, 300
Territorialität 128–129, 229, 320
Teufel 155, 160
Tiger, Lionel 201–209
Tinbergen, Niko 228, 232–233
Todestrieb 223–224, 241
Torgersen, Svenn 85, 86–87, 91
Tötungshemmung 229–230
Traditionalismus 79
Truffaut, François 30
Tuitelapage, Napoleone A. (»Napo«) 122

Umiker-Sebeok, Jean 293
»Die unendliche Geschichte« 156
»Unheimliche Begegnung der dritten Art« 163–164
Urbanisierung 147
Urszene 194
Ute (Indianer) 231

Variabilität 66–67
Varianz 66–67, 92–93, 95, 186
Verhaltensgenetik 65–68, 104–106
Verwandtschaftsgrad 64
Victor (Wildes Kind) 29–32
Viki (Schimpansin) 284
Villermé, Louis René 140
Virchow, Rudolf 114
Vitamin D 144, 148, 149
Vogel, Christian 44, 309–310
»Die Vögel« 159

Wachstum 15, 133–150
Wachstumshormon 145
Waitz, Theodor 114
Walas, Chris 155
Wallace, Marjorie 60
Washoe (Schimpansin) 285–286, 290, 294, 295–296, 299
Watson, James B. 115
»Der weiße Hai« 158
Wendt, Albert 122–123
Westermarck, Edward 195
Widdowson, Elsie M. 138
Wieringen, J.C. van 135, 138
Wiesel, Torsten N. 45–46
Wilde Kinder 21–47, 261
Wilder Peter, hamelscher 27–28
Wilder von Aveyron (Victor) 29–32
Wissenschaftsjournalismus 13–14
Wolfskinder 16, 32–36

Yerkish 287, 292, 303
Yoruba 63
Yufe, Jack 54–55

Zeichensprache 31, 261–268, 285 bis 292, 300, 301–302
Ziegler, Eugen 148–149
Zimbardo, Philip 252–253
Zingg, Robert M. 35
Zombie 157, 159
Zucker 148–149
Zufall 98–102
Zweieiigkeit 62, 64
»2001« 163
Zwillinge 51–107
Zygositätsuntersuchung 61, 65

Dieter E. Zimmer, geboren 1934 in Berlin, seit 1959 Redakteur der Wochenzeitung ›Die Zeit‹, lebt in Hamburg; übersetzte Werke von Vladimir Nabokov, James Joyce, Jorge Luis Borges, Nathanael West, Ambrose Bierce, Edward Gorey u.a. Nach vornehmlich literarischen und literaturkritischen Arbeiten zunehmend Publikationen über Themen der Anthropologie, Biologie, Psychologie, Verhaltens- und Sprachforschung.
Buchveröffentlichungen: *Materialien zu James Joyces ›Dubliner‹* (zusammen mit Klaus Reichert und Fritz Senn, 1969) – *Ich möchte lieber nicht, sagte Bartleby* (Gedichte, 1979) – *Unsere erste Natur* (1979) – *Der Mythos der Gleichheit* (1980) – *Die Vernunft der Gefühle* (1981) – *Tiefenschwindel* (Die endlose und die beendbare Psychoanalyse, 1986) – Herausgeber der *Kurzgeschichten aus der ›Zeit‹* (mehrere Folgen, zuletzt 1985).
Im Haffmans Verlag erschienen: *Redens Arten* (Über Trends und Tollheiten im neudeutschen Sprachgebrauch, 1986) – *So kommt der Mensch zur Sprache* (Über Spracherwerb, Sprachentstehung und Sprache & Denken, 1986). Außerdem immer mal wieder Beiträge im Magazin für jede Art von Literatur *Der Rabe*. *Redens Arten* und vor allem *So kommt der Mensch zur Sprache* beschreiben den aktuellen Wissensstand der Sprachforschung.

»Dieter E. Zimmer kommt das große Verdienst zu, neue Forschungsergebnisse der Humanwissenschaften, die oft in einem für den Laien unerträglichen ›wissenschaftlichen‹ Kauderwelsch abgefaßt werden, auf klare Weise zusammenzufassen und darzustellen, ohne sie unzulässig zu vereinfachen. Wie Kinder sprechen lernen, wie der Weg von der Ein-Wort-Äußerung zum Satz aussieht, ob Affen sprechen können, ob und wie unser Denken in der Sprache gefangen ist (Whorf-These) und wie Sprache überhaupt entstanden ist, sind einige Fragen dieses spannenden und lehrreichen Bandes, den man interessierten Laien, Schülern, Studenten und Dozenten (zur Nachahmung!) gerne empfehlen möchte. Mit Bibliographie und Register.«
*Informationsdienst der Einkaufszentrale für öffentliche Bibliotheken, Reutlingen über »So kommt der Mensch zur Sprache«*

»*Redens Arten* sollte auf der Lektüreliste aller Oberschüler/innen und besonders der Germanistikstudent(inn)en stehen.«
*Wilfried Seibicke im internationalen Referatenorgan ›Germanistik‹*